U0396099

定向型特色烤烟
生产理论与实践

主 编　叶晓青

副主编　邓世媛　邹　勇　陈建军
　　　　陈雨峰　雷　佳　李淮源

华南理工大学出版社
SOUTH CHINA UNIVERSITY OF TECHNOLOGY PRESS
·广州·

图书在版编目（CIP）数据

定向型特色烤烟生产理论与实践/叶晓青主编. —广州：华南理工大学出版社，2021.4
ISBN 978 - 7 - 5623 - 6692 - 8

Ⅰ. ①定… Ⅱ. ①叶… Ⅲ. ①烟叶烤烟 Ⅳ. TS44

中国版本图书馆 CIP 数据核字（2021）第 066566 号

定向型特色烤烟生产理论与实践
叶晓青 主编

出 版 人：卢家明
出版发行：华南理工大学出版社
（广州五山华南理工大学 17 号楼，邮编 510640）
http://hg.cb.scut.edu.cn E-mail：scutc13@scut.edu.cn
营销部电话：020 - 87113487 87111048（传真）
责任编辑：欧建岸
印 刷 者：广东虎彩云印刷有限公司
开 本：787mm×960mm 1/16 印张：23 插页：4 字数：500 千
版 次：2021 年 4 月第 1 版 2021 年 4 月第 1 次印刷
定 价：120.00 元

编辑委员会

深烟工业基地单元建设座谈会

新田县新圩基地单元建设座谈会

项目组到湖南新田基地单元调研烟苗生长情况

湖南永州新圩基地单元科技示范园

基地单元核心示范区烤烟大田长势

陈建军教授在永州新田基地单元开展烟叶采收与烘烤培训

陈建军、邹勇农艺师在湖南新田基地单元调查烤烟生长情况

项目组成员实地考察及烟叶成熟度分级培训

烤烟基地单元实地考察

担当作为——新圩烟叶基地单元"工商研合作实验室"

前　言

优质烤烟的生产要求烟株必须在适宜的发育时期，及时由氮、碳固定和转化为主的代谢转变为以碳积累代谢为主，保证碳水化合物和含氮化合物之间的平衡和协调。烤烟生长发育进程过快（如早花现象）或过慢（如因水肥管理不当而导致的烤烟贪青晚熟现象）都会直接影响到烟叶成熟度以及其烘烤特性，进而制约着烤烟的产量和质量。

粤北、湘南等东南烟区属于我国传统浓香型特色烤烟的典型代表烟区，产区烟叶具有焦甜香突出、醇甜香较明显、甜香香韵较丰富的风格特征，深受卷烟企业喜爱。一方面，东南烟区积温在9500℃以上，年降水量在1600 mm以上，但是在烤烟种植过程中烟苗移栽后常会受到倒春寒的侵害，烤烟容易发生早花，在成熟期时常遭受季节性干旱灾害，影响烤烟的生长发育，导致减产减质，弱化浓香型风格特征。另一方面，烟叶生产基本依靠自然降雨进行肥水管理，既效率低下，抗灾能力弱，又往往因为通过增加肥料尤其是氮肥投入来保障产量导致烟草的氮肥利用率普遍低于其他作物，造成中上部烟叶成熟落黄慢、色素降解不充分、烟叶工业可用性低及资源浪费、环境污染等一系列问题。

基于以上认识，从品种光温特性角度来研究东南烟区烤烟早花成因及其防控措施，从水肥运筹角度来减少养分投入并满足烤烟各生长发育期生长发育需求，形成"前期稳生稳长（伸根期），中期健旺，后期耐熟"的优质烤烟理想生长发育进程，达到"优质适产"，就显得十分必要和有意义。

品牌发展离不开优质原料有效供应，深圳烟草工业有限责任公司"双喜·好日子"推崇"醇熟烟香"的卷烟风格，追求"烟香天成"，产品质量要求"高香、低焦、低害、舒适"，粤北、湘南优质烟叶对追求高品质要求的"双喜·好日子"品牌来说十分重要。为实现优质烟叶原料保障"上水平"，构建完善的原料保障体系，深圳烟草工业有限责任公司积极推进品牌导向型现代烟草农业基地单元建设，自2008年广东南雄湖口基地单元建立以来，先后在云南昆明、云南曲靖、湖南永州等产区建设国家局烟叶基地单元7个，实现烟叶原料全基地化调拨。深圳烟草工业有限责任公司在烟叶基地建设过程中始终坚持"品牌为导，科技为先，人才为本"的工作理念，以基地科技示范园建设为载体，充分发挥科技示范园在技术组装集成、科技成果转化、现代化农业生产示范、科研新成果验证、科研项目运作及烟叶生产与卷烟工业紧密结合的载体作用，以"双喜·好日子"需求为导向，推进各项先进适用技术在基地单元内的研究与应用，大力提高基地烟叶"双喜·好日子"品牌匹配率。

本专著立足于广东、湖南等东南烟区典型浓香型优质烟叶生产实际，以"双喜·好日子"品牌烟叶可用性为导向，主要针对东南烟区低温与氮素利用率不高等问题，系统研究了东南烟区浓香型烟叶质量特征以及特色彰显保障技术，开展基于现代农业装备的烤烟生产原理研究与实践，着力打造定向优质烟叶栽培体系，内容涉及烟草学、作物生理生态学、植物营养学、作物信息学、农业工程学、统计学、土壤学、气象学等学科知识。全书包括9章：第1章，东南烟区浓香型烟叶质量特征研究；第2章，不同烤烟主栽品种光温特性研究；第3章，烤烟苗期抗寒特性及防御低温育苗技术研究；第4章，优质烤烟理想生长发育进程研究；第5章，秸秆还田对烤烟生长发育及产质量的影响；第6章，基于水肥一体化的液体菌肥对坡地烤烟生理代谢和品质的影响；第7章，基于光谱特征的烤烟生化组分分布及其氮素利用研究；第8章，减氮配施聚天门冬氨酸对烤烟氮素代谢及吸收利用的影响；第9章，"双喜·好日子"品牌导向的烤烟精量轻简技术示范与工业验证。项目研究涵盖范围广，分析方法先进，内容系统新颖，较全面系统地反映了著者在广东、湖南等东南烟区浓香型特色优质烟叶开发方面所取得的主要理论与应用研究成果，理论与实践紧密结合，可作为烟草领域教育、科研、生产人员的参考用书。

在本专著编辑出版之际，真诚感谢中国烟草实业发展中心、广东省烟草专卖局（公司）、广东烟草韶关市有限公司、湖南省烟草专卖局（公司）、湖南省烟草公司永州市公司、华南农业大学、深圳烟草工业有限责任公司等单位领导及同志在项目实施和研究成果成书过程中给予的关心、大力支持与帮助。这些都是完成项目研究任务的重要保证，也才有了这本专著的出版。在本专著撰写过程中，我们还参阅了大量国内外文献，并列于相关章后。在此，一并向上述单位、有关人员、文献作者致以最诚挚的感谢。

由于著者水平有限，书中难免存在错误和疏漏之处，敬请广大读者和烟草界同仁批评指正，以帮助我们在今后的科研工作中做得更好。愿与各位烟草界同仁一起，继续为烟草科技事业做出更大贡献。

著 者

2020 年 12 月于广州

目　录

第1章　东南烟区浓香型烟叶质量特征研究 ……………………………………… 1

1.1　前言 ……………………………………………………………………… 1

1.2　材料与方法 ……………………………………………………………… 3

1.2.1　试验材料与试验设计 ………………………………………………… 3

1.2.2　测定项目和方法 ……………………………………………………… 3

1.2.3　统计分析方法 ………………………………………………………… 6

1.3　结果 ……………………………………………………………………… 6

1.3.1　南雄产区各基地单元烟叶质量的比较研究 ………………………… 6

1.3.2　广东浓香型烟叶产区烟叶质量的比较研究 ………………………… 14

1.3.3　部分典型浓香型烟叶产区烟叶质量的比较研究 …………………… 21

1.3.4　广东浓香型烟叶质量评价 …………………………………………… 25

1.4　研究结论 ………………………………………………………………… 33

参考文献 ……………………………………………………………………… 34

第2章　不同烤烟主栽品种光温特性研究 …………………………………… 38

2.1　前言 ……………………………………………………………………… 38

2.2　材料与方法 ……………………………………………………………… 39

2.2.1　试验材料与试验设计 ………………………………………………… 39

2.2.2　测定项目和方法 ……………………………………………………… 40

2.2.3　统计分析方法 ………………………………………………………… 43

2.3　结果 ……………………………………………………………………… 43

2.3.1　不同烤烟品种(系)的光温特性 …………………………………… 43

2.3.2　光温条件对不同烤烟品种(系)生长发育时期的影响 …………… 46

2.3.3　光温条件对不同烤烟品种(系)农艺性状的影响 ………………… 54

2.3.4　光温条件对不同烤烟品种(系)一些生理代谢物质的影响 ……… 56

2.3.5　光温条件对不同烤烟品种(系)生长发育过程中可溶性糖和总氮含量的
　　　　影响 …………………………………………………………………… 66

  2.3.6 光温条件对不同烤烟品种(系)烤后烟叶化学成分及其经济性状的影响 ······ 68

 2.4 研究结论 ·· 73

  2.4.1 因子分析法对主栽烤烟品种光温特性的评价 ······································· 73

  2.4.2 烤烟光温钝感型和光温敏感型的主要性状表现特征 ························· 74

  2.4.3 不同光温特性的烤烟品种(系)几种生理代谢物质的变化规律 ········ 75

 参考文献 ··· 76

第3章 烤烟苗期抗寒特性及防御低温育苗技术研究 ······························· 80

 3.1 前言 ··· 80

  3.1.1 形态解剖结构变化与植物抗寒性的关系 ··· 80

  3.1.2 低温胁迫对质膜的影响 ·· 81

  3.1.3 低温胁迫对光合作用的影响 ·· 82

  3.1.4 低温胁迫对呼吸作用的影响 ·· 82

  3.1.5 低温胁迫对内源激素的影响 ·· 83

  3.1.6 低温胁迫对内源抗氧化剂含量的影响 ·· 83

  3.1.7 低温胁迫对保护酶系统的影响 ·· 84

  3.1.8 低温胁迫对渗透调节物质的影响 ·· 84

  3.1.9 低温胁迫对蛋白的影响 ·· 85

  3.1.10 低温胁迫对 Ca 和 CaM 的影响 ·· 85

  3.1.11 低温胁迫对烤烟育苗的影响 ·· 85

 3.2 材料与方法 ·· 86

  3.2.1 试验材料与试验设计 ·· 86

  3.2.2 测定项目和方法 ·· 87

  3.2.3 统计分析方法 ··· 91

 3.3 结果 ··· 91

  3.3.1 低温胁迫对烟苗叶片相对电导率(RC)的影响 ····························· 91

  3.3.2 低温胁迫对烟苗叶片丙二醛(MDA)含量的影响 ························· 92

  3.3.3 低温胁迫对烟苗叶片净光合速率(P_n)的影响 ··························· 93

  3.3.4 低温胁迫对烟苗胞间 CO_2 浓度(C_i)的影响 ························· 94

  3.3.5 低温胁迫对烟苗叶片叶绿素(chl)含量的影响 ···························· 95

  3.3.6 低温胁迫对烟苗 F_o 的影响 ··· 96

  3.3.7 低温胁迫对烟苗 F_v/F_m 的影响 ··· 97

  3.3.8 低温胁迫对烟苗超氧化物歧化酶(SOD)含量的影响 ················· 99

3.3.9 低温胁迫对烟苗叶片过氧化物酶(POD)含量的影响 ·················· 100

3.3.10 低温胁迫对烟苗叶片抗坏血酸(AsA)含量的影响 ················· 100

3.3.11 低温胁迫对烟苗叶片谷胱甘肽(GSH)含量的影响 ··············· 101

3.3.12 低温胁迫对烟苗叶片游离脯氨酸(Pro)含量的影响 ·············· 103

3.3.13 低温胁迫对烟苗叶片可溶性蛋白(SP)含量的影响 ·············· 104

3.3.14 铺设有氧发酵底物对育苗池水温的影响 ························· 105

3.3.15 铺设有氧发酵底物对烟苗生长发育期的影响 ····················· 106

3.3.16 铺设有氧发酵底物对烟苗生物学性状的影响 ····················· 106

3.3.17 铺设有氧发酵底物对烟苗生理特性的影响 ······················· 107

3.3.18 不同处理对成苗期烟苗生理特性的影响 ························· 107

3.3.19 不同处理对烤烟大田期农艺性状的影响 ························· 108

3.3.20 不同处理对烤后烟叶经济性状的影响 ··························· 108

3.3.21 不同处理对烤后烟叶(C3F)化学成分的影响 ·················· 108

3.4 研究结论 ··· 109

3.4.1 低温对烟苗生理特性的影响 ···································· 109

3.4.2 浅水增温育苗对苗池水温、烟苗生理特性及大田生长的影响 ······· 110

参考文献 ··· 110

第4章 优质烤烟理想生长发育进程研究 ······························· 118

4.1 前言 ··· 118

4.1.1 生长发育进程对烤烟产量和品质的影响研究进展 ················ 118

4.1.2 栽培措施对烤烟生长发育进程的影响研究进展 ················· 119

4.1.3 研究的目的及意义 ·· 122

4.2 材料与方法 ·· 123

4.2.1 试验材料与试验设计 ·· 123

4.2.2 测定项目和方法 ··· 125

4.2.3 统计分析方法 ··· 126

4.3 结果 ··· 126

4.3.1 烤烟生长发育时期的分布 ······································ 126

4.3.2 烤烟不同物候期生长发育进程与主要农艺性状的区间分布 ········· 130

4.3.3 不同生长发育进程对烤烟主要经济性状的影响 ················· 140

4.3.4 烤烟不同生长发育进程、主要农艺性状及主要经济性状的聚类分析 ··· 142

4.3.5 不同长势长相、生长发育进程与单叶重及株形的关系 ············ 148

4.3.6 优质烟叶生长发育进程模型的建立 …………………………… 148

4.4 研究结论 ……………………………………………………… 153

参考文献 …………………………………………………………… 153

第5章 秸秆还田对烤烟生长发育及产质量的影响 …………………… 158

5.1 前言 ……………………………………………………………… 158

5.1.1 秸秆还田的概念和意义 ………………………………………… 159

5.1.2 秸秆还田对土壤特性的影响研究现状 ………………………… 159

5.1.3 秸秆还田对烤烟生长发育及产质量的影响研究现状 ………… 161

5.1.4 秸秆还田在生产应用上存在的问题及展望 …………………… 162

5.2 材料与方法 …………………………………………………… 163

5.2.1 试验材料和试验设计 ………………………………………… 163

5.2.2 测定项目和方法 ……………………………………………… 165

5.3 结果 …………………………………………………………… 169

5.3.1 不同秸秆还田处理对土壤理化性状的影响 ………………… 169

5.3.2 不同秸秆还田处理对烤烟农艺性状的影响 ………………… 174

5.3.3 不同秸秆还田处理对烤烟部分生理指标的影响 …………… 178

5.3.4 不同秸秆还田处理对烟叶主要含氮化合物含量的影响 …… 189

5.3.5 不同秸秆还田处理对烟叶主要碳水化合物含量的影响 …… 199

5.3.6 不同秸秆还田处理对烤后烟叶常规化学成分及其协调性的影响 … 205

5.3.7 不同秸秆还田处理对烤烟经济性状的影响 ………………… 207

5.4 研究结论 ……………………………………………………… 210

5.4.1 秸秆还田能有效降低植烟土壤 pH 值,提高土壤速效氮、速效磷和全磷含量
……………………………………………………………… 210

5.4.2 秸秆还田可增加烟株株高,有利于叶片扩展,提高产量产值 … 210

5.4.3 秸秆还田可提高烤后烟叶中还原糖和钾含量,降低两糖差值及烟碱含量
……………………………………………………………… 211

5.4.4 秸秆还田可促进成熟期烟叶中氮代谢向碳代谢转化,降低比叶重,有效促进
烟叶成熟 ………………………………………………… 211

5.4.5 秸秆还田影响烟叶碳氮代谢的相对强度,进而影响烟叶中化学成分含量
……………………………………………………………… 211

5.4.6 1250 kg/hm² 花生秸秆还田在生产上推广应用有一定的可行性 ……… 212

参考文献 …………………………………………………………… 212

第6章 基于水肥一体化的液体菌肥对坡地烤烟生理代谢和品质的影响 ············ 217

  6.1 前言 ·· 217

    6.1.1 坡地烤烟质量优势与生产面临的主要问题 ················· 217

    6.1.2 我国农业领域水肥一体化技术和化肥使用现状 ··········· 218

    6.1.3 液体肥料的概念及种类 ····························· 219

    6.1.4 液体肥料对烤烟生长发育的影响 ··············· 220

  6.2 材料与方法 ··· 221

    6.2.1 试验材料和试验设计 ····························· 221

    6.2.2 测定项目和方法 ··························· 222

    6.2.3 统计分析方法 ······························· 225

  6.3 结果 ·· 226

    6.3.1 基于水肥一体化的液体菌肥对烤烟土壤肥力的影响 ········ 226

    6.3.2 基于水肥一体化的液体菌肥对烤烟生长发育特性的影响 ····· 227

    6.3.3 基于水肥一体化的液体菌肥对烤烟光合物质生产的影响 ····· 231

    6.3.4 基于水肥一体化的液体菌肥对烤烟某些烘烤特性的影响 ····· 242

    6.3.5 基于水肥一体化的液体菌肥对烤后烟叶常规化学成分的影响 ··· 247

    6.3.6 基于水肥一体化的液体菌肥对烤烟经济性状的影响 ········ 250

  6.4 研究结论 ·· 252

  参考文献 ··· 253

第7章 基于光谱特征的烤烟生化组分分布及其氮素利用研究 ············ 258

  7.1 前言 ·· 258

    7.1.1 烤烟氮素研究进展 ····························· 259

    7.1.2 作物氮素光谱诊断研究进展 ····················· 261

  7.2 材料与方法 ··· 264

    7.2.1 试验材料与试验设计 ····························· 264

    7.2.2 测定项目与方法 ······························· 264

    7.2.3 统计分析方法 ······························· 267

  7.3 结果 ·· 268

    7.3.1 不同施氮水平下的烤烟氮素状况及其光谱特性 ··········· 268

    7.3.2 不同施氮水平对烤烟生化组分垂直分布的影响 ··········· 276

    7.3.3 烤烟生化组分垂直分布与光谱反射率的相关性 ··········· 284

    7.3.4 光谱指数、红边参数与烤烟生化组分垂直分布的相关性 ······ 290

7.3.5 不同施氮水平对烤烟氮素吸收及利用率的影响 ……………… 290

7.3.6 不同施氮水平对烤烟经济性状的影响 ………………………… 290

7.4 研究结论 ……………………………………………………………… 294

7.4.1 讨论 ……………………………………………………………… 294

7.4.2 结论 ……………………………………………………………… 297

参考文献 ……………………………………………………………… 298

第8章 减氮配施聚天门冬氨酸对烤烟氮素代谢及吸收利用的影响 ……… 306

8.1 前言 ………………………………………………………………… 306

8.1.1 氮肥施用过量的危害 …………………………………………… 306

8.1.2 减量施氮在农业上的研究进展 ………………………………… 308

8.1.3 聚天门冬氨酸的研究进展 ……………………………………… 309

8.1.4 研究目的与意义 ………………………………………………… 310

8.2 材料与方法 ………………………………………………………… 311

8.2.1 试验材料与试验设计 …………………………………………… 311

8.2.2 测定项目与方法 ………………………………………………… 312

8.2.3 统计分析方法 …………………………………………………… 313

8.3 结果 ………………………………………………………………… 313

8.3.1 烤烟大田生长期的平均气温和降水量 ………………………… 313

8.3.2 烤烟生长发育期调查的结果 …………………………………… 314

8.3.3 减氮配施 PASP 对烤烟农艺性状的影响 …………………… 314

8.3.4 减氮配施 PASP 对烤烟叶片 SPAD 值的影响 ……………… 315

8.3.5 减氮配施 PASP 对烤烟叶片光合特性日变化的影响 ……… 316

8.3.6 减氮配施 PASP 对烤烟干物质积累及氮、钾吸收的影响 …… 319

8.3.7 减氮配施 PASP 对烤后烟叶化学成分的影响 ……………… 325

8.3.8 减氮配施 PASP 对经济性状的影响 ………………………… 328

8.4 研究结论 …………………………………………………………… 328

8.4.1 讨论 ……………………………………………………………… 328

8.4.2 结论 ……………………………………………………………… 331

参考文献 ……………………………………………………………… 331

第9章 "双喜·好日子"品牌导向的烤烟精量轻简技术示范与工业验证 ……… 338

9.1 前言 ………………………………………………………………… 338

9.2　材料与方法 ……………………………………………………………… 339

　　9.2.1　试验材料与试验设计 ……………………………………………… 339

　　9.2.2　测定项目和方法 …………………………………………………… 339

　　9.2.3　统计分析方法 ……………………………………………………… 341

9.3　结果 ……………………………………………………………………… 341

　　9.3.1　土壤理化性质的对比分析 ………………………………………… 341

　　9.3.2　生长发育时期的对比分析 ………………………………………… 341

　　9.3.3　农艺性状的对比分析 ……………………………………………… 341

　　9.3.4　旺长期叶片生长速率的对比分析 ………………………………… 343

　　9.3.5　成熟期上部八片叶开片度的对比分析 …………………………… 343

　　9.3.6　烤后烟叶化学成分的对比分析 …………………………………… 344

　　9.3.7　经济性状的对比分析 ……………………………………………… 344

　　9.3.8　烤后烟叶外观质量评价 …………………………………………… 344

　　9.3.9　烤后烟叶感官质量评价 …………………………………………… 347

9.4　工业验证结果 …………………………………………………………… 347

9.5　示范与验证结论 ………………………………………………………… 348

9.6　附件:"双喜·好日子"品牌导向的烤烟精量轻简技术工业验证报告 …… 349

　　9.6.1　材料和方法 ………………………………………………………… 349

　　9.6.2　结果与分析 ………………………………………………………… 350

　　9.6.3　结论与讨论 ………………………………………………………… 352

第1章 东南烟区浓香型烟叶质量特征研究

1.1 前言

烟叶质量是指烟叶本身的色、香、味及其物理性质、化学性质、使用价值及安全性（聂和平，2004）。烟叶质量是反映和体现烟叶必要性状均衡情况的综合性概念（王瑞新，2003），它主要由外观质量、内在质量（感官质量）、化学成分、物理特性、烟叶安全性和烟叶可用性等六个部分组成（Weeks，1985），它们从不同的方面反映烟叶的品质特征（闫克玉，2003），且它们之间的平衡协调程度又决定烟叶质量的好坏和工业的使用价值（Tso，1991）。

浓香型烟叶是我国特色烤烟香型烟叶的重要组成部分，是中式卷烟的主要原料，也是国际市场优质烟叶的主体。中式卷烟品类的多元化发展及创新是以清香型、中间香型和浓香型烟叶三者的协调发展为基础的，但如今，浓香型烟叶的质量水平及生产规模和卷烟品牌烟叶原料需求之间存在较大矛盾，国内浓香型烟叶较为缺乏，较长时期依赖进口（袁庆钊等，2011）。从目前浓香型烟叶生产的情况来看，浓香型烟叶主要产区分布在河南、湖南、安徽、广东等省份，产量规模相对较小，产区分布相对分散，但市场需求却相当广阔，已基本全面应用到全国百牌号的叶组配方中，在高档卷烟生产中具有不可替代的调香作用。因此，前国家局何泽华副局长在全国浓香型烟叶开发工作座谈会上提出要"三位一体"推进浓香型烟叶开发。

广东是我国传统的浓香型烟叶产区。1998—2000年，对广东各烟区的生态条件和烟叶质量进行调查分析，将广东省烟叶产区划分为南雄-始兴-五华生态烟区、乐昌-乳源生态烟区和粤东生态烟区，还指出南雄-始兴-五华生态烟区的烟叶香型为较典型的浓香型到偏中香型（罗战勇等，2004）。2005年清远（连州）烟区开始试种烤烟，经过数年的发展，年收购规模逐年扩大，其烟叶的浓香型特色获得工业企业认可（杨伟平等，2011）。但近些年广东烟区出现了烟叶浓香型风格弱化的趋势（王行等，2012）。在外观质量方面，烟叶色度渐弱，油分减少，且一直存在成熟度相对较低的问题；在化学成分方面，糖含量大幅上升，烟碱含量有所下降，糖碱比大幅度提高；在感官质量方面，出现香气质变差，香气量变小，刺激性增大，烟气变粗糙等问题。这些问题都不同程度地限制了广东浓香型烟叶质量的提高，阻碍了广东浓香型特色优质烟叶的开发。

然而，生产特色优质烟叶的前提是对各类烟叶风格特色的科学定位和烟叶质量的科学评价（Davis et al.，1999）。广东浓香型烟叶质量的提高不应该仅仅局限于上述表面问题的解决，而应该深入挖掘烟叶质量的内在规律，准确认识烟叶质量，把握烟叶质量的本质特征，明确广东浓香型烟叶的自身特色，在保证自身浓香型烟叶风格特色的基础上，弄清其质量缺陷，改善烟叶质量。浓香型烟叶具有较明显的成熟焦甜香韵，香气浓郁沉溢，烟气绵长厚实，透发感强，浓度较大，劲头适中，余味舒适等品质特性（YU，PANG，REN et al.，2006）。在化学成分方面，浓香型烟叶与清香型和中间香型烟叶相比，呈现"两高一低"的特点，烟碱、钾含量相对较高，总糖及还原糖含量相对较低（刘丽，文俊，林锐锋等，2010）。罗战勇等（2004）对广东各烟区烟叶样品的化学成分进行多年分析（表1-1），得出以下结论：广东省烟叶烟碱含量（本书含量均表质量分数）较适宜，在2.5%～3.5%之间；总糖含量在18.23%～25.19%之间，还原糖含量在14.39%～23.94%之间，其中烟叶总糖、还原糖表现为粤东生态烟区烟叶最高，其次是乐昌-乳源生态烟区烟叶，南雄-始兴-五华生态烟区烟叶最低；含钾量在1.8%～2.4%之间，其中南雄-始兴-五华生态烟区烟叶钾的含量最高。并且还通过内在质量的评价，指出南雄-始兴-五华烟区的烟叶香型为较典型的浓香型到偏中香型，且感官质量比其他两个生态烟区好。

表1-1　广东省各生态烟区烟叶化学成分分析结果

生态烟区	年份	总糖（%）	还原糖（%）	烟碱（%）	总氮（%）	糖碱比	氮碱比	烟叶钾（%）	蛋白质（%）
全省平均	1998	20.41	16.11	2.72	1.57	8.37	0.63	1.87	6.87
	1999	21.42	20.10	2.76	1.75	8.46	0.64	2.03	7.37
	2000	22.05	19.61	3.57	1.57	6.87	0.43	2.30	5.94
南雄-始兴-五华烟区	1998	19.81	14.39	2.53	1.58	8.70	0.60	1.94	7.15
	1999	21.01	19.55	2.70	1.79	8.47	0.66	0.66	7.49
	2000	21.13	19.41	3.77	1.61	6.27	0.41	2.38	5.95
乐昌-乳源烟区	1998	21.39	17.55	2.83	1.51	8.32	0.56	1.67	6.36
	1999	18.23	17.62	3.08	1.65	6.63	0.58	1.78	7.00
	2000	22.73	18.95	3.50	1.54	6.78	0.40	2.28	5.85
粤东烟区	1998	20.95	18.68	3.04	1.59	7.71	0.58	1.87	6.68
	1999	25.19	23.94	2.82	1.64	9.65	0.62	2.09	7.18
	2000	23.15	21.50	3.16	1.52	8.65	0.52	2.11	6.09

贺帆等（2012）对我国8个典型浓香型烟叶产区烤烟样品主要化学成分及其派生

值进行分析和评价，结果表明，不同地区烟叶化学成分的差异主要表现在总糖、还原糖、钾、糖碱比和钾氯比几个方面。王建波等（2013）分析了湖南省浓香型烤烟具有代表性的5个主产地区烤烟样品主要化学成分，结果表明总氮含量差异性不大，糖和氯含量差异较大。王刘胜等（2013）收集了主要浓香型产区烟叶研究产区间烟叶的差异及烟叶化学成分与风格品质特色的关系，研究表明烟碱、总糖、糖碱比对烟叶感官品质特征的影响较大。

本研究通过采集省内外典型浓香型烟叶产区的烤后烟样，从感官质量、化学成分、可用性等方面对采集的烟样进行测试分析，采用数理分析手段梳理和挖掘各因子之间的内在联系，找出影响广东浓香型烟叶风格特色的关键因子；并且通过比较研究探讨广东浓香型烟叶与其他产区浓香型烟叶质量风格特色的差异，分析可能弱化广东浓香型烟叶风格的因子，为彰显广东浓香型烟叶风格特色的技术提供理论支持。

1.2 材料与方法

1.2.1 试验材料与试验设计

本实验于2012—2014年连续三年进行。供试烟叶样品均为广东南雄、始兴、梅州五华、清远连州、湖南桂阳、安徽皖南和河南许昌示范片典型烟样。

选取南雄、始兴、连州、五华（旱坡地烟）等烟区示范点的典型烟叶样品，其中南雄选取黄坑、湖口、水口、古市4个点，共计7个取样点，每个点取2公斤C3F、2公斤B2F和2公斤X2F烟样。

选取湖南桂阳、皖南、河南许昌烟区示范点的典型烟叶样品，每个点取2公斤C3F、2公斤B2F和2公斤X2F烟样。

下部叶为4—6叶位，中部叶为8—11叶位，上部叶为14—17叶位。

1.2.2 测定项目和方法

1.2.2.1 感官质量评价

将选取的各试验点有代表性的B2F、C3F、X2F等级烟叶切丝，卷制成长70 mm，圆周24.5 mm的单料烟支，置于温度22℃±1℃和相对湿度60%±2%的环境中平衡水分48 h后取出，由广东烟草烟叶感官质量评吸小组进行评吸评价。

按照《烟草及烟草制品感官评价办法》（YC/T138—1998）的要求，采用单料烟9标度检验法设计烟叶样品内在质量感官评价赋值方法（表1-2）。评吸项目包括不赋分指标：香型、工业可用性；赋分指标：香韵、香气质、香气量、浓度、劲头、杂气、刺激性、余味），然后对其品质进行定性描述。感官质量总分的计算采用《中国烟草种植区划》烤烟感官质量评价体系计算方法，以香气质、香气量、刺激性、余味、杂气为评价指标，权重依次定为 0.30、0.30、0.08、0.15、0.17，然后以指数和法计算烤烟感官质量总分（王彦亭，谢建平，李志宏，2010）。

表1-2 内在质量感官评价赋值方法

评吸项目	程度	分值	评吸项目	程度	分值
香型	清香型		劲头	很大、大	7.5—9.0
	中间香型			较大	6.0—7.0
	浓香型			中等	4.5—5.5
				较小	3.0—4.0
				小	<3.0
香韵	突出	7.5—9.0	杂气	无、似有	7.5—9.0
	较突出	6.0—7.0		较轻	6.0—7.0
	有	4.5—5.5		有	4.5—5.5
	少	3.0—4.0		略重	3.0—4.0
	无	<3.0		重	<3.0
香气质	好、较好	7.5—9.0	刺激性	无、似有	7.5—9.0
	中偏上	6.0—7.0		微有	6.0—7.0
	中等	4.5—5.5		有	4.5—5.5
	中偏下	3.0—4.0		略大	3.0—4.0
	较差	<3.0		较大	<3.0
香气量	充足、较充足	7.5—9.0	余味	舒适	7.5—9.0
	尚充足	6.0—7.0		较舒适	6.0—7.0
	有	4.5—5.5		尚舒适	4.5—5.5
	较少	3.0—4.0		欠舒适	3.0—4.0
	少	<3.0		滞适	<3.0
浓度	很浓、浓	7.5—9.0	工业可用性	强	A
	较浓	6.0—7.0		较强	B
	中等	4.5—5.5		中等	C
	较淡	3.0—4.0		较差	D
	淡	<3.0			

1.2.2.2 常规化学成分测定

烟碱含量的测定：根据王瑞新（2003）的方法，称取样品 0.5 g 置于 500 mL 凯氏瓶中，加入 NaCl 25 g，NaOH 3 g，蒸馏水约 25 mL。将凯氏瓶连接于蒸汽蒸馏装置，用装有 10 mL 10 mol·L^{-1} H$_2$SO$_4$ 溶液的 250 mL 三角瓶收集 220～230 mL 馏出液。将馏出液转移到 250 mL 容量瓶中定容，吸取 5 mL 于容量瓶，用 0.025 mol·L^{-1} H$_2$SO$_4$ 溶液稀释到 35 mL，再用 0.025 mol·L^{-1} H$_2$SO$_4$ 溶液作参比液，紫外分光光度计在 236 nm、259 nm、282 nm 波长处测定待测液的吸光度，计算烟碱含量。

可溶性总糖含量的测定：根据邹琦（2000）的方法，称取 0.2 g 干样 3 份，分别放入 3 支试管。各加 5～10 mL 蒸馏水，加盖封口，沸水中提取 30 min，提取 2 次，提取液过滤入 25 mL 容量瓶中，定容至刻度。吸取 0.2 mL 样品液于试管中，加蒸馏水 1.8 mL 稀释。加入 0.5 mL 蒽酮乙酸乙酯，再加入 5 mL 浓硫酸立刻将试管放入沸水中，准确保温 1 min，取出冷却至室温。630 nm 比色，查蔗糖标准曲线，计算可溶性糖含量。

淀粉含量的测定：根据邹琦（2000）的方法，将提取可溶性糖以后的残渣移入原来的试管，加入 10～15 mL 蒸馏水，放入沸水中煮 15 min。加入 1.75 mL 高氯酸，提取 15 min，取出冷却。滤纸过滤到 25 mL 容量瓶，定容。吸取 0.2 mL 提取液，加蒸馏水 1.8 mL 稀释，再加入 0.5 mL 蒽酮乙酸乙酯和 5 mL 浓硫酸。剩下步骤同可溶性总糖的测定。

还原糖含量的测定：根据李合生（2000）的 3,5 - 二硝基水杨酸法，称取 0.2 g 干样各 3 份，分别放入 3 支试管。加 15 mL 蒸馏水，加盖封口，置于 50℃ 恒温水浴锅中提取 20 min，过滤两次，将滤液全部收集至 50 mL 容量瓶，定容。取 3 支 25 mL 刻度试管，其中 2 支试管分别加入 2 mL 还原糖待测液和 1.5 mL 3,5 - 二硝基水杨酸试剂，另一管以 2 mL 蒸馏水代替还原糖待测液作空白。将试管中溶液摇匀后于沸水浴中加热 5 min，取出后立即放入冷水中冷却至室温，再以蒸馏水定容至 25 mL 刻度处，用橡皮塞塞住管口，颠倒混匀后于 540 nm 波长下比色得吸光值。查葡萄糖标准曲线，计算还原糖含量。

总氮含量的测定：根据李合生（2000）的方法，将烘干及烤后烟叶用瑞典福斯特卡托公司生产的凯氏自动定氮仪 CID - 310 进行总氮含量的测定。

钾含量的测定：根据王瑞新主编的《烟草化学》（2003）中的火焰光度法。将配置好的钾标准系列溶液以浓度最大的一个定到火焰光度计上检流计的满度（100），然后从稀到浓依次进行测定，记录检流计的读数。以检流计读数为纵坐标钾标准液浓度为横坐标绘制标准曲线。吸取消煮液 5 mL 于 50 mL 容量瓶中，用水定容。在火焰离子分光光度计上读出检流计读数，并从标准曲线查得钾的质量浓度（μg·mL^{-1}），利用公式计算全钾量。

1.2.2.3 单叶重及含梗率测定

含梗率是指烟梗在烟叶中所占的质量分数（%），即将主脉从烟叶中分离，测定主脉在烟叶中所占的质量分数（%）。

单叶重的测定：单叶重是指一片叶的重量。随机抽取 20 片平衡含水率后的烤烟称重，求得每片烤烟的平均重量。

1.2.3　统计分析方法

数据分析和制图采用 SPSS 22.0、SigmaPlot 12.5 和 Excel 2007 等软件。

1.2.3.1　烤烟化学成分评价指标体系

参考《中国烟草种植区划》的烤烟化学成分指标赋值法对烟叶进行化学品质评定，采用综合相关分析法和层次分析法来确定各化学成分指标相应的权重，采用指数和法确定化学成分协调性状况。

1.2.3.2　主成分分析法

主成分分析（PCA）法以最少的信息丢失为前提，将众多的原有变量综合成较少几个综合指标，原有变量综合成少数几个因子之后，这几个因子之间应该互不相关，并能够代表原有变量的绝大部分信息，且因子将可以替代原有变量参与数据建模，从而大大减少分析过程中的计算工作量。

1.3　结果

1.3.1　南雄产区各基地单元烟叶质量的比较研究

南雄是我国浓香型烟叶生产基地之一，种植面积、产量和收购量常年居广东之首。南雄目前主要有湖口、水口、古市和黄坑等基地单元，其中湖口基地单元为深圳烟草工业有限公司"好日子"卷烟品牌导向型基地单元，水口基地单元为川渝中烟"骄子"卷烟品牌导向型基地单元，古市基地单元为湖北中烟"黄鹤楼"卷烟品牌导向型基地单元，黄坑基地单元为广东中烟"双喜"卷烟品牌导向型基地单元。

1.3.1.1　南雄产区各基地单元烟叶常规化学成分的比较研究

烟叶的化学成分是影响烟叶内在质量的物质基础。一般认为，优质浓香型烟叶的化学成分应达到：总糖 16% ～23%，还原糖 14% ～18%，两糖比（还原糖/总糖）≥0.8，总氮 1.5% ～2.3%，烟碱 1.5% ～3.5%，糖碱比 6 ～10，钾离子≥2.0%。

不同工业公司卷烟品牌对南雄各基地单元烟叶质量风格特色的导向不同，各基地单元烟叶主要化学成分也必然存在差异。表 1-3 显示了南雄产区湖口、水口、古市、黄坑基地单元常规化学成分及其协调性的差异。总的来说，四个基地单元烟叶常规化学成分含量基本符合优质浓香型烟叶的要求，且差异不大。

表 1-3 南雄产区各基地单元烟叶常规化学成分及其协调性的比较

部位	产区	还原糖（%）	总糖（%）	淀粉（%）	总氮（%）	烟碱（%）	钾（%）	糖碱比	氮碱比	钾氯比
B2F	湖口	17.81±0.10a	20.44±0.69ab	4.72±0.01a	2.19±0.10a	3.21±0.08a	2.38±0.08a	6.38±0.27a	0.68±0.02a	6.43±0.08b
	水口	14.89±0.84b	20.95±0.27a	4.80±0.06a	2.35±0.04a	3.30±0.04a	2.24±0.03a	6.36±0.15a	0.71±0.03a	6.40±0.02b
	古市	18.54±0.09a	19.38±0.35bc	3.46±0.34b	2.16±0.11a	3.08±0.04a	2.33±0.04a	6.30±0.18a	0.70±0.05a	5.55±0.04c
	黄坑	15.66±0.64b	18.26±0.17c	4.72±0.08a	2.25±0.05a	3.12±0.09a	2.46±0.02a	5.86±0.14b	0.72±0.04a	7.24±0.05a
C3F	湖口	18.71±0.23ab	21.30±0.75a	4.59±0.12a	1.99±0.01a	2.32±0.04a	2.48±0.07a	9.21±0.48ab	0.86±0.01a	7.52±0.02b
	水口	18.65±0.33ab	22.43±0.38a	3.92±0.17b	2.15±0.08a	2.33±0.06a	2.34±0.04b	9.64±0.35a	0.93±0.05a	7.31±0.01b
	古市	20.79±0.28a	22.00±0.28a	3.61±0.17b	2.15±0.05a	2.38±0.09a	2.41±0.02b	9.25±0.23ab	0.90±0.03a	8.31±0.05a
	黄坑	16.63±0.56b	19.02±0.07b	4.26±0.28ab	2.10±0.02a	2.33±0.04a	2.57±0.02a	8.18±0.17b	0.90±0.01a	8.29±0.02a
X2F	湖口	15.83±0.76c	17.74±0.20b	4.72±0.11a	1.91±0.03b	2.04±0.05a	2.63±0.08a	8.69±0.30b	0.94±0.03a	9.74±0.01a
	水口	16.65±1.33c	20.76±0.32b	3.52±0.07b	1.87±0.05bc	1.88±0.06a	2.58±0.07a	11.07±0.47a	0.99±0.01a	8.3±0.06b
	古市	20.61±0.65a	21.24±0.24a	2.74±0.01c	1.77±0.03c	1.94±0.05a	2.60±0.10a	10.98±0.35a	0.91±0.02a	10.00±0.02a
	黄坑	17.48±0.26b	17.83±0.40b	4.81±0.18a	2.05±0.02a	2.11±0.10a	2.76±0.03a	8.48±0.30b	0.98±0.04a	9.86±0.04a

注：表中数据采用邓肯氏新复极差法，同列的数据间具有不同字母的数据间的差异达到 5% 的显著水平。

从上部叶来看，古市和湖口的还原糖含量较高，黄坑和水口的较低，且与古市、湖口的差异达到显著水平；总糖含量水口的最高，湖口和古市的次之，黄坑的最低，且差异都达到显著水平；淀粉含量湖口、水口和黄坑的较高，古市的较低，且与湖口、水口和黄坑的差异达到显著水平；钾含量黄坑的最高，水口的最低，但四者之间无显著差异；总氮和烟碱都表现为水口的最高，古市的最低，但四者之间的差异均未达到显著水平；湖口、水口和古市的糖碱比较高，黄坑的较低，且与湖口、水口和古市的差异显著；黄坑的氮碱比最高，湖口的最低，但四者之间无显著差异。

从中部叶来看，古市的还原糖含量较高，湖口和水口的次之，黄坑的最低，且与古市的差异达到显著水平；总糖含量湖口、水口和古市的较高，黄坑的较低，且与湖口、水口、古市的差异达到显著水平；淀粉含量湖口的较高，水口、古市的较低，且与湖口的差异达到显著水平；钾含量黄坑和湖口的较高，水口和古市的较低，且与黄坑和湖口的差异显著；四个基地单元烟叶总氮和烟碱的含量基本相当，且四者之间的差异均未达到显著水平；湖口、水口和古市的糖碱比较高，黄坑的较低，且与湖口、水口和古市的差异显著；水口的氮碱比最高，湖口的最低，但四者之间无显著差异。

从下部叶来看，古市的还原糖含量较高，黄坑的次之，湖口和水口的最低，且与古市的差异达到显著水平；总糖含量湖口、水口和古市的较高，黄坑的较低，且与湖口、水口和古市的差异达到显著水平；淀粉含量湖口和黄坑的较高，水口、古市的较低，且与湖口和黄坑的差异达到显著水平；钾含量黄坑的最高，水口的最低，但四者之间无显著差异；四个基地单元烟叶总氮和烟碱的含量基本相当，且四者之间的差异均未达到显著水平；水口和古市的糖碱比较高，黄坑和湖口的较低，且与水口和古市的差异显著；水口的氮碱比最高，古市的最低，但四者之间无显著差异。

1.3.1.2 南雄产区各基地单元烟叶主要化学成分年际变化

南雄产区各基地单元烟叶主要化学成分年际变化情况见图 1-1、图 1-2 和图 1-3。从图 1-1 可以看出，南雄产区各基地单元上部叶总糖变化范围在 18.26% ～23.73% 之间，均值为 21.24%，变异系数（CV）为 9.15%，且总体呈现逐年下降趋势；还原糖变化范围为 14.89%～20.31%，均值为 18.29%，变异系数（CV）为 7.63%，也呈逐年下降的趋势；烟碱变化范围在 2.94%～3.3% 之间，变化范围较小，变异系数仅为 3.23%；糖碱比变化范围为 5.84～7.49，变异系数为 7.98%，且变化趋势与总糖相似。

从图 1-2 可以看出，南雄产区各基地单元中部叶总糖变化范围在 19.02%～26.28% 之间，均值为 22.90%，变异系数（CV）为 8.77%，总体呈现逐年下降趋势；还原糖变化范围为 16.63%～21.35%，均值为 19.39%，变异系数（CV）为 8.29%，也呈逐年下降的趋势；烟碱变化范围在 2.2%～2.5% 之间，均值为 2.35%，变异系数

（CV）为 5.42%；糖碱比变化范围为 8 ～ 12，均值为 10，变异系数（CV）为 12.64%，总体呈现逐年下降的趋势。

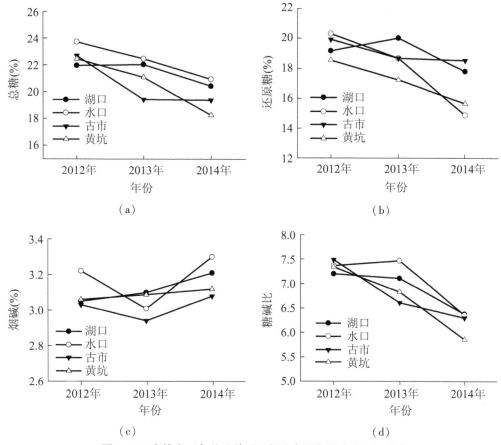

图 1-1　南雄产区各基地单元上部叶主要化学成分年际变化

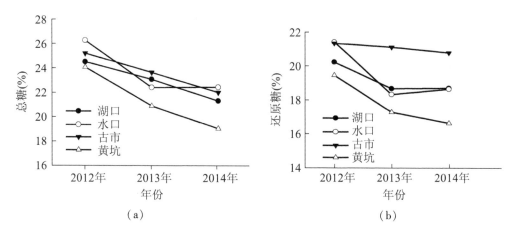

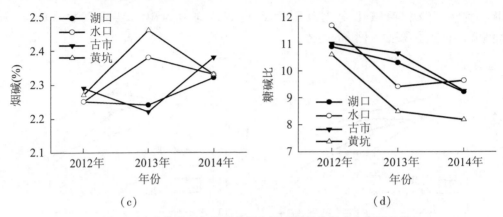

（c）　　　　　　　　　　　　　（d）

图1-2　南雄产区各基地单元中部叶主要化学成分年际变化

由图1-3可以看出，南雄产区各基地单元下部叶总糖变化范围在17.74%～26.00%

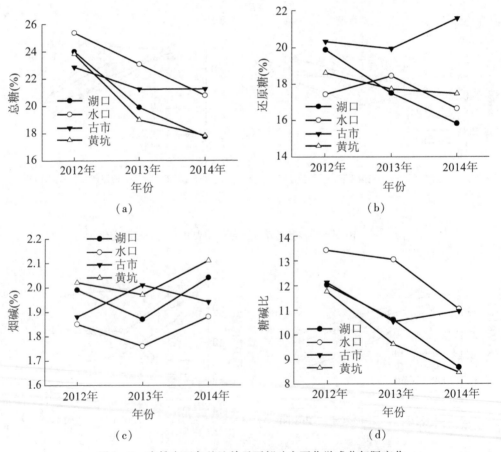

（a）　　　　　　　　　　　　　（b）

（c）　　　　　　　　　　　　　（d）

图1-3　南雄产区各基地单元下部叶主要化学成分年际变化

之间，均值为21.40%，变异系数（CV）为11.62%，且总体呈现逐年下降趋势；还原糖变化范围为15.83%～21.61%，均值为18.45%，变异系数（CV）为9.14%，也呈逐年下降趋势；烟碱变化范围在1.75%～2.11%之间，变化范围很小，均值为1.94%，变异系数（CV）为5.05%；糖碱比变化范围为8.48～13.17，均值为11.07，变异系数（CV）为14.59%，总体呈现逐年下降趋势。

1.3.1.3　南雄产区各基地单元烟叶感官质量的比较研究

烟叶的使用价值的核心是感官质量，而烟叶的感官质量是内在成分的外化体现。一般认为浓香型烟叶具有较明显的成熟焦甜香韵，香气浓郁沉溢，烟气绵长厚实透发感强，浓度较大，劲头适中，余味舒适。

对南雄产区湖口、水口、古市、黄坑基地单元烟叶中部叶和上部叶（B2F和C3F）感官质量进行评价，上部叶评吸结果表明：湖口基地单元烟叶香型为浓香型，焦甜香韵突出（焦韵为主），香气质较好，香气量尚充足，浓度较浓，劲头较大，杂气较轻，刺激性微有，余味较舒适；水口基地单元烟叶为典型的浓香型，焦甜香韵突出，香气质好，香气量充足，浓度较浓，劲头较大，杂气较轻，刺激性微有，余味较舒适，烟气透发，爆发感强；古市基地单元烟叶为浓香型，焦甜香韵较突出，香气质较好，香气量尚充足，浓度较浓，劲头较大，杂气较轻，刺激性微有，余味较舒适；黄坑基地单元烟叶为浓香型，焦甜香韵较突出，香气质中等，香气量尚充足，浓度较浓，劲头较大，杂气有枯焦杂气，刺激性微有，余味较舒适。

中部叶评价结果表明：湖口基地单元烟叶为浓香型，焦甜香韵突出（焦为主），香气较透发，但香气量欠饱满，略有枯焦杂气，刺激性微有，余味较舒适；水口基地单元烟叶为浓香型，焦甜香韵较突出，但香气欠透发，成熟度欠缺；古市基地单元烟叶为浓香型，焦甜香韵较突出，略带甘甜，香气有绵延感和圆润性，配伍性好；黄坑基地单元烟叶为浓香型，焦甜香韵较突出，香气较透发，稍有圆润性和绵延感，香气量较足。

对评价结果进行单因素方差分析（表1-4），从上部叶来看，古市的评吸总分最高，水口的次之，湖口和黄坑的总分稍低，且四者之间差异未达到显著水平。香韵、香气质、香气量、浓度、劲头和余味均以水口的得分最高，杂气和刺激性以古市的得分最高，黄坑的各评价指标的得分都较低，与水口和古市的差异都达到了显著水平。

从中部叶来看，总分表现为古市的＞湖口的＞黄坑的＞水口的，古市、湖口和黄坑三者之间差异不显著，但与水口的差异都达到显著水平。水口的除劲头外各评价指标得分都较低，古市、湖口和黄坑的各指标得分差异不显著。

表1-4 南雄产区各基地单元烟叶感官质量的比较

部位	产区	香韵	香气质	香气量	浓度	劲头	杂气	刺激性	余味	总分
B2F	湖口	6.50±0.00b	6.50±0.00ab	6.50±0.00b	6.50±0.00c	6.50±0.00	6.00±0.00b	6.00±0.00b	6.50±0.00a	6.40±0.00a
	水口	6.95±0.05a	6.73±0.08a	6.95±0.15a	6.95±0.05a	6.59±0.06a	6.09±0.06ab	6.14±0.10ab	6.45±0.05a	6.59±0.05a
	古市	6.82±0.10a	6.68±0.08a	6.86±0.07a	6.73±0.08b	6.45±0.08ab	6.23±0.08a	6.27±0.08a	6.41±0.06a	6.60±0.05a
	黄坑	6.41±0.11b	6.41±0.11b	6.50±0.10b	6.50±0.07c	6.27±0.10b	6.00±0.07b	6.09±0.06ab	6.14±0.10b	6.31±0.08a
C3F	湖口	7.50±0.00a	6.61±0.11a	6.56±0.06a	6.61±0.11a	6.11±0.18b	6.56±0.06a	6.11±0.11a	6.56±0.06a	6.54±0.07a
	水口	7.00±0.00c	6.00±0.00b	6.11±0.07b	6.11±0.11b	6.50±0.00a	6.11±0.07b	5.56±0.06b	6.17±0.12b	6.04±0.06b
	古市	7.11±0.07c	6.78±0.06a	6.50±0.08a	6.44±0.06a	6.00±0.00b	6.50±0.00a	6.00±0.00a	6.50±0.00a	6.55±0.04a
	黄坑	7.28±0.09b	6.44±0.06ab	6.56±0.08a	6.50±0.08a	6.28±0.09ab	6.44±0.06a	6.00±0.08a	6.50±0.00a	6.45±0.06a

注：表中数据采用邓肯氏新复极差法，同列的数据间具有不同字母的两数据间的差异达到5%的显著水平。

1.3.1.4　南雄产区各基地单元烟叶可用性的比较研究

单叶重与烤烟烟叶质量有着密切的联系。适当的单叶重有助于改善烟叶香气质，提高香气量，获得较好的烟气质量；单叶重对化学成分的协调性也有着较大的影响。含梗率的高低对烟叶的工业可用性有很大的影响。

从表 1 - 5 可以看出，上部叶湖口的单叶重最高，达到 16.31 g，水口的最低，为 14.49 g，四个基地单元差异不大；含梗率古市的最高，为 30.76%，黄坑的最低，为 26.35%。中部叶古市的单叶重和含梗率都最高，分别达到 12.24 g 和 35.04%，黄坑的单叶重和含梗率最低，分别为 11.51 g 和 29.37%。下部叶黄坑的单叶重最高，为 9.06 g，湖口的单叶重最低，为 7.99 g；含梗率水口的最高，为 32.02%，黄坑的最低，为 29.06%。且湖口、水口、古市、黄坑基地单元烟叶各部位单叶重都表现为上部叶 > 中部叶 > 下部叶。

表 1 - 5　2014 年南雄产区各基地单元烟叶可用性的比较

部位	产区	单叶重（g）	含梗率（%）
B2F	湖口	16.31	27.34
	水口	14.45	29.99
	古市	15.67	30.76
	黄坑	14.49	26.35
C3F	湖口	12.09	33.49
	水口	12.13	32.32
	古市	12.24	35.04
	黄坑	11.51	29.37
X2F	湖口	7.99	30.80
	水口	8.41	32.02
	古市	7.87	30.05
	黄坑	9.06	29.06

1.3.2 广东浓香型烟叶产区烟叶质量的比较研究

广东是我国传统的浓香型烟叶产区。罗战勇等（2004）对广东各烟区的生态条件和烟叶质量进行调查分析，将广东省烟叶产区划分为南雄－始兴－五华生态烟区、乐昌－乳源生态烟区和粤东生态烟区，其中南雄－始兴－五华生态烟区的烟叶香型为较典型的浓香型到偏中香型。2005 年清远（连州）烟区烤烟开始试种，经过数年的发展，年收购规模逐年扩大，其烟叶的浓香型特色获得工业企业认可。

1.3.2.1 广东浓香型烟叶产区烟叶常规化学成分比较研究

表 1-6 显示了广东产区南雄、始兴、五华、连州烟叶常规化学成分及其协调性的差异。从上部叶来看，五华和连州的还原糖含量较高，始兴的次之，南雄的最低，且与五华和连州的差异都达到显著水平；总糖含量五华的最高，连州的次之，始兴和南雄的最低，且与五华和连州的差异都达到显著水平；淀粉含量南雄、始兴和连州的较高，五华的较低，且与南雄、始兴和连州的差异达到显著水平；钾含量五华的最高，南雄和连州的次之，始兴的最低，且与五华的有显著差异；总氮表现为五华的＞始兴的＞南雄的＞连州的，且四者之间差异都达到显著水平；烟碱都表现为始兴和南雄的较高，五华和连州的低，且与始兴和南雄的差异达到显著水平；五华的糖碱比较高，连州的次之，南雄和始兴的较低，且与五华和连州的差异显著；五华的氮碱比较高，南雄、始兴和连州的较低，且与五华的差异显著。

从中部叶来看，五华和连州的总糖和还原糖含量都较高，始兴的次之，南雄的最低，且与五华和连州的差异都达到显著水平；淀粉含量始兴的最高，南雄的最低，且差异显著；总氮表现为五华的＞始兴的＞南雄的＞连州的，且四者之间差异都达到显著水平；始兴的烟碱含量显著较高；五华的糖碱比较高，连州的次之，南雄和始兴的较低，且与五华和连州的差异显著；五华的氮碱比最高，南雄的次之，始兴和连州的最低，且与五华和南雄的差异显著。

从下部叶来看，连州的总糖含量较高，五华的次之，始兴的最低，且与五华和连州的差异都达到显著水平；还原糖表现为连州的＞南雄的＞五华的＞始兴的；且四者之间差异显著；淀粉含量南雄、始兴和连州的较高，五华的较低；总氮南雄的最高，连州的最低，且差异显著；烟碱含量差异都未达到显著水平；糖碱比表现为连州的＞五华的＞南雄的＞始兴的，且四者之间差异显著；氮碱比表现为南雄的＞始兴的＞五华的＞连州的，且四者之间差异显著。

表 1 - 6　广东浓香型烟叶产区烟叶常规化学成分及其协调性的比较

部位	产区	还原糖（%）	总糖（%）	淀粉（%）	总氮（%）	烟碱（%）	钾（%）	糖碱比	氮碱比	钾氯比
B2F	南雄	15.66±0.64c	18.26±0.17c	4.72±0.08a	2.25±0.05bc	3.12±0.09ab	2.46±0.02b	5.86±0.14c	0.72±0.04b	7.24±0.05a
	始兴	17.23±0.16b	18.15±0.59c	4.46±0.11a	2.45±0.08ab	3.32±0.08a	2.14±0.02c	5.48±0.25c	0.74±0.02b	6.29±0.01ab
	五华	19.13±0.15a	22.21±0.24a	2.74±0.07b	2.57±0.02a	2.93±0.07b	2.64±0.04a	7.58±0.11a	0.88±0.03a	6.44±0.03ab
	连州	18.97±0.22a	20.03±0.30b	4.72±0.03a	2.18±0.11c	3.05±0.03b	2.37±0.04b	6.58±0.12b	0.72±0.04b	5.93±0.07b
C3F	南雄	16.63±0.64c	19.02±0.17c	4.26±0.08b	2.10±0.05b	2.33±0.09b	2.57±0.02a	8.18±0.14c	0.90±0.04b	8.29±0.02a
	始兴	18.02±0.19b	21.23±0.88b	5.69±0.59a	2.09±0.04b	2.75±0.05a	2.36±0.03b	7.71±0.19c	0.76±0.02c	7.15±0.04b
	五华	21.87±0.16a	25.99±0.49a	4.79±0.17ab	2.33±0.07b	2.22±0.07b	2.21±0.06c	11.74±0.23a	1.05±0.03a	5.82±0.08c
	连州	21.06±0.04a	24.86±0.39a	5.13±0.24ab	1.75±0.03c	2.35±0.07b	2.68±0.02a	10.61±0.25b	0.75±0.02c	6.54±0.04c
X2F	南雄	17.48±0.26a	17.83±0.40bc	4.81±0.18a	2.05±0.02a	2.11±0.10a	2.76±0.03a	8.48±0.30bc	0.98±0.04a	9.86±0.04a
	始兴	15.07±0.11c	16.64±0.43c	4.67±0.09a	1.89±0.02b	2.09±0.04a	2.22±0.05b	7.99±0.28c	0.91±0.02b	7.39±0.04c
	五华	16.56±0.18b	19.00±0.42b	3.17±0.08b	1.83±0.02b	2.16±0.08a	2.32±0.02b	8.82±0.13b	0.85±0.04bc	7.03±0.01c
	连州	17.69±0.26a	21.86±0.44a	4.73±0.20a	1.71±0.04c	2.27±0.04a	2.67±0.06a	9.63±0.19a	0.76±0.02c	8.08±0.04b

注：表中数据采用邓肯氏新复极差法，同列的数据间具有不同字母的两数据间的差异达到5%的显著水平。

1.3.2.2 广东浓香型烟叶产区烟叶主要化学成分年际变化

广东浓香型烟叶产区烟叶主要化学成分年际变化情况见图1-4、图1-5和图1-6。从图1-4可以看出，广东浓香型烟叶产区南雄、始兴、五华、连州产区烟叶上部叶总糖变化范围在18.15%～23.86%之间，均值为20.68%，变异系数（CV）为9.42%，且除连州的外总体上呈现逐年下降趋势；还原糖变化范围在15.66%～21.33%之间，均值为18.25%，变异系数（CV）为9.09%，且除连州的外，南雄、始兴和五华的呈逐年下降趋势；烟碱变化范围在2.7%～3.3%之间，变化范围很小，均值为1.94%，变异系数（CV）为5.05%；糖碱比变化范围在5.5～8.5之间，均值为7.0，变异系数（CV）为14.59%，总体呈现下降趋势。

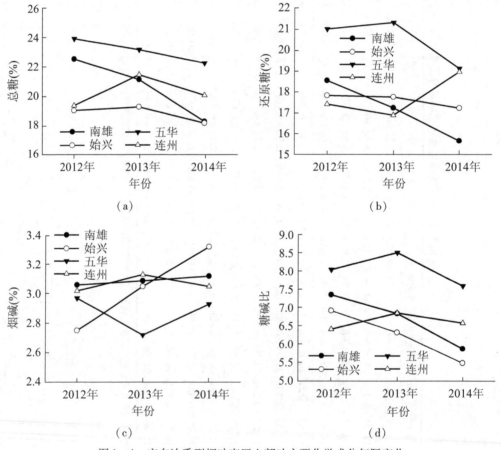

图1-4 广东浓香型烟叶产区上部叶主要化学成分年际变化

从图1-5可以看出，广东浓香型烟叶产区南雄、始兴、五华、连州中部叶总糖变化范围在19.02%～25.99%之间，均值为22.22%，变异系数（CV）为10.00%，除南雄的外,其他的呈现上升趋势;还原糖变化范围为 16.63% ~23.43%,均值为 19.26%,变异系数(CV)为 12.71%;烟碱变化范围在 2.22% ~2.75% 之间,均值 为 2.39%,变异系数(CV)为 6.73%,呈现上升趋势;糖碱比变化范围在 7.72 ~ 11.71 之间,均值为 9.37,变异系数(CV)为 14.04%,南雄和始兴的总体呈现逐年 下降趋势,五华和连州的呈现先下降后上升趋势。

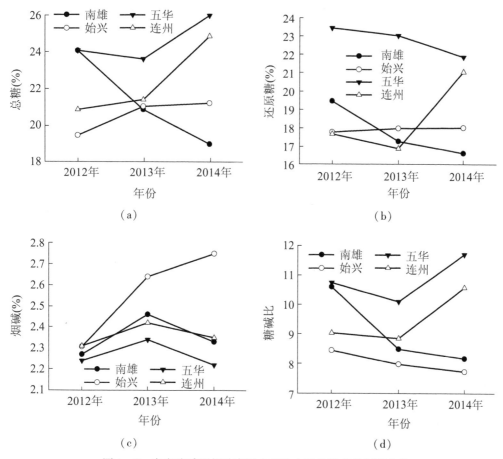

图 1-5　广东浓香型烟叶产区中部叶主要化学成分年际变化

从图 1-6 可以看出,广东浓香型烟叶产区南雄、始兴、五华、连州下部叶总糖变 化范围在 18.98% ~23.83% 之间,均值为 20.90%,变异系数(CV)为 7.33%;还原 糖变化范围在 15.07% ~18.77% 之间,均值为 17.63%,变异系数(CV)为 5.97%, 呈逐年下降趋势;烟碱变化范围在 1.95% ~2.27% 之间,变化范围很小,均值为 2.08%,变异系数(CV)为 4.84%;糖碱比变化范围为 8.80 ~11.80,均值为 10.07, 变异系数(CV)为 9.91%,且除连州的外总体呈逐年下降趋势。

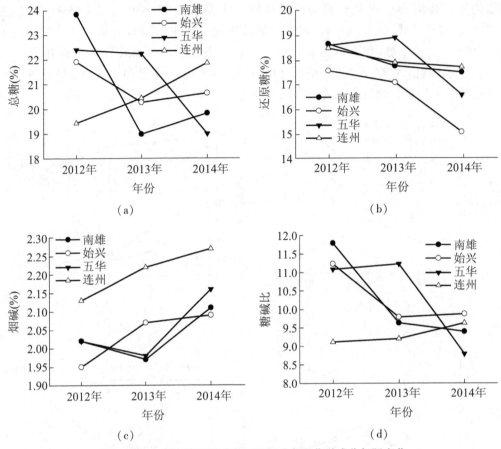

图1-6 广东浓香型烟叶产区下部叶主要化学成分年际变化

1.3.2.3 广东浓香型烟叶产区烟叶感官质量的比较研究

对南雄产区湖口、水口、古市、黄坑基地单元烟叶（B2F和C3F）感官质量进行评价，上部叶评吸结果表明：南雄产区烟叶为典型的浓香型，焦甜香韵突出，香气质好，香气量充足，浓度较浓，劲头较大，杂气较轻，刺激性微有，余味较舒适，烟气透发，爆发感强；始兴产区烟叶为浓香型，焦甜香韵欠彰显，香气质中等，香气量尚充足，烟气成团性稍差，浓度较浓，劲头较大，杂气稍重，有粉杂气，刺激性微有，余味尚舒适；五华产区烟叶香型为浓香型，焦甜香韵欠彰显，香气质中等，香气量尚充足，浓度较浓，劲头较大，杂气有枯焦杂气，刺激性微有，余味较舒适；连州产区烟叶香型为浓香型，焦甜香韵较突出，香气质中等，香气量尚充足，浓度较浓，劲头较大，杂气较轻，刺激性微有，余味较舒适。

中部叶评吸结果表明：南雄产区烟叶为浓香型，焦甜香韵较突出，香气较透发，稍

表1-7 广东浓香型烟叶产区烟叶感官质量的比较

部位	产区	香韵	香气质	香气量	浓度	劲头	杂气	刺激性	余味	总分
B2F	南雄	6.41±0.11a	6.41±0.11a	6.50±0.10a	6.50±0.07a	6.27±0.10a	6.00±0.07a	6.09±0.06a	6.14±0.10a	6.31±0.08a
	始兴	6.20±0.15b	6.20±0.11ab	6.25±0.17ab	6.50±0.11a	6.40±0.07a	5.80±0.13a	6.00±0.11a	6.15±0.11a	6.14±0.12ab
	五华	6.15±0.15b	6.25±0.11ab	6.15±0.13ab	6.25±0.11a	5.90±0.12b	5.90±0.12a	5.95±0.05a	6.20±0.11a	6.13±0.10ab
	连州	6.15±0.15b	5.82±0.24b	5.91±0.24b	6.45±0.11a	6.23±0.08a	5.68±0.27a	5.95±0.17a	5.95±0.20a	6.05±0.15b
C3F	南雄	7.28±0.09a	6.44±0.06a	6.56±0.06a	6.50±0.08a	6.28±0.09a	6.44±0.06a	6.00±0.08a	6.50±0.00a	6.45±0.06a
	始兴	7.08±0.12a	6.35±0.05a	6.44±0.15ab	6.42±0.14a	6.31±0.02a	6.38±0.09a	6.02±0.10a	6.43±0.06a	6.37±0.09a
	五华	6.67±0.20b	6.17±0.08b	6.39±0.11ab	6.33±0.08ab	6.11±0.14a	6.22±0.09ab	6.17±0.12a	6.11±0.14b	6.23±0.17b
	连州	6.78±0.09b	6.17±0.08b	6.17±0.08b	6.17±0.12b	6.00±0.08a	6.11±0.11b	6.17±0.20a	6.22±0.12ab	6.17±0.10b

注：表中数据采用邓肯氏新复极差法，同列的数据间具有不同字母的两数据间的差异达到5%的显著水平。

有圆润性和绵延感，香气量较足；始兴产区烟叶为浓香型，焦甜香韵较突出，辅有木香香韵，香气质较好，香气量尚充足，浓度较浓，劲头适中，杂气较轻，刺激性微有，余味较舒适；五华产区烟叶香型为中偏浓香型，以木香为主，正甜带焦甜香韵，烟气均衡，有一定的圆润和绵延感，稍有木杂气；连州产区烟叶香型为浓偏中，焦甜香韵较突出，夹带木香和草香，稍有圆润性和绵延感，似有生青杂气，刺激性多在鼻腔或口腔，成熟度欠缺。

对评价结果进行单因素方差分析结果见表 1 - 7。从上部叶来看，总分表现为南雄的 > 始兴的 > 五华的 > 连州的，始兴和五华的差异不显著，但与南雄、连州的差异都达到了显著水平。南雄的香韵、香气质、香气量、浓度、杂气和刺激性的得分都最高，始兴的劲头得分最高，五华的余味得分最高；连州的香韵、香气质、香气量、杂气、刺激性和余味得分都最低，五华的浓度和劲头得分最低。

从中部叶来看，总分表现为南雄的 > 始兴的 > 五华的 > 连州的，南雄和始兴的差异不显著，但与五华和连州的差异都达到了显著水平。香韵、香气质、浓度和余味得分各产区之间差异的显著水平与总分一致，劲头和刺激性四个产区之间差异不显著，南雄产区烟叶香气量和浓度得分都最高，连州的最低，且两者之间差异显著。

1.3.2.4 广东浓香型烟叶产区烟叶可用性的比较研究

从表 1 - 8 可以看出，上部叶南雄的单叶重最高，达到 14.49 g；连州的最低，为 10.24 g；含梗率始兴的最高，为 37.49%，连州的最低，为 26.05%。中部叶连州的单叶重最高，达到 13.04 g，五华的单叶重最低，为 10.75 g，始兴的含梗率最高，达到 36.91%，连州的含梗率最低，为 25.63%。下部叶南雄的单叶重最高，为 9.06 g，始兴的单叶重最低，为 7.31 g；含梗率始兴的最高，为 37.05%，连州的最低，为 16.84%。从部位上来看，连州烟叶单叶重表现为中部叶 > 上部叶 > 下部叶，南雄、始兴和五华的单叶重均为上部叶 > 中部叶 > 下部叶。

表 1 - 8 2014 年广东浓香型烟叶产区烟叶可用性的比较

部位	产区	单叶重（g）	含梗率（%）
B2F	南雄	14.49	26.35
	始兴	13.65	37.49
	五华	11.78	28.76
	连州	10.24	26.05
C3F	南雄	11.51	29.37
	始兴	12.42	36.91
	五华	10.75	32.38
	连州	13.04	25.63

部位	产区	单叶重（g）	含梗率（%）
X2F	南雄	9.06	29.06
	始兴	7.31	37.05
	五华	8.40	33.84
	连州	7.33	16.84

1.3.3　部分典型浓香型烟叶产区烟叶质量的比较研究

浓香型烟叶是我国特色烤烟香型烟叶的重要组成部分，目前浓香型烟叶的主要产区分布在河南、湖南、安徽、广东等省份，其中广东南雄、湖南桂阳和安徽皖南位于东南烟草种植区，河南许昌位于黄淮烟草种植区。浓香型烟叶产区分布相对分散，但市场需求却相当广阔，已基本全面应用到全国百牌号的叶组配方中。

1.3.3.1　部分典型浓香型烟叶产区烟叶常规化学成分的比较研究

表1-9显示了广东南雄、湖南桂阳、安徽皖南、河南许昌烟叶常规化学成分及其协调性的差异。从上部叶来看，桂阳和皖南的还原糖含量较高，许昌的次之，南雄的最低，且与桂阳和皖南的差异达到显著水平；总糖表现为皖南的＞桂阳的＞许昌的＞南雄的，且四者差异都达到显著水平；淀粉含量表现为皖南的＞南雄的＞许昌的＞桂阳的，且四者差异达到显著水平；钾含量表现为南雄的＞皖南的＞桂阳的＞许昌的，且四者有显著差异；总氮表现为桂阳的最高，南雄的最低，且两者之间差异达到显著水平；烟碱表现为南雄和桂阳的较高，皖南和许昌的较低，与南雄和桂阳的差异达到显著水平；皖南的糖碱比较高，南雄的较低，且与皖南的差异显著；桂阳、皖南和许昌的氮碱比较高，南雄的较低，且差异显著；南雄的钾氯比最高，许昌的最低，且与南雄的差异显著。

从中部叶来看，还原糖含量表现为桂阳的＞皖南的＞许昌的＞南雄的，且四者之间差异达到显著水平；总糖含量桂阳、皖南和许昌的较高，南雄的较低，且差异显著；淀粉含量皖南的最高，许昌的最低，且有显著差异；钾含量南雄的最高，许昌的最低，且有显著差异；总氮许昌的最高，桂阳的最低；烟碱表现为桂阳和许昌的较高，皖南和南雄的较低，与桂阳和许昌的差异达到显著水平；皖南的糖碱比较高，南雄的较低，且与皖南的差异显著；南雄、皖南和许昌的氮碱比较高，桂阳的较低，且差异显著；南雄的钾氯比最高，许昌的最低，且与南雄的有显著差异。

表1-9 部分典型浓香型烟叶产区烟叶常规化学成分及其协调性的比较

部位	产区	还原糖（%）	总糖（%）	淀粉（%）	总氮（%）	烟碱（%）	钾（%）	糖碱比	氮碱比	钾氯比
B2F	南雄	15.66±0.64c	18.26±0.17c	4.72±0.08b	2.25±0.05c	3.12±0.09a	2.46±0.02a	5.86±0.14c	0.72±0.04b	7.24±0.05a
	桂阳	19.27±0.10a	20.15±0.35ab	1.73±0.06d	3.00±0.04a	3.15±0.03a	2.01±0.02c	6.40±0.10b	0.95±0.01a	6.49±0.01ab
	皖南	19.57±0.15a	20.99±0.36a	5.33±0.01a	2.53±0.02b	2.84±0.05b	2.23±0.04b	7.38±0.03a	0.89±0.02a	6.36±0.04ab
	许昌	17.78±0.23b	19.53±0.40b	2.83±0.03c	2.52±0.06b	2.91±0.04b	1.65±0.03d	6.72±0.20b	0.87±0.03a	3.17±0.07b
C3F	南雄	16.63±0.56c	19.02±0.07b	4.26±0.28b	2.10±0.02b	2.33±0.04b	2.57±0.02a	8.18±0.17b	0.90±0.01a	8.29±0.02a
	桂阳	21.96±0.12a	22.55±0.95a	4.31±0.12b	1.86±0.02c	2.56±0.06a	2.22±0.04b	8.83±0.53ab	0.73±0.02b	7.17±0.04b
	皖南	21.22±0.41ab	22.58±0.32a	5.99±0.48a	2.20±0.01b	2.39±0.03b	2.24±0.04b	9.45±0.18a	0.92±0.01a	6.78±0.01b
	许昌	20.19±0.35b	22.94±0.19a	2.34±0.16c	2.37±0.07a	2.60±0.05a	1.74±0.03c	8.82±0.14ab	0.91±0.02a	3.62±0.04c
X2F	南雄	17.48±0.26c	17.83±0.26c	4.81±0.18a	2.05±0.02b	2.11±0.10a	2.76±0.03a	8.48±0.30c	0.98±0.04a	9.86±0.04a
	桂阳	20.38±0.12ab	22.24±0.35a	3.85±0.19bc	1.82±0.07c	2.01±0.02a	2.25±0.03b	11.09±0.30a	0.91±0.04b	8.65±0.04a
	皖南	21.54±0.11a	23.12±0.26a	3.89±0.29b	1.68±0.02d	2.14±0.06a	1.98±0.04c	10.82±0.25a	0.78±0.01c	9.02±0.01a
	许昌	19.92±0.82b	20.44±0.27b	3.21±0.08c	2.35±0.01a	2.19±0.05a	1.79±0.01b	9.32±0.13b	1.07±0.02a	4.17±0.04b

注：表中数据采用邓肯氏新复极差法，同列的数据同具有不同字母的两数据间的差异达到5%的显著水平。

从下部叶来看，还原糖含量表现为皖南的 > 桂阳的 > 许昌的 > 南雄的，且四者之间差异达到显著水平；总糖含量桂阳、皖南的较高，许昌的次之，南雄的最低，且差异显著；淀粉含量表现为南雄的 > 皖南的 > 桂阳的 > 许昌的，且四者之间有显著差异；钾含量表现为南雄的 > 桂阳的 > 皖南的 > 许昌的，且四者之间有显著差异；总氮表现为许昌的 > 南雄的 > 桂阳的 > 皖南的；烟碱表现为许昌的较高，桂阳的较低，但四者之间差异未达到显著水平；皖南和桂阳的糖碱比较高，南雄的最低，且差异显著；许昌的氮碱比最高，皖南的最低，且差异显著；南雄的钾氯比最高，许昌的最低，且与南雄的差异显著。

1.3.3.2　部分典型浓香型烟叶产区烟叶感官质量的比较研究

对浓香型烟叶产区广东南雄、湖南桂阳、河南许昌、安徽皖南烟叶（B2F 和 C3F）感官质量进行评价，上部叶评吸结果表明：广东南雄烟叶香型为典型的浓香型，焦甜香韵突出，香气质好，香气量充足，浓度较浓，劲头较大，杂气较轻，刺激性微有，余味较舒适，烟气透发，爆发感强；湖南桂阳烟叶香型为浓香型，焦甜香韵较突出，香气质较好，香气量尚充足，浓度较浓，劲头较大，杂气较轻，刺激性微有，余味较舒适；河南许昌烟叶香型为浓香型，有焦甜香韵，烟气较粗糙，香气质中等偏差，香气量尚充足，浓度较浓，劲头较大，杂气较大，有枯焦杂气，刺激性微有，余味尚舒适；安徽皖南烟叶香型为浓香型，焦甜香韵较突出，香气质中等，香气量尚充足，浓度较浓，劲头偏小，杂气较轻，刺激性微有，余味较舒适，口感较好，上部叶感官特征不明显。

中部叶评吸结果表明：广东南雄烟叶香型为浓香型，焦甜香韵较突出，香气较透发，稍有圆润性和绵延感，香气量较足；湖南桂阳烟叶香型为典型的浓香型，焦甜香韵明显，圆润性、细腻度、绵延感均有，香气量、浓度、劲头一致，香气成团性、爆发性好，配伍性强；河南许昌烟叶香型为浓香型，焦甜香韵突出（以焦为主），质量指标表现一般，有杂气，刺激，余味欠舒适，口腔发干，有滞涩感，燃烧性差；安徽皖南烟叶香型为浓香型，焦甜香韵突出，香气质较好，但浓度和饱满度稍欠缺，香气量较足，劲头适中，杂气、刺激性微有，口感、余味较舒适。

对评价结果进行单因素方差分析（表 1 – 10），从上部叶来看，总分南雄和桂阳的得分较高，皖南和许昌的得分较低，与南雄和桂阳的差异显著。香气质、香气量、浓度和劲头以南雄的得分最高，香韵、杂气、刺激性和余味以桂阳的得分最高。香韵、香气量和刺激性都以皖南的得分最低，香气质、浓度、劲头、杂气和余味以许昌的得分最低。

从中部叶来看，总分南雄、桂阳和皖南的得分较高，许昌的得分较低，且与南雄、桂阳和皖南的差异达到了显著水平；香韵、香气量桂阳的得分最高，香气质、杂气和刺激性皖南的得分都最高，余味南雄的得分最高；许昌的除浓度和劲头得分最高，其余各评价指标得分都最低。

表1-10 部分典型浓香型产区烟叶感官质量的比较

部位	产区	香韵	香气质	香气量	浓度	劲头	杂气	刺激性	余味	总分
B2F	南雄	6.40±0.12a	6.45±0.12a	6.50±0.11a	6.50±0.07a	6.35±0.08a	6.00±0.07a	6.10±0.07a	6.15±0.11a	6.31±0.08a
	桂阳	6.41±0.13a	6.27±0.18ab	6.45±0.17a	6.41±0.11a	6.18±0.08ab	6.05±0.13a	6.14±0.07a	6.18±0.12a	6.29±0.14a
	皖南	6.09±0.09b	6.05±0.08bc	6.05±0.11b	6.23±0.14b	5.86±0.15b	5.91±0.06ab	6.05±0.05a	6.09±0.06a	6.04±0.06b
	许昌	6.18±0.08b	5.86±0.10c	6.18±0.10ab	6.18±0.08b	5.86±0.10b	5.68±0.08b	6.10±0.07a	6.00±0.07a	5.98±0.05b
C3F	南雄	7.28±0.09ab	6.44±0.06a	6.56±0.06b	6.50±0.08bc	6.28±0.09b	6.44±0.06a	6.00±0.08b	6.50±0.00a	6.45±0.06a
	桂阳	7.39±0.07a	6.45±0.09a	6.68±0.08a	6.72±0.09ab	6.39±0.11b	6.24±0.11a	6.17±0.12ab	6.33±0.08a	6.44±0.08a
	皖南	7.06±0.10ab	6.56±0.15a	6.56±0.13b	6.28±0.09c	6.17±0.08b	6.44±0.06a	6.44±0.10a	6.33±0.08a	6.49±0.06a
	许昌	6.94±0.19b	6.00±0.14b	6.33±0.19b	6.89±0.11a	6.78±0.12a	5.78±0.17b	5.56±0.15c	5.61±0.11b	5.97±0.12b

注：表中数据采用邓肯氏新复极差法，同列的数据同具有不同字母的两数据间的差异达到5%的显著水平。

1.3.3.3 部分典型浓香型烟叶产区烟叶可用性的比较研究

从表 1-11 可以看出，上部叶许昌的单叶重最高，达到 20.59 g，桂阳的最低，为 10.87 g；含梗率桂阳的最高，为 30.99%，许昌的最低，为 25.17%。中部叶许昌的单叶重最高，达到 17.11 g，桂阳的单叶重最低，为 8.26 g；桂阳的含梗率最高，达到 37.71%，南雄的含梗率最低，为 29.37%。下部叶许昌的单叶重最高，为 13.54 g，桂阳的单叶重最低，为 7.46 g；含梗率桂阳的最高，为 32.61%，南雄的最低，为 29.06%。

表 1-11 2014 年部分典型浓香型烟叶产区烟叶可用性的比较

部位	产区	单叶重（g）	含梗率（%）
B2F	南雄	14.49	26.35
	桂阳	10.87	30.99
	皖南	11.14	26.08
	许昌	20.59	25.17
C3F	南雄	11.51	29.37
	桂阳	8.26	37.71
	皖南	12.34	33.43
	许昌	17.11	30.96
X2F	南雄	9.06	29.06
	桂阳	7.46	32.61
	皖南	10.35	32.37
	许昌	13.54	29.20

1.3.4 广东浓香型烟叶质量评价

由于烟叶外观质量、内在化学成分、评吸质量、物理特性等指标属于具有相关性的指标，在进行烟叶质量综合评价时直接将所有指标的评价结果累加在一起将造成最终评价结果与实际工业生产的需求不符。因此，在建立烟叶质量评价模型时，应考虑到两个因素：一是评价体系中的相关因素，如在进行烟叶质量评价时，烟叶化学成分与烟叶感官评吸质量是具有相关性的；二是整个评价体系的结果主要是为卷烟工业服务，评价体系应该首先考虑到工业应用的需要。目前在卷烟工业应用中，主要考虑的两大指标是烟叶感官评吸特征和烟叶化学成分特征。

因此，本文以化学成分评价指标为建模集，采用《中国烟草种植区划》烤烟化学成分评价指标体系（王彦亭，谢建平，李志宏，2010）和主成分分析法（PCA）（Jolliffe, Ian and T., 2010），并以感官质量评价指标为验证集，建立烟叶质量评价模型，然后将两种方法进行比较分析，筛选合适的烟叶质量评价方法。

1.3.4.1 基于烤烟化学成分评价指标体系的烟叶质量评价

参考《中国烟草种植区划》的烤烟化学成分指标赋值法（表1-12），对烟叶进行化学品质评定，采用综合相关分析法和层次分析法来确定各化学成分指标相应的权重。用 Excel 对分值范围与指标范围进行等比例取值，如烟碱分值 100—90 对应的烟碱含量为 2.20%～2.00%，取值用于线性建模的数据分别为 100、98、96、94、92、90；2.20%、2.16%、2.12%、2.08%、2.04%、2.00%；将测得的各项化学成分指标数据代入公式得到对应的分值。采用指数和法（式1-1）确定化学成分协调性状况：

$$P = \sum P_i \times C_i \tag{1-1}$$

式中 P 为化学成分协调性综合指数，C_i 为第 i 个化学成分指标量化分值，P_i 为第 i 个化学成分指标相对的权重。

依据表1-12赋值方法和权重对化学成分指标进行赋值，得到上部叶和中部叶化学成分指标得分表及其综合得分排名（表1-13和表1-14）。从表1-13可以看出，上部叶综合得分由高到低各产区排名为五华、皖南、许昌、连州、古市、桂阳、湖口、黄坑、水口、始兴。从表1-14可以看出，中部叶综合得分由高到低各产区排名为古市、湖口、黄坑、皖南、水口、桂阳、五华、许昌、始兴、连州。

表 1-12　烤烟化学成分指标赋值法

指标	100	100—90	90—80	80—70	70—60	<60	权重
烟碱（%）	2.20—2.80	2.20—2.00	2.00—1.80	1.80—1.70	1.70—1.60	<1.60	0.17
		2.80—2.90	2.90—3.00	3.00—3.10	3.10—3.20	>3.20	
总氮（%）	2.00—2.50	2.50—2.60	2.60—2.70	2.70—2.80	2.80—2.90	>2.90	0.09
		2.00—1.90	1.90—1.80	1.80—1.70	1.70—1.60	<1.60	
还原糖（%）	18.00—22.00	18.00—16.00	16.00—14.00	14.00—13.00	13.00—12.00	<12.00	0.14
		22.00—24.00	24.00—26.00	26.00—27.00	27.00—28.00	>28.00	
钾（%）	≥2.50	2.50—2.00	2.00—1.50	1.50—1.20	1.20—1.00	<1.00	0.08
淀粉（%）	≤3.50	3.50—4.50	4.50—5.00	5.00—5.50	5.50—6.00	>6.00	0.07
糖碱比值	8.50—9.50	8.50—7.00	7.00—6.00	6.00—5.50	5.50—5.00	<5.00	0.25
		9.50—12.00	12.00—13.00	13.00—14.00	14.00—15.00	>15.00	
氮碱比值	0.95—1.05	0.95—0.80	0.80—0.70	0.70—0.65	0.65—0.60	<0.60	0.11
		1.05—1.20	1.20—1.30	1.30—1.35	1.35—1.40	>1.40	
钾氯比值	≥8.00	8.00—6.00	6.00—5.00	5.00—4.50	4.50—4.00	<4.00	0.09

表 1 - 13　上部叶化学成分指标得分

部位	产区	还原糖	淀粉	总氮	烟碱	钾	糖碱比	氮碱比	钾氯比	综合得分
B2F	湖口	99.00	86.00	100.00	60.00	98.00	84.00	76.00	92.00	84.56
	水口	84.50	84.00	100.00	60.00	95.00	83.50	81.00	92.00	82.58
	古市	100.00	100.00	100.00	72.00	97.00	83.00	80.00	86.00	87.29
	黄坑	88.50	86.00	100.00	68.00	99.00	77.00	82.00	96.00	83.80
	始兴	96.00	90.50	100.00	60.00	93.00	70.00	84.00	91.50	81.39
	五华	100.00	100.00	93.00	87.00	100.00	94.00	99.00	92.00	94.83
	连州	100.00	86.00	100.00	75.00	97.00	86.00	82.00	89.50	88.11
	桂阳	100.00	100.00	60.00	65.00	90.00	84.00	100.00	92.50	84.98
	皖南	100.00	73.00	97.00	96.00	95.00	92.50	92.00	92.00	93.29
	许昌	99.00	100.00	98.00	89.00	83.00	87.00	91.00	60.00	88.61

表 1 - 14　中部叶化学成分指标得分

部位	产区	还原糖	淀粉	总氮	烟碱	钾	糖碱比	氮碱比	钾氯比	综合得分
C3F	湖口	100.00	88.00	99.00	100.00	100.00	100.00	92.00	97.50	97.97
	水口	76.50	96.00	100.00	100.00	97.00	99.50	99.00	96.50	95.64
	古市	100.00	99.00	100.00	100.00	98.00	100.00	98.00	100.00	99.55
	黄坑	93.00	92.50	100.00	100.00	100.00	98.00	98.00	100.00	97.78
	始兴	100.00	66.00	100.00	100.00	97.00	94.50	86.00	96.00	94.11
	五华	100.00	84.00	100.00	100.00	94.00	91.00	100.00	88.00	95.07
	连州	100.00	77.00	75.00	100.00	100.00	99.00	85.00	92.50	93.57
	桂阳	100.00	92.00	86.00	100.00	94.00	100.00	83.00	96.00	95.47
	皖南	100.00	60.00	100.00	100.00	95.00	100.00	99.00	94.00	96.15
	许昌	100.00	100.00	100.00	100.00	75.00	100.00	98.50	60.00	94.24

1.3.4.2　基于主成分分析的烟叶质量评价

（1）原始数据的标准化处理

由于各化学指标的量纲不统一、数量级差异也较大，因此为消除量纲和数量级对综合评价带来不良影响，须对各化学指标进行标准化处理。同时，不能以烟叶各化学指标原始数据的大小来直接评价其品质的好坏，因为烟叶不同化学指标与其品质的关系不同。上述 8 个化学指标按其与烟叶品质的关系可分为 3 类（胡建军，2009），第一类是适中型指标，即该指标含量在一定范围内品质最好，超出这个范围品质变差；第二类是效益型指标，即该指标含量越高，品质越好；第三类是成本型指标，即指标含量越小越好。对于成本型、效益型、区间型这 3 种基本类型的评价指标，可以按公式（1-2）、（1-3）和（1-4）进行规范化处理。

适中型：

$$r_k = \begin{cases} 1 - \dfrac{a - x_k}{\max\{(a - \min(x_i)), (\max(x_i) - b)\}} & x \leqslant a \\ 1 & a < x < b \\ 1 - \dfrac{x_k - b}{\max\{(a - \min(x_i)), (\max(x_i) - b)\}} & x \geqslant b \end{cases} \qquad (1-2)$$

式中，(a, b) 表示某区间型评价指标的适宜范围。

效益型：

$$r_k = \frac{x_k - \min(x_i)}{\max(x_i) - \min(x_i)} \qquad (1-3)$$

成本型：

$$r_k = \frac{\max(x_i) - x_k}{\max(x_i) - \min(x_i)} \qquad (1-4)$$

式中，$\max(x_i)$ 表示取 n 个评价对象某评价指标的属性值中的最大值，$\min(x_i)$ 表示取 n 个评价对象某评价指标的属性值中的最小值；x_k 为第 k 评价对象该评价指标的原始属性值，r_k 为规范化处理后第 k 个评价对象该评价指标的属性值。

根据浓香型优质烟叶的化学成分要求，确定各化学指标的类型及适宜值见表 1-15，根据建模集描述性统计资料（表 1-16），分别应用公式（1-2）、（1-3）和（1-4）对原始数据进行标准化处理，且将还原糖、总糖、淀粉、总氮、烟碱、钾、糖碱比、氮碱比、钾氯比分别用变量 x_1、x_2、x_3、x_4、x_5、x_6、x_7、x_8、x_9 代替，见表 1-17。

表 1-15　化学指标评价标准

类型	化学指标	品质描述
适中型	烟碱	含量为 2.5%—3.0% 时，品质最好
	总氮	含量为 1.5%—2.3% 时，品质最好
	还原糖	含量为 14%—18% 时，品质最好
	总糖	含量为 16%—20% 时，品质最好
	糖碱比	含量为 6—8 时，品质最好
	氮碱比	含量为 0.8—1.0 时，品质最好
效益型	钾	
	氯钾比	
成本型	淀粉	

表 1－16　建模集描述性统计资料

化学指标	样本数	最小值	最大值	平均数	标准偏差
还原糖	60	13.65	21.96	18.65	2.27459
总糖	60	18.15	25.99	21.25	2.02854
淀粉	60	1.73	5.99	4.21	1.12069
总氮	60	1.75	3.00	2.26	0.27550
烟碱	60	2.22	3.32	2.76	0.37722
钾	60	1.65	2.68	2.29	0.26039
糖碱比	60	5.48	11.74	7.92	1.71511
氮碱比	60	0.68	1.05	0.83	0.10589
钾氯比	60	3.17	8.31	6.44	1.27238

表 1－17　标准化处理后的建模集数据

部位	产区	x_1	x_2	x_3	x_4	x_5	x_6	x_7	x_8	x_9
B2F	湖口	1.00	0.93	0.30	1.00	0.34	0.71	1.00	0.00	0.63
B2F	水口	1.00	0.84	0.28	0.93	0.06	0.57	1.00	0.25	0.63
B2F	古市	0.86	1.00	0.59	1.00	0.75	0.66	1.00	0.17	0.46
B2F	黄坑	1.00	1.00	0.30	1.00	0.63	0.79	0.96	0.33	0.79
B2F	始兴	1.00	1.00	0.36	0.79	0.00	0.48	0.86	0.50	0.61
B2F	五华	0.71	0.63	0.76	0.61	1.00	0.96	1.00	1.00	0.64
B2F	连州	0.76	0.99	0.30	1.00	0.84	0.70	1.00	0.33	0.54
B2F	湖南	0.68	0.97	1.00	0.00	0.53	0.35	1.00	1.00	0.65
B2F	皖南	0.60	0.83	0.15	0.67	1.00	0.56	1.00	1.00	0.62
B2F	许昌	1.00	1.00	0.74	0.69	1.00	0.00	1.00	1.00	0.00
C3F	湖口	0.82	0.78	0.33	1.00	0.44	0.81	0.68	1.00	0.85
C3F	水口	0.91	0.59	0.49	1.00	0.47	0.67	0.56	1.00	0.81
C3F	古市	0.30	0.67	0.56	1.00	0.63	0.74	0.67	1.00	1.00
C3F	黄坑	1.00	1.00	0.41	1.00	0.47	0.89	0.95	1.00	1.00
C3F	始兴	0.99	0.79	0.07	1.00	1.00	0.69	1.00	0.67	0.77
C3F	五华	0.02	0.00	0.28	0.96	0.13	0.54	0.00	0.58	0.51
C3F	连州	0.23	0.19	0.20	1.00	0.53	1.00	0.30	0.58	0.66
C3F	桂阳	0.00	0.57	0.39	1.00	1.00	0.55	0.78	0.42	0.78
C3F	皖南	0.19	0.57	0.00	1.00	0.66	0.57	0.61	1.00	0.70
C3F	许昌	0.45	0.51	0.86	0.90	1.00	0.09	0.78	1.00	0.09

（2）主成分分析法可用性检验

将换算的标准化数据进行 KMO（Kaiser-Meyer-Olkin）数据统计量检验和巴特利特球形检验法验证，结果如表 1 - 18 所示。由表 1 - 18 可以看出 KMO 值为 0.440，且巴特利特球形检验中参数 Sig 的值为 0.000，由此可以看出该数据源中的变量数据间的相关性较强，因此标准化处理后的数据适合用主成分分析法（PCA）对其进行分析。

表 1 - 18　KMO 和巴特利特球形检验结果

检验类别		检验值
KMO 测量取样适当性		0.440
巴特利特球形检验	大约卡方	94.176
	Df	36.000
	显著性	0.000

（3）特征值、累计方差贡献率和主成分得分矩阵的计算

将换算的标准化数据进行主成分分析，得到特征值和累计方差贡献率，见表 1 - 19。

表 1 - 19　特征值和累计方差贡献率

主成分	特征值	方差贡献率（%）	累计方差贡献率（%）
P_{C1}	0.251	33.036	33.036
P_{C2}	0.203	26.744	59.780
P_{C3}	0.103	13.520	73.300
P_{C4}	0.097	12.703	86.003

取累计方差贡献率大于 85% 的特征值 λ 分别为 0.251、0.203、0.103 和 0.097，由此可知共取得 4 个对应的主成分。可求得其对应的主成分得分矩阵如表 1 - 20 所示。

表 1 - 20　主成分得分矩阵

指标	元件			
	P_{C1}	P_{C2}	P_{C3}	P_{C4}
x_1	0.431	0.177	0.111	-0.243
x_2	0.296	0.048	0.096	0.009
x_3	0.091	-0.219	-0.149	-0.215
x_4	-0.077	0.164	0.041	0.262
x_5	0.064	-0.332	0.264	0.792
x_6	-0.056	0.185	0.385	0.044
x_7	0.275	-0.018	0.101	0.183
x_8	-0.070	-0.435	0.591	-0.430
x_9	-0.047	0.147	0.440	-0.110

由主成分分析可知以上 4 个主成分对烟叶品质起到了 86.003% 的主导作用，故可采用这 4 个主成分来对烟叶质量进行分析。以表 1 - 20 中的得分矩阵为各主成分所对应的各属性变量上的参数值，可得各个主成分得分函数，即

$$P_{C1} = 0.431x_1 + 0.296x_2 + \cdots - 0.07x_8 - 0.047x_9;$$
$$P_{C2} = 0.117x_1 + 0.048x_2 + \cdots - 0.435x_8 + 0.147x_9;$$
$$P_{C3} = 0.111x_1 + 0.096x_2 + \cdots + 0.591x_8 + 0.44x_9;$$
$$P_{C4} = -0.243x_1 + 0.009x_2 + \cdots - 0.43x_8 - 0.11x_9.$$

（4）综合总分的计算

以 4 个主因子的贡献率为权重，求加权均值，结合到主成分得分函数，对样品的综合水平作出综合评价，由表 1 - 19 可推算出 4 个主成分的权重分别为 0.384、0.311、0.157 和 0.148，得出综合判断公式：

$$F = 0.384P_{C1} + 0.311P_{C2} + 0.157P_{C3} + 0.148P_{C4}$$

可以得出各产区上部叶和中部叶主成分综合得分 F 及排名，见表 1 - 21。

表 1 - 21　主成分综合得分及排名

产区	部位	主成分综合得分 F	排名	部位	主成分综合得分 F	排名
湖口	B2F	0.6712	2	C3F	0.5666	3
水口		0.6752	1		0.5126	4
古市		0.6196	4		0.7442	1
黄坑		0.5855	6		0.6905	2
始兴		0.5221	7		0.4422	6
五华		0.4495	9		0.2733	10
连州		0.6184	5		0.3860	8
湖南		0.6307	3		0.4705	5
皖南		0.4719	8		0.4094	7
许昌		0.4171	10		0.3230	9

1.3.4.3　广东浓香型烟叶质量评价方法的验证与比较

将基于烤烟化学成分评价指标体系的烟叶综合评价方法得到的各产区化学成分综合指数 P 和基于主成分分析法（PCA）的烟叶综合评价方法得到的化学成分指标综合得分 F 与验证集感官质量评价的综合得分进行对比。从表 1 - 22 可以看出，对上部叶来说，通过烤烟化学成分评价指标体系得到的化学成分协调性综合指数 P 值排名与感官质量排名有 5 个基本相似，有 5 个差别较大；而主成分分析法所得主成分综合得分 F 值的排名与感官质量排名有 4 个完全吻合，有 5 个基本相似，只有 1 个差别较大。

从表 1 - 23 可以看出，中部叶化学成分协调性综合指数 P 值排名与感官质量排名有 3 个完全吻合，有 5 个基本相似，还有 2 个差别较大。中部叶主成分综合得分 F 值排名与感官质量排名有 4 个完全吻合，有 3 个基本相似，还有 3 个差别较大。

从建模集与验证集综合比较来看，对于所选的部分典型浓香型烟叶产区烟叶质量的评价而言，主成分分析法优于烤烟化学成分评价指标体系法，且基于主成分分析的烟叶质量评价法总体上是可行的。

表 1 - 22　两种评价方法上部叶得分的验证与比较

部位	产区	化学成分协调性综合指数 P 值排名	主成分综合得分 F 值排名	感官质量排名
B2F	湖口	7	2	3
	水口	9	1	1
	古市	5	4	2
	黄坑	8	6	5
	始兴	10	7	7
	五华	1	9	6
	连州	3	5	9
	湖南	6	3	4
	皖南	2	8	8
	许昌	4	10	10

表 1 - 23　两种评价方法中部叶得分的验证与比较

部位	产区	化学成分协调性综合指数 P 值排名	主成分综合得分 F 值排名	感官质量排名
C3F	湖口	2	3	2
	水口	5	4	9
	古市	1	1	1
	黄坑	3	2	4
	始兴	8	6	6
	五华	7	10	7
	连州	10	8	8
	湖南	6	5	5
	皖南	4	7	3
	许昌	9	9	10

1.4 研究结论

（1）湖口、水口、古市和黄坑基地单元烟叶在化学成分方面，都基本符合浓香型优质烟叶化学成分含量的要求，而且各具特色。古市烟叶还原糖较高，两糖差很小；水口烟叶总糖含量较高，两糖差大，糖碱比较高；黄坑烟叶总糖、还原糖都较小，糖碱比也较小。在年际变化方面，烟碱的年际变异系数最小，且无明显变化规律，总糖、还原糖和糖碱比年际变化呈现逐年下降的趋势。在感官质量方面，四个基地单元烟叶香气都呈浓香型特征，水口与古市的感官质量整体表现较好，黄坑的较差，且差异很显著；在单叶重方面，四个基地单元烟叶无显著差异，整体表现为上部叶 14～16 g，中部叶 12 g 左右，下部叶 8 g 左右；在含梗率方面，黄坑上中下部烟叶都优于其他三个产区烟叶。

（2）广东南雄、始兴、五华、连州产区烟叶在化学成分方面，最明显的差异体现在总糖、还原糖和糖碱比方面，五华和连州产区烟叶这三项指标明显高于南雄和始兴产区烟叶，浓香型风格不明显；南雄和连州烟叶钾含量相对较高。在年际变化方面，烟碱的年际变异系数最小，且总体上有逐年上升趋势，南雄、始兴和五华烟叶总糖、还原糖和糖碱比基本呈现下降趋势，连州烟叶总糖、还原糖和糖碱比都呈现上升趋势。在感官质量方面，南雄和始兴烟叶表现为典型的浓香型；五华烟叶香气量、浓度和劲头都中等，呈中偏浓到浓偏中香型为主；连州烟叶以正甜香韵为主，香气量、浓度和劲头都较低，呈中间香型到浓偏中为主。在单叶重方面，连州烟叶表现为中部叶＞上部叶＞下部叶，南雄、始兴和五华烟叶均为上部叶＞中部叶＞下部叶。含梗率方面，连州的最低，始兴的最高。

（3）广东南雄、湖南桂阳、安徽皖南和河南许昌烟区烟叶在化学成分方面，最显著的差异表现在总氮、钾、氯和钾氯比上，总氮和氯许昌烟叶明显高于南雄、桂阳和皖南烟叶，钾和钾氯比许昌烟叶明显低于其他三个产区烟叶。在感官质量方面，四个烟区烟叶都呈浓香型，广东南雄和湖南桂阳烟叶风格较接近，烟气浓郁沉溢，焦甜香韵，香气质厚实，香气量充足丰满，具爆发力，透发性好；皖南烟叶余味干净，有甜润感；许昌烟叶明显杂气略重，余味不舒适，而且燃烧性较差。在单叶重方面，皖南烟叶表现为中部叶＞上部叶＞下部叶，南雄、桂阳和许昌烟叶均为上部叶＞中部叶＞下部叶，且许昌烟叶单叶重很高，上中下部叶分别达到 20.59 g、17.11 g 和 13.54 g。含梗率湖南桂阳烟叶较高，广东南雄的较低。

（4）在烟叶质量评价方法方面，从建模集与验证集综合比较来看，对于所选的部分典型浓香型烟叶产区烟叶质量的评价而言，主成分分析法优于烤烟化学成分评价指标体系，且基于主成分分析的烟叶质量评价法总体上是可行的。

参考文献

[1] 陈刚, 周利, 王允白, 等. 烤烟质量竞争力系数的构建及其实证研究 [C]. 北京: 中国农业出版社, 2004.

[2] 陈延. 决策分析 [M]. 北京: 北京邮电大学出版社, 2003.

[3] 陈义强, 沈笑天, 刘国顺, 等. 聚类分析与模糊数学在烟叶品质综合评价中的应用 [J]. 江西农业大学学报, 2007, 29 (4): 550 – 556.

[4] 邓聚龙. 灰理论基础 [M]. 武汉: 华中科技大学出版社, 2002.

[5] 邓小华, 周清明, 周冀衡, 等. 烟叶质量评价指标间的典型相关分析 [J]. 中国烟草学报, 2011, 17 (3): 17 – 22.

[6] 段俊杰, 蒋美红, 王岚, 等. 基于化学成分的烟叶质量神经网络预测 [J]. 西南农业学报, 2012, 25 (1): 48 – 53.

[7] 付秋娟, 张忠锋, 窦家宇, 等. 烤烟物理特性与常规化学成分及外观质量的关系 [J]. 中国烟草科学, 2014, 17 (1): 117 – 122.

[8] 高大启, 吴守一. 并联神经网络在烤烟内在品质评定中的应用 [J]. 农业机械学报, 1999, 30 (1): 60 – 64.

[9] 高惠璇. 实用统计方法与 SAS 系统 [M]. 北京: 北京大学出版社, 2001.

[10] 高家合, 秦西云, 谭仲夏, 等. 烟叶主要化学成分对评吸质量的影响 [J]. 山地农业生物学报, 2004, 21 (6): 497 – 501.

[11] 高同启, 张卫旗. 卷烟质量多级模糊综合评判模型研究 [J]. 合肥工业大学学报 (自然科学版), 1998, 7 (6): 61 – 66.

[12] 郝黎仁, 郝哲欧, 樊元. SPSS 实用统计分析 [M]. 北京: 中国水利水电出版社, 2003.

[13] 何琴, 高建华, 刘伟. 广义回归神经网络在烤烟内在质量分析中的应用 [J]. 安徽农业大学学报, 2005, 21 (3): 406 – 410.

[14] 贺帆, 王涛, 余金恒, 等. 不同典型浓香型产区烟叶化学成分差异分析 [J]. 福建农业学报, 2012, 6 (11): 1189 – 1193.

[15] 胡建军. 烟叶质量评价方法优选与实证研究 [D]. 湖南农业大学, 2009.

[16] 胡建军, 马明, 李耀光, 等. 烟叶主要化学指标与其感官质量的灰色关联分析 [J]. 烟草科技, 2001, 23 (1): 3 – 7.

[17] 黄瑞寅, 刘永强, 张晓龙, 等. DTOPSIS 法在烟叶质量综合评价中的应用 [J]. 西南农业学报, 2013, 18 (5): 1801 – 1808.

[18] 黎妍妍, 黄元炯, 许自成, 等. 河南烟区烟叶质量可用性的综合评价 [J]. 安徽农业科学, 2006, 31 (9): 1903 – 1904.

[19] 李富欣, 邓蒙芝. DTOPSIS 法在烟叶化学品质综合评价中的应用 [J]. 烟草科技, 2006, 4 (8): 35 – 37.

[20] 梁保松, 曹殿立. 模糊数学及其应用 [M]. 北京: 科学出版社, 2007.

[21] 梁荣, 王玉胜, 左安建, 等. 多目标灰色局势决策分析在烟叶感官质量评价中的应用 [J]. 广东化工, 2013, 14 (19): 43 – 44.

［22］刘国顺．烟草栽培学［M］．北京：中国农业出版社，2003．

［23］刘丽，文俊，林锐锋，等．浓香型烟叶特征及影响因素研究进展［J］．安徽农业科学，2010，34（18）：9504 - 9506．

［24］鲁绍坤，李正风，宋鹏飞，等．基于 MySQL 及 Delphi 的烟叶原料产地与烟叶质量评价系统开发及实现［J］．中国农学通报，2011，21（1）：451 - 455．

［25］鲁绍坤，王毅，李正风，等．基于主成分分析的烟叶质量评价模型［J］．贵州农业科学，2010，3（2）：67 - 69．

［26］罗战勇，吕永华，李淑玲，等．广东省生态烟区的划分及其烟叶质量评价［J］．广东农业科学，2004，11（1）：18 - 20．

［27］马京民，刘国顺，时向东，等．主成分分析和聚类分析在烟叶质量评价中的应用［J］．烟草科技，2009，23（7）：57 - 60．

［28］聂和平，等．烤烟分级国家标准培训教材［M］．北京：中国标准出版社，2004．

［29］彭黔荣，蔡元青，王东山，等．根据常规化学指标识别烟叶品质的 BP 神经网络模型［J］．中国烟草学报，2005，16（5）：19 - 25．

［30］彭友兵．烤烟外观质量与感官质量的灰色关联分析［J］．安徽农业科学，2014，16（7）：2116 - 2117．

［31］舒俊生，王浩军，杜丛中，等．烤烟烟叶质量综合评价方法研究［J］．安徽农业大学学报，2012，41（6）：1018 - 1023．

［32］谭仲夏，秦西云．灰色关联分析方法在烟草内在质量评价上的应用［J］．安徽农业科学，2006，25（5）：924 - 971．

［33］唐远驹．关于烤烟香型问题的探讨［J］．中国烟草科学，2011，32（3）：1 - 7．

［34］王行，郑荣豪，柯油松，等．广东浓香型优质烟叶开发密集烘烤关键技术研究方向［J］．江西农业学报，2012，17（9）：101 - 105．

［35］王建波，周清明，邓小华，等．湖南浓香型烤烟产区主要化学成分比较［J］．湖南农业科学，2013，22（9）：31 - 34．

［36］王刘胜，马戎．浓香型产区烟叶主要化学成分与风格品质特色及其关系研究［J］．中国烟草科学，2013，17（5）：28 - 32．

［37］王瑞新．烟草化学［M］．北京：中国农业出版社，2003．

［38］王彦亭，谢建平，李志宏．中国烟草种植区划［M］．北京：科学出版社，2010．

［39］王玉胜，扈强，梁荣，等．基于 Fisher 判别分析的烤烟烟叶质量鉴别模型构建［J］．江西农业学报，2013，7（4）：155 - 156．

［40］卫勇强，赵保献，雷晓兵，等．灰色关联度分析和 DTOPSIS 法综合评价玉米新品种［J］．江西农业学报，2009，8（6）：11 - 14．

［41］吴成春，张芋元，徐磊．基于雷达图特征量提取的卷烟感官质量综合评价［J］．烟草科技，2013，14（6）：10 - 13．

［42］闫克玉．烟叶分级［M］．北京：中国农业出版社，2003．

［43］阎克玉，袁志永，吴殿信，等．烤烟质量评价指标体系研究［J］．郑州轻工业学院学报，2001，22（4）：57 - 61．

［44］杨春元, 郭传寿, 邹芳芸, 等. DTOPSIS 法在不同产地烟叶质量综合评价中的初步应用 ［J］. 江西农业学报, 2011, 13 (10): 91 – 93.

［45］杨威, 张强, 董高峰, 等. 昭通烤烟主要物理特性的因子分析和综合评价 ［J］. 湖北农业科学, 2014, 7 (5): 1078 – 1082.

［46］杨伟平, 罗福命, 凌寿军, 等. 清远 (连州) 烟区的发展优势及建议 ［J］. 广东农业科学, 2011, 12 (21): 184 – 186.

［47］姚兴涛, 朱永达. 区域城乡社会经济协调发展模型体系研究 ［J］. 河南农业大学学报, 1991, 27 (2): 134 – 144.

［48］叶协锋, 魏跃伟, 杨宇熙, 等. 基于主成分分析和聚类分析的烤烟质量评价模型构建 ［J］. 农业系统科学与综合研究, 2009, 25 (3): 268 – 271.

［49］袁庆钊, 邵干辉, 黄春晖. 浓香型烟叶的现状和发展趋势 ［J］. 科技信息, 2011, 10 (19): 480.

［50］张波, 王祖和, 李冲. 基于灰色关联分析和 DTOPSIS 法的评标模型 ［J］. 项目管理技术, 2011, 15 (2): 33 – 36.

［51］张慧筠, 王玉胜, 陈玉筠. 主成分分析法在卷烟质量评价中的应用 ［J］. 广东化工, 2011, 38 (5): 216 – 217.

［52］张勇刚, 宋朝鹏, 李常军, 等. 熵权模糊综合评价法在烤烟感官质量评价中的应用 ［J］. 中国烟草学报, 2010, 21 (6): 33 – 36.

［53］张勇刚, 张学伟, 高远, 等. 物元可拓法在烤烟感官质量评价中的应用 ［J］. 西北农业学报, 2010, 12 (10): 96 – 100.

［54］周勇, 周冀衡, 邓小华, 等. DTOPSIS 法在综合评价烤烟品种上的应用 ［J］. 中国烟草科学, 2012, 28 (2): 38 – 41.

［55］朱大奇. 人工神经网络研究现状及其展望 ［J］. 江南大学学报, 2004, 13 (1): 103 – 110.

［56］邹渊渊, 伍岳庆, 姚宇. 基于主成分和回归分析的烟叶质量分析模型 ［J］. 计算机应用, 2011, 31 (S2): 81 – 84.

［57］Davis D L, Nielse M T. Tobacco production, chemistry and technology ［M］. Oxford: Blackwell Science, 1999.

［58］Hayato H R. The quality estimation of different tobacco types examined by headspace vapor ［C］. England: Papers Presented at the Joint Meeting of Smoke and Technology Groups of CORESTA, 1998.

［59］Jolliffe J, Ian T. Principal component analysis ［M］. Berlin: Springer, 2010.

［60］Matthew, Zeidenberg. Neural network models in artificial intelligence ［M］. New York: Ellis Horwood Ltd., 1990.

［61］Novak D, Vilem F, Norman S, et al. Mathematical principles of fuzzy logic ［M］. New York: Springer Verlag New York Inc., 1999.

［62］Sastry A S. Chemical changes during flue-curing and their bearing on the quality of leaf of cigarette tobacco ［J］. Proceedings of the Indian Academy of Sciences (Section B), 1953, 38 (3): 125 – 143.

［63］Sifeng R, Liu W, Yi L, et al. Grey systems theory and applications ［M］. Berlin: Springer, 2010.

［64］Sun W, Zhou Z, Li Y, et al. Differentiation of flue-cured tobacco leaves in different positions based on neutral volatiles with principal component analysis (PCA) [J]. European Food Research and Technology, 2012, 235 (4): 745 – 752.

[65] Tso T C. Production, physiology and biochemistry of tobacco plant [M]. London: Ideals, 1991.

[66] Weeks W W. Chemistry of tobacco constituents influencing flavor and aroma [J]. Rec Adv Tob Sci, 1985, 11 (2): 175 – 200.

[67] Yang Y, Kai L. Multivariate statistical methods in quality management [M]. New York: McGraw-Hill Professional, 2004.

[68] Zhigeng L, Fang S, Sifeng R, et al. Grey game theory and its applications in economic decision-making (Systems Evaluation, Prediction and Decision-Making) [M]. London: Auerbach Publications, 2009.

第2章 不同烤烟主栽品种光温特性研究

2.1 前言

我国东南烟区尤其是广东烟区，烟苗移栽后常会受到倒春寒的侵害，烤烟容易发生早花。影响烤烟生长发育的因素主要有二：一是遗传因素，即品种因素；二是环境因素，其归根结底是光照、温度、水分、养分、空气等五个因子作用的总和。烤烟生长前期出现的低温和阴雨天气被认为是造成烟草早花的两大主要诱导因素（朱尊权，1979；Sheidow NW，1986），而不同烤烟品种在遭遇低温阴雨寒潮侵袭时发生早花程度不同，这显然与品种本身温光特性有关（岳彩鹏，2002；罗静，陈建军等，2010）。但是，有关烟草温光特性方面的研究报道极少。因此，从品种光温特性角度来研究广东烟区烤烟早花成因及其防治措施十分必要和有意义。

一般认为，烟草属于典型的短日照作物，缩短光照能提早现蕾开花（朱尊权，1979；Koblet，1996；Keller，1997）。但山东农学院的试验结果表明，只有多叶型品种是典型的短日照作物，而少叶型品种对光照的反应不敏感，缩短光照时间并不能使植株提前开花，大多数烟草品种对光照的反应是日中性（韩锦峰，1996）。丁巨波也指出，多数烤烟品种对光周期的反应不敏感，唯有多叶型品种是强短日性（中国农业科学院烟草研究所，2005）。而颜合洪等（2001）报道，经短日照处理后，烤烟品种K326、NC82、NC89和G80的烟株现蕾均提前，叶数减少，生长发育期明显缩短，并由此认为光周期的变化对烤烟品种的发育有较大影响，它们对光周期的反应不属于中性，而具有明显短日性。可见，对于烤烟不同品种光周期反应的研究报道不一致。

国外20世纪50年代，日本村冈以少叶型品种进行研究，提出促进花芽分化最适宜的日照条件是8 ~12 h，温度13 ℃ ~18 ℃，而20 ℃以上的温度促进烟株营养生长而抑制其发育（宋志林，1980）。

国内20世纪70年代，朱尊权（1979）开始注意并着手对低温与烟草早花进行调查研究，认为烟苗在移栽前后受到低温寒潮侵袭时易出现早花，而且随着移栽过早或烟苗增大，出现早花少叶的程度更大。随后的一些研究表明，烟草早花与低温及其持续时间、苗龄大小、叶片大小密切相关。G28品种在广东大埔县移栽后遇到持续15 d低于12 ℃气温时就引发早花（谢如剑，1985）。而叶面积较大且柔嫩的烟株对早花环境更为敏感，白肋烟8片叶时暴露在低温下容易出现早熟开花（Sheidow，1986），其原因可能是14 ℃ ~18 ℃的低温因影响烟苗体内的碳氮平衡而加速烤烟品种NC82的成花转变（Rideout等，1992）。如使烤烟地上部生长处于正常温度（25 ℃ ~28 ℃），根系置于 13 ℃温度下，烟株花芽分化会明显加快（岳彩鹏，2002）。但 King（1986）的试验却认为烤烟幼苗初期冷害与烟株生长后期早花之间没有明显的相关性。

近些年来，随着烤烟早花问题研究的深入，烟草品种本身耐低温抗早花特性越来越受到人们的关注（杨铁钊，2003；高川等，2009；沈少君等，2010）。在周翼衡等（2001）的烟草低温早花试验中，K326、K346 对苗期低温引起早花的敏感性较低，NC82、NC89 和 RG1 的敏感性较高，易出现早花。但也有报道认为，K346、K326、G80、云烟 85 等在东南烟区对低温敏感，气温愈低，愈易出现早花（王鑫等，2001；赖禄祥等，2002；段玉琪等，2011）。在云南烟草早花调查中，红花大金元、G28 适应性强，对云南节令和环境反应不大敏感；K326 和 NC82 适应性稍差，对节令和环境反应较敏感（柴家荣，1994）。金磊等（2007）研究表明，云烟 97 和云烟 87 属于苗期对低温敏感性较强的品种，云烟 85 和云烟 201 次之，红花大金元对苗期低温的分化响应能力较弱。而 K326 的情况比较特殊，无论是茎端花芽分化的镜检结果，还是最终的现蕾和中心花开放结果，都表现出经低温诱导的烟株生长进程被推迟。表明不同烟草品种在不同烟区有不同的早花规律，可能与气候、栽培条件有关。

同时，积温对烟草早花的作用值得重视，但这一方面报道也很少。为了完成正常的生命周期，烟草需要一定的积温，积温不足，烟草生长发育期延长，直接影响烟草的产量与品质（洪其馄，1983；Sebanek，1992）。Camus 等（1952）和 Haroon 等（1977）研究发现烟草生长发育对夜间积温的温度反应比对日间积温的要大。如增加 100 ℃积温，可延迟 K326、NC82、NC89 和 G80 现蕾 2.2 ～2.3 d，表明较高温度能明显促进烤烟生长，抑制其发育进程（颜合洪等，2001）。

综上所述，烟草早花与品种、光温条件密切相关，而解决烤烟早花问题最根本的途径是选育耐低温抗早花品种，但由于气候、栽培条件、生产条件不同，有关烤烟不同品种发育特性研究结果很不一致，抗早花品种温光特性至今未见报道。因此，本试验拟选用华南农业大学烟草研究室发现的抗早花 HY06——华烟 06 以及 K326 等主栽品种为试验材料，采用分期播种的方法，研究光温因子对不同烤烟品种的生长发育期、农艺性状、生理代谢、化学成分和经济性状的影响，探讨烤烟品种光温特性及其生长发育等规律，试图为抗早花品种选育和引种提供依据，为依据品种光温特性确定适宜的播种移栽期防早花提供指导。

2.2　材料与方法

2.2.1　试验材料与试验设计

选用华烟 06（抗早花烤烟品系 HY06）、K326、K346、云烟 87、G80、中烟 90、NC89 为试验材料，供试品种的种子分别由华南农业大学和广东省烟草南雄科学研究所提供。

试验因素为播种期和品种。播种期设 4 个水平，分别为 12 月 1 日、12 月 11 日、12 月 21 日、12 月 31 日播种；品种设 7 个水平，分别为 HY06、K326、K346、云烟 87、G80、中烟 90、NC89。试验共 28 个处理，每个处理设 3 个重复，共 84 个小区。每个小区种植 40 株烤烟，株行距为 0.55m × 1.1m。田间试验采用完全随机区组排列。

试验于 2008—2009 年在广东烟草韶关市有限公司始兴县分公司马市烟站安水村烟草试验区进行。供试土壤为沙泥土，基本理化性质为：pH 5.5，有机质 1.31%，全氮 0.103%，全磷 0.015%，全钾 2.683%，有效氮 100.35 mg/kg，速效磷 4.89 mg/kg，速效钾 70.33 mg/kg。

各供试品种按照试验设计的播种期进行播种，采用漂浮育苗方式培育烟苗。所有处理苗龄设为 83d，即播种 83d 后进行烟苗移栽。采取现蕾打顶，留叶 20 片。

氮肥用量为 165 kg 纯 N·hm^{-2}，氮磷钾比例为 1:0.8:2，即按照 666.7 m^2 施用烟草专用复合肥 50 kg、硝酸钾 20 kg。另配合施用花生麸肥 40 kg、堆沤农家肥（基肥）500 kg。施肥方法是：种烟前 10 天把堆沤农家肥一次性采用穴施办法施入烟厢中；移栽时将 80% 复合肥施于离烟株 15 厘米周围，留 20% 烟草专用肥与硝酸钾混合浸溶，分 3 次淋施，作为提苗肥和追肥。追肥全部在大培土（上烟行）前施用完。其他田间管理参照当地优质烤烟栽培管理方法进行。

每个处理分别在移栽后 30 d、40 d、50 d、60 d、70 d、80 d 取最顶部倒数第 5 片叶进行测定，生理生化指标测定次数因指标不同而异。

取样时间为上午 9 时，叶片用蒸馏水洗净，纱布拭干即进行生理生化指标测定。部分测定需沿烟叶主脉将叶片剪为两部分，一半用于生理指标测定（在马市烟站联合实验室进行）；一半经 105 ℃ 杀青 80 ℃ 烘干至恒重并研磨成粉，制成杀青样本再进行化学成分测定。每小区定 10 株烟计产，分别标记、采收、烘烤，计产分级。按每个处理取烤后 C3F 和 B2F 烟样 0.5 kg 进行常规化学成分测定。

2.2.2　测定项目和方法

2.2.2.1　观测烤烟生长发育时期和农艺性状

按照国标《烟草农艺性状调查方法》（YC/T142—1998）进行田间农艺性状调查。记录每个处理的播种期、出苗期、移栽期、现蕾期、第一次采收期、最后一次采收期以及有效叶数、打顶株高和茎围。

2.2.2.2　可溶性蛋白质含量测定

参照李合生（2000）的考马斯亮蓝染色法测定。取 0.5 g 新鲜叶片用 5 mL 蒸馏水研磨成匀浆，10000 r/min 离心 15 min，吸取上清液 0.5 mL 放入试管中，加入 2.5 mL 考马斯亮蓝 G-250 溶液（称 100 mg 考马斯亮蓝 G-250 溶于 50 mL 95% 的乙醇后，再加入 120 mL 85% 的磷酸），充分混合，放置 2 min 后，在 595 nm 下比色，测定吸光度，根据吸光值和标准曲线对照计算可溶性蛋白质含量。

2.2.2.3　游离脯氨酸含量测定

参照李合生（2000）的磺基水杨酸法。在 0.5 g 新鲜叶片中加入 5 mL 3% 磺基水杨酸溶液，在沸水浴中提取 10 min，待冷却至室温后过滤于干净的试管中。吸取 2 mL 提取液于另一干净的带玻塞试管中，加 2 mL 冰醋酸和 2 mL 酸性茚三酮试剂，在沸水浴中显色 30 min。取出冷却后向各管加 4 mL 甲苯，振荡 30 s，静置片刻，取上层液至 10 mL 离心管中，在 3000 r/min 下离心 5 min。用吸管吸取上层脯氨酸红色甲苯溶液于比色杯中，以甲苯为空白对照，在分光光度计上 520 nm 波长处比色得吸光度值，再根据标准曲线求得脯氨酸含量。

2.2.2.4　过氧化物酶活性测定

参照李合生（2000）的方法。取新鲜叶片 0.5 g 加 4 mL 0.05 mol/L pH 5.5 的磷酸缓冲液研磨成匀浆，于 3000 r/min 下离心 10 min 后取上清液 0.1 mL 并加入 2.9 mL 0.05 mol/L pH 5.5 的磷酸缓冲液、1.0 mL 2% H_2O_2、1.0 mL 0.05 mol/L 愈创木酚，立即于 37 ℃ 水浴中保温 15 min，然后迅速转入冰浴中，并加入 2.0 mL 20% 三氯乙酸终止反应，过滤后于 470 nm 波长下测定吸光度，再根据公式计算过氧化物酶活性。

2.2.2.5　叶绿素含量测定

参照邹琦（2000）的方法。将剪碎叶片 0.5 g 置于 20 mL 螺口试管中，加入 10 mL 按 4.5∶4.5∶1 比例配成的丙酮无水乙醇水混合液，封口后置于暗箱中保存 24 h，然后以混合液为对照，在 663 nm、646 nm 和 470 nm 波长下分别测定其光密度值，依公式计算叶绿素含量。

2.2.2.6　烟碱含量测定

参照王瑞新（2003）的方法。称取样品 0.5 g 置于 500 mL 凯氏瓶中，加入氯化钠 25 g，氢氧化钠 3 g，蒸馏水约 25 mL。将凯氏瓶连接于蒸汽蒸馏装置，用装有 10 mL 10 mol/L 硫酸溶液于 250 mL 三角瓶收集 220～230 mL 馏出液。将馏出液转移到 250 mL 容量瓶中定容。吸取 5 mL 于容量瓶，用 0.025 mol/L 硫酸溶液稀释到 35 mL，再用 0.025 mol/L 硫酸溶液作参比液，紫外分光光度计在 236 nm、259 nm、282 nm 波长处测定待测液的吸光度，计算烟碱含量。

2.2.2.7　可溶性糖含量测定

参照邹琦（2000）的方法。称取 0.2 g 干样各 3 份分别放入 3 支试管。加 5～10 mL 蒸馏水，加盖封口，沸水中提取 30 min，提取 2 次，提取液过滤入 25 mL 容量瓶中，定容至刻度。吸取 0.2 mL 样品液于试管中，加蒸馏水 1.8 mL 稀释。加入 0.5 mL 蒽酮乙酸乙酯，再加入 5 mL 浓硫酸立刻将试管放入沸水中，准确保温 1 min，取出自然冷却至室温。630 nm 比色，查蔗糖标准曲线，计算可溶性糖含量。

2.2.2.8　淀粉含量测定

参照邹琦（2000）的方法。将提取可溶性糖以后的残渣移入原来的试管，加入 10

～15 mL 蒸馏水，放入沸水中煮 15 min。加入 1.75 mL 高氯酸提取 15 min，取出冷却。经滤纸过滤到 25 mL 容量瓶，定容。吸取 0.2 mL 提取液，加蒸馏水 1.8 mL 稀释，再加入 0.5 mL 蒽酮乙酸乙酯和 5 mL 浓硫酸。剩下方法同可溶性糖的测定。

2.2.2.9 还原糖含量测定

参照李合生（2000）的 3,5－二硝基水杨酸法。称取 0.2 g 干样各 3 份分别放入 3 支试管。加 15 mL 蒸馏水，加盖封口，50 ℃恒温水浴锅中提取 20 min，过滤两次，将滤液全部收集于 50 mL 容量瓶，定容。取 3 支 25 mL 刻度试管，分别加入 2 mL 还原糖待测液和 1.5 mL 3,5－二硝基水杨酸试剂，另一管以 2 mL 蒸馏水代替还原糖待测液作空白。将试管中溶液摇匀后于沸水浴中加热 5 min，取出后立即放入冷水中冷却至室温，再以蒸馏水定容至 25 mL 刻度处，用橡皮塞塞住管品，颠倒混匀后于 540 nm 波长下比色得吸光值。查葡萄糖标准曲线，计算还原糖含量。

2.2.2.10 总氮含量测定

参照李合生（2000）的方法。将烘干及烤后烟叶用瑞典福斯特卡托公司生产的凯氏自动定氮仪 CID－310 进行总氮含量的测定。

2.2.2.11 烤后烟叶产量及品质测定

烤后烟叶按照国家烤烟分级标准进行分级，并选 C3F 和 B2F 进行化学成分分析。根据表 2－1 各等级烟叶价格计算产值。

表 2－1 广东省韶关市 2009 年烤烟收购价格

烟叶等级	价格（元/kg）	烟叶等级	价格（元/kg）	烟叶等级	价格（元/kg）
上部叶橘黄色一 B1F	18.0	中部叶橘黄色三 C3F	17.4	青黄色二级 GY2	3.6
上部叶橘黄色二 B2F	15.8	中部叶橘黄色四 C4F	15.2	上部叶微青色二级 B2V	10.8
上部叶橘黄色三 B3F	13.4	下部叶橘黄色一 X1F	16.6	上部叶微青色三级 B3V	9.0
上部叶橘黄色四 B4F	10.4	下部叶橘黄色二 X2F	14.6	中下部叶杂色一级 CX1K	7.4
上部叶杂色一级 B1K	7.0	下部叶橘黄色三 X3F	12.2	中下部叶杂色二级 CX2K	5.6
上部叶杂色二级 B2K	5.4	下部叶橘黄色四 X4F	10.0	下部叶微青色二级 X2V	9.0
上部叶杂色三级 B3K	3.8	青黄色一级 GY1	4.4	末级 JWY	3.6

2.2.2.12 气象因子的观测

各气象观测数据均由始兴县气象局提供。

2.2.3 统计分析方法

利用 SPSS 软件进行数据方差分析和因子分析，利用 Excel 进行图表的生成。

2.3 结果

2.3.1 不同烤烟品种（系）的光温特性

2.3.1.1 不同烤烟品种（系）光温特性的影响因子

因子分析法是用有限个不可观测的潜在变量来解释原变量间的相关性或协方差关系。这些潜在变量称为公因子，其生物学意义是一个新的综合性状（周鸿凯等，2009）。这里采用因子分析法评价不同烤烟品种（系）光温特性。为分析烤烟品种（系）对气候中光温因子的响应特性，将 7 个烤烟品种全生长发育期的光温因子按三个生长发育时期进行区分并标记为相应的变量，依次分设为：（1）苗期的活动积温（X_1）、有效积温（X_2）、日温差累积（X_3）、日照总时数（X_4）；（2）大田营养生长期（移栽至现蕾）的活动积温（X_5）、有效积温（X_6）、日温差累积（X_7）、日照总时数（X_8）；（3）成熟期（现蕾至采收完毕）的活动积温（X_9）、有效积温（X_{10}）、日温差累积（X_{11}）、日照总时数（X_{12}）。利用 SPSS 的 factor 过程对全部处理的 12 个光温因子数据进行因子分析，对主成分法提取的初等因子载荷阵进行方差最大化正交旋转，旋转后的因子载荷阵、特征值、因子贡献及贡献率列入表 2 - 2。

表 2 - 2　正交方差最大旋转因子载荷阵和特征值及其累计贡献率

指标	公因子 1	公因子 2	共同度 h^2
X_1	- 0.971	- 0.003	0.944
X_2	- 0.979	0.002	0.959
X_3	0.946	0.158	0.919
X_4	0.977	0.105	0.965
X_5	- 0.100	0.969	0.938
X_6	- 0.318	0.628	0.495
X_7	0.294	0.935	0.960
X_8	- 0.633	0.745	0.956

指标	公因子1	公因子2	共同度 h^2
X_9	0.879	-0.452	0.977
X_{10}	0.875	-0.452	0.972
X_{11}	0.898	-0.431	0.992
X_{12}	0.904	-0.422	0.995
特征值	8.144	2.927	
贡献率/%	67.864	24.391	
累计贡献率/%	67.864	92.255	

从表 2-2 可以看出，前两个公因子的特征值的累计贡献率为 92.26%。除 X_6 外，其余各因子的共同度都很大（0.919～0.995），表明这两个公因子能真实反映 12 个光温指标及其相互关系。在公因子 1 中，苗期的日照总时数（X_4）为 0.977，累计日温差（X_3）为 0.946，均较大，为正载荷；现蕾到采收完毕期的日照总时数（X_{12}）为 0.904，累计日极端温差（X_{11}）为 0.898，积温（X_9）为 0.879，有效积温（X_{10}）为 0.875，也具有较高的正载荷；另外，苗期的积温（X_1）为 -0.971，有效积温（X_2）为 -0.979，有较大的负载荷。在公因子 2 中，移栽到现蕾期的积温（X_5）为 0.969，累计日极端温差（X_7）为 0.935，日照总时数（X_8）为 0.745，有效积温（X_6）为 0.628，均较大。

综合以上分析可知，公因子 1 达到贡献率为 67.86%，故是影响烤烟光温特性的主要因子，并且以苗期光温因子为主导，其次是成熟期光温因子；公因子 2 中，以移栽到现蕾期即大田营养生长期的光温因子为主导。

根据公共因子模型，可计算每个烤烟品种各处理的公共因子的得分。

公因子 1 得分的光温模型方程为：

$$I_1 = (-0.146 X_1 - 0.147 X_2 + 0.153 X_3 + 0.154 X_4 + 0.068 X_5 - 0.003 X_6 + 0.111 X_7 - 0.041 X_8 + 0.099 X_9 + 0.099 X_{10} + 0.103 X_{11} + 0.105 X_{12}) \div 8.144$$

公因子 2 得分的光温模型方程为：

$$I_2 = (-0.071 X_1 - 0.070 X_2 + 0.118 X_3 + 0.103 X_4 + 0.304 X_5 + 0.175 X_6 + 0.315 X_7 + 0.189 X_8 - 0.079 X_9 - 0.079 X_{10} - 0.071 X_{11} - 0.068 X_{12}) \div 2.927$$

式中 $X_1 \sim X_{12}$ 为各处理的某光温性状的标准化值。再根据其特征值贡献率，计算各处理的综合得分（I_T）：$I_T = 0.6786 I_1 + 0.2439 I_2$，见表 2-3。

表 2 - 3　不同烤烟品种光温性状因子分析综合得分

品种	第一播种期	第二播种期	第三播种期	第四播种期
K346	0.13	- 0.06	- 0.01	- 0.09
云烟 87	0.16	- 0.05	- 0.04	- 0.17
G80	0.12	- 0.08	- 0.02	- 0.17
中烟 90	0.23	0.03	- 0.01	0.01
K326	0.13	- 0.08	- 0.04	- 0.17
HY06	0.24	0.07	0.03	0.09
NC89	0.12	- 0.08	- 0.06	- 0.19

公因子得分是变量或样品在因子所构成空间中的重要性体现，能够形象直观地达到分类的目的。因子综合得分高，表明烤烟对光温因子的依赖性大，烤烟营养生长期需要累积的光温能量较多，受生长期前低温寡照而提前开花的影响小，属光温钝感型；相反，则属光温敏感型。因此，可以根据反映光温特性的公因子的综合得分将试验的 7 个烤烟品种大致分为两类：HY06、中烟 90 为光温钝感型；K326、NC89、K346、G80、云烟 87 为光温敏感型。

2.3.1.2　不同烤烟品种（系）的感光指数和感温指数

借鉴水稻光温特性的研究方法（江文清等，1990），将各烤烟品种第一播种期与第四播种期的大田营养生长期的差值除以相应的日照总时数和有效积温的差值，计算出各品种相应的感光指数和感温指数并列入表 2 - 4。感光指数和感温指数越大，表明品种的感光性和感温性越强，即对光温条件变化越敏感；反之，品种的感光性和感温性就越弱，对光温条件变化不敏感。从表 2 - 4 可以看出，烤烟品种的感光性和感温性由强到弱依次为：云烟 87、NC89、K326、G80、中烟 90、K346、HY06。其中，HY06 的感光性和感温性最弱，在四个播种期下，现蕾时间都是最迟的，所需的日照时数和有效积温最多。

表 2 - 4　不同烤烟品种（系）的感光指数和感温指数

品种	一、四播期的大田营养生长期差值	一、四播期的日照总时数差值	一、四播期的有效积温差值	感光指数	感温指数
K346	10	48.4	70.5	0.21	0.14
云烟 87	14	16.8	13.9	0.83	1.01
G80	12	25.8	40.8	0.47	0.29
中烟 90	11	50.0	67.1	0.22	0.16
K326	13	25.8	28.6	0.50	0.45
HY06	2	74.1	198.6	0.03	0.01
NC89	13	18.5	26.8	0.70	0.49

2.3.2 光温条件对不同烤烟品种（系）生长发育时期的影响

2.3.2.1 不同烤烟品种的光温特性因播种期不同而发生的变化

不同烤烟品种在长期适应自然光温环境中形成了本身固有的光温特性，以及与之相适应的生长发育特性。控制播种期则是影响作物生长发育特性最重要的栽培措施之一。从表2-5可知，播种期对不同烤烟品种各生长发育时期的光温条件有显著的影响。随着播种期的推迟，7个烤烟品种苗期的日照总时数和日温差累积均呈明显减少趋势，分别降低了34.28%、21.98%；有效积温则呈显著增加趋势，增加了70.69%。这可能与粤北气候有关，广东韶关烟区烟苗播种后气温逐渐降低至来年1月份最低，2月份开始上升，呈典型的V字变化趋势。气温升高会增加有效积温，并有利于促进烤烟光合作用，提高光合效率，促进生长，从而成苗所需日照总时数和日温差累积减少。

值得注意的是，二期至四期播种的HY06处理成苗所需的日照总时数、日温差累积、有效积温均低于同播期其他6个品种，但差异未达显著水平。同一播种期，7个烤烟品种苗期的日照总时数、日温差累积、有效积温没有显著性差异（表2-5），表明不同烤烟品种在基本营养生长期所需的光温条件受播种期的影响不大。

移栽至现蕾期（即大田营养生长期）是烤烟对环境条件反应较敏感的时期之一。随着播种期的推迟，7个烤烟品种（系）移栽至现蕾期间的日照时数和有效积温均先降低后增加，总体呈增加趋势；日温差累积表现出"降—增—降—增"变化规律，但总体呈降低趋势（表2-5），表明烤烟品种在可变营养期中光温特性受到播种期变化的影响大。进一步考察7个品种（系）之间的差异可发现（表2-5），无论在哪个播种期，HY06、中烟90的日照总时数、有效积温、日温差累积均显著高于其他5个品种，K326的均最低。这说明HY06、中烟90两个品种（系）因播种期延迟而维持生长能力相对较强，而K326所需的日照总时数、有效积温、日温差累积减少，表现出发育较快。

进入成熟期后，不同烤烟品种（系）的日照总时数、有效积温和日温差累积随播种期推迟而呈下降趋势。无论在哪个播种期，HY06、中烟90成熟期所需的日照总时数、有效积温、日温差累积均显著低于其他5个品种，而K326与其他4个品种的差异不明显。

可见，烤烟不同生长发育时期的光温特性因播种期不同而发生变化，有不同的表现形式。

从全生长发育期来看，7个烤烟品种的日照总时数、有效积温和日温差累积均因播种期延迟而呈下降趋势（表2-5），这主要是由于随着播种期推迟，较高的温度与充足的光照促进了烤烟生长发育，其生长发育期缩短造成的。7个烤烟品种全生长发育期所需的日照总时数、有效积温和日温差累积虽有一些差异，但都未达显著水平。

表 2 - 5　不同烤烟品种各生长发育时期的光温特性因播种期不同的变化

播种期	品种	日照总时数（h）				有效积温（℃）				日温差累积（℃）			
		苗期	移栽至现蕾期	成熟期	全生长发育期	苗期	移栽至现蕾期	成熟期	全生长发育期	苗期	移栽至现蕾期	成熟期	全生长发育期
第一期	K346	392.9a	119.8c	320.1a	832.8a	217.3a	403.0b	1121.7a	1742.0a	870.9a	422.3b	645.2a	1938.4a
	云烟87	392.9a	128.8bc	311.1a	832.8a	217.3a	417.7b	1107.0a	1742.0a	870.9a	431.8ab	635.7ab	1938.4a
	G80	392.9a	119.8c	320.1a	832.8a	217.3a	390.8b	1133.9a	1742.0a	870.9a	417.3b	650.2a	1938.4a
	中烟90	392.9a	147.4a	292.5b	832.8a	217.3a	472.4a	1065.4b	1755.1a	870.9a	462.8a	604.7ab	1938.4a
	K326	392.9a	119.8	320.1a	832.8a	215.5a	403.0b	1121.7a	1740.2a	855.6a	422.3b	645.2a	1923.1a
	HY06	392.9a	147.4a	292.5b	832.8a	215.5a	481.8a	1042.9b	1740.2a	855.6a	468.4a	599.1b	1923.1a
	NC89	392.9a	119.8c	320.1a	832.8a	217.3a	390.8b	1133.9a	1742.0a	870.9a	417.3b	650.2a	1938.4a
第二期	K346	328.7a	115.8b	311.1ab	755.6a	258.3a	354.1bc	1107a	1719.4a	751.5a	368.9b	635.7a	1756.1a
	云烟87	337a	115.8b	311.1ab	763.9a	263.2a	354.1bc	1107a	1724.3a	784a	368.9b	635.7a	1788.6a
	G80	328.7a	106.8b	320.1a	755.6a	258.3a	339.4c	1121.7a	1719.4a	751.5a	359.4b	645.2a	1756.1a
	中烟90	337a	134.4a	292.5bc	763.9a	263.2a	382.4b	1078.7b	1724.3a	784a	391.8ab	612.8ab	1788.6a
	K326	328.7a	106.8b	320.1a	755.6a	258.3a	339.4c	1121.7a	1719.4a	751.5a	359.4b	645.2a	1756.1a
	HY06	320.6a	152.1a	274.8c	747.5a	258.3a	439.5a	1021.6b	1719.4a	742.7a	427.0a	577.6b	1747.3a
	NC89	328.7a	106.8b	320.1a	755.6a	258.3a	339.4c	1121.7a	1719.4a	751.5a	359.4b	645.2a	1756.1a

播种期	品种	日照总时数（h）				有效积温（℃）				日温差累积（℃）			
		苗期	移栽至现蕾期	成熟期	全生长发育期	苗期	移栽至现蕾期	成熟期	全生长发育期	苗期	移栽至现蕾期	成熟期	全生长发育期
第三期	K346	300.6a	144.7ab	272.5ab	717.8a	269.6a	442.4ab	999.4a	1711.4a	729.0a	392.3ab	558.9ab	1680.2a
	云烟87	308.8a	142.4bc	274.8ab	726.0a	269.6a	420.2c	1021.6a	1711.4a	743.1a	373.6bc	577.6a	1694.3a
	G80	308.8a	142.4bc	274.8ab	726.0a	269.6a	430.8bc	1011.0a	1711.4a	743.1a	383.4abc	567.8ab	1694.3a
	中烟90	308.8a	144.7ab	255.6b	709.1a	269.6a	442.4ab	883.5b	1595.5a	743.1a	392.3ab	513.2c	1648.6a
	K326	308.8a	142.4bc	274.8ab	726.0a	269.6a	420.2c	1021.6a	1711.4a	743.1a	373.6bc	577.6a	1694.3a
	HY06	291.3a	159.4a	257.8b	708.5a	269.6a	466.7a	975.1ab	1711.4a	714.4a	415.9a	535.3bc	1665.6a
	NC89	308.8a	133.4c	283.8a	726.0a	269.6a	409.5c	1032.3a	1711.4a	743.1a	361.9c	589.3a	1694.3a
第四期	K346	258.2a	168.2c	196.2b	622.6a	370.9a	473.5b	866.5ab	1710.9a	679.5a	390.7c	438.3b	1508.5a
	云烟87	258.2a	145.6d	218.8a	622.6a	370.9a	431.6c	908.4a	1710.9a	679.5a	351.9d	477.1a	1508.5a
	G80	258.2a	145.6d	218.8a	622.6a	370.9a	431.6c	908.4a	1710.9a	679.5a	351.9d	477.1a	1508.5a
	中烟90	258.2a	197.4b	150.1c	605.7a	370.9a	539.8a	684.3c	1595.0b	679.5a	439.2b	344.1c	1462.8a
	K326	258.2a	145.6d	218.8a	622.6a	370.9a	431.6c	908.4a	1710.9a	679.5a	351.9d	477.1a	1508.5a
	HY06	249.6a	221.5a	142.9c	614.0a	370.9a	580.4a	659.6c	1410.9c	661.5a	501.1a	327.9c	1490.5a
	NC89	258.2a	138.3d	209.2a	605.7a	370.9a	417.6c	806.5b	1595.0b	679.5a	340.8d	442.5b	1462.8a

注：同一播种期同列数据后的不同字母表示在5%的水平上差异显著，相同字母表示在5%的水平上差异不显著。

2.3.2.2 光温条件对不同烤烟品种（系）生长发育期的影响

播种期直接影响烤烟生长发育所处的气候条件，与生长发育期密切相关。从表 2 - 6 可知，随着播种期的推迟，不同烤烟品种出苗日期相应延迟。在前三个播种期，7 个烤烟品种从播种至出苗的天数差异不大，均在 11 ～13 d 范围，品种（系）之间无显著性差异。第四播种期的 7 个品种，由于该烟区 12 月底气温下降至很低，日照变少，烤烟播种至出苗时间延长，均为 15 ～16 d，比前三个播种期出苗时间延长了 3 ～4 d。无论哪个播种期，HY06 的出苗时间都是最迟的，比其他品种晚 1 ～3 d。

第一次采收时间反映了不同烤烟品种烟叶成熟最早时间。第一、二期播种的 7 个烤烟品种第一次采收时间相同，均为 5 月 24 日（表 2 - 6），表明前两期播种的各烤烟品种（系）烟叶成熟期没有受到播种期的影响。而第三、四期播种的 7 个烤烟品种（系）烟叶成熟时间稍晚些，第一次采收时间延迟至 6 月 1 日，比前两期推迟了 7 d，说明在该烟区播种期推迟至 12 月下旬时已明显对各烤烟品种烟叶成熟期产生了影响。四个播种期下，除中烟 90、NC89 的个别播期处理采收结束期提早外，其余各烤烟品种处理的采收完毕期基本一致，这是因为播种期推迟导致各烤烟品种（系）生长发育期缩短，随之留叶数减少之故。

随着播种期的推迟，7 个烤烟品种的苗期天数、大田期天数和全生长发育期天数明显缩短（表 2 - 6）。苗期天数从 71 ～72 d 减少至 67 ～68 d，大田期天数从 132 d 减少至 95 ～102 d，全生长发育期天数从 203 ～204 d 减少至 163 ～170 d，对应减少幅度分别为 5.56%、34.31%、19.12%，可见播种期对烤烟大田期天数影响更大些。

从表 2 - 6 还可以看出，同期播种的 7 个烤烟品种（系）的苗期天数、大田期天数和全生长发育期天数无显著差异，说明因播种期不同而形成的不同光温条件对 7 个烤烟品种（系）的苗期天数、大田期天数和全生长发育期天数的影响没有表现出品种间

表 2 - 6　光温条件对不同烤烟品种生长发育过程的影响

播种期 （月/日）	品种 （品系）	出苗期 （月/日）	移栽期 （月/日）	现蕾期 （月/日）	第一次 采收期 （月/日）	采收完 毕期 （月/日）	出苗 天数 （d）	苗期 天数 （d）	大田期 天数 （d）	全生长 发育期 天数（d）
	K346	12/12	2/22	4/20	5/24	7/4	11a	72a	132a	204a
	云烟 87	12/12	2/22	4/21	5/24	7/4	11a	72a	132a	204a
	G80	12/12	2/22	4/19	5/24	7/4	11a	72a	132a	204a
12/1	中烟 90	12/12	2/22	4/25	5/24	7/4	11a	72a	132a	204a
	K326	12/13	2/22	4/20	5/24	7/4	12a	71a	132a	203a
	HY06	12/13	2/22	4/26	5/24	7/4	12a	71a	132a	203a
	NC89	12/12	2/22	4/19	5/24	7/4	11a	72a	132a	204a

播种期 （月/日）	品种 （品系）	出苗期 （月/日）	移栽期 （月/日）	现蕾期 （月/日）	第一次 采收期 （月/日）	采收完 毕期 （月/日）	出苗 天数 （d）	苗期 天数 （d）	大田期 天数 （d）	全生长 发育期 天数（d）
	K346	12/23	3/4	4/21	5/24	7/4	12a	71a	122a	193a
	云烟87	12/21	3/4	4/21	5/24	7/4	10a	73a	122a	195a
	G80	12/23	3/4	4/20	5/24	7/4	12a	71a	122a	193a
12/11	中烟90	12/21	3/4	4/23	5/24	7/4	10a	73a	122a	195a
	K326	12/23	3/4	4/20	5/24	7/4	12a	71a	122a	193a
	HY06	12/24	3/4	4/28	5/24	7/4	13a	70a	122a	192a
	NC89	12/23	3/4	4/20	5/24	7/4	12a	71a	122a	193a
	K346	1/2	3/14	4/30	6/1	7/4	12a	71a	112a	183a
	云烟87	1/1	3/14	4/29	6/1	7/4	11a	72a	112a	184a
	G80	1/1	3/14	4/29	6/1	7/4	11a	72a	112a	184a
12/21	中烟90	1/1	3/14	4/30	6/1	6/27	11a	72a	105a	177a
	K326	1/1	3/14	4/28	6/1	7/4	11a	72a	112a	184a
	HY06	1/3	3/14	5/2	6/1	7/4	13a	70a	112a	182a
	NC89	1/1	3/14	4/27	6/1	7/4	11a	72a	112a	184a
	K346	1/15	3/24	5/10	6/1	7/4	15a	68a	102a	170a
	云烟87	1/15	3/24	5/7	6/1	7/4	15a	68a	102a	170a
	G80	1/15	3/24	5/7	6/1	7/4	15a	68a	102a	170a
12/31	中烟90	1/15	3/24	5/14	6/1	6/27	15a	68a	95b	163b
	K326	1/15	3/24	5/7	6/1	7/4	15a	68a	102a	170a
	HY06	1/16	3/24	5/24	6/1	7/4	16a	67a	102a	169a
	NC89	1/15	3/24	5/6	6/1	6/27	15a	68a	95b	163b

差异，即是说这7个品种（系）在播种期相同时，其苗期天数、大田期天数和全生长发育期天数的光温反应没有显著的品种间差异。

第四期播种的中烟90、NC89的大田期天数和全生长发育期天数为同期播种的7个品种（系）中最少的，二者大田期天数和全生长发育期天数相同，分别为95 d和163 d。

2.3.2.3　不同烤烟品种现蕾时间及其大田营养生长期光温特性的相关关系

烤烟现蕾时间正常与否是烟株生长发育状况的重要指示标志，直接影响烟株有效叶片数、株高等性状，进而影响烟叶产量和质量。从表2－7可知，随着播种期的推迟，各烤烟品种现蕾时间均延迟，不同品种（系）从移栽到现蕾的天数（即大田营养生长期）以不同程度减少。K326、K346、云烟 87、G80、NC89 等 5 个品种移栽至现蕾天数显著减少，相应减少幅度分别为 22.81%、17.54%、24.14%、21.43%、23.21%，表明这 5 个烤烟品种大田营养生长期受播种期延迟的影响较大。而 HY06 和中烟 90 移栽至现蕾天数均略多于或显著多于 K326 等其他 5 个品种，现蕾特性表现出品种间差异。虽然这两个品种（系）在第一至三播种期的移栽至现蕾天数也因播种期延迟而减少，但在第四个播种期，它们的移栽至现蕾天数又明显回升，但最终少于第一播期的，HY06、中烟 90 的相应减少幅度分别为 3.17%、17.74%。可见，HY06、中烟 90 的移栽至现蕾天数受播种期延迟的影响较小。

表 2-7 光温条件对不同烤烟品种大田营养生长期天数的影响

品种	大田营养生长期（d）				平均值	标准差	变异系数（%）	减少幅度（%）
	第一播种期	第二播种期	第三播种期	第四播种期				
K346	57b	48b	47a	47c	49.75	4.86	9.77	17.54
云烟 87	58b	48b	46a	44c	49.00	6.21	12.67	24.14
G80	56b	47b	46a	44c	48.25	5.31	11.01	21.43
中烟 90	62a	50b	47a	51bc	52.50	6.56	12.50	17.74
K326	57b	47b	45a	44c	48.25	5.97	12.37	22.81
HY06	63a	55a	49a	61a	57.00	6.32	11.09	3.17
NC89	56b	47b	44a	43c	47.50	5.92	12.46	23.21

从移栽到现蕾天数的平均值来看（表 2-7），7 个品种的大田营养生长期在 47.5 d ～57 d 范围内，其中 HY06 大田营养生长期最长，NC89 的最短。大田营养生长期变异系数在 9.77% ～12.67% 之间，变异系数从大到小依次为云烟 87、中烟 90、NC89、K326、HY06、G80、K346，即大田营养生长期受播种期的影响云烟 87 最大，K346 则最小。

由表 2-8 和表 2-9 可知，随着播种期的推迟，各烤烟品种大田营养生长期（从移栽到现蕾）的有效积温和日照总时数总体均呈上升趋势，增加幅度从大到小依次为 HY06、K346、中烟 90、G80、K326、NC89、云烟 87。有效积温的变化范围为 339.4℃ ～680.4℃，日照总时数的变化范围为 106.8 ～221.5 h。

从品种比较角度分析（表 2-8、表 2-9），在 7 个烤烟品种（系）中无论哪个播种期，HY06、中烟 90 大田营养生长期所需的有效积温、日照总时数均显著高于其他 5 个品种，一定范围内的光温条件变化对其影响不大，这可能是这两个品种对光温反应钝感的原因之一。而 NC89、K326、云烟 87、G80 等 4 个品种大田营养生长期所需的有效积温、日照总时数相对较少，较小的温光条件变化就可能引起其有效积温、日照总时数发生较大的变化，因而对光温反应敏感。

从大田营养生长期的有效积温、日照总时数的平均值看（表 2-7），7 个品种的有效积温在 389.33℃ ～517.10℃范围内，其中 HY06 有效积温最高，NC89 最低。其变异系数在 9.02% ～21.32% 之间，从大到小依次为 HY06、中烟 90、K346、G80、K326、云烟 87、NC89。7 个品种的日照总时数在 124.58 ～170.10 h 范围内，其中日照总时数 HY06 最高，NC89 最低。其变异系数在 10.27% ～20.35% 之间，从大到小依次为 HY06、中烟 90、K346、G80、K326、NC89、云烟 87。

表 2-8 光温条件对不同烤烟品种大田营养生长期有效积温的影响

| 品种 | 有效积温（℃） | | | | 平均值 | 标准差 | 变异系数（%） | 增加幅度（%） |
	第一播种期	第二播种期	第三播种期	第四播种期				
K346	403.0b	354.1c	442.4ab	473.5c	418.25	51.59	12.33	17.49
云烟 87	417.7b	354.1c	430.8b	431.6d	408.55	36.86	9.02	3.33
G80	390.8b	339.4c	430.8b	431.6d	398.15	43.55	10.94	10.44
中烟 90	472.7a	382.4b	442.4ab	539.8b	459.33	65.47	14.25	14.20
K326	403.0b	339.4c	420.2bc	431.6d	398.55	41.15	10.32	7.10
HY06	481.8a	439.5a	466.7a	680.4a	517.10	110.26	21.32	41.22
NC89	390.8b	339.4c	409.5c	417.6d	389.33	35.12	9.02	6.86

表 2-9 光温条件对不同烤烟品种大田营养生长期日照总时数的影响

| 品种 | 日照总时数（h） | | | | 平均值 | 标准差 | 变异系数（%） | 增加幅度（%） |
	第一播种期	第二播种期	第三播种期	第四播种期				
K346	119.8b	115.8bc	144.7ab	168.2a	137.13	24.34	17.75	40.40
云烟 87	128.8b	115.8bc	142.4ab	145.6b	133.15	13.67	10.27	13.04
G80	119.8b	106.8c	142.4ab	145.6b	128.65	18.55	14.42	21.54
中烟 90	147.4a	134.4ab	144.7ab	197.4a	155.98	28.18	18.07	33.92
K326	119.8b	106.8c	142.4ab	145.6b	128.65	18.55	14.42	21.54
HY06	147.4a	152.1a	159.4a	221.5a	170.10	34.62	20.35	50.27
NC89	119.8b	106.8b	133.4b	138.3b	124.58	14.20	11.40	15.44

在上述分析基础上，对 7 个烤烟品种（系）大田营养生长期天数与其光温特性指标之间进行相关分析。

从表 2−10 可以看出，各烤烟品种（系）大田营养生长期天数与其苗期的日照总时数、日温差累积呈正相关关系。其中，K326、NC89、云烟 87、G80 的大田营养生长期天数与苗期日照时数呈显著正相关，且其相关系数都大于 K346、中烟 90 和 HY06，HY06 的相关系数最小，也不显著；K326、NC89、K346、云烟 87、G80 与苗期的日温差显著或极显著正相关，HY06、中烟 90 相关不显著。K326、中烟 90、K346、G80、NC89、云烟 87 等 6 个品种大田营养生长期天数与其苗期的有效积温呈负相关，但相关不显著，而 HY06 的正相关系数极小（0.083），没有明显的相关性。

表 2−10　烤烟品种大田营养生长期天数与其光温特性指标之间的相关系数

品种	苗　　期			大田营养生长期（移栽至现蕾）		
	日照总时数 X_1	有效积温 X_2	日温差累积 X_3	日照总时数 X_4	有效积温 X_5	日温差累积 X_6
K346	0.894	− 0.671	0.951 *	− 0.549	− 0.288	0.822
云烟 87	0.936 *	− 0.804	0.954 *	− 0.438	− 0.02	0.982 * *
G80	0.948 *	− 0.79	0.982 * *	− 0.488	− 0.287	0.909
中烟 90	0.727	− 0.497	0.765	− 0.05	0.224	0.863
K326	0.929 *	− 0.755	0.953 *	− 0.503	− 0.133	0.947 *
HY06	0.335	0.083	0.372	0.291	− 0.236	0.853
NC89	0.943 *	− 0.773	0.965 *	− 0.493	− 0.257	0.968 *

注：表中标有 * 表明该相关系数横纵方向所对应的两指标相关性显著，标 * * 表明相关性极显著。

各烤烟品种（系）大田营养生长期天数与其日温差累积呈正相关关系（表 2−10），其中云烟 87、K326、NC89 达到极显著或显著正相关，其余 4 个品种（系）正相关未达到显著水平（$P < 0.05$）。除 HY06 相关系数为正值（0.291，正相关不显著）外，其余 6 个烤烟品种大田营养生长期天数与其日照总时数呈负相关，但未达到显著水平（$P < 0.05$）。

此外，除中烟 90 相关系数为正值（0.224，正相关不显著）外，其余 6 个品种大田营养生长期天数与其有效积温呈负相关（表 2−10），但相关系数低，未达到显著水平（$P < 0.05$）。

进一步将各烤烟品种大田营养生长期天数与各光温特性指标进行逐步回归分析，得到大田营养生长期天数与光温特性指标之间的回归方程：

$$Y = -30.983 + 0.04X_1 + 0.051X_2 - 0.133X_4 + 0.184X_6$$

$$R^2 = 0.987$$

其中，各光温特性指标的标准化回归系数分别为：大田营养生长期的日温差累积（X_6）为 1.221，大田营养生长期日照总时数（X_4）为 -0.562，苗期的有效积温（X_2）为 0.482，苗期的日照总时数（X_1）为 0.328。标准化系数的绝对值愈大说明相应的自变量对 Y 的作用愈大。由此可见，对大田营养生长期影响最大的光温特性指标是从移栽到现蕾期间的日温差累积。

2.3.3 光温条件对不同烤烟品种（系）农艺性状的影响

2.3.3.1 不同烤烟品种有效叶数和株高的变化

有效叶数是烤烟产量的主要构成因素之一，也直接影响烟叶质量。从表 2-11 可以看出，在第一播种期（正常播种期），7 个烤烟品种（系）有效叶数明显不同，有效叶数 HY06 最多（22.3 片），显著高于其他 6 个品种；其次是 K326，为 20 片；云烟87、K346、G80 等三个品种差异不显著，但明显少于 K326，而多于 NC89 和中烟 90，达到显著差异水平，表明烟株有效叶数存在品种间差异。7 个品种株高则是云烟 87 最高（90.3 cm）；其次是 K346、G80，二者株高没有显著差异；HY06、K326、NC89、中烟 90 四个品种株高最低，品种间无显著性区别（表 2-12）。

表 2-11　光温条件对不同烤烟品种有效叶数的影响

品种	有效叶数（片）				平均值	变异系数（%）
	第一播种期	第二播种期	第三播种期	第四播种期		
K346	17.9 ± 0.7c	17.5 ± 0.5bc	16.0 ± 1.3b	15.8 ± 1.6b	16.8	8.6
云烟87	18.0 ± 0.6c	18.0 ± 0.6b	15.1 ± 0.8bc	16.7 ± 1.2b	17.0	8.6
G80	18.3 ± 1.2c	16.2 ± 1.0c	14.4 ± 1.3cd	16.3 ± 1.0b	16.3	11.0
中烟90	16.7 ± 0.8d	15.3 ± 1.2c	12.9 ± 1.9d	13.3 ± 1.2c	14.6	14.0
K326	20.0 ± 1.1b	18.7 ± 0.5b	17.9 ± 1.1a	16.3 ± 1.4b	18.2	9.1
HY06	22.3 ± 0.5a	19.8 ± 0.8a	18.8 ± 0.7a	18.0 ± 1.5a	19.5	8.0
NC89	16.0 ± 1.7d	16.2 ± 1.2c	13.6 ± 1.1d	14.0 ± 0.6c	15.0	10.8

注：同列数据后有相同字母表示在 5% 的水平上不显著，有不同字母表示在 5% 水平上显著。

表2-12 光温条件对不同烤烟品种株高的影响

品种	株高（cm）				平均值	变异系数（%）
	第一播种期	第二播种期	第三播种期	第四播种期		
K346	84.7±4.4ab	89.0±2.7ab	61.7±2.4b	61.1±3.4b	74.1	20.0
云烟87	90.3±6.4a	93.7±1.1a	71.2±2.8a	73.7±5.8a	82.2	13.9
G80	80.8±3.8b	84.7±6.2b	65.3±0.9b	64.7±3.8b	73.9	14.0
中烟90	71.4±8.4c	80.4±1.2c	66.3±6.4b	62.1±2.1b	70.1	11.3
K326	71.5±3.0c	86.4±7.1ab	70.0±4.0a	61.2±4.1b	72.3	14.5
HY06	73.9±5.3c	83.3±2.4bc	72.7±2.9a	60.7±1.0b	72.7	10.3
NC89	71.5±5.7c	64.5±5.7d	46.2±2.2c	44.33±6.4c	56.6	23.8

注：同列数据后有相同字母表示在5%的水平上不显著，有不同字母表示在5%水平上显著。

此后，随着播种期的推迟，各烤烟品种的有效叶数均以不同程度减少（表2-11），而株高除NC89外的其余品种都呈先增加后降低趋势，但总体呈下降趋势（表2-12）。至第四期播种时，有效叶数最多的仍是HY06，为18片，可以保证一定的烟叶产量与质量；其次是云烟87、K326、K346、G80，这四个品种之间无显著差异；最少的是NC89、中烟90，仅有13～14片。株高最高的是云烟87，为73.7 cm，显著高于其他6个品种（系）；其次是K346、G80、K326、HY06、中烟90，这五个品种之间无显著差异；最矮的是NC89，仅为44.33 cm。与第一播种期比较，上述7个品种有效叶数减少幅度从大到小依次为中烟90（20.36%）、HY06（19.28%）、K326（18.50%）、NC89（12.50%）、G80（10.93%）、云烟87（7.22%）、K346（6.15%）。

从表2-11、表2-12还可以看出，7个品种有效叶数的平均值从多到少依次是HY06、K326、云烟87、K346、G80、NC89、中烟90。其变异系数最大的是中烟90，最小的是HY06，表明HY06有效叶数较稳定。7个品种株高的平均值从高到矮依次为云烟87、K346、G80、HY06、K326、中烟90、NC89。其中，中烟90的株高变异系数最大，HY06的株高变异系数最小。

2.3.3.2 不同烤烟品种茎围的变化

植株茎围可以反映烤烟植株生长发育健壮状况。由表2-13可知，在第一播种期（正常播种期），7个烤烟品种（系）植株茎围有明显不同，HY06茎围最大，达到8.9 cm，显著高于其他6个品种；其次是云烟87和中烟90，这两者之间无明显差异；茎围最小的品种是K326、NC89、K346、G80。

表2-13　光温条件对不同烤烟品种茎围的影响

品种	茎围（cm）				平均值	变异系数（%）
	第一播种期	第二播种期	第三播种期	第四播种期		
K346	7.0±0.0c	7.0±0.2b	6.6±0.4b	7.0±0.8b	6.9	3.2
云烟87	8.2±0.1b	8.0±0.7a	6.5±0.5b	7.3±0.5b	7.5	10.7
G80	6.8±0.1c	7.1±0.4b	6.7±0.4b	7.6±0.2b	7.1	6.0
中烟90	7.9±0.6b	8.8±0.9a	8.1±0.1a	7.8±0.9b	8.1	5.5
K326	6.8±0.3c	7.3±0.1b	6.0±0.7b	7.3±0.5b	6.8	9.2
HY06	8.9±0.3a	8.1±0.1a	8.2±0.4a	8.9±0.8a	8.5	5.3
NC89	7.0±0.8c	7.3±0.3b	7.0±0.4b	7.6±0.4b	7.2	4.0

注：同列数据后的相同字母表示在5%的水平上不显著，不同字母表示在5%水平上显著。

　　随着播种期的推迟，各烤烟品种茎围的变化没有明显的规律性（表2-13）。四个播种期中，HY06和中烟90的茎围都显著大于或大于其他5个品种，表明植株个体生长更健壮。第四播种期，HY06茎围最大，显著大于其他烤烟品种；而其余6个品种的茎围无显著性差异。各品种茎围的平均值从大到小为HY06、中烟90、云烟87、NC89、G80、K346、K326。云烟87的变异系数最大，K346的变异系数最小，说明K346茎围大小因播种期不同而变化较小。值得一提的是，当地主栽品种K326茎围变异系数仅略低于云烟87，也很大（表2-13），表明K326茎围受播种期变化的影响较大，在烟叶生产中应引起注意。

2.3.4　光温条件对不同烤烟品种（系）一些生理代谢物质的影响

2.3.4.1　四个播种期烤烟大田期的光温变化

　　为便于分析光温条件对不同烤烟品种光温特性及其生长发育的影响，有必要对四个播种期的烤烟移栽后的气候光温条件进行统计分析。四个播种期下的烤烟在移栽后30～80 d的光温条件日照总时数和有效积温统计结果如图2-1、图2-2所示。从图2-1、图2-2可以看出，第一播种期，烤烟移栽后30～40 d期间的日照总时数最低，10天的日照时数仅为1.8 h；有效积温也最低，为64.8 ℃，表明这段时间日照较少，气温低；在移栽后40～50 d，日照总时数增加较快，有效积温则略有升高，但仍然较少；直到移栽后50 d，有效积温和日照总时数才明显增加，之后稳定上升，至70～80 d达到最高值。

　　第二播种期的烤烟（图2-1、图2-2），在移栽后30～40 d，日照总时数高于第一播种期，但有效积温只是略有升高，表明日照增多，但气温仍然很低。到移栽后40

～50 d，日照总时数和有效积温明显增加，二者到栽后 60～70 d 时均达到最高值，之后日照开始减少，温度略有降低。

　　第三播种期，烤烟在移栽后 30～50 d 期间，环境气候即有较高的日照总时数和有效积温（图 2－1、图 2－2），至 50～60 d 增加至最大值，移栽后 60 d 日照开始减少，气温变化不大。

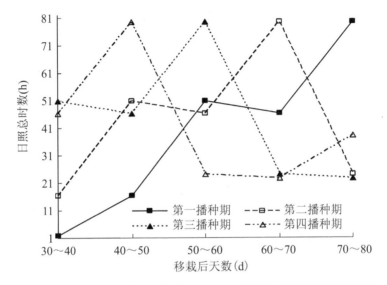

图 2－1　四个播种期的烤烟移栽后 30～80 d 期间的气候日照总时数变化

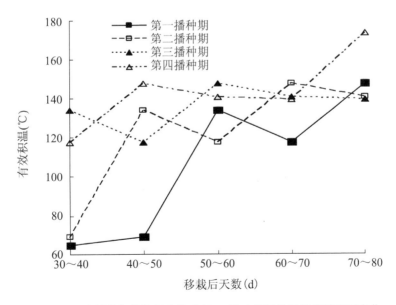

图 2－2　四个播种期的烤烟移栽后 30～80 d 期间的气候有效积温变化

　　第四播种期的烤烟，在移栽后 30～40 d 期间（图 2-1、图 2-2），气候日照总时数和有效积温均较高。至移栽后 40～50 d 期间（图 2-1、图 2-2），日照总时数和有效积温均迅速升至最高峰，这会促进烟株快速生长，但不一定有利于优质烟叶形成。日照总时数在移栽后 50 d 开始急剧减少，此后一直保持较低值，而有效积温则一直保持稳中略升态势，表明气温较高，日照相对较少，意味着后期雨水多。

　　可见，四个播种期的烤烟大田期光温条件有较明显规律性变化。

2.3.4.2 光温条件对不同烤烟品种（系）叶片可溶性蛋白质含量的影响

　　烤烟叶片中可溶性蛋白质大多数是参与各种代谢活动的酶，其中包括叶片光合作用最关键的核酮糖-1,5-二磷酸羧化酶/加氧酶，其含量是反映植物体总代谢状况的一个重要指标。从表 2-14 可以看出，在移栽后 30～80 d 期间，7 个烤烟品种叶片中可溶性蛋白质含量均随着烟株生长发育进程的推移而呈现单峰曲线的变化趋势，但不同光温条件下各烤烟品种（系）的叶片可溶性蛋白质含量高峰值的出现时间不相同，峰值大小也有差异。值得注意的是，叶片可溶性蛋白质含量高峰出现时间与各烤烟品种的现蕾期接近，烤烟现蕾前，可溶性蛋白质含量均迅速增加，现蕾后又逐渐下降，反映出现蕾前后烟株总代谢的强弱变化，也可能与现蕾前碳水化合物积累代谢增强有关。

表 2-14　光温条件对不同烤烟品种（系）可溶性蛋白质含量的影响

播种期	品种	可溶性蛋白质含量（mg·g⁻¹）					
		移栽后 30 d	移栽后 40 d	移栽后 50 d	移栽后 60 d	移栽后 70 d	移栽后 80 d
第一期	K346	0.15±0.01b	0.20±0.01b	0.57±0.02c	13.90±0.28c	1.87±0.11c	0.71±0.00d
	云烟87	0.18±0.01a	0.17±0.00c	0.70±0.02b	12.59±0.15d	1.53±0.15d	0.88±0.03c
	G80	0.18±0.02a	0.20±0.02b	0.78±0.02a	14.85±0.10b	1.95±0.21c	0.32±0.01e
	中烟90	0.18±0.00a	0.37±0.03a	0.42±0.04a	11.98±0.28e	5.31±0.10b	1.14±0.01b
	K326	0.20±0.01a	0.20±0.00b	0.69±0.04b	13.78±0.31c	1.57±0.08d	0.70±0.02d
	HY06	0.19±0.01a	0.21±0.01b	0.41±0.02d	11.82±0.11e	6.68±0.23a	1.20±0.04a
	NC89	0.18±0.01a	0.21±0.01b	0.79±0.03a	15.59±0.27a	1.31±0.19e	0.34±0.02e
第二期	K346	0.18±0.01b	0.31±0.02a	12.47±0.18c	1.49±0.04d	0.68±0.01e	0.88±0.01e
	云烟87	0.20±0.01a	0.33±0.03a	11.59±0.14d	1.32±0.01e	0.93±0.02c	0.98±0.01d
	G80	0.21±0.01a	0.29±0.08a	14.50±0.21b	1.60±0.01a	0.49±0.01f	0.62±0.01f
	中烟90	0.20±0.01a	0.32±0.02a	11.73±0.17b	6.53±0.03b	1.10±0.01b	1.20±0.03b
	K326	0.20±0.00a	0.32±0.03a	14.75±0.14ab	1.60±0.01a	1.22±0.07a	1.10±0.02c
	HY06	0.19±0.01ab	0.33±0.01a	11.14±0.15e	7.49±0.03a	1.34±0.01a	1.34±0.02a
	NC89	0.19±0.01ab	0.34±0.01a	15.06±0.13a	1.55±0.00c	0.81±0.01d	1.12±0.01c

续上表

播种期	品种	可溶性蛋白质含量（mg·g⁻¹）					
		移栽后 30 d	移栽后 40 d	移栽后 50 d	移栽后 60 d	移栽后 70 d	移栽后 80 d
第三期	K346	0.24 ± 0.01a	0.63 ± 0.05a	8.07 ± 0.10c	2.26 ± 0.07c	1.41 ± 0.01a	1.33 ± 0.01b
	云烟87	0.23 ± 0.01a	0.70 ± 0.19a	8.69 ± 0.21b	2.10 ± 0.08dc	1.25 ± 0.00d	1.18 ± 0.02c
	G80	0.27 ± 0.06a	0.49 ± 0.01a	8.67 ± 0.15b	2.04 ± 0.05d	0.98 ± 0.00f	1.11 ± 0.04d
	中烟90	0.34 ± 0.06a	0.68 ± 0.09a	7.85 ± 0.09c	2.51 ± 0.09b	1.34 ± 0.01c	0.79 ± 0.01e
	K326	0.30 ± 0.08a	0.56 ± 0.02a	9.76 ± 0.09a	1.65 ± 0.06e	1.40 ± 0.01ab	1.13 ± 0.01cd
	HY06	0.30 ± 0.04a	0.55 ± 0.06a	7.19 ± 0.13d	2.71 ± 0.10a	1.39 ± 0.01b	1.39 ± 0.01a
	NC89	0.28 ± 0.02a	0.58 ± 0.07a	9.45 ± 0.05a	1.74 ± 0.05e	1.18 ± 0.01e	1.17 ± 0.02c
第四期	K346	0.48 ± 0.04ab	3.06 ± 0.03c	2.41 ± 0.02b	1.38 ± 0.04c	1.28 ± 0.01d	1.13 ± 0.03c
	云烟87	0.69 ± 0.16a	3.18 ± 0.04c	1.18 ± 0.11d	1.35 ± 0.02c	1.18 ± 0.02e	0.95 ± 0.02d
	G80	0.48 ± 0.01ab	3.37 ± 0.08b	1.26 ± 0.02dc	1.33 ± 0.02c	1.03 ± 0.03f	0.99 ± 0.04d
	中烟90	0.47 ± 0.03b	2.89 ± 0.05d	3.98 ± 0.09a	2.84 ± 0.08b	2.00 ± 0.02b	1.30 ± 0.08b
	K326	0.45 ± 0.03b	3.15 ± 0.08c	1.38 ± 0.01c	1.34 ± 0.02c	1.22 ± 0.02e	0.92 ± 0.02d
	HY06	0.43 ± 0.01b	2.55 ± 0.10e	3.87 ± 0.09a	4.23 ± 0.20a	3.29 ± 0.14a	1.50 ± 0.05a
	NC89	0.64 ± 0.14ab	3.68 ± 0.08a	1.35 ± 0.04c	1.32 ± 0.03c	1.31 ± 0.01c	0.91 ± 0.07d

注：在同一播种期下同列数据后相同字母则表示在 5% 的水平上不显著，不同字母表示在 5% 的水平上显著。

第一播种期的烤烟，在移栽后 30 ～ 50 d，日照总时数和有效积温较少，各品种（系）叶片可溶性蛋白质含量均较低，并随着生长发育进程而缓慢增加，品种间差异不大（表 2 – 14）。至移栽后 60 d，可溶性蛋白质含量迅速增加到峰值，为 11 ～ 16 mg·g⁻¹，其中可溶性蛋白质含量 G80 和 NC89 明显高于其他 5 个品种。移栽后 70 ～ 80 d，各品种可溶性蛋白质含量迅速降低，烤烟叶片可溶性蛋白质含量最高的是 HY06 和中烟 90，均显著高于其他 5 个品种，而 G80 和 NC89 则降至最低。此期间气候日照总时数和有效积温高，表明 HY06 和中烟 90 对光温条件有较强的适应性。

第二播种期的烤烟在移栽后 30 d，各品种（系）叶片可溶性蛋白质含量与第一播种期的类似，也较低，品种（系）间差异不显著。到移栽后 40 d，叶片可溶性蛋白质含量迅速增加，直至移栽后第 50 d 达到峰值，为 11.14 ～ 15.06 mg·g⁻¹，与第一播种期峰值范围接近。此时，可溶性蛋白质含量 K326、NC89、G80 最高，均显著高于其他品种。在移栽后 60 ～ 80 d，各品种可溶性蛋白质含量以不同幅度迅速降低，可溶性蛋白质含量 HY06 和中烟 90 明显高于其他 5 个品种，表明两个品种（系）有相对较强的生理代谢能力。

第三期播种的烤烟，在移栽后30 d，各品种（系）叶片可溶性蛋白质含量明显高于一、二播种期的，这与该期此时光温条件中日照总时数和有效积温与第一、二播种期同比较高有关。移栽后40 d，叶片中可溶性蛋白质含量迅速升高，直至移栽后50 d达到峰值。在移栽后30～40 d，各品种（系）间可溶性蛋白质含量无明显差异；移栽后50 d达到峰值时，品种间表现出差异显著性，可溶性蛋白质含量NC89和K326最高，均明显高于其他5个品种。移栽后60 d，可溶性蛋白质含量HY06和中烟90仍然最高，显著高于其他品种。

第四期播种的烤烟，由于移栽后的光温条件较好，日照总时数和有效积温较高，所以各品种（系）在移栽后30 d就有较高的叶片可溶性蛋白质含量，之后随着生长发育进程而以不同程度逐渐或迅速增加至峰值，但各品种峰值出现的时间不相同。K346、云烟87、G80、K326和NC89的可溶性蛋白质含量在移栽后40 d达到峰值，中烟90、HY06则分别在移栽后50、60 d达到峰值。这从一定程度上反映出各品种光温特性的不同。各品种可溶性蛋白质含量达到峰值后又迅速下降。有规律的是，可溶性蛋白质含量HY06和中烟90在移栽后40 d显著低于其他品种，而在移栽后50～80 d又明显高于其他品种。

随着播种期不同引起的烤烟大田期光温条件的不同，7个品种的可溶性蛋白质含量也随之发生变化。烤烟移栽后，气候日照总时数和有效积温逐渐增加，在移栽后30 d时的可溶性蛋白质含量随之增加，峰值则随之下降。第一、二期播种的烟叶可溶性蛋白质含量在$0.1～0.2$ $mg \cdot g^{-1}$之间，而二、三期播种的烟叶可溶性蛋白质含量则在$0.2～0.7$ $mg \cdot g^{-1}$之间；第一期播种的烟叶可溶性蛋白质含量的最大值在$11～16$ $mg \cdot g^{-1}$之间，而最后一期则在$3～4$ $mg \cdot g^{-1}$之间。从总体上看，叶片可溶性蛋白质含量的峰值大小的顺序是：第一播种期、第二播种期、第三播种期、第四播种期。

2.3.4.3 光温条件对不同烤烟品种（系）叶绿素含量的影响

叶绿素是作用于植物光合作用过程中的重要因子，也是最易受到环境光温条件影响的光合色素。烤烟叶绿素含量高低不仅决定烟草的光合特性，而且与烟叶的色泽、香气密切相关。从图2-3可以看出，不同光温条件对各烤烟品种（系）的叶绿素含量有不同程度的影响。随着烟株生长发育进程的推移，叶绿素含量总体呈现逐渐增加趋势，至现蕾前是波浪式渐增，这可能是由于旺长期生长较快导致的物质浓缩或稀释效应的表现。现蕾打顶后，由于顶端生殖生长优势解除，烟叶营养生长得以加强，叶绿素含量呈迅速增加趋势，直至移栽后60～70 d达到峰值；之后，由于烟叶进入成熟期，叶绿素含量逐渐降低。

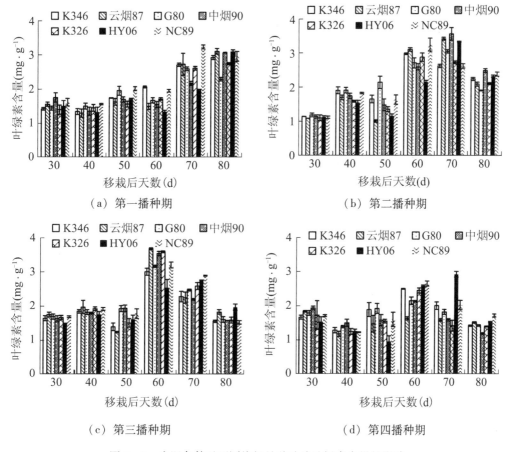

（a）第一播种期 （b）第二播种期

（c）第三播种期 （d）第四播种期

图 2 – 3 光温条件对不同烤烟品种叶片叶绿素含量的影响

图 2 – 3a 表明，第一播种期的烤烟从移栽后 30 d 到 40 d，7 个品种（系）叶绿素含量没有显著性变化，可能与此期间多为低温阴天气候有关。其中，K346、云烟 87、中烟 90、HY06 和 NC89 的叶绿素含量略有下降，而 G80 和 K326 的则稍有上升。在移栽后 40 d，品种间差异不显著。至移栽后 50 ～ 60 d，叶绿素含量逐渐上升，各品种陆续开始现蕾。打顶之后，各品种进入成熟期，叶绿素含量较快上升，其中 NC89 的叶绿素含量最高，明显高于其他品种；HY06 和中烟 90 的叶绿素含量最低。到移栽后 70 ～ 80 d，云烟 87、K346 和 K326 的叶绿素含量增加缓慢，中烟 90 和 HY06 的叶绿素含量增加迅速，而 G80 和 NC89 的叶绿素含量明显下降，其中 G80 叶片的叶绿素含量最低。这说明不同品种（系）在成熟期烟叶成熟特性不同，叶绿素含量降解快慢有品种间差异。

从图 2 – 3b 可以看出，从移栽后 30 d 到 40 d，第二播种期的各烤烟品种叶绿素含量明显升高。从移栽后 30 d 各品种叶绿素含量看，品种间差异不显著。移栽后 40 d，各品种开始陆续现蕾，之后叶绿素含量开始降低，至移栽后 50 d 达到最低值。现蕾打顶后，各品种叶绿素含量以不同程度上升，K326、K346 和 NC89 的叶绿素含量在移栽后 60 d 达到最高值，之后开始下降，到移栽后 70 d 这三个品种的叶绿素含量明显低于其余四个品种的叶绿素含量。而 HY06、中烟 90、G80 和云烟 87 的叶绿素含量则直至移栽后 70 d 才开始下降。

图 2-3c 表明，从移栽后 30 d 到 40 d，第三播种期各品种叶绿素含量略有升高，但变化不明显。HY06 的叶绿素含量最低，但与其他品种没有显著差异。至移栽后 50 d，各品种的叶绿素含量降低，可能与烤烟陆续现蕾生长较快有关。之后，各品种叶绿素含量迅速增加，K346、云烟 87、G80、中烟 90、K326 和 NC89 的叶绿素含量在移栽后 60 d 达到最大值后开始下降，HY06 的叶绿素含量则在移栽后 70d 达到最大值后才开始下降。值得注意的是，HY06 的叶绿素含量在移栽后 60d 明显低于其他 6 个品种，而到移栽后 70 ~80 d 又明显高于其他品种。

第四播种期的烤烟，由于移栽后的光温条件较好，日照总时数和有效积温较高，移栽后 30 d 的叶绿素含量较高，但品种间叶绿素含量差异不明显（图 2-3d）。至移栽后 40 d，叶绿素含量降至最低，这是由旺长期快速生长引起的稀释效应造成的。现蕾打顶之后，各品种的叶绿素含量以不同程度增加，K346、云烟 87、G80、中烟 90、K326 和 NC89 等 6 个品种在移栽后 60 d 达到峰值，随后开始降低。而 HY06 的叶绿素含量则在 70 d 达到峰值，变化时间相应推迟 10 d，在移栽后 50 d 明显低于其他品种，但在移栽后 70 d 又明显高于其他品种。

2.3.4.4 光温条件对不同烤烟品种（系）过氧化物酶活性的影响

过氧化物酶（peroxidase，POD）是植物体内抗氧化系统中清除活性氧自由基产生的活性氧（如 H_2O_2，—OH，O_2^- 等）的关键酶，与呼吸作用、光合作用等都有密切关系，可以反映某一时期植物体内代谢的变化，属于植物体内的重要保护酶之一（Elster，1982；汪耀富等，1996）。从图 2-4 可以看出，不同光温条件对各烤烟品种（系）的过氧化物酶活性有不同程度的影响，品种间差异在不同生长发育阶段有不同显著性表现。移栽后 30 d，随着烟株生长发育进程的推移，各烤烟品种叶片中过氧化物酶活性有不同程度增高，到烟株现蕾时迅速增至峰值。现蕾打顶后，过氧化物酶活性有一个短暂下降过程。之后，由于烟叶第一次采摘后改变了烟株营养分配，对烟株也是一个损伤，随着生长发育的进行，过氧化物酶活性出现逐渐增高趋势。

从 POD 活性变化总体趋势看，第一、二播种期的各烤烟品种的 POD 活性以波浪式增高，第三、四播种期的各烤烟品种的 POD 活性则以递增式增加（图 2-4）。这可能是大田营养生长期光温条件因播种期变化与烤烟生长发育进程因移栽期改变而发生相互作用的一种代谢表现形式。

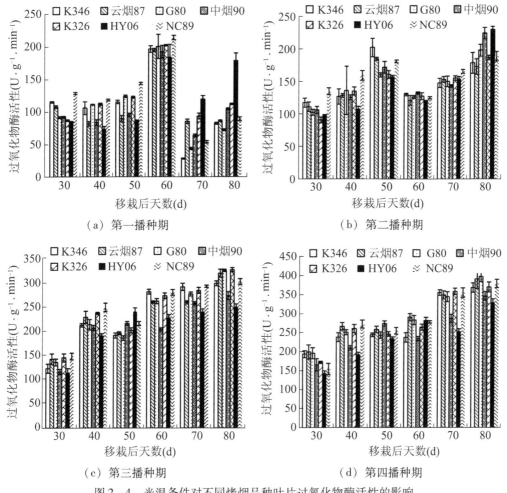

图 2-4　光温条件对不同烤烟品种叶片过氧化物酶活性的影响

第一、二播种期属于试验烟区正常播种期。从图 2-4a、图 2-4b 可知，第一播种期的烤烟，在移栽后 30～50 d，各品种的 POD 活性变化趋势有所不同，其中 HY06、云烟 87、中烟 90、K346 和 NC89 的 POD 活性呈先降低后升高趋势，而 G80 和 K326 的则一直呈上升状态。这可能是由于此阶段阴天多，太阳照射较少，不同品种在旺长前期对光温条件的反应不同，导致 POD 活性变化轨迹不同。在此生长发育阶段，HY06 叶片的 POD 活性最低，显著低于其他品种；而 NC89 的酶活性最高，显著高于其他品种。随着烟株生长发育，各品种的 POD 活性在移栽后 60 d 达到第一个峰值，品种间差异不显著；至移栽后 70 d，POD 活性明显下降，之后又开始上升直至移栽后 80 d。在此期间，HY06 的 POD 活性升至最高，显著高于其他品种，表明该品种在成熟期生理代谢相对较强。光温条件对第二播种期各烤烟品种的 POD 活性影响趋势与第一播种期的相似（图 2-4b），所不同的是 7 个品种的 POD 活性在移栽后 30～50 d 均呈上升趋势。各品种 POD 活性第一个峰值提早出现在移栽后第 50 d，直到移栽后第 60 d 降至最低，随后一直升高至第 80 d。其中，HY06 和中烟 90 的 POD 活性上升快，在移栽后 80 d 二者升至最高，其 POD 活性明显高于其他品种。

第三、四播种期属于试验烟区不正常播种期，播种过迟。从图 2-4c、图 2-4d 可以看出，从移栽后 30 d 到 50 d，第三播种期的 K346、云烟 87、G80、K326 和 NC89 的叶片 POD 活性均在移栽后第 40 d 上升到第一峰值，其中 NC89 的 POD 活性最高，显著高于其余品种，至第 50 d 则略有下降；而 HY06、中烟 90 一直到移栽后 50 d 升至第一峰值，且 HY06 的 POD 活性最高。此后，从移栽后 60 d 至 80 d，这 7 个品种的过氧化物酶活性又继续升高，但上升平缓。在移栽后 70～80 d，HY06 的 POD 活性显著低于其余品种。光温条件对第四播种期各烤烟品种的 POD 活性影响趋势与第三播种期的相似（图 2-4d），不同的是第四期播种的各烤烟品种（系）的 POD 活性峰值出现的时间不同，部分品种（系）有所推迟，即 HY06、K346、中烟 90 在移栽后 50 d 达到第一峰值，在移栽后 70 d 再继续上升，POD 活性峰值推迟了 10～20 d，说明不同烤烟品种 POD 活性受光温条件的影响大小有差异。

此外，在伸根期，即在移栽后 30 d，第一、二、三、四播种期的烤烟叶片 POD 活性的范围依次为 80～130 U·g^{-1}·min^{-1}、90～140 U·g^{-1}·min^{-1}、120～150 U·g^{-1}·min^{-1}、140～200 U·g^{-1}·min^{-1}。可见，随着播种期的推迟，伸根期的烟株叶片 POD 活性升高。这可能是由于移栽迟的烟株在伸根期有相对充足的光照和较高的温度，烟株生长旺盛，以致在相同的大田期下其 POD 活性较高。

2.3.4.5 光温条件对不同烤烟品种（系）脯氨酸的影响

在正常条件下，植物体内的游离脯氨酸（free proline，Pro）含量很低，但在低温、干旱、光胁迫等逆境时，植物体内游离脯氨酸普遍会增加，以防止渗透胁迫对植物造成的伤害，清除自由基等。由图 2-5 可以看出，不同光温条件对各烤烟品种（系）游离脯氨酸含量有不同的影响，并在烤烟不同生长发育阶段有不同反映。移栽后 30 d，各处理的脯氨酸含量都较低。随着烟株生长发育，各烤烟品种叶片游离脯氨酸含量总体呈现单峰曲线趋势。虽然不同品种、不同播种期会出现一些小峰值的波浪形变化，但只有一个明显的最高峰值，且最高峰值都出现在烤烟成熟期，第一至第四播种期出现的高峰值分别在移栽后 80 d、70 d、60 d、50 d，且品种之间差异较大。游离脯氨酸含量出现高峰的时期均在 5 月中旬，其原因值得探讨。

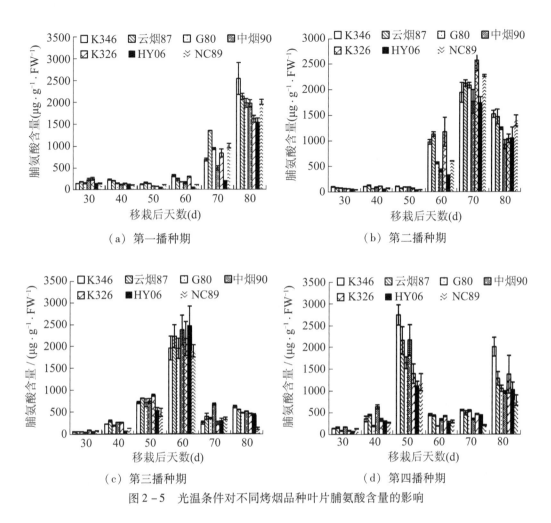

图 2 – 5　光温条件对不同烤烟品种叶片脯氨酸含量的影响

第一、第二播种期是本试验烟区正常播种期。从图 2 – 5a、图 2 – 5b 可知，从移栽后 30 d 到 50 d，第一播种期的 7 个烤烟品种游离脯氨酸含量一直呈下降趋势，最低的是 HY06（52.45 μg·g^{-1}·FW^{-1}），其次是 K326 和中烟 90，最高的是云烟 87（159.67 μg·g^{-1}·FW^{-1}）。之后，从移栽后 50 d 至 80 d 时，各品种游离脯氨酸开始以不同程度上升峰值，其中 K346 上升最快，在移栽后 80 d 时显著高于其他品种；而 HY06 与 K326 差异不显著，其游离脯氨酸含量最低。其实，第一播种期的 HY06 叶片脯氨酸含量一直处于最低状态，且显著低于其他供试烤烟品种。光温条件对第二播种期的烤烟的影响与第一播种期类似（图 2 – 5b），只是各品种在移栽后 70 d 的叶片脯氨酸含量达到最大值，比第一播种期的提早 10 d。此时，K326 和 NC89 的脯氨酸含量明显高于其余 5 个品种。

第三、第四播种期烤烟属于迟播。图 2 – 5c、图 2 – 5d 表明，第三、第四播种期的各烤烟品种分别在移栽后 60 d、50 d 时其脯氨酸含量达到最大值，品种间差异显著或不显著；在移栽后 70～80 d，HY06 和 K326 脯氨酸含量均最低，与中烟 90 的无显著性差异。而此时 K346 的脯氨酸含量最高，显著高于其余品种。

2.3.5 光温条件对不同烤烟品种（系）生长发育过程中可溶性糖和总氮含量的影响

2.3.5.1 不同烤烟品种（系）可溶性糖含量的变化

可溶性糖含量直接影响烟叶吃味与烟叶内在质量风格。从图 2 - 6 可知，随着因播种期引起的移栽期推迟，烟株生长环境中日照总时数和有效积温增加，光温条件变化对不同烤烟品种（系）可溶性糖含量有不同程度的影响。第一、第二播种期的烟株叶片可溶性糖含量在现蕾前出现第一个峰值，分别在移栽后 50 d、40 d 出现，之后有一个明显下降过程，打顶后则一直呈缓慢升高趋势；第三、第四播种期的烟株叶片可溶性糖含量总体呈递进式升高趋势。值得一提的是，在整个生长发育期间，第一、第二播种期的 HY06 叶片可溶性糖含量一直高于 K326；第三、第四播种期的 HY06 叶片可溶性糖含量则一直低于 K326，表现出对光温条件变化的不同响应特点。

在移栽后 80 d，第一、二、三、四播种期的烤烟叶片中可溶性糖的含量范围分别为 2%～3%、3%～4%、4%～7%、8%～10%。可见，随着日照时数和有效积温的增加，在成熟期烤烟叶片中可溶性糖含量也增加。中烟 90 叶片中可溶性糖含量总体比相同光温条件下生长的其余品种高，但是随着移栽期推迟光照和温度增加，中烟 90 和 HY06 叶片中可溶性糖含量增加程度较小，第四播种期叶片中可溶性糖含量是第一播种期的 2.9 倍；G80、K326 和 NC89 的增加程度较大，第四播种期叶片中可溶性糖含量是第一播种期的 3.4～3.7 倍。由此可见，在移栽后 80 d，HY06 和中烟 90 叶片中可溶性糖含量受光照和温度的影响比 G80、K326 和 NC89 的小。

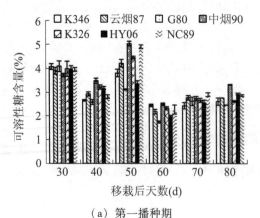

（a）第一播种期

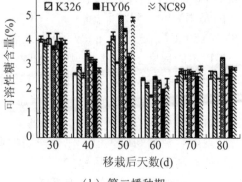

（b）第二播种期

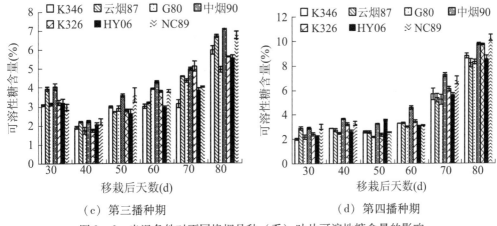

（c）第三播种期　　　　　　　　　（d）第四播种期

图 2 - 6　光温条件对不同烤烟品种（系）叶片可溶性糖含量的影响

2.3.5.2　不同烤烟品种（系）叶片总氮含量的变化

叶片总氮含量既可以在一定程度上反映植株氮素营养状况，又是重要的烟叶品质化学成分。从表 2 – 15 可以看出，光温条件对不同烤烟品种（系）生长发育过程中烟叶总氮含量有明显影响，无论哪一个播种期，烟叶总氮含量上升到一定程度后，都呈逐渐下降趋势。随着播种期延迟而引起的移栽期推迟，日照时数和温度增加，各处理总氮含量的下降时间提前，第一、二、三、四播种期的烤烟总氮含量下降时间分别在移栽后 60 d、50 d、40 d、30 d。这主要是由于移栽越迟，烟株生长发育期缩短，植株体的生理代谢也提前。在移栽后 30 ～80 d，中烟 90 叶片中总氮含量较低，其余品种叶片总氮含量差异不大。

表 2 - 15　光温条件对不同烤烟品种（系）叶片总氮含量的影响

播种期	品种	叶片总氮含量（%）					
		移栽后 30 d	移栽后 40 d	移栽后 50 d	移栽后 60 d	移栽后 70 d	移栽后 80 d
第一播种期	K346	4.39 ±0.09ab	5.75 ±0.09a	5.60 ±0.35bcd	6.44 ±0.09ab	6.03 ±0.02a	5.30 ±0.06a
	云烟 87	4.33 ±0.06b	5.25 ±0.48ab	5.80 ±0.01abc	6.34 ±0.05bc	5.67 ±0.03cd	5.16 ±0.18ab
	G80	4.46 ±0.13ab	5.54 ±0.12ab	6.08 ±0.07a	6.54 ±0.09a	5.56 ±0.07d	5.20 ±0.10a
	中烟 90	4.58 ±0.27ab	5.05 ±0.11b	5.36 ±0.10d	6.03 ±0.01d	5.70 ±0.03bcd	4.86 ±0.07b
	K326	4.46 ±0.11ab	5.66 ±0.12a	5.47 ±0.13cd	6.56 ±0.02a	5.85 ±0.07b	5.24 ±0.09a
	HY06	4.73 ±0.14a	5.50 ±0.08ab	5.88 ±0.09ab	6.26 ±0.04c	5.68 ±0.12bcd	5.03 ±0.10ab
	NC89	4.59 ±0.05ab	5.73 ±0.08a	5.70 ±0.12abcd	6.54 ±0.02a	5.78 ±0.07bc	5.20 ±0.17a

续上表

播种期	品种	叶片总氮含量（%）					
		移栽后 30 d	移栽后 40 d	移栽后 50 d	移栽后 60 d	移栽后 70 d	移栽后 80 d
第二播种期	K346	5.97 ± 0.08a	6.12 ± 0.11a	6.32 ± 0.09b	5.41 ± 0.05c	4.90 ± 0.06b	4.28 ± 0.01b
	云烟 87	5.69 ± 0.14b	5.80 ± 0.07b	6.03 ± 0.09c	5.78 ± 0.02b	4.99 ± 0.04b	4.05 ± 0.04d
	G80	5.12 ± 0.06c	6.09 ± 0.13a	6.60 ± 0.10a	5.95 ± 0.05a	5.35 ± 0.06a	4.41 ± 0.03a
	中烟 90	5.15 ± 0.03c	5.33 ± 0.12c	6.20 ± 0.10bc	5.70 ± 0.05b	5.06 ± 0.15b	4.46 ± 0.02a
	K326	5.90 ± 0.06a	5.88 ± 0.12ab	6.34 ± 0.04b	5.75 ± 0.05b	5.35 ± 0.05a	4.21 ± 0.02c
	HY06	5.69 ± 0.04b	5.94 ± 0.05ab	6.17 ± 0.14bc	5.68 ± 0.08b	5.05 ± 0.06b	4.05 ± 0.03d
	NC89	5.89 ± 0.06a	6.00 ± 0.10ab	6.15 ± 0.04bc	5.91 ± 0.03a	5.35 ± 0.06a	4.30 ± 0.03b
第三播种期	K346	5.86 ± 0.01a	6.56 ± 0.1a	5.99 ± 0.07ab	5.39 ± 0.08b	4.03 ± 0.05b	2.81 ± 0.02c
	云烟 87	5.73 ± 0.05ab	6.29 ± 0.05b	6.14 ± 0.05a	5.64 ± 0.03a	4.04 ± 0.03b	2.59 ± 0.03e
	G80	5.81 ± 0.04ab	6.47 ± 0.14ab	5.94 ± 0.08b	5.39 ± 0.02b	4.06 ± 0.03b	3.32 ± 0.01a
	中烟 90	5.13 ± 0.12d	5.80 ± 0.06c	5.56 ± 0.05c	5.33 ± 0.01c	3.75 ± 0.05c	2.58 ± 0.03e
	K326	5.66 ± 0.06b	6.48 ± 0.08ab	5.99 ± 0.04ab	5.59 ± 0.08a	4.18 ± 0.03a	3.13 ± 0.03b
	HY06	5.71 ± 0.04ab	5.98 ± 0.09c	6.03 ± 0.09ab	5.50 ± 0.13ab	4.30 ± 0.07a	2.73 ± 0.01d
	NC89	5.45 ± 0.03c	6.28 ± 0.08b	5.88 ± 0.08b	5.40 ± 0.01b	3.98 ± 0.07b	2.70 ± 0.02d
第四播种期	K346	6.12 ± 0.04b	5.96 ± 0.06b	5.86 ± 0.04ab	4.39 ± 0.01b	3.02 ± 0.03ab	2.45 ± 0.02a
	云烟 87	6.16 ± 0.04b	5.86 ± 0.05bc	5.71 ± 0.09bc	4.43 ± 0.07b	2.77 ± 0.03c	2.18 ± 0.10c
	G80	6.21 ± 0.06ab	6.13 ± 0.06a	5.76 ± 0.08b	4.67 ± 0.04a	3.09 ± 0.08a	2.46 ± 0.02a
	中烟 90	5.66 ± 0.03c	5.64 ± 0.01d	5.51 ± 0.07c	3.58 ± 0.03c	2.52 ± 0.03d	2.14 ± 0.03c
	K326	6.37 ± 0.08a	5.97 ± 0.02b	5.80 ± 0.10b	4.61 ± 0.06a	2.92 ± 0.03b	2.46 ± 0.04a
	HY06	6.10 ± 0.07b	5.92 ± 0.03cd	5.66 ± 0.12bc	4.57 ± 0.07a	3.07 ± 0.04a	2.25 ± 0.03bc
	NC89	6.13 ± 0.10b	5.81 ± 0.04c	6.04 ± 0.08a	4.64 ± 0.07a	2.60 ± 0.06d	2.31 ± 0.04b

注：在同一播种期下同列数据后相同字母表示在 5% 的水平上不显著，不同字母表示在 5% 水平上显著。

2.3.6 光温条件对不同烤烟品种（系）烤后烟叶化学成分及其经济性状的影响

烤后烟叶常规化学成分可以在一定程度上反映烟叶质量好坏，与烟叶香吃味密切相关。从表 2-16 可以看出，光温条件对不同烤烟品种（系）烤后烟叶化学成分有显著影响。

从碳水化合物方面看，在相同的光温条件下，品种间碳水化合物含量差异显著，且在不同的光温条件下品种间碳水化合物含量的变化情况也不尽相同。在四个播种期下，中烟 90 的 B2F 等级烟叶还原糖和总糖含量都明显高于其余品种，且四个播种期下含量差异都较小，表明中烟 90 的上部叶的碳水化合物含量受光温变化的影响相对较小。在四个播种期下 HY06 的 C3F 等级烟叶还原糖和总糖含量都达到了优质烟叶标准，且四个播种期下含量差异都较小，表明 HY06 的中部叶碳水化合物含量受光照和温度变化的影响较小；第一、第二播种期的 HY06 品系 B2F 的还原糖、总糖和淀粉含量都达到了优质烟叶标准，且还原糖和总糖含量第一、第二期的略高于第三、第四期的，淀粉含量略低于第三、第四期的，表明 HY06 的上部叶随着生长发育期的缩短，全生长发育期的光照和温度减少，还原糖和总糖含量也减少，淀粉含量则增加。第一播种期的云烟 87、K326 和 NC89 的 B2F 和 C3F 等级烟叶的还原糖、总糖和淀粉含量都较低，且明显低于后三个播种期的。

从含氮化合物方面分析，7 个烤烟品种 C3F 等级的烟叶总氮含量在第一播种期内差异不显著。在第二、三、四播种期下差异显著。但是总的来看，七个品种在四个播种期下 B2F 和 C3F 等级烟叶的总氮含量都较适宜，表明在相同的光温条件下品种间烤后烟叶的总氮含量虽然有差异，但是不同光温条件对品种烤后烟叶的总氮含量影响较小。G80 的 B2F 和中烟 90 的 C3F 烟叶中的烟碱含量在第一播种期下最低，K326 的 B2F 和云烟 87 的 C3F 烟叶中的烟碱含量在第四播种期下最低，表明 G80 和 K326 的上部叶、中烟 90 和云烟 87 的中部叶的烟碱含量受光温因子的影响较大，但是品种间的反应不同。HY06 的 C3F 等级烟叶的烟碱含量在四个播种期不同的光温环境下差异不大，但是其 B2F 等级烟叶的烟碱含量在第四播种期下比第一、二、三播种期明显低，表明光照和温度减少，HY06 的上部叶合成的烟碱含量也明显减少。

糖碱比可以反映烟叶香型风格，浓香型烟叶糖碱比在 6～10 范围之内。从表 2-16、表 2-17 可知，各烤烟品种烤后烟叶糖碱比差异显著。总体来看，第一、二播种期的 HY06 和 K326、第三播种期的中烟 90，其上、中部叶协调性较好；G80 和 NC89 在四个播种期的协调性都较差，即使改变光温因子，也较难生产出优质的烟叶；K346、云烟 87 的协调性居中。

表 2-16　光温条件对不同烤烟品种（系）烤后烟叶常规化学成分的影响（B2F）

播种期	品种	测定指标					
		还原糖（%）	总糖（%）	淀粉（%）	总氮（%）	烟碱（%）	糖碱比
第一播种期	K346	12.97 ± 0.21b	15.85 ± 0.03b	4.27 ± 0.07a	2.25 ± 0.08b	3.71 ± 0.02b	4.27 ± 0.02b
	云烟 87	7.06 ± 0.17e	8.41 ± 0.47f	3.66 ± 0.05d	2.40 ± 0.07b	3.31 ± 0.01b	2.62 ± 0.41c
	G80	11.65 ± 0.22c	12.97 ± 0.18c	4.24 ± 0.01b	2.40 ± 0.10b	1.13 ± 0.02c	11.48 ± 0.17a
	中烟 90	17.04 ± 0.15a	19.27 ± 0.25a	4.75 ± 0.11a	2.07 ± 0.05c	2.51 ± 0.09bc	7.68 ± 0.21ba
	K326	7.36 ± 0.10e	9.56 ± 0.13e	3.00 ± 0.02e	2.64 ± 0.06a	3.58 ± 0.09b	2.68 ± 0.05c
	HY06	17.05 ± 0.82a	18.47 ± 0.23a	4.65 ± 0.10a	2.04 ± 0.10c	3.28 ± 0.02b	6.46 ± 0.06b
	NC89	9.01 ± 0.09d	11.11 ± 0.05d	3.90 ± 0.03c	2.65 ± 0.08a	4.86 ± 0.00a	2.28 ± 0.01c

续上表

播种期	品种	测定指标					
		还原糖（%）	总糖（%）	淀粉（%）	总氮（%）	烟碱（%）	糖碱比
第二播种期	K346	14.48±0.17b	16.54±0.84b	5.17±0.06b	2.31±0.08cd	3.98±0.05a	4.16±0.18c
	云烟87	15.14±0.78b	17.08±0.50b	4.50±0.16c	2.31±0.04cd	3.89±0.02a	4.39±0.11bc
	G80	10.72±0.16d	12.15±0.33d	3.74±0.28e	2.51±0.08ab	3.27±0.03b	3.71±0.07d
	中烟90	17.72±0.10a	19.08±0.48a	5.90±0.07a	2.23±0.03d	3.14±0.01b	6.08±0.14a
	K326	12.75±0.22c	14.76±0.20c	4.10±0.07d	2.44±0.06bc	3.10±0.03b	4.77±0.02b
	HY06	18.21±0.11a	20.09±0.12ab	5.12±0.13b	2.13±0.05d	3.11±0.01b	5.36±0.02b
	NC89	8.28±0.15e	11.13±0.17d	3.76±0.07e	2.62±0.05a	3.14±0.08b	3.58±0.40d
第三播种期	K346	12.48±0.22c	14.97±1.57b	4.46±0.04c	2.49±0.04a	3.24±0.01bc	4.62±0.47bc
	云烟87	16.52±0.62b	15.60±1.47b	5.57±0.02b	2.25±0.02b	3.87±0.01ab	4.03±0.37c
	G80	8.68±0.06e	10.03±0.26c	3.20±0.04e	2.50±0.01a	3.54±0.02ab	2.84±0.06c
	中烟90	17.37±0.60a	20.22±0.99a	6.25±0.22a	2.02±0.01c	2.69±0.03c	7.52±0.30a
	K326	11.16±0.17d	12.25±1.25c	3.61±0.08d	2.53±0.03a	4.00±0.04a	3.12±0.30c
	HY06	16.87±0.07b	18.06±0.32b	6.23±0.13a	2.05±0.02c	3.37±0.04ab	4.30±0.14c
	NC89	17.76±0.26a	20.31±0.21a	5.68±0.18b	2.01±0.05c	4.05±0.04a	5.02±0.01b
第四播种期	K346	10.87±0.06e	12.50±0.10d	5.47±0.12d	2.40±0.05a	4.07±0.04a	3.09±0.25f
	云烟87	13.93±0.09b	15.20±0.43c	5.98±0.12bc	2.35±0.03a	2.44±0.03b	6.23±0.25d
	G80	11.89±0.14d	13.01±0.36d	5.62±0.10cd	2.38±0.04a	3.88±0.01a	3.35±0.09f
	中烟90	17.14±0.06a	19.57±0.19a	6.20±0.25b	1.83±0.07c	1.45±0.01d	13.53±0.04a
	K326	13.14±0.04c	14.71±0.26c	4.96±0.16e	2.32±0.05a	1.30±0.00d	11.27±0.18b
	HY06	15.87±0.16b	17.04±0.26b	7.15±0.17a	1.85±0.02c	1.93±0.02c	8.84±0.07c
	NC89	9.48±0.20f	10.80±0.22e	7.06±0.19a	2.18±0.00b	2.64±0.01b	4.09±0.06e

注：同一播种期的同列数据后的相同字母表示在5%的水平上不显著，不同字母表示在5%水平上显著。

表 2 - 17　光温条件对不同烤烟品种（系）烤后烟叶常规化学成分的影响（C3F）

播种期	品种	测定指标					
		还原糖（%）	总糖（%）	淀粉（%）	总氮（%）	烟碱（%）	糖碱比
第一播种期	K346	6.15±0.04f	16.46±0.28e	4.11±0.20c	1.96±0.03a	1.73±0.01c	9.51±0.19d
	云烟87	20.87±0.34b	25.68±0.22b	6.32±0.39a	2.05±0.01a	2.20±0.06b	11.67±0.26b
	G80	6.83±0.07e	10.92±0.22de	3.91±0.16c	2.11±0.01a	2.35±0.01b	4.65±0.08f
	中烟90	15.07±0.07d	17.24±0.04cd	4.16±0.07c	1.98±0.04a	1.34±0.01d	12.87±0.02a
	K326	18.09±0.04d	20.98±0.37bc	4.20±0.04c	2.13±0.03a	2.08±0.01c	10.08±0.15c
	HY06	19.19±0.15a	21.29±0.16a	5.90±0.12a	1.96±0.05a	2.39±0.01b	8.90±0.19e
	NC89	10.50±0.03c	11.44±0.22b	4.72±0.13b	2.10±0.04a	3.45±0.00a	3.31±0.06g
第二播种期	K346	15.87±0.22c	18.56±0.14d	5.99±0.06a	1.91±0.04c	1.90±0.01g	9.77±0.02b
	云烟87	19.97±0.18a	28.60±0.38a	5.50±0.03a	1.71±0.08d	2.05±0.01f	13.95±0.14a
	G80	16.15±0.01c	17.50±0.10e	3.96±0.08d	1.91±0.03c	2.41±0.01d	7.26±0.01e
	中烟90	11.87±0.10d	14.56±0.01f	3.80±0.07d	2.20±0.02ab	2.14±0.01e	6.82±0.02f
	K326	20.30±0.11d	23.07±0.11c	3.49±0.11e	2.13±0.05b	2.57±0.02c	8.92±0.03d
	HY06	22.28±0.05b	24.77±0.13b	4.53±0.05c	1.81±0.04cd	2.63±0.02b	9.42±0.03c
	NC89	10.54±0.05e	12.10±0.11g	3.81±0.21d	2.27±0.04a	2.74±0.02a	4.42±0.02g
第三播种期	K346	14.17±0.06c	15.69±0.10c	4.56±0.18bcd	1.83±0.03b	1.87±0.00e	8.38±0.05a
	云烟87	11.87±0.16e	14.78±0.39d	4.83±0.19abc	2.10±0.02a	2.83±0.01b	5.22±0.12c
	G80	7.83±0.05g	8.77±0.15g	3.93±0.16cd	2.10±0.04a	2.81±0.03b	3.12±0.02e
	中烟90	16.02±0.23b	16.81±0.43b	3.72±0.30d	1.92±0.01c	2.27±0.03d	7.39±0.08b
	K326	12.16±0.04d	12.68±0.25f	4.62±0.87abcd	1.99±0.01b	2.50±0.02c	5.07±0.07c
	HY06	17.00±0.05a	19.07±0.42a	5.00±0.17ab	1.68±0.05e	2.52±0.02c	7.56±0.13b
	NC89	11.06±0.13f	13.99±0.11e	5.54±0.23a	2.13±0.02a	3.95±0.00a	3.54±0.02d
第四播种期	K346	19.82±0.14a	20.41±0.17a	5.76±0.16a	1.77±0.02b	2.30±0.01c	8.89±0.04e
	云烟87	15.94±0.23e	17.66±0.16d	5.74±0.17a	1.77±0.02b	1.14±0.01e	15.50±0.04b
	G80	12.17±0.06f	14.04±0.21e	4.52±0.08b	2.00±0.03a	3.06±0.01a	4.58±0.05g
	中烟90	18.24±0.13c	19.24±0.23b	4.58±0.17b	1.71±0.02c	2.08±0.01d	8.08±0.11a
	K326	12.98±0.07f	14.52±0.22e	3.71±0.22c	1.64±0.02d	1.57±0.01e	9.26±0.10d
	HY06	17.23±0.17d	18.11±0.08c	5.55±0.30a	1.55±0.02e	2.04±0.01d	8.88±0.02c
	NC89	18.62±0.06c	19.41±0.45b	4.31±0.09b	1.65±0.02d	2.94±0.00b	6.61±0.14f

注：同一播种期的同列数据后相同字母表示在5%的水平上不显著，不同字母表示在5%水平上显著。

表 2 - 18 是光温条件对不同烤烟品种（系）烤后烟叶经济性状的影响测定结果。在不同的光温条件下，HY06 的产量都最高，且明显高于相同光温条件下其他品种的产量，云烟 87、K326、K346 的产量居中，中烟 90、NC89、G80 的产量较低。HY06、K326、云烟 87 在第一期播种时产量较高，HY06、K326、云烟 87 在第二播种期产量最高；第四播种期的产量比第三播种期的低，第三播种期又比前两期低。这表明随着播种期推迟，各品种生长发育期缩短，所获得的光照和温度减少，产量也随之下降。

NC89 的上中等烟比例和均价都较低（表 2 - 18），尤其在第一期和最后一期明显低于其余品种。云烟 87 的上中等烟比例和均价总体较好，在第一、三、四期明显高于其余品种。HY06 的上中等烟比例和均价较好，在第二期明显高于其余品种。在四个播种期下，云烟 87、中烟 90 和 HY06 的上中等烟比例和均价随光温环境的变化波动较小，K346、G80 和 NC89 波动较大。总的来看，云烟 87 和中烟 90 在第一播种期时上中等烟比例和均价最好，K346、G80、K326、HY06、NC89 在第二播种期时上中等烟比例和均价最好；随着播种期的推迟，7 个品种第三期的上中等烟比例和均价都较第一、二期低，第四期又比第三期低。这说明烤烟品种在较高的光温条件下生长发育过快，不利于优质烟叶形成，表现为下等烟比例增加，导致均价也较低。

受光温条件改变的影响，各烤烟品种第一、二期的产量和均价都较第三、四期的高，所以第一、二期的产值显著高于第三、四期的产值（表 2 - 18）。第一播种期产值最高的是云烟 87 和 HY06，达到显著性差异；而在第二、三、四播种期中仍以 HY06 的产值最高。总的来看，产值最高的为第二播种期的 HY06，为 51795.55 元·hm^{-2}；产值最低的为第四播种期的中烟 90，为 13884.06 元·hm^{-2}。这表明光温条件对各品种的经济性状有明显的影响，各品种在不同光温条件下变化规律类似。

表 2 - 18   光温条件对不同烤烟品种（系）烤后烟叶经济性状的影响

播种期	品种	产量（kg）	产值（元）	均价（元/kg）	上中等烟比例
第一播种期	K346	2246.75 ± 21.27c	31107.22 ± 232.46d	13.85 ± 0.43b	83.29 ± 3.56bc
	云烟 87	2987.75 ± 17.56b	45616.88 ± 212.54a	15.57 ± 0.45a	89.84 ± 1.16a
	G80	2223.00 ± 16.84c	24523.57 ± 197.63f	11.03 ± 0.44d	74.66 ± 2.19d
	中烟 90	2132.75 ± 20.94d	29113.52 ± 213.21e	13.65 ± 0.49b	79.67 ± 2.43cd
	K326	2997.25 ± 32.66b	36958.63 ± 234.31c	12.33 ± 0.58c	77.80 ± 2.68de
	HY06	3149.25 ± 30.93a	45578.87 ± 214.54a	14.47 ± 0.58ab	88.85 ± 2.31a
	NC89	2256.25 ± 28.70c	24134.26 ± 184.04f	10.70 ± 0.69d	54.80 ± 3.67e

播种期	品种	产量（kg）	产值（元）	均价（元/kg）	上中等烟比例
第二播种期	K346	2272.88±17.21d	33179.47±235.86d	14.60±0.13ab	84.53±1.31b
	云烟87	2522.25±27.32c	35407.89±242.56cd	14.04±0.46bc	82.93±1.96bc
	G80	2194.50±19.97e	28222.54±223.10f	12.86±0.49d	83.17±1.44bc
	中烟90	2258.63±26.58d	29923.11±228.04ef	13.25±0.49cd	79.42±3.26cd
	K326	2657.63±29.79b	39278.51±264.34b	14.78±0.24ab	83.75±0.45bc
	HY06	3455.63±22.88a	51795.55±326.35a	14.99±0.12a	89.21±0.74a
	NC89	2144.63±27.70e	30383.01±246.35e	14.17±0.19ab	77.01±2.28d
第三播种期	K346	1985.50±20.56d	28486.93±264.05d	14.35±0.35ab	82.46±4.75b
	云烟87	2237.25±19.51b	33681.77±247.78b	15.05±0.33a	91.48±1.12a
	G80	2052.00±25.64c	24193.74±203.45e	11.79±0.44d	66.40±3.27d
	中烟90	1919.00±14.24e	24437.13±211.21e	12.73±0.48cd	80.12±2.82b
	K326	2189.75±29.41b	29196.30±255.31cd	13.33±0.87bc	77.06±2.08cd
	HY06	2565.00±20.35a	36430.68±264.54a	14.20±0.70ab	84.10±2.17b
	NC89	1852.50±25.64f	26238.93±241.36de	14.16±0.26ab	70.31±2.69cd
第四播种期	K346	1377.50±19.34de	17085.75±156.56c	12.40±0.51b	59.31±4.72d
	云烟87	1396.50±23.36d	19493.65±186.21bc	13.96±0.22a	78.37±2.57a
	G80	1334.75±21.71e	14601.32±132.33de	10.94±0.47cd	62.44±3.32d
	中烟90	1159.00±25.68f	13884.06±115.89e	11.98±0.31bc	73.37±4.70bc
	K326	1591.25±20.80b	20156.68±190.34b	12.67±0.85b	67.20±2.08de
	HY06	1862.00±26.43a	25823.80±221.82a	13.88±0.24a	77.87±2.72bc
	NC89	1467.75±19.72c	14697.45±156.48d	10.01±0.45d	50.16±2.80e

注：同列数据后的相同字母表示在5%的水平上不显著，不同字母表示在5%水平上显著。

2.4 研究结论

2.4.1 因子分析法对主栽烤烟品种光温特性的评价

国内外对水稻、油菜、小麦和大豆等作物的光温特性做了大量的研究，对其光温反应类型进行了划分（何强等，2007；高亮之等，1982；江文清等，1990；米娜等，

2005），但有关烟草光温特性的研究报道很少。随着烟草早花问题日益受到重视，人们开始着手研究烟草光温特性问题（韩锦峰等，2002）。因子分析法作为多元生物统计方法的一种，是将影响某些变量的因子剖分为对这些变量起作用的公共因子以及对其中一些特殊变量起作用的特殊因子，从繁多的数量性状中找出主要因子，以提高研究评价的逻辑性与准确性。该方法近几年开始用于分析水稻等作物光温特性研究中（周鸿凯等，2009），但尚未见应用于烟草光温特性方面的研究报道。本研究表明，在正交方差最大旋转因子载荷阵中，公因子1是影响烤烟品种光温特性的主要因子，以苗期光温因子影响为主导；公因子2以大田营养生长期的光温因子为主导。对烤烟光温特性影响最大的光温因子是日温差累积、日照总时数。据公因子的综合得分，将供试的7个主栽烤烟品种的光温特性大致分为两类：HY06、中烟90为光温钝感型；K326、NC89、G80、K346、云烟87为光温敏感型。这与前人研究结果不尽一致（丁巨波，2005；曹显祖等，1991；颜合洪等，2001），可能与试验条件、分析方法、试验烟区气候等有关。由于受工作量大的限制，试验分析的烤烟品种尚不够广泛，该方法在烟草品种光温特性研究及其选育中应用的有效性和实用性有待更多的实践检验。

进一步运用感光指数和感温指数对不同烤烟品种（系）光温特性进行分析，通过将各烤烟品种第一播种期与第四播种期的大田营养生长期的差值除以相应的日照总时数和有效积温的差值，计算出各品种相应的感光指数和感温指数，再根据品种感光指数和感温指数划分的光温敏感性结果与因子分析法结果一致，即供试的7个主栽烤烟品种的光温特性大致分为两类：光温钝感型和光温敏感型。同时，这也与烟叶生产实际调查结果相吻合，表明运用因子分析法、感光指数和感温指数来评价主栽烤烟品种光温特性准确、可行。

2.4.2　烤烟光温钝感型和光温敏感型的主要性状表现特征

分析烤烟光温钝感型和光温敏感型的主要光温特性与生长发育特性，有助于为烟草抗早花育种提供更多的指示信息，提高品种选育种效果。本研究结果表明，光温钝感型烤烟品种（系）HY06、中烟90，其所需的日照总时数、有效积温、日温差累积高或较高（表2－5），一定范围内的光温条件变化对其影响不大，且生长较快，发育相对较慢；而光温敏感型品种K326、NC89、G80、K346和云烟87，其所需的日照总时数、有效积温、日温差累积相对较少，表现出生长相对较慢，发育快。光温敏感型品种因大田营养期所需的有效积温、日照总时数较少，较小的环境光温条件变化就可能引起其有效积温、日照总时数发生较大的变化，因而对光温反应敏感。

两类型烤烟品种苗期天数、大田期天数和全生长发育期天数的温光反应没有显著的品种间差异（表2－5）。但是，无论哪一播种期，HY06的出苗时间都最迟，比其他品种推迟1～3 d。这是否是光温钝感型品种出苗的一个特征需进一步研究，值得注意的是，如在出苗时即能观察到某类品种的特性，就可以提高选种效率。

从大田营养生长期天数来看，光温钝感型品种（HY06、中烟90）略多于或显著多于光温敏感型品种（K326、云烟87、G80、NC89、K346），其受光温条件变化的影响也相对较小，这可能是这两个品种对光温反应钝感的原因之一。大田营养期天数与其光温特性指标分析结果表明，对大田营养期影响最大的光温特性指标是从移栽到现蕾期间即大田营养生长期的日温差累积（表2-10）。

从农艺形状看，光温钝感型烤烟品种有效叶数、株高受光温条件变化影响小，而光温敏感型则影响大，产值显著降低。两类品种茎围的变化没有明显的规律性（表2-13）。

从产量和产值等经济性质特征看，光温钝感型烤烟品种产量、产值受光温条件变化的影响均较小，在本试验中均获得了最高的产量和产值；而光温敏感型则变化较大，产值显著下降。两类型品种在质量上没有典型的性状表现特征，表明两类型品种在不同的光温条件下都有优质的品种，其规律性或许需进一步研究。

2.4.3　不同光温特性的烤烟品种（系）几种生理代谢物质的变化规律

光照和温度是影响烤烟生长发育的两个重要生活因子。自然环境由于不可控性，常常发生剧烈变化而对烤烟产量与质量产生伤害性影响（韩锦峰等，1996；中国农业科学院烟草研究所，2000；刘国顺等，2003）。在异常光温条件下，烤烟植株生理代谢会出现适应反应，如可溶性蛋白质和脯氨酸含量增加、过氧化物酶活性（POD）提高等，迅速启动防御性生理生化机制，以减轻对自身的伤害（岳彩鹏，2002；刘雪松等，1993；王利琳等，2002；余叔文和汤章城，1998）。

本研究结果表明，烤烟品种叶片中可溶性蛋白质含量均随着烟株生长发育进程的推移而呈现单峰曲线的变化趋势，且出现在现蕾期，但在不同光温条件下各烤烟品种（系）叶片的可溶性蛋白质含量高峰值的出现时间不相同，峰值大小也有差异（表2-14）。光温钝感型烤烟品种（系）HY06等峰值出现时间比光温敏感型烤烟品种K326等迟，后者峰值出现早，表明在同一光温条件下发育相对较快。由于叶片中可溶性蛋白质主要是参与各种代谢活动的酶类，如叶片光合作用最关键的RuBPCO，其与叶绿素一起共同参与光合作用过程，因此这也可能与现蕾前碳水化合物积累代谢增强有关。

叶绿素含量总体呈现逐渐增加趋势，至现蕾前是波浪式渐增（图2-3）。光温钝感型烤烟品种（系）如HY06等叶绿素含量在现蕾前总是低于光温敏感型烤烟品种K326等，这可能是由于前者生长较快导致的稀释效应；成熟期则高于光温钝感型烤烟品种，这说明品种间生长发育特性不同。

从品种光温特性角度来看，最适宜的光温条件一旦改变，对品种来说实际就是一种逆境。本研究还表明，光温条件的改变对不同烤烟品种（系）的POD活性有不同程度的影响，随着烟株生长发育进程的推移，各烤烟品种叶片中过氧化物酶活性以不同程度增高，到烟株现蕾时迅速增至峰值，成熟期出现第二个峰值（图2-4）。光温钝感型品种（系）如 HY06 等过氧化物酶活性（POD）现蕾前期低于光温敏感型品种（系）；成熟期则高于光温敏感型品种（系）如 K326 等。不过，规律性特征不明显。

脯氨酸是生物界分布最广的渗透保护物质之一，其作用是防止渗透胁迫对植物造成伤害、清除自由基，还可以作为氮、碳以及 NADPH 的重要来源（余叔文和汤章城，1998）。随着烟株生长发育进程的推移，各烤烟品种叶片游离脯氨酸含量总体呈现单峰曲线趋势，有一个明显的最高峰值，且最高峰值都出现在烤烟成熟期（图 2 - 5）。游离脯氨酸含量出现高峰的时期均在 5 月中旬，值得研究。在不同光温条件下，光温钝感型与光温敏感型烤烟品种游离脯氨酸含量变化没有明显的规律性特征，尚需更多试验研究。

烤烟品种的生长发育进程主要受基本营养生长期和品种光温特性所支配。现蕾是烟草从营养生长转向生殖生长的一个重要标志。Sachs（1983）认为生殖器官发育比营养生长需要更高的能量，成花诱导因子都是通过改变植物体内的源/库关系使茎尖获得比非诱导条件更有利的同化物供应。Hume 等（1995）提出温度对花的诱导是通过影响光合和呼吸从而造成内部物质分配变化引起的。过氧化物酶与呼吸作用、光合作用及生长素的氧化等都有密切关系。李颖章等（1994）研究表明，可溶性蛋白质含量与花芽形成显著相关。故在烟株现蕾前，顶叶中过氧化物酶活性和可溶性蛋白含量迅速上升，现蕾后含量又呈降低趋势。这也间接地说明，在特定阶段与光温特性相关的生理代谢变化情况能反映烟草光温调控系统对环境的敏感性，从而可以考虑将可溶性蛋白质含量和 POD 活性的变化程度及变化时间的早迟作为烤烟品种感光性和感温性强弱的生化指标。

参考文献

[1] 柴家荣. 烟草早花的产生与防止 [J]. 云南农业科技, 1994, (5): 17 - 19.

[2] 曹显祖, 严雪风, 刘秀丽. 烤烟优质高产栽培的生理基础研究 I. 烟草品种光温反应的发育特性研究 [J]. 扬州大学学报, 1991, 12 (4): 27 - 31.

[3] 陈恩谦. 对不同类型水稻品种营养生长期的温光效应研究 [J]. 种子, 2007, 26 (5): 72 - 74.

[4] 陈杰中, 徐春香, 梁立峰. 低温对香蕉叶片中蛋白质及脯氨酸的影响 [J]. 华南农业大学学报, 1999, 20 (3): 54 - 58.

[5] 陈永宁. 未来植物开花研究之管见 [J]. 植物生理学通讯, 1995, 31 (5): 375 - 384.

[6] 戴冕. 我国主产烟区若干气象因素与烟叶化学成分关系的研究 [J]. 中国烟草学报, 2000, 6 (1): 27 - 34.

[7] 高川, 周清明. 烟草早花研究进展 [J]. 现代农业科技, 2009, (8): 101 - 103.

[8] 高亮之, 金之庆, 李林. 中国不同类型水稻生育期的气象生态模式及其应用 [J]. 农业气象, 1982, 3 (2): 1 - 8.

[9] 眭晓蕾, 蒋健箴, 王志源, 等. 弱光对甜椒不同品种光合特性的影响 [J]. 园艺学报, 1999, 26 (5): 314 - 318.

[10] 郭鸣凤．弱光条件下黄瓜的生长解析［J］．吉林农业大学学报，1990，12（1）：32－35.

[11] 韩锦峰．烟草栽培生理［M］．北京：中国农业出版社，1996：75－78.

[12] 何强，陈立云，邓华凤．水稻 C815S 及其同源株系的育性光温特性［J］．作物学报，2007，33（2）：262－268.

[13] 洪其琨．烟草栽培［M］．上海：上海科学技术出版社，1983：66－105，221－235.

[14] 江文清，王乌齐，邹荣春．早稻品种感温性与稳产性关系初探［J］．福建麦稻科技，1990，（3）：22－26.

[15] 金磊，晋艳，周冀衡，等．苗期低温对烤烟花芽分化及发育进程的影响［J］．中国烟草科学，2007，28（6）：1－5.

[16] 赖禄祥，卢平，郑功幼，等．烤烟品种云烟 85 在三明烟区的栽培特性研究［J］．中国烟草科学，2002，（2）：42－44.

[17] 李德全，高辉远，孟庆伟．植物生理学［M］．北京：中国农业科学技术出版社，2004：212－213.

[18] 李合生．植物生理生化实验原理和技术［M］．北京：高等教育出版社，2007：186－199.

[19] 李天福，王彪，杨焕文，等．气象因子与烟叶化学成分及香吃味间的典型相关分析［J］．中国烟草学报，2006，12（1）：23－26.

[20] 李颖章，张会，韩碧文．薄层培养花芽分化中蛋白质含量的变化（简报）［J］．北京农业大学学报，1994，20（4）：1.

[21] 李月华，刘建斌，高润清，等．华北紫丁香花芽生长过程中蛋白质和核酸含量变化研究［J］．北京农业学院学报，2000，15（2）：1.

[22] 廖学群．水稻感营养性的初步研究［D］．重庆：西南农业大学，2005：1.

[23] 刘雪松．不同温度下烟苗叶片寿命的研究［J］．贵州农学院学报，1995，14（1）：1－7.

[24] 骆启章，于梅芳．福建烤烟栽培季节议析［J］．中国烟草，1987，（4）：17－21.

[25] 苗果园，张云亭，侯跃生，等．小麦品种温光效应与主茎叶数的关系［J］．作物学报，1992，18（5）：321－330.

[26] 米娜，姚克敏．我国主要水稻雄性不育系的光温特性研究［J］．南京气象学院学报，2005，28（1）：108－116.

[27] 莫成恩．春烤烟的早花现象及预防补救措施［J］．广西农业科学，1994，（5）：207－209.

[28] 潘瑞帜．植物生理学［M］．北京：高等教育出版社，2004：284－288.

[29] 平培元．自然分期播种法分析水稻光温特性的研究［J］．中国农学通报，2001，17（6）：21－24.

[30] 沈文云，侯锋，吕淑珍，等．低温对杂交一代黄瓜幼苗生理特性的影响［J］．华北农学报，1995，10（1）：56－59.

[31] 宋志林．日本烟草栽培研究五十年进展［J］．中国烟草，1980，（4）：42－48.

[32] 王利琳，庞基良，胡江琴，等．温度对植物成花的影响［J］．植物学通讯，2002，19（2）：176－183.

[33] 王秀蓉．短日照对烤烟多叶品种生长发育的影响［J］．中国烟草，1991，（3）：37－40.

[34] 王彪，李天福．气象因子与烟叶化学成分关联度分析［J］．云南农业大学学报，2005，20

（5）：742－745.

［35］王克占. 烤烟产质形成与气象因子的关系［D］. 山东：山东农业大学，2009：10－18.

［36］王瑞新. 烟草化学［M］. 北京：中国农业出版社，2003：250－286.

［37］王绍辉，张振贤，于贤昌. 遮阴对生姜生理生化特性的影响［J］. 西北农业学报，1999，（2）：77－79.

［38］王鑫，沈焕梅，李春英，等. 烤烟品种 K346 适宜播种期及生育特性初探［J］. 中国烟草科学，2001，（3）：42－44.

［39］王忠，王三根，李合生，等. 植物生理学［M］. 北京：中国农业出版社，2002：369－388.

［40］谢敬明，尹文有. 浅析红河州中低海拔日照时数对烟叶品质的影响［J］. 贵州气象，2006，30（1）：34－36.

［41］谢如剑. G28 良种烤烟的特性及栽培管理技术［J］. 烟草科技，1985，（4）：33－34.

［42］颜合洪，赵松义. 生态因子对烤烟品种发育特性的研究［J］. 中国烟草科学，2001，（2）：15－18.

［46］严威凯. 关于植物各种光温反应现象的统一模型［J］. 西北农业大学学报，1993，21（1）：21－26.

［47］易金鑫，陈静华. 弱光胁迫对茄子植株形态及两项生理指标的影响［J］. 江苏农业科学，1999，（6）：62－65.

［48］尹永强，邓明军. 生态因子对烟草生长和品质的影响［J］. 广西烟草，2007，（7）：23－28.

［49］岳彩鹏. 低温对烤烟生长发育的影响及其调控［D］. 河南：河南农业大学，2002：6－9.

［50］张春芳. 今年湘南烤烟早花的原因分析［J］. 湖南农业，1986，（11）：11－15.

［51］张国. 主要气象因子对烟草生长发育影响研究进展［J］. 作物研究，2006，（5）：486－489.

［52］中国农业科学院烟草研究所. 中国烟草栽培学［M］. 上海：上海科学技术出版社，2005：236－319.

［53］周翼衡，庄江，林桂华，等. 烟草苗期去叶处理对控制早花现象的作用［J］. 中国烟草，2001，（3）：38－41.

［54］朱尊权. 烤烟质量［J］. 烟草科技，1979，（3）：2－6.

［55］邹琦. 植物生理学实验指导［M］. 北京：中国农业出版社，2000：36－39.

［56］King M J. 烤烟冷害与早花的关系［J］. 农学文摘：作物栽培，1986，（5）：39.

［57］Sheidow N W. 烟草的早熟开花. 农学文摘：作物栽培，1986，（1）：37.

［58］Camus G C, Went F W. The thermoperiodicity of three varities of *Nicotiana tobacum*［J］. American Journal of Botany, 1952, (39): 521－528.

［59］Chapman D J. Porar lipid composition of chloral last thylakoids isolated from leaves grown under different lighting conditions［J］. Photosynthesis Researeh, 1986, (8): 257－265.

［60］Evans L T. Crop Physiology［M］. England：Cambridge University Press, 1975：4－10.

［61］Haldimann P. Effects of changes in growth temperature on photosynthesis and carotenoid composition in *zea mays* leaves［J］. Physiol Plant, 1996, (97): 554－562.

［62］Haldimann P, Fracheboud Y, Stamp P. Photosynthetic performance and resistance to photoinhibition of *zea mays* L. leaves grown at sub-optimal temperature［J］. Plant Cell Environ, 1996, (19): 85－92.

［63］ Haroon M, Long R C, Weybrew J A. Effects of day/night temperature on factors associated with growth of *nicotiana tabacum* L. in controlled environments ［J］. Agronomy, 1977, (64): 509 – 515.

［64］ Hume L, Devine M D, Shirriff S. The influence of temperature upon physiological processes in early-flowering and late-flowering strains of *thlaspi arvense* L ［J］. International Journal of Plant Sciences, 1995, 156 (4): 445 – 449.

［65］ Keller M. Rivening and color development, interactions between light and nitrogen availability. Proeeedings of the fourth international symposium on cool climate viticulture & climate viticulture & enology ［J］. Rochester, 1997, (11): 79 – 85.

［66］ Koblet W. Stress and stress recovery by grapevines ［J］. Botanica Helvetica, 1996, 106 (1): 73 – 54.

［67］ Larcher W. Photosynthesis as a tool for indicating temperature stress events ［J］. Ecophysiology of Photosynthesis (eds E-d Schulze & M. M. Caldwell), 1995: 261 – 277.

［68］ Lorene Embry J. Leaf senescence of posproduction pomsetti as in low-light stress ［J］. American Horticulture Science, 1994, 119 (1): 1006 – 1013.

［69］ Mcdaniel C N. Developmental physiology of floral intiation in *Nicotiana tabacum* L ［J］. Journal of Experimental Botany, 1996, 47 (297): 75 – 100.

［70］ Poething R S. Phase change and the regulation of shoot morphogenesis in plant ［J］. Science, 1990, 250 (1): 923 – 930.

［71］ Raper C L, Johnson W H. Light factors affecting the development of flue-cured tobacco growth in artificial environments ［J］. American Society of Agronomy, 1971, 63 (8): 283 – 286.

［72］ Rideout J W, Raper J R, Miner G S. Changes in ratio of soluble sugars and free amino nitrogen in the apical meristem during floral transition of tobacco ［J］. International Journal of Plant Science, 1992, 153 (1): 78 – 88.

［73］ Sachs R M. Source-sind relationships and flowering ［J］. Kluwer Academic, 1983, (2): 263 – 268.

［74］ Sebanek J. Development in crop science 21 ［J］. Plant Physiology, 1992: 101 – 108.

［75］ Wallace D H. Physiological genetics of plant maturity, yield and adaptation ［J］. Plant Breeding Review,1985, (3): 21 – 24.

［76］ Wan H, Hsieh K C. The effect of low temperature on premature flowering in tobacco ［J］. Journal of the Agricultural Association of China, 1972, 77 (6): 31 – 39.

［77］ Wolfe D M. Low temperature effects on early vegetative growth, leaf gas exchange and water potential of chilling sensitive and chilling-tolerant crop species ［J］. Annals of botan, 1991, 67 (4): 205 – 212.

第3章 烤烟苗期抗寒特性及防御低温育苗技术研究

3.1 前言

烤烟早花是广东烟区生产上存在的一个普遍问题。一般认为烟草属于短日照植物，前期低温和阴雨天气是造成烟草早花的两大主要诱导因素（朱尊权，1979；Sheidow，1986；岳彩鹏，2002），但看法不一。烟苗在移栽前后受到低温寒潮侵袭时易出现早花，而且随着移栽过早或烟苗增大，出现早花少叶的程度更大（朱尊权，1979）。目前，早春低温危害已成为制约广东烟草生产进一步发展的一个关键问题。

烟草原产于亚热带，是喜温作物。烟草生长最适温度为 25 ℃～28 ℃，1 ℃～2 ℃低温可使幼苗死亡，10 ℃～13 ℃使其停止生长，在 16 ℃～17 ℃成熟的烟叶品质低劣（韩锦峰，2003）。

温度是决定植物地域分布、生长发育以及影响作物产量和质量的主要因素。胁迫又称逆境，是指显著偏离植物最适生活条件的一种环境条件，如寒冷、冰冻、干旱、炎热、盐渍等。这些环境条件可影响植物的生长发育，引发植物体在所有功能性水平上的变化和响应（何若韫，1995）。所谓低温胁迫一般指低于植物生活所要求的最适温度时环境对其产生的损害。人们将这种损害分为零度以上的冷害和零度以下的冻害（武维华等，2003）。低温环境影响着植物的生长、发育及代谢，而植物对低温环境也具有适应性和抵抗能力，即所谓的抗寒性。依据抗寒性的不同把植物分为冷敏感植物和抗寒植物。而抗寒性是植物在对低温寒冷环境的长期适应中，通过自身的遗传变异和自然选择所获得的一种抗寒能力，并受遗传和环境的双重影响，表现出相对的遗传稳定性（郭子武等，2004）。

3.1.1 形态解剖结构变化与植物抗寒性的关系

植物茎、叶等暴露在空气中的营养器官，其组织结构对环境条件的反应较为敏感。与其他器官相比它们受环境影响最大，最能反映植物对生态环境适应的特点（李正理，1983）。人们通过对不同抗寒品种植物及植物在自然越冬低温锻炼过程中细胞形态解剖的观察中发现，植物细胞形态解剖的变化与抗寒性的相关性主要体现在皮层与木质部的比例、叶片构造及细胞器的适应性变化上（Kratsch H A et al，2000）。

叶片是植物进行光合作用的主要器官，形态变化与抗寒性的相关性主要表现在其解剖结构的差异上，如叶片的形状、叶片的厚度以及细胞器的变化上（苗芳等，

2006)。许多研究表明，叶片气孔密度大，气孔面积/叶表面积值则小，因而气孔小型化的植物更具抗寒性和耐旱性。叶片组织结构越紧密，栅栏组织厚度/叶肉组织厚度值越大，海绵组织厚度/叶肉组织厚度值越小，植物的耐寒性则越强。在遭受逆境胁迫时，叶肉细胞小型化有利于减少对细胞间胞间连丝的破坏。此外，气孔对外界环境因子的变化也非常敏感。植物通过气孔调节可以防止不必要的水分蒸腾丢失，并保持着较高的光合效率，以适应逆境（杨凤仙等，2001）。气孔的形状、大小及密度与抗寒性都有密切的关系。一般而言，气孔密度大，气孔面积/叶表面积值则小，气孔小型化的植物更具抗寒性和耐旱性。

3.1.2 低温胁迫对质膜的影响

细胞膜的流动性和稳定性是细胞乃至整个植物体赖以生存的基础。早在 20 世纪 70 年代 Lyons 等（1970）就提出，细胞膜是低温冷害的首要部位，在低温下植物细胞膜由液晶态转变成凝胶状态，低温胁迫对细胞膜系统的损伤是植物寒害的根本原因，细胞膜体系的流动性和稳定性变化在寒害和抗寒机制中起着关键作用（严寒静等，2000）。

植物细胞电解质的大量泄漏常认为是判断膜伤害或变性的重要标志。当植物遭受寒害时，水分从细胞内渗透出来，组织呈现浸润状态，丧失膨压。这种变化在植物体外部形态的变化之前较为明显。冷害较轻时，溶质渗漏的主要是无机酸、K^+、Na^+ 等；冷害加重时，膜透性明显增大，溶质渗漏量增加，出现氨基酸等有机物的渗漏（庞士铣，1990），大量的电解质向组织外渗漏，使组织浸泡液的相对电导率增加（Levitt J，1980）。季作梁等（1994）在研究不同冷害温度下杧果果皮细胞膜透性的变化时发现，随着温度的降低，细胞膜透性增大，冷害加重。Dexte 等（1930）发现，相对电导率的大小与植物组织受寒害的程度呈正相关。实验也发现，无论是细胞内结冰或细胞外结冰，都会破坏质膜和膜透性，造成大量的电解质向组织外渗漏，使组织浸泡液的相对电导率增高。

植物处于低温等逆境条件下，细胞内产生大量的自由基，而清除自由基的能力却下降，平衡遭到破坏，使细胞受到伤害（许凯扬等，2006）。现在普遍认为，自由基的增加首先攻击膜系统，膜脂脂肪酸的不饱和键被过氧化，造成丙二醛（MDA）含量增加。MDA 的积累严重损伤细胞膜，导致膜流动性降低，损伤膜结构（马德华等，1998）。在实验中，通常以 MDA 的含量作为发生膜脂过氧化反应的主要指标，用以表示细胞膜脂过氧化程度和植物对逆境条件反应的强弱。李建设等（2003）的研究进一步表明，烤烟在 5℃和 8℃，细胞膜透性无显著差异，耐寒性强的品种 MDA 含量差异不显著，耐寒性弱的品种差异达显著水平。

此外，膜系中磷脂及脂肪酸的不饱和性与植物细胞抗冷性有着密切的关系，而许多植物对低温冷害的一种重要的反应是膜脂中不饱和度较高的脂肪酸和磷脂的含量增加（刘鸿先等，1989）。这是因为不饱和脂肪酸含量的上升可降低膜结构变化的温度，增强膜的流动性，提高品种抗冷能力。

3.1.3 低温胁迫对光合作用的影响

温度是影响光合作用的重要条件之一。低温等逆境条件下，植物利用光能的能力降低，从而引起或加剧光抑制。植物在低温下发生的光抑制称低温诱导光抑制或低温光抑制（Hodgson RAL 等，1987）。Hetherington 等（1989）研究认为，低温可增加冷敏感植物和抗冷植物发生光抑制的可能性。易建华等（2004）的研究发现，在 16 ℃、8 ℃和 3 ℃条件下，烟草净光合速率（P_n）、表观量子效率（AQY）、羧化效率（CE）、RuBP 最大再生能力随温度的降低显著下降。而烟株在早期生长的关键时期，短期气温骤降、低温期的延长往往导致低温光抑制，延迟冠层的形成与扩展，降低光能的吸收和利用能力，且在以后的生长期间亦难以弥补，造成产量和质量的下降（Wolfe D M，1996）。

叶绿素不仅与光合作用密切相关，而且对植物的抗寒性也有一定的作用。叶绿素形成的最低温度是 2 ℃ ～4 ℃，最适温度是 30 ℃。曾纪晴等（1997）研究认为，低温引起叶绿体功能紊乱，降低了叶绿素含量，减缓了光合进程。张燕等（2003）的研究表明，PEG 对烟草幼苗耐低温胁迫能力的生理效应表明，低温使叶绿素含量降低，随低温天数的增加叶绿素含量逐渐减少，低温对 chl a 的破坏较对 chl b 的破坏严重，导致 chl a/chl b 比值减小。

近些年来已有一些研究发现，在低温下，一些冷敏感植物如黄瓜等的 PS I 受到的伤害要大于 PS II 受到的伤害（Scheller 等，2004）。这是因为在正常温度和弱光下，植物吸收的光能没有超出光合机构的利用能力，因而不会引起植物的光抑制。但是在低温下，CO_2 同化能力受到抑制，使 PS I 受体侧还原力过量积累。另外，低温还会使脂质双分子层受到伤害，使活性氧清除酶失活，导致过多活性氧的产生（林植芳等，2000），使 PS I 受到氧化伤害，造成冷敏感植物 PS I 的光抑制。但是也有研究表明，低温也会导致 PS II 的 D1 蛋白降解、电子传递能力下降，从而降低 PS II 活性（Allen 等，2001；Van Heerden 等，2003）。无论是 PS I 还是 PS II 受到伤害都会导致光合能力下降，因为光合作用的线性电子传递是由 PS I 和 PS II 共同完成的，如果它们之间的协调性被打破，光合活性就会下降（Harbinson 等，1989）。王丽萍等（2008）对不同品种辣椒叶片光合特性的研究表明，耐寒品种辣椒 F_v/F_m 值的增加幅度要显著大于不耐寒品种。

3.1.4 低温胁迫对呼吸作用的影响

呼吸作用是一切生活细胞的共同特征，没有呼吸就没有生命。由于呼吸作用过程各个环节都离不开酶的反应，因此低温对呼吸作用的影响非常明显。张燕等（2003）

研究认为，在 5 ℃低温下，处理初期烟草幼苗呼吸速率呈上升趋势，但随低温持续时间的延长，幼苗呼吸速率下降较快。周克功等（2000）用黄花烟草愈伤组织做的试验表明，低温 4 ℃时，线粒体呼吸开始以细胞色素途径为主，第 2 天以交替途径为主，一直持续到第 5 天之后又转为以细胞色素途径为主。而不经低温胁迫的对照烟株则自始至终均以细胞色素途径为主，低温下交替途径的增强是交替氧化酶蛋白合成增加的结果。这样提高了细胞内微环境的温度，有利于抵御低温对机体的伤害。

3.1.5　低温胁迫对内源激素的影响

植物激素对植物生命活动和遗传育种等具有重要作用，它是在植物体内合成并经从产生部位输送到其他部位，对生长发育产生显著作用的一类微量有机物质，几乎参与了植物生长发育的所有生理调节过程。植物激素是抗寒基因表达的启动因子，很多试验都已证明它可以作为抑制作物抗寒力的途径（Fseng M，1987）。

植物体内 ABA 的积累与抗逆性的增强存在着显著的正相关，ABA 被认为在逆境胁迫中起渗透调节作用（向旭等，1998）。ABA 能减轻植物逆境造成的伤害，逆境条件下植物体内大量积累 ABA。外源 ABA 可提高植物的抗旱、抗冻和抗冷性（赵可夫，1995）。ABA 能增加植物抗寒力，主要是由气孔关闭作用引起的（何若韫，1995）。

在很多植物中，乙烯的产生是零上低温刺激的结果。在受冷组织中，乙烯合成的途径与成熟果实或其他高等植物中发生的一样，低温促进了氨基环丙烷羧酸（AOC，乙烯的直接前身）的合成。

赤霉素（GA）是与植物抗寒力有关的激素。研究认为抗寒性强的植物赤霉素含量一般低于抗寒性弱的植物，外施能显著降低植物的抗寒力（王富，2000）。低温下 GA 处理燕麦幼苗后，电解质渗透率降低，对燕麦的膜透性具有稳定作用（魏臻武等，1998）。GA 能够增加植物体内自由水的含量，降低束缚水的含量，从而对植物抗寒能力产生影响。

水杨酸（SA）是植物体产热的热素。植物体产热可能是植物对低温环境的一种适应，因此可以认为 SA 可能与抗低温胁迫有关。油菜素甾醇类（BRs）能有效地提高萌发过程中幼苗的 SOD、CAT 的活性，并降低膜脂过氧化产物 MDA 的含量（赵普庆，2005）。此外，寡糖素（陈星，1997）、多胺（欧阳石文，2002）、系统素（刘高涛，1997）、茉莉酸（潘瑞炽，1989）等均具有植物激素的某些特性，它们均在植物的逆境适应过程中起着自身独特的作用，在目前的植物逆境适应的研究过程中日益引起人们的重视。

3.1.6　低温胁迫对内源抗氧化剂含量的影响

植物体内存在许多参与活性氧清除的物质，这些物质统称为活性氧清除剂，主要可分成抗氧化酶和抗氧化剂（又叫酶促防御系统和非酶促防御系统）两大类。抗坏血酸（AsA）和还原型谷胱甘肽（GSH）是植物体内重要的非酶促类抗氧化性物质，能清除活性氧，降低过氧化伤害（Wolfe DM 等，1991）。王建华等（1989）研究结果表明，低温胁迫引起作物抗坏血酸含量下降，其实质是作物的非酶促系统的防御能力降低，但抗寒品种在低温胁迫下，其抗坏血酸含量下降幅度比不抗寒品种要小得多。张燕等（2003）用烤烟品种 NC89 幼苗作材料研究表明，在 5 ℃低温胁迫 1 d，烟草叶片抗坏血酸和还原型谷胱甘肽含量均有所上升，但随低温胁迫时间的延长，其含量不断下降。

3.1.7 低温胁迫对保护酶系统的影响

在通常情况下，植物体内产生的活性氧（如 H_2O_2，—OH，O_2^- 等）不足以使植物受到伤害，因为植物体内有一套行之有效的抗氧化系统可以清除产生的活性氧自由基（Elster，1982）。超氧化物歧化酶（SOD）、过氧化物酶（POD）和过氧化氢酶（CAT）是植物体内的重要保护酶，在清除自由基中起重要作用（汪耀富等，1996）。据邹志荣等（1995）报道，辣椒幼苗经 5 ℃低温胁迫后，SOD 和 POD 活性升高，CAT 活性降低。马德华等（2002）以黄瓜为材料研究认为，经低温胁迫后，CAT 和 POD 活性均显著下降，耐寒性强的品系 SOD 活性上升，耐寒性弱的品系 SOD 活性则降低。李建设等（2003）以茄子为材料研究表明，随低温胁迫程度加大，SOD 和 POD 活性升高，CAT活性下降，且以 POD 活性增加的幅度最大。耐寒性弱的品种在 5℃，8℃两低温间，SOD、POD、CAT 活性的差异都还未达到显著水平，说明耐寒性不仅与温度有关，还与时间有很大关系。从品种上看，耐寒性强的品种能保持较高的 SOD 和 POD 活性，而CAT 变化则复杂，说明在保护酶系调节系统中，SOD 和 POD 的活性起着主要的调节作用。

3.1.8 低温胁迫对渗透调节物质的影响

植物体内可溶性糖含量与多数植物的抗寒性密切相关（林海馨等，1994）。这是因为可溶性糖作为渗透保护物质可以提高细胞液的浓度，增加细胞持水力及组织中非结冰水，从而降低细胞质的冰点，提高植物的抗寒能力（潘瑞炽，2001）。张燕等（2003）的研究表明，在 5 ℃低温下，烟草幼苗可溶性糖含量随处理时间的延长而增加。

游离氨基酸广泛存在植物体内，通常含量很低，但在低温胁迫下大量积累，尤为突出的是游离脯氨酸（Pro）。Borman 等（1980）指出，Pro 含量增加可提高烟草的抗寒性。李建设（2003）等认为，茄子经低温胁迫后 Pro 含量增加，增加的幅度与品种的抗寒性强弱有关，抗寒性弱的品种则增加得少。烟草幼苗经过 PEG 处理后，Pro 含量随低温胁迫时间的延长逐步增加。这也说明了游离 Pro 含量与烟草抗寒性有密切的关系（张燕等，2003）。

3.1.9 低温胁迫对蛋白的影响

植物低温诱导蛋白是植物在低温作用下由于基因表达的改变而诱发合成的新蛋白质（林善枝等，2004）。植物在低温作用下由于基因表达的改变而诱发合成新蛋白质。这些新蛋白质具有高度的亲水性和热稳定性，能够保护植物细胞免受低温伤害。根据这些蛋白质已知的生化功能和诱导条件，可将其分为 6 类：冷调节蛋白（COR）、抗冻蛋白（AFP）、类脂转移蛋白（LTP）、热激蛋白（HSP）、胚胎发育晚期丰富蛋白（LEA）和脱落酸应答蛋白（RAB）（丁国华等，2003）。

通常认为，植物体内可溶性蛋白质增加有利于提高抗冷性。可溶性蛋白质亲水胶体性强，可以增加细胞对水分的束缚，明显增强细胞的持水力，有助于提高细胞原生质弹性，降低冰点，并且可导致细胞液过冷却（郑国昌，1991）。芸香可溶性蛋白质含量随着温度的降低有所增加，在 $-20\ ℃$ 时达到积累高峰。草珊瑚、曼地红豆杉体内可溶性蛋白质含量也随气温下降而明显增加。

3.1.10 低温胁迫对 Ca 和 CaM 的影响

钙有防止膜损伤和渗漏、稳定膜结构和维持膜的完整性的作用。近年来有关钙与植物抗逆性的研究越来越受重视，并已建立了较为完整的植物细胞内钙信使系统的概念，即构成刺激 – 信使 – 反应偶联的体系。Monory A 认为（1993），Ca^{2+} 信使系统在苜蓿冷驯化生理过程中起着很重要的调节作用。缺 Ca^{2+} 的水稻幼苗在低温胁迫下（$4\ ℃$，$36\ h$），细胞膜功能及超微结构破坏严重。在培养液中加入适当 Ca^{2+}（$0.5 \sim 1.0\ mmol \cdot L^{-1}$）可降低冷胁迫下稻苗电解质渗漏率和 MDA 含量，提高 SOD、CAT、POD 活性，保护叶绿体和线粒体超微结构免遭破坏。有研究也认为，适当增加 Ca^{2+} 浓度可以提高 CaM 含量，增强原生质体抗寒性。另一方面，CaM 拮抗剂可以降低 Ca^{2+} 提高原生质体抗寒性的作用，因此可以认为钙信使系统通过调节能提高原生质膜稳定性和原生质体活力的代谢过程，起到提高原生质体抗寒力的作用（李卫等，1997）。

3.1.11 低温胁迫对烤烟育苗的影响

育苗是烤烟生产过程中的一个重要环节，为实现优质、适产、高效的生产目标，要求烟苗健壮无病、整齐、大小适中，数量充足，并能保证适时移栽。韩锦峰（2003）认为，$1\ ℃ \sim 2\ ℃$ 低温可使烟苗死亡，$10\ ℃ \sim 13\ ℃$ 使烟苗停止生长。

浅水育苗用硬质塑料 PS（聚苯乙烯）加工的塑料育苗盘，苗池水深 $0.02 \sim 0.03\ m$，占有空间小，造价比较低，是南方烟区普遍采用的烤烟育苗方式。但南方烟区冬末春初烤烟育苗受到长时间低温危害，从而导致烟苗生长缓慢，烟苗僵化，根系发黄，叶片畸形，烟苗成苗时间长，直接影响烟苗素质。朱银峰等（2000）研究结果表明：水温是影响烟苗生长的主要因素，日最高水温 $10\ ℃$ 以下时烟苗生长迟缓，$15\ ℃$ 以下烟苗生长慢，适宜出苗水温在 10 ℃以上，适宜生长水温在 15 ℃以上。

早春低温对烟苗危害是我国南方烟区普遍存在的问题，低温对烟株生长发育的危害主要表现为早花、烟株生长矮小、有效叶数明显减少，烟叶产质量将受到影响。目前有关烤烟抗御低温逆境的研究主要集中在低温诱导对烤烟大田生长发育的影响（岳彩鹏，2002；金磊等，2007；招启柏等，2008）和 PEG、Ca 等物质对低温下烟苗某些生理指标的影响（张燕等，2002）等方面，在供试材料的选择上主要为 K326 等常规品种，而利用抗早花新品系研究低温胁迫下烟苗抗寒生长调节系统的变化尚未见报道。常规育苗、漂浮育苗、浅水育苗、空气整根等育苗方式对烟苗素质的影响（赵伟才，2006；赖禄祥等，2002）报道较多，但通过有氧发酵防御低温危害的浅水育苗技术的研究极少。

本文通过研究不同低温下不同品种烤烟在苗期生理特性，结合抗寒生理学探讨烤烟抗寒生理机理，研究苗期抗冷性诊断的可靠生理指标；在此基础上探讨低温安全育苗原理和技术。这对于预防早春低温侵害、提高烟苗素质、减少南方烟区早花发生率、实现烟叶增产增质具有重要的生产实践意义。

3.2 材料与方法

3.2.1 试验材料与试验设计

3.2.1.1 试验一：不同烤烟品种抗寒机理研究

（1）试验材料

供试的烟草品种（品系）分别为 K326、NC82、云烟 85、新品系。

采用轻质泡沫塑料 200 孔育苗盘，基质配方为谷壳灰、泥炭土、泡沫粒积比为 6 : 2 : 2；采用烤烟育苗专用肥，N≥13%，总养分≥52%。

（2）处理设置和试验方法

参照常规漂浮育苗标准进行播种，待烟苗长出第四片真叶时移入恒温光照培养箱，设计处理温度为 11 ℃和 15 ℃，光照强度约为 6000 lx，光周期为 12 h/12 h（昼/夜）；处理 0 d、1 d、4 d、7 d、10 d 后取样测定。

试验分两次于华南农业大学烟草研究室进行，第一次于 2007 年 9 月 25 日播种，2007 年 10 月 22 日移入恒温光照培养箱，测定低温条件下保护酶系统和渗透调节物质。第二次于 2008 年 3 月 13 日播种，2008 年 4 月 21 日移入恒温光照培养箱，测定光合性能和内源抗氧化剂含量。每次试验各处理均设 30 株烟苗，3 次重复，共 120 株。

3.2.1.2 试验二：防御低温育苗试验

（1）试验材料

供试烟草品种为K326。

采用硬聚氯乙烯162孔育苗盘，基质配方：谷壳灰、泥炭土、珍珠岩体积比为6∶2∶2，烟草育苗专用肥 N≥13%，总养分≥52%。有氧发酵底物甘蔗渣含水率20%～30%，纤维素含量48.2%～55.6%，稻草秸秆含水率15%～18%，纤维素含量30.5%～35.7%。

（2）处理设置和试验方法

试验设置4个处理：CK（常规浅水育苗）；FR（Rice Straw，床底铺设6 kg稻草秸秆）；FB（Bagasse，床底铺设12 kg甘蔗渣）；FRB（Rice Straw and Bagasse，铺设10 kg甘蔗渣和2 kg稻草秸秆）

试验用苗池由木板钉成，每个苗池长2.1 m，宽1.1 m，高0.16 m。池底铺设有氧发酵底物，其上覆膜后制成营养池，营养液深0.03 m，池内置育苗盘9个，床埂上插竹凸架盖并农膜。试验于2007年12月至2008年3月在广东烟草韶关市有限公司马市烟站进行。12月17日播种，按当地育苗技术规范进行苗期管理。

3.2.2 测定项目和方法

3.2.2.1 相对电导率（RC）测定

新鲜叶片用双蒸水冲洗三次，用纱布擦干，将叶片剪成1 cm长、0.5 cm宽的小片段，称0.2 g于平底烧杯中，加20 mL双蒸水真空渗透30 min再室温静置30 min，然后在已预热好的电导仪（电极0.96）上测定相对RC，结果取平均值。

3.2.2.2 丙二醛（MDA）含量测定

参照陈建勋等（2002）的方法。取洁净的待测叶片0.5 g用5 mL 4 ℃的0.05 mol·L^{-1} pH 7.8的PBS（内含1% PVPP）和少量石英砂冰浴研磨，匀浆后在4 ℃下8000 r/min离心15 min，上清液即为酶液。取酶液1.5 mL，加入0.5%硫代巴比妥酸溶液2.5 mL，混匀后在沸水中反应20 min，然后迅速冷却后离心。取上清液测定532 nm、600 nm、450 nm波长下的吸光值，并计算MDA含量。

3.2.2.3 过氧化物酶（POD）活性测定

参照陈建勋（2002）的方法。取洁净的待测叶片0.5 g，用5 mL 4 ℃的0.05 mol·L^{-1} 的PBS（内含1% PVPP）和少量石英砂冰浴研磨，匀浆后在4 ℃下8000 r/min离心15 min，上清液即为粗酶液。在3 mL的反应体系中，加入2 mL 0.3% H_2O_2、0.95 mL 0.2%愈创木酚、1 mL pH 7.0的PBS，最后加入0.05 mL酶液启动反应，记录470 nm波长处OD值降低速度。每分钟OD增加0.01定义为一个酶活力单位。

3.2.2.4 超氧化物歧化酶（SOD）活性测定

参照邹琦（2000）的方法。取洁净的待测叶片0.5 g，用5 mL 4 ℃的0.05 mol·L^{-1} pH

7.8 的 PBS（内含 1% PVPP）和少量石英砂冰浴研磨，匀浆后在 4 ℃下 8000 r/min 离心 15 min，上清液即为酶液。在 3 mL 的反应体系中含有 1.5 mL 0.05 mol·L^{-1} pH7.8 的 PBS、0.3 mL 130 mol·L^{-1} 甲硫氨酸、0.3 mL 0.75 mmol·L^{-1} 氯化硝基四唑蓝（NBT）、0.3 mL 0.1 mol·L^{-1} 乙二胺四乙酸二钠（EDTA）、0.3 mL 0.02 mol·L^{-1} 核黄素、0.05 mL 酶液和 0.25 mL 蒸馏水，用 PBS 代替酶液为对照，混匀后在 4000 lx 下照光反应 20 min，然后以不照光的空白，分别测定其在 560 nm 波长下的吸光值，用抵制 NBT 光还原 50% 表示一个酶活性。

3.2.2.5 抗坏血酸（AsA）和谷胱甘肽（GSH）含量测定

参照李忠光等（2003）的方法。0.5 g 叶片加入预冷的 5% 磺基水杨酸 2.5 mL 和少许石英砂，充分冰浴研磨，转入离心管中，于 4 ℃下 2000 r/min 离心 20 min，将上清液分装。

AsA 含量的测定：取 100 μL 上清液，加入 24 μL 1.84 mol·L^{-1} 三乙醇胺以中和样液，加入 250 mL 50 mmol·L^{-1} pH 7.5 的 PBS（内含 2.5 mmol·L^{-1} EDTA），加入 100 μL 蒸馏水，25 ℃保温 10 min，混匀。此时分别加入 10% TCA、44% 磷酸、4% 双吡啶（用 70% 乙醇配制）各 200 μL，混匀。加入 3% FeCl$_3$ 100 μL，混匀，40 ℃水浴 1 h，525 nm 处测定 OD 值。以 5% 磺基水杨酸为溶剂，用同样的方法制作 AsA 标准曲线。

GSH 含量的测定：取 50 μL 上清液，用 5% 磺基水杨酸定容至 100 μL（即加入 5% 磺基水杨酸定容至 50 μL），加入 24 μL 1.84 mol·L^{-1} 三乙醇胺以中和样液，加入 50 μL 蒸馏水，25 ℃水浴 1 h，再加入 706 μL 50 mol·L^{-1} pH 7.5 PBS（内含 2.5 mmol·L^{-1} EDTA），加入 20 μL 10 mol·L^{-1} NADPH 和 80 μL 12.5 mmol·L^{-1} DTNB（二硫硝基苯甲酸），混匀，25 ℃保温 10 min，加入 20 μL 50 U/mL GR，总体积为 1 mL，立即混匀，读出 3 min 时的 OD 值。以 5% 磺基水杨酸为溶剂，用同样的方法制作 GSH 标准曲线。

3.2.2.6 光合速率（P_n）和胞间 CO_2 浓度（C_i）测定

用 LI-6400 测定净光合速率（P_n）、胞间 CO_2 浓度（C_i）。光源为该测定系统配置的人工光源，叶室光强控制在 800 s^{-1}·m^{-2}，叶室气体流速为 500 mL·min^{-1}。所有测定重复 10 次，取平均值。

3.2.2.7 叶绿素（chl）含量测定

采用邹琦（1995）的方法。将剪碎叶片 0.5 g 置于 20 mL 螺口试管中，加入 10 mL 按 4.5∶4.5∶1 比例配成的丙酮∶无水乙醇∶水混合液，封口后置于暗箱中保存 24 h，然后以混合液为对照，在 663 nm、646 nm 和 470 nm 波长下分别测定光密度值，依公式计算叶绿素含量及类胡萝卜素含量，单位均为 mg·g^{-1}。

3.2.2.8 叶绿素荧光测定

用便携调制式荧光仪，参照说明书测定第 3 片真叶最大光化学效率（F_v/F_m）和初

始荧光（F_o）

3.2.2.9 可溶性蛋白（SP）含量测定

采用考马斯亮蓝染色法，0.5 g 叶片用 5 mL 蒸馏水研磨成匀浆，6000 r/min 离心 15 min，吸取上清液 1 mL 放入试管中，加入 5 mL 考马斯亮蓝 G－250 溶液（称 100 mg 考马斯亮蓝 G－250 溶于 50 mL 95% 的乙醇后，再加入 120 mL 85% 的磷酸），充分混合，放置 2 min 后在 595 nm 下比色，测定吸光度，根据吸光值和标准曲线对照，计算蛋白质含量。

3.2.2.10 游离脯氨酸（Pro）含量测定

采用邹琦（2000）磺基水杨酸法。0.5 g 叶片用 3% 5 mL 磺基水杨酸溶液研磨成匀浆，沸水浴中浸提 10 min，待冷却至室温后将提取液置于试管中，上层液 6000 r/min 离心 10 min，取上清液 2 mL 于试管中，加水与冰醋酸各 2 mL，再加入 4 mL 2.5% 的酸性茚三酮显色液，于沸水浴中显色 1 h，取出冷却后向各管加 4 mL 甲苯充分振荡萃取。静置待分层后吸取甲苯层在波长 520 nm 比色。

3.2.2.11 苗池水温测定

2007 年 12 月 3 日至 2008 年 2 月 1 日连续 60 d，每日早晨 7 时、中午 12 时、晚上 18 时测定苗床水温。

3.2.2.12 烟苗生长发育期记录测定生物学性状

根据烤烟农艺生长期国家标准记录烤烟播种、出苗、小十字期、大十字期、成苗期，计算各生长期生长时间和整个育苗周期。在成苗期测定烟苗茎高、茎围、叶数、最大叶面积、根鲜重、地上部鲜重、根干重、地上部干重。

3.2.2.13 硝酸还原酶（NR）活性测定

参照邹琦（1995）的方法。将剪碎叶片 0.5 g 置于刻度试管中，加入 KNO$_3$·异丙醇·PBS 混合液 9 mL，对照管立即加入 1 mL 30% 三氯乙酸（TCA）终止反应，然后将试管置于真空干燥器中用真空泵抽真空，反复几次直至叶片沉入管底，再将试管置 30 ℃ 下于暗处保温 30 min，然后取出加入 1 mL 30% TCA，摇匀终止反应。取上清液 2 mL 于另外试管，依次加入 4 mL 对氨基苯磺酸和 α－萘胺，以对照管作参比在 540 nm 波长下测定其光密度值，计算 NR 活性。

3.2.2.14 根系活力测定

参照邹琦（2000）的方法。取洗净后根系 0.5 g，依次加入 0.4% TTC 溶液和 (1/15) mol·L^{-1} 磷酸缓冲液各 5 mL，充分混合，置于 37 ℃ 的恒温箱内以黑暗条件培养 1 h，加入 1 mol·L^{-1} 硫酸 2 mL 以停止反应。将已显色的根系放入研钵内，加乙酸乙酯 3～4 mL，充分研磨。把红色提取液移入刻度试管，并用少量乙酸乙酯把残渣洗涤 2～3 次，洗液皆移入刻度试管，直至洗液完全不带红色时为止。最后加乙酸乙酯使总量达到 10 mL。在波长 485 nm 下比色，记录 OD 值，根据标准曲线计算根系活力。

3.2.2.15 根系总吸收面积和活跃吸收面积的测定

参照邹琦（2000）的方法。用排水法测定洗净根系体积，用吸水纸小心吸干数次，依次浸入盛有 0.0002 mol·L^{-1} 亚甲蓝溶液的 3 个烧杯中各 15 min，取出时都要使亚甲蓝溶液从根上流回到原烧杯中。3 个烧杯中各取 1 mL 溶液加入试管，均稀释 10 倍，660 nm 下测得其光密度。根据标准曲线计算根系总吸收面积和活跃吸收面积。

3.2.2.16 总氮含量（TN）和蛋白质含量的测定

烘干及烤后烟叶用瑞典福斯特卡托公司生产的凯氏自动定氮仪 CID - 310 进行 NR 含量的测定。蛋白质含量参照公式：

$$蛋白质含量(\%) = [总氮含量(\%) - 0.1728 \times 烟碱含量(\%)] \times 6.25$$

计算出蛋白质的含量。

3.2.2.17 烟碱（NIC）含量的测定

参照王瑞新（2003）的方法。称取样品 0.5 g 置于 500 mL 凯氏瓶中，加入 NaCl 25 g、NaOH 3 g、蒸馏水约 25 mL。将凯氏瓶连接于蒸汽蒸馏装置，用装有 10 mL 1:4 盐酸溶液的 250 mL 三角瓶收集 220～230 mL 馏出液。将馏出液转移到 250 mL 容量瓶中定容。吸取 1.5 mL 于试管，稀释到 6 mL，用 0.05 mol·L^{-1} 盐酸溶液作参比液，用紫外分光光度计在 259 nm、236 nm、282 nm 波长处测定待测液的吸光度，计算烟碱含量。

3.2.2.18 可溶性糖（SS）含量的测定

采用邹琦（1995）的方法。称取剪碎叶片 0.1g 共 3 份，分别放入 3 支试管。加 5～10 mL 蒸馏水，加盖封口，沸水中提取 30 min，提取 2 次，提取液过滤入 25 mL 容量瓶中，定容至刻度。吸取 0.2 mL 样品液于试管中，加蒸馏水 1.8 mL 稀释。加入 0.5 mL 蒽酮乙酸乙酯，再加入 5 mL 浓硫酸，立刻将试管放入沸水中准确保温 1 min，取出自然冷却至室温。630 nm 比色，查蔗糖标准曲线，计算 SS 含量。

3.2.2.19 淀粉含量的测定

采用邹琦（1995）的方法。将提取可溶性糖以后的残渣移入原来的试管，加入 10～15 mL 蒸馏水，放入沸水中煮 15 min。加入 1.75 mL 高氯酸提取 15 min，取出冷却。滤纸过滤到 25 mL 容量瓶，定容。吸取 0.1～0.2 mL 提取液稀释到 2 mL，加入蒽酮乙酸乙酯和浓硫酸，剩下步骤同可溶性糖的测定。

3.2.2.20 还原糖（RS）含量的测定

参照王瑞新（2003）的方法。称取均匀样品 0.2g 于消化管，加沸水约 30 mL 微沸约 5 min，冷却，加水至恰好 35 mL，充分振荡后经干滤纸干过滤。取 2 支 10 mL 刻度试管，各移入上述试样溶液 0.2 mL，各加水 0.3mL，然后依次移入 5 g·kg^{-1} 苦味酸 0.30 mL 及 200 g·kg^{-1} 碳酸钠 1.5 mL：一试管放沸水浴中加热 10 min，再用冷水冷却 2 min；另一试管不经过加热处理作为本底。两试管内溶液均加水稀释至 10 mL，摇匀。置分光光度计上，在 400 nm 处，以本底溶液作参比，调节吸光度为零，测定吸光值。查葡萄糖标准曲线，计算 RS 含量。

3.2.2.21 烤后烟叶产量及品质的测定

烤后烟叶按照国家烤烟分级标准进行分级，并选 C3F 进行化学成分分析。根据表 3 - 1 各级别烟叶价格计算产值。

表 3 - 1 广东省韶关市始兴县 2008 年烤烟收购价格表

烟叶等级	价格（元/kg）	烟叶等级	价格（元/kg）	烟叶等级	价格（元/kg）
上部叶橘黄色一级	13.8	中部叶橘黄色三级	13.8	青黄色二级	1.2
上部叶橘黄色二级	11.2	中部叶橘黄色四级	10.8	上部叶微青色一级	7.5
上部叶橘黄色三级	7.9	下部叶橘黄色一级	12.1	上部叶微青色二级	5.5
上部叶橘黄色四级	4.7	下部叶橘黄色二级	10.0	中下部叶杂色一级	4.0
上部叶杂色一级	3.7	下部叶橘黄色三级	8.0	中下部叶杂色二级	2.7
上部叶杂色二级	2.0	下部叶橘黄色四级	4.2	下部叶微青色二级	6.2
上部叶杂色三级	1.6	青黄色一级	1.6	末 级	0.2

3.2.3 统计分析方法

参照冷寿慈主编的《生物统计与田间实验设计》（1992），利用 SPSS 软件进行数据的方差分析，利用 Excel 进行图表的生成。

3.3 结果

3.3.1 低温胁迫对烟苗叶片相对电导率（RC）的影响

从图 3 - 1a 可看出，在 15 ℃ 低温下，四个烟草品种叶片的相对电导率都呈现出先上升后下降再上升的过程。烟苗置入培养 1 d 后，K326 和云烟 85 烟苗叶片 RC 上升幅度明显大于其他两个品种。第 7 天各品种烟苗叶片 RC 较前 3 d 的均明显下降，表现为新品系 < K326 < 云烟 85 < NC82。

在 11 ℃ 持续低温胁迫下四个品种烟苗叶片 RC 变化如图 3 - 1b 所示。在 7d 内，随着胁迫时间的延长，烟苗叶片的 RC 均大幅上升。随后 3 d 里，相对于云烟 85 和 NC82 烟苗叶片 RC 继续上升，K326 和新品系叶片 RC 却略有回落。胁前 4 d 内，新品系烟苗叶片 RC 一直处于最低，而 K326 在 11 ℃ 环境下烟苗叶片 RC 一直较高，特别是在胁迫第 7 d、第 10 d，显著高于其他三个品种，差异达到显著水平（$P < 0.05$）。

在 11 ℃环境下，新品系和 K326 烟苗叶片 RC 第 7 d 出现第一个峰值，云烟 85 和 NC82 则第 10 d 第一个峰值出现，这较在 15 ℃低温胁迫下第 4d 出现峰值推迟了 3 d 以上（图 3 - 1）。

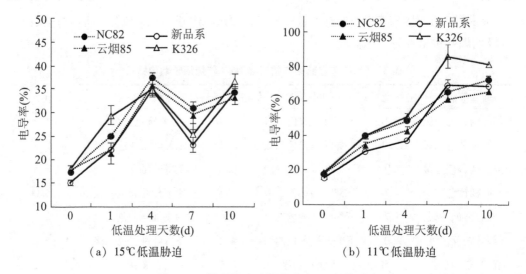

（a） 15℃低温胁迫　　　　　　　　　（b） 11℃低温胁迫

图 3 - 1　低温胁迫对烟苗叶片 RC 的影响

3.3.2　低温胁迫对烟苗叶片丙二醛（MDA）含量的影响

图 3 - 2a 表明烟苗在 15 ℃低温胁迫 10 d 时间里，四个品种烟苗 MDA 含量均呈现先上升后下降再上升的趋势。胁迫 4 d 内，K326 和云烟 85 的上升幅度明显高于其他两个烟草品种，并于第 4 d 达到峰值，MDA 含量均超过了 20 $\mu mol \cdot g^{-1}$（Fw），膜脂受到伤害较严重。随后的 3 d 里，新品系和 NC82 下降幅度较其他两个品种小。第 10 d，四个品种烟苗 MDA 含量略有回升，其中 K326 最高，新品系最小，差异达到显著水平（$P < 0.05$）。在整个胁迫过程中，新品系的 MDA 含量变化趋势最为平缓。

烟苗置于 11 ℃的环境里（图 3 - 2b），四个品种 MDA 含量呈 M 型变化。胁迫 1 d 后，烟苗 MDA 含量以新品系上升幅度最小，K326 和 NC82 的上升较大，这与其在 15 ℃环境胁迫 MDA 含量变化相似。胁迫 4 d 时，烟苗 MDA 略有下降，胁迫至第 7 d，烟苗 MDA 含量达到 3、4。可以看出，在低温 15 ℃胁迫下，四个品种烟苗 MDA 含量的峰值出现在第 4 d；而在 11 ℃条件下，四个品种烟苗 MDA 含量峰值出现在第 7 d。NC82、云烟 85、新品系三个品种在 11 ℃条件下 MDA 峰值含量均明显高于在 15 ℃峰值 MDA 含量，而 K326 两个低温条件下 MDA 峰值含量相近。

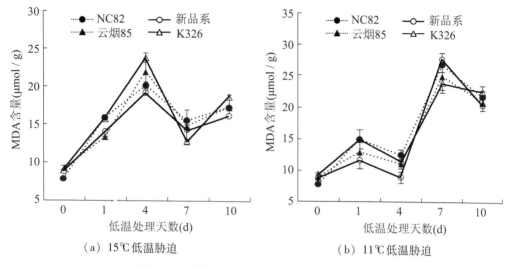

图 3 - 2　低温胁迫对烟苗叶片 MDA 含量的影响

表 3 - 2　低温下烟苗叶片 RC 与 MDA 含量相关分析

		NC82		新品系		云烟 85		K326	
		RC	MDA	RC	MDA	RC	MDA	RC	MDA
15 ℃	RC	1.000		1.000		1.000		1.000	
	MDA	0.937	1.000	0.934	1.000	0.940	1.000	0.903	1.000
11 ℃	RC	1.000		1.000		1.000		1.000	
	MDA	0.885	1.000	0.908	1.000	0.890	1.000	0.935	1.000

从表 3 - 2 可以看出，在 11 ℃和 15 ℃两个温度条件下，四个品种烟苗叶片的 RC 和 MDA 含量在胁迫 10 d 内变化呈现高度正相关。

3.3.3　低温胁迫对烟苗叶片净光合速率（P_n）的影响

在 15 ℃环境条件下，烟苗叶片 P_n 随胁迫时间的延长而降低（图 3 - 3a）。在置入培养箱后的第 1 d，四个品种烟苗 P_n 都略有下降，而在之后 6 d 时间里，烟苗 P_n 曲线急剧下滑，K326 在胁迫的第 4 d，P_n 就跌至 10 μmol·m^{-2}·s^{-1} 以下。胁迫 7 d 后，烟苗 P_n 下降幅度趋于平缓。新品系在 15 ℃低温条件下维持了较高的光合速率，特别是在第 7 d、第 10 d，其 P_n 明显高于其他三个品种。

从图 3 - 3b 可以看出，四个品种烟苗在 11 ℃的培养箱中 1 d，其 P_n 就下降到 15 μmol·m^{-2}·s^{-1}。7 d 后，云烟 85、NC82 和 K326 三个品种烟苗 P_n 下降幅度接近，P_n 明显低于新品系 P_n。从中可以看出 11 ℃低温对新品系光合作用的抑制效果没有对其他三个品种的明显。

11 ℃低温胁迫对烟苗光合作用抑制的效果较 15 ℃环境下更为明显（图 3 – 3）。11 ℃环境下，四个品种烟苗 10 d 内烟苗 P_n 下降到 5 $\mu mol \cdot m^{-2} \cdot s^{-1}$ 以下，表现出下降速度快、下降幅度大的特点。

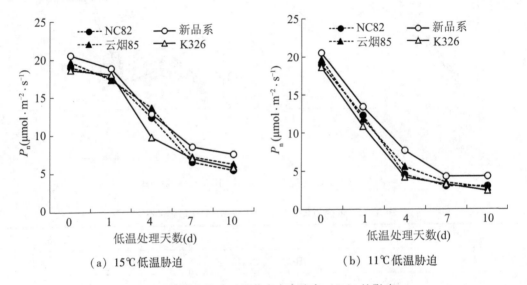

（a）15℃低温胁迫　　　　　　　（b）11℃低温胁迫

图 3 – 3　低温胁迫对烟苗净光合速率（P_n）的影响

3.3.4　低温胁迫对烟苗胞间 CO_2 浓度（C_i）的影响

在 15 ℃持续低温胁迫下四个品种烟苗 C_i 变化呈现先下降后上升的趋势（图 3 – 4a）。胁迫前 4 d，四个品种烟苗 C_i 直线下降至 350 $\mu mol \cdot mol^{-1}$ 以下，其中新品种降幅最小。随后 3 d 时间里，烟苗 C_i 略有回升，幅度不明显。

烟苗在 11 ℃环境下（图 3 – 4b）放置 1 d 后，云烟 85、K326 和新品系烟苗 C_i 均有所提高，而 NC82 的却略有下降。第 4 d 烟苗 C_i 较前 3d 明显下降，在胁迫至 7 d 时，四个品种烟苗 C_i 在 430 $\mu mol \cdot mol^{-1}$ 以上，3 d 后其浓度迅速下降。各品种烟苗 C_i 表现为：云烟 85 > 新品系 > NC82 > K326。

在低温胁迫的 10 d 里，15 ℃环境使四个品种烟苗 C_i 均明显低于常温状态（图 3 – 4），而在 11 ℃条件下胁迫 1 d 和 7 d 两个时间点的四个品种的 C_i 要高于或略低于常温下其 C_i。从整体上看，在 11 ℃条件下四个品种的 C_i 要高于其在 15 ℃条件下的状态。

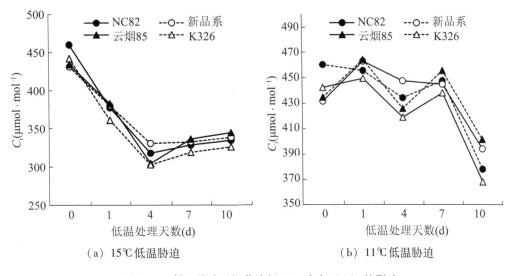

（a）15℃低温胁迫　　　　　（b）11℃低温胁迫

图 3 - 4　低温胁迫对烟苗胞间 CO_2 浓度（C_i）的影响

3.3.5　低温胁迫对烟苗叶片叶绿素（chl）含量的影响

在 15 ℃持续低温胁迫下四个品种烟苗叶片 chl 变化呈现先下降后上升的趋势（图 3 - 5a）。4 d 后，NC82 烟苗 chl 含量下降到 1.0 mg·g^{-1} 以下，显著低于其他三个品种（$P < 0.05$）。随着低温处理时间的延长，至第 7 d，NC82 烟苗 chl 含量开始上升，并重新回到 1.0 mg·g^{-1} 以上。而其他三个品种烟苗在 4 d 后叶片 chl 含量继续下降，在第 7 d 达到谷底，随后 3 d 开始回升，较 NC82 烟苗推迟了 3 d。

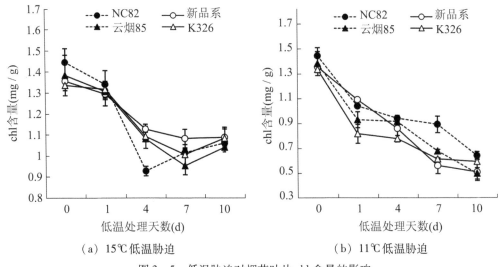

（a）15℃低温胁迫　　　　　（b）11℃低温胁迫

图 3 - 5　低温胁迫对烟苗叶片 chl 含量的影响

从图 3 -5b 可以看出，四个品种在 11 ℃胁迫 1 d 后，其 chl 含量均下降到 1.1 mg·g⁻¹以下，表现为新品系 > NC82 > 云烟 85 > K326。在随后的 3 d 时间里，NC82、云烟 85 和 K326 烟苗叶片 chl 含量下降速度明显放慢，而新品系烟苗叶片的叶绿素含量下降速度没有明显变化。

在 11 ℃低温环境下，四个品种烟苗叶绿素含量在胁迫的 10 d 时间里，以不同的速度持续下降，在第 10 d 下降到 0.7 mg·g⁻¹以下。而在 15 ℃条件下，四个品种叶绿素含量在胁迫 4 d 后陆续有回升趋势，在第 10 d 时，其含量均恢复到 1.0 mg·g⁻¹（图 3 -5）。

3.3.6　低温胁迫对烟苗 F_o 的影响

在 15 ℃持续低温胁迫下四个品种烟苗 F_o 变化如图 3 -6a 所示。低温胁迫 10 d 内，NC82、云烟 85 和新品系烟苗 F_o 上升过程呈现出先慢后快再慢的规律，F_o 快速增加的过程集中在低温胁迫后的 1 ～7 d 内。而 K326 烟苗 F_o 则以先快后慢再快的规律上升。10 d 后，四个品种烟苗 F_o 表现为新品系 > 云烟 85 > K326 > NC82。

从图 3 -6b 可以看出，在 11 ℃的环境下，随着胁迫时间的延长，四个品种烟苗 F_o 持续升高，10 d 内其上升幅度均超过了常温状态下的 100%。其中，NC82 和 K326 两个品种烟苗 F_o 上升幅度分别达到了 137% 和 114%；而新品系 F_o 在胁迫 7 d 后一直保持最高，云烟 85 次之。

由图 3 -6 可知，在 11 ℃条件下胁迫 1 d 后，云烟 85、NC82 和新品系烟苗 F_o 上升速度明显高于其在 15 ℃条件下的状态，而 K326 烟苗 F_o 却要低于其在 15 ℃条件下的状态。

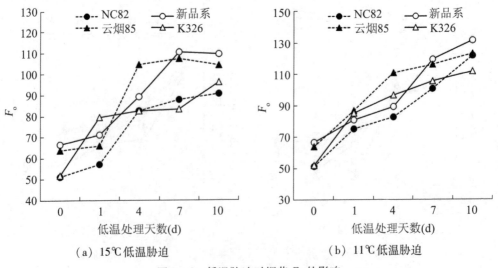

（a）15℃低温胁迫　　　　　　　（b）11℃低温胁迫

图 3 -6　低温胁迫对烟苗 F_o 的影响

3.3.7　低温胁迫对烟苗 F_v/F_m 的影响

四个品种烟苗置入 15 ℃ 培养箱 10 d 内，烟苗 F_v/F_m 明显下降（图 3 - 7a），下降过程主要集中在胁迫后 7 d 时间内。而 K326 在 15 ℃ 低温下 1d 后，其 F_v/F_m 要较常温状态略有升高。第 10 d，云烟 85、NC82 和新品系烟苗 F_v/F_m 下降趋势减缓，K326 烟苗 F_v/F_m 略有上升。整个胁迫过程中，云烟 85 和新品系两个品种烟苗在胁迫的各个时间点其 F_v/F_m 都要高于其他两个品种。

在 11 ℃ 持续低温胁迫下四个品种烟苗 F_v/F_m 变化如图（3 - 7b）所示。四个品种烟苗在胁迫 0 ~1 d、7 ~10 d，F_v/F_m 下降最为明显，云烟 85 和新品系两个品种烟苗在胁迫的各个时间点其 F_v/F_m 都要高于其他两个品种，这与前二者在 15 ℃ 条件下的表现相似。10 d 后，各品种 F_v/F_m 表现为新品系 > 云烟 85 > NC82 > K326。

由图 3 - 7 可知，在 11 ℃ 条件下胁迫 1 d、7 d，四个品种烟苗 F_v/F_m 下降速度明显高于其在 15 ℃ 条件下的状态。

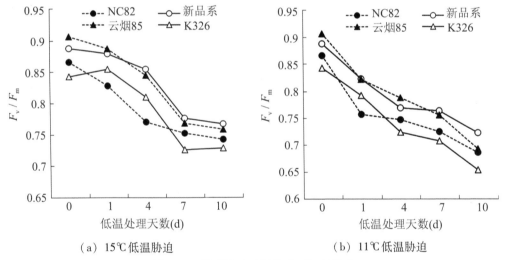

（a）15℃低温胁迫　　　　　　　　（b）11℃低温胁迫

图 3 - 7　低温胁迫对烟苗 F_v/F_m 的影响

表 3 - 3　在 15 ℃ 低温下烟苗叶片光合特性指标的相关分析

	P_n	C_i	chl	F_o	F_v/F_m	P_n	C_i	chl	F_o	F_v/F_m
			NC82					新品系		
P_n	1.000					1.000				
C_i	0.773	1.000				0.872	1.000			
chl	0.792	0.933	1.000			0.974	0.950	1.000		

定向型特色烤烟生产理论与实践

续上表

	P_n	C_i	chl	F_o	F_v/F_m	P_n	C_i	chl	F_o	F_v/F_m
F_o	-0.960	-0.885	-0.929	1.000		-0.994	-0.839	-0.955	1.000	
F_v/F_m	0.954	0.924	0.915	-0.989	1.000	0.958	0.721	0.872	-0.976	1.000
	云烟85					K326				
P_n	1.000					1.000				
C_i	0.672	1.000				0.800	1.000			
chl	0.930	0.850	1.000			0.962	0.834	1.000		
F_o	-0.880	-0.887	-0.972	1.000		-0.789	-0.884	-0.708	1.000	
F_v/F_m	0.999	0.648	0.924	-0.874	1.000	0.930	0.590	0.883	-0.660	1.000

从表3-3中可以看出，在15 ℃条件下，四个品种烟苗的 P_n 与 C_i、chl 和 F_v/F_m 的变化趋势显著正相关，与 F_o 负相关。Chl 与 F_o 的变化负相关，与 F_v/F_m 显著正相关。除 K326 品种 F_o 与 F_v/F_m 在低温下的变化低度负相关，其他三个品种 F_o 与 F_v/F_m 均显著负相关。这表明，在15 ℃低温胁迫下，四个品种在光合特性方面的特性表现相似。

表3-4 在11 ℃低温下烟苗叶片光合特性指标的相关分析

	P_n	C_i	chl	F_o	F_v/F_m	P_n	C_i	chl	F_o	F_v/F_m
	NC82					新品系				
P_n	1.000					1.000				
C_i	0.624	1.000				0.289	1.000			
chl	0.917	0.798	1.000			0.979	0.433	1.000		
F_o	-0.888	-0.831	-0.966	1.000		-0.906	-0.581	-0.972	1.000	
F_v/F_m	0.919	0.712	0.991	-0.946	1.000	0.974	0.422	0.958	-0.906	1.000
	云烟85					K326				
P_n	1.000					1.000				
C_i	0.294	1.000				0.590	1.000			
chl	0.938	0.289	1.000			0.953	0.491	1.000		
F_o	-0.996	-0.377	-0.938	1.000		-0.983	-0.596	-0.988	1.000	
F_v/F_m	0.949	0.436	0.986	-0.962	1.000	0.953	0.787	0.894	-0.951	1.000

98

从表 3-4 可以看出，在 11 ℃环境下，NC82 和 K326 两个品种烟苗 P_n 与 C_i 的变化趋势微弱相关，而新品系和云烟 85 烟苗 P_n 与 C_i 的变化低度相关，这说明前者与后两者在低温下，对利用胞内 CO_2 效率已出现差别。P_n 与 F_o 变化显著负相关，与 F_v/F_m 显著正相关，这与其在 15 ℃条件下表现相似。

3.3.8　低温胁迫对烟苗超氧化物歧化酶（SOD）含量的影响

从图 3-8a 可以看出，四个品种烟草的幼苗在置入 15 ℃的恒温光照培养箱中 1 d 后 SOD 活性都出现了不同程度的下降，到了第 1 d 降到最小值。其中 NC82 下降幅度最小，新品系降幅最大，分别为 16.70 μnit/g、60.09 μnit/g，差异达到显著水平（$P <$ 0.05）。随着胁迫时间的延长，在随后的 9 d 里，持续低温胁迫下，SOD 活性则对低温反应迅速，四个品种烟苗 SOD 活性都呈现出上升的趋势，NC82 增幅最大，达 117.15 μnit/g。云烟 85、K326、新品系 SOD 活性在第 7 d 较第 4 d 出现增长停滞甚至小幅下降的现象，3 d 后四个品种烟苗 SOD 活性达到最大，表现为：NC82 > 新品系 > 云烟 85 > K326。

在 11 ℃低温环境下（图 3-8b），四个品种烟苗 SOD 活性在 10 d 内大致呈倒 V 型。在胁迫前 4 d，四个品种烟苗 SOD 持续上升，体内维持了较高的 SOD 活性。在第 4 d 新品系 SOD 活性显著高于其他三个品种（$P < 0.05$）。随后四个品种烟苗 SOD 活性迅速下降，于第 10 d 降至最低。

从图 3-8 可以看出，在 4 d 内四个品种烟苗 SOD 活性在 15 ℃低温胁迫下均较在 11 ℃环境下要高。随后 6 d 里，四个品种烟苗 SOD 活性变化在 15℃条件下与在 11℃条件下恰恰相反。

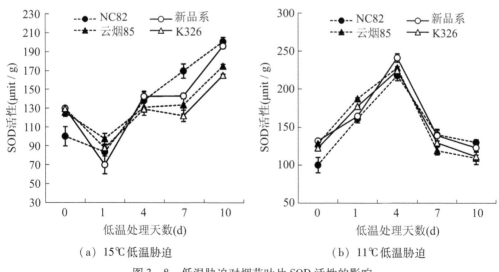

（a）15℃低温胁迫　　　　　（b）11℃低温胁迫

图 3-8　低温胁迫对烟苗叶片 SOD 活性的影响

3.3.9 低温胁迫对烟苗叶片过氧化物酶（POD）含量的影响

在 15 ℃持续低温胁迫下四个品种烟苗 POD 活性变化如图 3 - 9a 所示。低温胁迫 1 d 后，四个品种烟苗 POD 活性都迅速上升，表现为 NC82 > K326 > 新品系 > 云烟 85，差异显著（$P < 0.05$）。第 4 d，NC82、新品系、K326 三个品种烟苗 POD 活性均下降，其中以 K326 降幅最大为 8.26［△OD470／（g·min）］，而云烟 85 POD 活性继续迅速上升至最高，其峰值较其他三个品种延迟了 3 d。随后 6 d 内，云烟 85、K326 POD 活性的下降均超过 80%；新品系下降 40.12%，降幅最小。

在 11 ℃低温环境下（图 3 - 9b），四个品种烟苗 POD 活性变化均呈现出先上升后下降再上升的趋势。在低温胁迫 1～4 d 内，NC82 和新品系 POD 活性略有下降，无显著差异（$P = 0.10$）；而云烟 85 POD 活性在胁迫 4 d 后才开始下降，较其他三个品种延迟了 3 d，这与其在 15 ℃环境下的表现相似（图 3 - 9）。

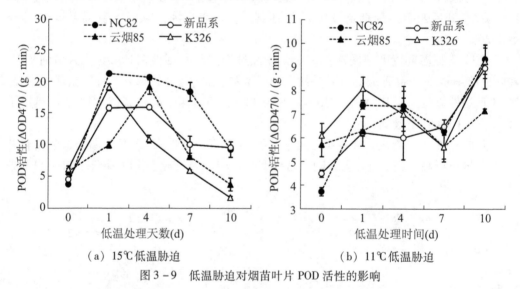

（a）15 ℃低温胁迫　　　　　　（b）11 ℃低温胁迫

图 3 - 9　低温胁迫对烟苗叶片 POD 活性的影响

3.3.10 低温胁迫对烟苗叶片抗坏血酸（AsA）含量的影响

从图 3 - 10a 可以看出，在 15 ℃培养箱内，四个品种烟苗 AsA 含量均呈现出先下降后上升的趋势。胁迫第 1 d，AsA 含量快速下降到谷值，在随后的 6 d 时间里，AsA 含量大幅上升，在胁迫第 7 d 均超过了 3.5 mmol/g。胁迫第 4 d，K326 烟苗 AsA 含量低于其他三个品种，差异显著（$P < 0.05$）。

在 11 ℃条件下（图 3 - 10b），随胁迫时间的延长，四个品种烟苗 AsA 含量均呈现出先上升后下降的趋势，这与其在 15 ℃条件下表现相反。新品系在 10 d 时间里，烟苗 AsA 含量一直较其他三个品种 AsA 含量高，特别是在第 4 d 和第 7 d，差异达到显著水平（$P < 0.05$）。

相对于在 15 ℃ 环境下胁迫 1 d 后各品种烟苗 AsA 含量急剧下降，烟苗在 11 ℃ 下则平缓上升（图 3 - 10），随后 9 d，11 ℃ 条件下各品种烟苗 AsA 含量随胁迫时间的延长不断下降，至第 10 d 其 AsA 含量均在 2.0 mmol/g 以下；而 15 ℃ 条件下，AsA 含量变化趋势与 11 ℃ 条件下恰恰相反。

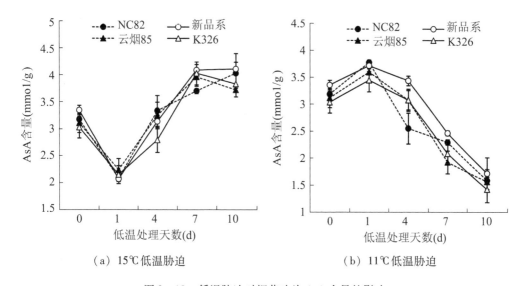

（a）15 ℃ 低温胁迫　　　　　（b）11 ℃ 低温胁迫

图 3 - 10　低温胁迫对烟苗叶片 AsA 含量的影响

3.3.11　低温胁迫对烟苗叶片谷胱甘肽（GSH）含量的影响

在 15 ℃ 持续低温胁迫下四个品种烟苗 GSH 含量变化如图 3 - 11a 所示。在胁迫 1 d 后，四个品种烟苗 GSH 含量明显下降。随后的 6 d 里，四个品种 GSH 含量迅速上升，并超过其在常温下的含量，达到 4.1 μmol/g 以上。胁迫进入第 10 d，烟苗 GSH 含量上升趋势减缓，而 K326 GSH 含量显著下降，表现为：云烟 85 > NC82 > 新品系 > K326。整个胁迫过程中，K326 烟苗 GSH 含量一直处于较低的状态。

从图 3 - 11b 可以看出，在 11 ℃ 低温胁迫下，四个品种烟苗 GSH 含量呈现先上升后下降的趋势。新品系在 10 d 时间里，烟苗叶片 AsA 含量一直较其他三个的高，特别是在第 4 d，差异达到显著水平（$P < 0.05$）。胁迫第 7 d，K326 烟苗叶片 GSH 含量最低，差异显著。

从图 3 - 11 可以看出，胁迫 10 d 后，在 15 ℃ 条件下 GSH 的含量要明显高于其在 11 ℃ 时的表现，说明轻度低温可以促进 GSH 含量维持在较高的水平。

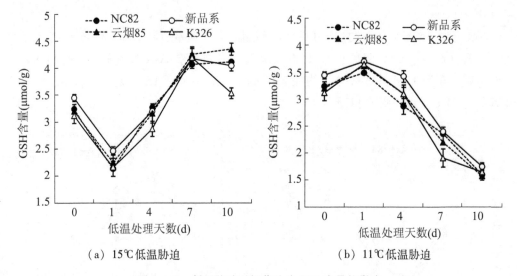

（a）15℃低温胁迫　　　　　　　　（b）11℃低温胁迫

图 3 - 11　低温胁迫对烟苗叶片 GSH 含量的影响

表 3 - 5　15 ℃低温下烟苗叶片抗氧化系统指标的相关分析

	NC82				新品系			
	SOD	POD	AsA	GSH	SOD	POD	AsA	GSH
SOD	1.000				1.000			
POD	−0.111	1.000			−0.395	1.000		
AsA	0.706	−0.388	1.000		0.889	−0.559	1.000	
GSH	0.906	−0.349	0.982	1.000	0.838	−0.567	0.994	1.000
	云烟 85				K326			
SOD	1.000				1.000			
POD	−0.376	1.000			−0.909	1.000		
AsA	0.875	−0.228	1.000		0.705	−0.883	1.000	
GSH	0.860	−0.418	0.967	1.000	0.573	−0.816	0.973	1.000

　　从表 3 - 5 中可知，在 15 ℃条件下，K326 烟苗 SOD 活性与 POD 活性的变化呈显著负相关，其相关系数绝对值较其他三个品种大。这可能与 K326 烟苗在低温下 SOD 和 POD 反应的速度有关。四个品种烟苗 POD 与 AsA、GSH 相关系数差别大，在清除 H_2O_2 的方法上，四个品种所依赖的途径不同。

表 3 – 6 在 11 ℃低温下烟苗叶片抗氧化系统指标的相关分析

	NC82				新品系			
	SOD	POD	AsA	GSH	SOD	POD	AsA	GSH
SOD	1.000				1.000			
POD	0.420	1.000			− 0.242	1.000		
AsA	0.026	− 0.520	1.000		0.549	− 0.805	1.000	
GSH	0.141	− 0.605	0.969	1.000	0.525	− 0.816	0.998	1.000
	云烟 85				K326			
SOD	1.000				1.000			
POD	0.448	1.000			− 0.024	1.000		
AsA	0.705	− 0.117	1.000		0.649	− 0.290	1.000	
GSH	0.675	− 0.219	0.992	1.000	0.621	− 0.118	0.982	1.000

从表 3 – 6 中可知，在 11 ℃条件下新品系和 K326 烟苗 SOD 活性与 POD 活性变化呈负相关，而云烟 85 和 NC82 烟苗此二者活性变化却呈正相关。这表明，在清除 H_2O_2 前二者主要以 AsA 为主，而后二者靠 POD 和 AsA 共同协作。

3.3.12 低温胁迫对烟苗叶片游离脯氨酸（Pro）含量的影响

在 15 ℃持续低温胁迫下四个品种烟苗 Pro 含量表现出先下降后上升再下降的趋势（图 3 – 12a）。胁迫第 4 d，NC82 和云烟 85 两个品种烟苗 Pro 含量达到峰值，K326 的最小，差异达到显著水平（$P < 0.05$）。随后的 3 d 里，K326 和新品系 Pro 含量继续上升，达到峰值，而 NC82 和云烟 85 含量在胁迫第 7 d 较第 4 d 有明显下降，它们的 Pro 含量峰值较 K326 和新品系提早 3 d。胁迫第 10 d，NC82 的 Pro 含量最低，差异显著（$P < 0.05$）。

从图 3 – 12b 可以看出，11 ℃持续低温胁迫 1 d 后 Pro 含量就出现了明显上升。胁迫延长到 4 d，云烟 85 和 K326 急剧下降，而新品系和 NC82 下降趋势平缓，无显著差异（$P = 0.10$）。随后的 6 d 时间里，四个品种烟苗 Pro 含量均明显上扬。第 10 d，烟苗 Pro 含量 K326 最高，新品系次之。

在 15 ℃低温环境下，4～7 d 内烟苗 Pro 含量出现峰值，胁迫至第 10 d Pro 含量均已低于常温水平。而在 11 ℃的环境下，烟苗 Pro 含量随着时间的延长，波动上升，在第 10 d 达到峰值，这时烟苗 Pro 含量相对于常温时高出 2 倍以上（图 3 - 12）。

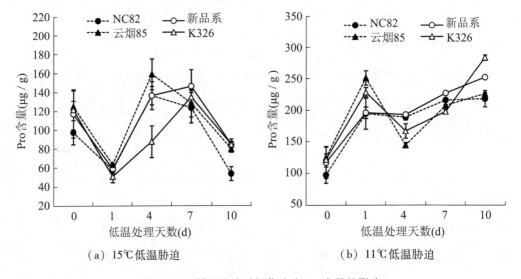

（a）15℃低温胁迫　　　　　　　　　　（b）11℃低温胁迫

图 3 - 12　低温胁迫对烟苗叶片 Pro 含量的影响

3.3.13　低温胁迫对烟苗叶片可溶性蛋白（SP）含量的影响

从图 3 - 13a 可知，在 15 ℃持续低温胁迫下四个品种烟苗 1 d 后 SP 含量降幅均超过了 30%，下降到 860 mg/g 以下。3 d 后，除 K326 继续下降以外，其他三个品种均略有回升。随后 6 d 时间里，新品系和 K326 两个品种烟苗可溶性蛋白含量保持了下降的趋势，而云烟 85 和 NC82 两个品种烟苗 SP 表现出先下降后上升的趋势。胁迫第 10 d，烟苗 SP 含量 K326 最低，新品系其次，差异达到显著水平（$P < 0.05$）。

图 3 - 13b 表明，在 11 ℃条件下，四个品种烟苗 SP 含量呈 V 型变化。K326 烟苗 SP 含量在胁迫 1 d 后略有上升，其他三个品种均呈下降趋势，表现为 NC82 > 云烟 85 > K326 > 新品系。胁迫至第 4 d，云烟 85、K326 和新品系达到最低值，随后 6 d 表现出快速上升趋势；而 NC82 胁迫至第 7 d 后，其 SP 含量才达到最低值，较其他三个品种推迟 3 d。

与在 11 ℃条件下相比，在 15 ℃胁迫下 1 d 后，四个品种 SP 含量均下降至 900 mg/g 以下，降幅较大。10 d 后，四个品种 SP 含量亦低于 11 ℃条件下 SP 含量。

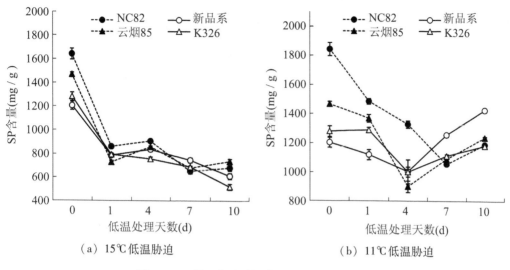

图 3 – 13　低温胁迫对烟苗叶片 SP 含量的影响

3.3.14　铺设有氧发酵底物对育苗池水温的影响

从表 3 – 7 中可以看出，4 个处理营养池水温在 7 时、12 时和 18 时 3 个时间点平均水温、活动积温、有效积温均表现为 FRB > FB > FR > CK。受夜间低温影响，上午 7 时 4 个处理活动积温均在 650 ℃以下，其中 CK 比 FR、FB 和 FRB 分别降低了 45.1 ℃、99.6 ℃和 174.6 ℃，说明有氧发酵底物隔凉、增温效果明显。之后随着太阳辐射的增强，营养池水温迅速上升，但处理间活动积温差异缩小，至 12 时 4 个处理的活动积温均维持在 1325 ℃～1475 ℃之间。18 时太阳辐射减弱，营养池活动积温较 12 时的略低，且 4 个处理降温幅度表现为 CK > FR > FB > FRB，表明铺设有氧发酵底物可有效减缓育苗系统热量散失，保温效果明显。有效积温和平均水温亦呈现类似的变化规律。

表 3 – 7　不同处理对营养池水温的影响（℃）

处理	7 时			12 时			18 时		
	平均水温	≥8 ℃活动积温	≥8 ℃有效积温	平均水温	≥8 ℃活动积温	≥8 ℃有效积温	平均水温	≥8 ℃活动积温	≥8 ℃有效积温
CK	9. 24	474. 40	202. 40	22. 11	1326. 54	846. 54	20. 80	1247. 90	767. 90
FR	10. 15	519. 50	218. 50	22. 45	1346. 88	866. 88	21. 54	1292. 30	812. 30
FB	11. 51	574. 00	254. 00	22. 65	1358. 90	878. 90	21. 83	1310. 00	830. 00
FRB	12. 35	649. 00	289. 00	22. 88	1372. 63	892. 63	22. 46	1347. 40	867. 40

注：同列数值后不同字母表示差异性达 5% 显著水平。（下同）

3.3.15 铺设有氧发酵底物对烟苗生长发育期的影响

表3-8结果表明，有氧发酵底物FB和FRB处理从播种到小十字期生长一致，为27 d，FR和CK处理稍晚，分别相差1 d和2 d。小十字期至成苗期各处理烟苗生长所用天数表现为FRB < FB < FR < CK，FRB处理较FB、FR和CK分别缩短了3 d、9 d和15 d，其中小十字期至大十字期正值广东烟区气温最低季节，而FRB处理的烟苗受低温影响则相对最小。从整个育苗期来看，FRB处理的烟苗生长发育期最短，较CK缩短17 d。可见，不同增温处理方式对烤烟种子萌发影响较小，但明显促进了烟苗小十字期至成苗期的生长。

表3-8 不同处理的烟苗生长发育期比较（d）

处理	播种～出苗	出苗至小十字期	小十字期至大十字期	大十期字～成苗	育苗周期
CK	11	18	18	44	91
FR	10	18	15	41	85
FB	10	17	12	38	77
FRB	10	17	10	37	74

3.3.16 铺设有氧发酵底物对烟苗生物学性状的影响

表3-9表明，成苗期FRB处理的烟苗地上地下部生长健壮，其植株个体生长明显快于其他3个处理，其茎高、茎围、叶数、最大叶片面积、地上部鲜重、根干重和地上部干重均为最高，较CK处理分别增加了15.74%、20.71%、43.03%、58.18%、59.72%、71.43%和66.67%，差异达到显著水平（$P < 0.05$）。FB与FR处理相比，FB处理茎围、叶数、最大叶片面积、根鲜重、地上部鲜重分别增加了9.74%、14.51%、12.83%、26.36%、9.18%，差异亦达到显著水平（$P < 0.05$），而其茎高、根干重和地上部干重无差异。

表3-9 不同有氧发酵底物对烤烟浅水增温育苗成苗期烟苗生物学性状的影响

处理	茎高（cm）	茎围（cm）	叶数（片/株）	最大叶片面积（cm²）	根鲜重（g）	地上部鲜重（g）	根干重（g）	地上部干重（g）
CK	5.02a	1.40a	5.67a	47.15a	0.84a	5.71a	0.07a	0.27a
FR	5.51b	1.54a	6.89b	62.66b	1.29b	8.17b	0.10ab	0.39b
FB	5.54b	1.69b	7.89c	70.70c	1.63c	8.92c	0.12ab	0.39b
FRB	5.81c	1.69b	8.11c	74.58c	1.47c	9.12c	0.12ab	0.45c

注：最大叶片面积＝长×宽×0.625；同列数值后不同字母表示差异性达5%显著水平。

3.3.17 铺设有氧发酵底物对烟苗生理特性的影响

从表 3-10 可以看出，铺设不同有氧发酵底物的处理均可以显著地提高成苗后烟苗的根系活力，表现为 FRB > FB > FR > CK，不同处理间的差异均达到显著水平（P < 0.05）。FRB 和 FB 处理的烟苗根系总吸收面积和活跃吸收面积显著大于 CK，但四个处理的活跃比差异均不显著。

表 3-10　不同处理对成苗期烟苗根系生理特性的影响

处理	根系活力 （μg·g⁻¹·h⁻¹）	总吸收面积 （m²）	活跃吸收面积 （m²）	活跃比
CK	98.59a	1.25a	0.67a	48.23a
FR	116.55b	1.42b	0.68a	47.75a
FB	134.03c	1.41b	0.72b	49.56a
FRB	158.17d	1.47b	0.73b	48.64a

注：同列数值后不同字母表示差异性达 5% 显著水平。

3.3.18 不同处理对成苗期烟苗生理特性的影响

由表 3-11 可知，铺设有氧发酵底物处理的烟苗 chl 含量均显著高于 CK，从 NR 活性和 SP 质含量看，FRB 处理较 CK 处理分别提高了 8.34% 和 34.57%，差异达到显著水平（P < 0.05）。可见，铺设有氧发酵底物对成苗后烟苗光合特性和氮代谢强度有显著影响。

从表 3-11 可以看出，烟苗叶片中 MDA 的积累表现为 CK > FR > FB > FRB，FRB 处理的烟苗细胞膜系受害最轻。而 SOD 活性 CK 最低，FRB 处理最高，两者相差 10.1 μunit/mg。成苗后 4 个处理的烟苗体内游离脯氨酸含量差异显著，其中 FRB 最低，较 FB、FR 和 CK 分别降低了 15.53%、115.46% 和 181.92%。这说明铺设有氧发酵底物可以有效抵御低温对烟苗的危害，没有发酵热源的 CK 受低温胁迫最严重，致使烟苗正常生理代谢受阻。

表 3-11　不同处理对成苗期烟苗生理特性的影响

处理	NR 活性 （μgNO₃⁻·g⁻¹·h⁻¹）	SOD 活性 （μunits·mg⁻¹·min⁻¹）	MDA 含量 （μmol·g⁻¹）	游离脯氨酸含量 （μg·g⁻¹）	SP 质含量 （μg·g⁻¹）	chl 含量 （mg·g⁻¹）
CK	13.19a	128.14a	2.55d	94.10d	632.58a	1.62a
FR	13.20a	135.73ab	2.10bc	71.91c	719.28b	2.06bc
FB	14.32b	135.42ab	2.26c	38.56b	806.45c	2.17c
FRB	14.29b	138.24b	1.79a	33.37a	853.60c	2.18c

3.3.19 不同处理对烤烟大田期农艺性状的影响

从表 3-12 可以看出，铺设不同有氧发酵底物的处理均可以显著提升移栽后烟株中部叶的叶片面积，表现为 FRB > FB > FR > CK，差异达到显著水平（$P < 0.05$）。FRB 处理在株高、茎围和留叶数表现均好于 CK 处理，较 CK 处理分别提高了 6.50%、13.75% 和 14.96%。

表 3-12 不同处理对烤烟大田期农艺性状的影响

处理	株高 （cm）	茎围 （cm）	中部叶		留叶数
			长（cm）	宽（cm）	
CK	86.48a	10.40a	68.85a	27.33a	19.12a
FR	87.67b	10.76ab	69.12b	30.23ab	20.28ab
FB	88.90b	11.33bc	69.92b	31.61b	20.04ab
FRB	92.10c	11.83cd	73.47c	31.96b	21.98ab

注：同列数值后不同字母表示差异性达 5% 显著水平。

3.3.20 不同处理对烤后烟叶经济性状的影响

从表 3-13 可以看出，FRB 处理在产量、产值、均价和上等烟比例指标上表现最好，是促进烟苗优质高产的有效途径。而 FR 和 FB 在上述四个指标差异均不显著，而两者的中等烟比例和上等烟比例要高于 CK，差异达到显著水平（$P < 0.05$）。

表 3-13 不同处理对烤后烟叶经济性状的影响

处理	产量 （kg/hm²）	产值 （元/hm²）	均价 （元/kg）	中等烟比例 （%）	上等烟比例 （%）
CK	2760.7ab	20981.32a	7.60a	41.84a	41.75a
FR	2799.3b	21610.6ab	7.72a	39.36b	45.71b
FB	2848.2b	21845.7ab	7.67a	36.17c	45.09b
FRB	2924.8c	23632.38b	8.08b	38.43b	48.71c

注：同列数值后不同字母表示差异性达 5% 显著水平。

3.3.21 不同处理对烤后烟叶（C3F）化学成分的影响

表 3-14 表明，铺设有氧发酵底物处理的烟苗总糖含量均显著低于 CK。从还原糖、钾含量来看，FRB 处理较 CK 处理分别低降了 14.42% 和 8.70%，差异达到显著水平（$P < 0.05$）。FRB 淀粉含量显著低于其他三个处理，而总氮、烟碱和蛋白质含量

FRB 处理最高，较 FB 处理提高了 9.05%、5.29% 和 5.27%，差异显著（$P < 0.05$）。
FRB 处理糖碱比适宜，施木克值在 2.5 以下，各化学成分较其他三个处理协调。

表 3 - 14　不同处理对烤后烟叶（C3F）化学成分的影响

处理	总糖（%）	淀粉（%）	还原糖（%）	总氮（%）	烟碱（%）	蛋白质（%）	钾（%）	糖碱比	施木克值
CK	25.67c	3.02a	16.03c	1.88a	1.99a	9.09b	1.93b	12.9c	2.82c
FR	24.77b	3.6b	15.97b	1.85a	2.16b	8.93a	1.95b	11.47b	2.78bc
FB	24.63b	3.05a	15.83bc	1.87a	2.11ab	9.24b	1.77a	11.67b	2.67c
FRB	23.79a	2.96a	15.66a	2.05b	2.37c	9.78c	2.12c	10.04a	2.43a

3.4　研究结论

3.4.1　低温对烟苗生理特性的影响

烟草幼苗经 11 ℃、15 ℃持续低温处理，其质膜相对透性和 MDA 含量的应答反应强烈，都表现出大幅升高，两者表现出高度正相关。这表明当烟苗突然遭受低温胁迫时，质膜受损较严重，脂膜过氧化、结构遭破坏、离子渗透。从 RC 增加的程度来看，在 11 ℃胁迫 7 d 后均高于 50%，处于半致死状态；而在 15 ℃环境下，胁迫 10 d 内烟苗 RC 均低于 50%，此温度下受伤害较轻。而随着时间的延长，烟苗体内已对胁迫做出了反应，抗寒反应系统已经启动，4 d 后 RC 和 MDA 含量都有所下降，表现出较强的自我调节能力。

光合器官是植物的冷敏感部位，低温能直接影响光合机构的性能和活性。烟苗在低温下光合速率的下降与胞间二氧化碳浓度正相关，不同品种差异明显。这说明烟苗光合速率的下降可能是 chl 含量下降和光合活性下降所致，三者呈显著相关。膜系统的结构和功能遭受损伤，破坏了叶绿体的超微结构，引起 chl 降解，抑制光合酶活性，形成光抑制，导致净光合速率下降。PS II 反应中心失活或破坏会导致 F_o 升高，在 11 ℃条件下，烟苗 F_o 明显上升，说明 PS II 反应中心已经失活或被破坏。不同的是，在 11 ℃条件下，F_o 持续上升；在 15 ℃环境下，4 ～ 7 d 内 F_o 四个品种烟苗都陆续出现缓慢下降趋势，这说明在 15 ℃条件下，PS II 反应中心的失活可逐渐恢复。F_v/F_m 下降是光合作用光抑制的重要特征，低温导致烟苗 F_v/F_m 明显下降，说明光能的过剩引起了光合作用光抑制。轻度（15 ℃）的低温处理导致 PS II 反应中心的失活亦能够在胁迫 7 d 后逐渐恢复，这种状况可能是可逆失活。

在 11 ℃低温胁迫前 4 d，SOD 活性持续上升，将 O_2^- 歧化产生较多的 H_2O_2，诱导

POD 活性上升，AsA 和 GSH 含量增加，而不同品种烟苗 POD 活性变化差别较大。在 15 ℃ 低温胁迫下可以提高烟苗的抗寒能力，烟苗 SOD 活性持续上升，AsA 和 GSH 含量与 SOD 活性变化显著相关，POD 活性在略上升后呈明显下降趋势。试验结果表明，在 11 ℃ 条件下，烟苗体内富集的 H_2O_2 主要通过 POD 活性的提高进行酶促降解；而在 15 ℃ 低温下，在降解 H_2O_2 方面 AsA 和 GSH 起到了主要的作用，而在轻度（15 ℃）低温下，POD 与抗寒能力之间有着既密切又复杂的关系，这种适应性的原因有待进一步研究。

胁迫条件下 Pro 积累代表了植物细胞对胁迫特别是水分亏缺的反应之一。在 11 ℃ 条件下，烟苗 Pro 含量随低温胁迫时间的延长呈上升趋势，其在 15 ℃ 下波动下降；烟苗 SP 含量在 15 ℃ 低温条件下显著低于其在 11 ℃ 条件下，这可能与低温的诱导产生新的蛋白有关。

通过测定有代表性的生理生化指标，对四个烤烟品种综合评定，认为：四个品种烤烟在 11 ℃、15 ℃ 时新品系和云烟 85 的抗寒性好于 NC82 和 K326。从试验结果还可以看出，以单一的指标分别对四个品种抗寒性比较，则每个指标得到的顺序不尽相同，这可能与不同品种烤烟抗寒机理存在差异有关。

3.4.2 浅水增温育苗对苗池水温、烟苗生理特性及大田生长的影响

铺设 10 kg 甘蔗渣和 2 kg 稻草秸秆作为有氧发酵底物，可以发挥隔凉、增温作用，有效提高苗池水温，为烟苗生长争得有效积温，尤其对防御凌晨（7 时）低温效果明显，苗池水温平均可提升 3 ℃ 以上，且可以缩短烤烟育苗周期近 17 d。6 kg 稻草秸秆和 24 kg 甘蔗渣为底物的处理效果稍差，可能是由于作为底物的稻草秸秆含水率低，纤维素和氮含量少，导致其发热慢、热量少，温度相对较低，但有一定保温效果；而作为底物的甘蔗渣通透性差，使有氧发酵进程受阻，产热持续时间较短。

烤烟浅水育苗技术培育的烟苗地上、地下部干物质积累均高于对照，表现出茎秆高大粗壮、叶数多等特点，且在根系活力和吸收面积方面亦表现较好。

烤烟浅水增温育苗技术培育的烟苗 NR 和 SOD 活性提高，SP 和 chl 含量增加，MDA 和游离脯氨酸含量减少，烟苗综合素质提高。

烤烟浅水增温育苗技术可提高移栽后烟株株高、茎围、最大叶片面积和留叶数，在产量、产值、均价、上等烟比例、品质指标上表现好。

参考文献

[1] 马博英，金松恒，徐礼根. 低温对三种暖季型草坪草叶绿素荧光特性的影响 [J]. 中国草地学报，2006，28（1）：58 – 63.

[2] 马德华，卢育华，庞金安. 低温对黄瓜幼苗膜脂过氧化的影响 [J]. 园艺学报，1998，25（1）：61 – 64.

[3] 王以柔，刘鸿先，李美茹，等. 低温下黄瓜幼苗子叶硫氢基含量变化与膜脂过氧化 [J]. 植物

学报, 1997, 33 (1): 50 - 54.

[4] 王丽萍, 王鑫, 邹春蕾. 低温弱光胁迫下辣椒叶片光合特性的研究 [J]. 辽宁农业科学, 2008, (1): 14 - 17.

[5] 王怀珠, 胡玉录, 郭红英. 漂浮育苗不同苗龄烟苗的生长及生理特性 [J]. 烟草科技, 2000, (2): 50 - 53.

[6] 王连敏, 王立志, 张国民, 等. 苗期低温对玉米体内脯氨酸、电导率及光合作用的影响 [J]. 中国农业气象, 1999, 20 (2): 28 - 30.

[7] 王俊儒, 李生秀, 李凯丽. 冬小麦不同生育期水分亏缺胁迫对叶片保护酶系统的影响 [J]. 西北植物学报, 2001, 21 (1): 45 - 49.

[8] 王信, 曹云, 阎淑清, 等. 水稻酿热抗低温育苗技术研究初报 [J]. 北方水稻, 2007, (3): 92 - 97.

[9] 王政, 李承荣, 胡建斌, 等. 不同苗龄移栽对烤烟生长发育及其产值和品质的影响 [J]. 广西烟草, 2006, (30): 14 - 17.

[10] 王树声, 董建新, 刘新民, 等. 烟草集约化育苗技术发展概况 [J]. 烟草科技, 2003, (5): 43 - 45.

[11] 王洪春. 植物抗性生理 [J]. 植物学生理通讯, 1981, (6): 72 - 81.

[12] 王瑞, 马凤鸣, 李彩凤. 低温胁迫对玉米幼苗脯氨酸、丙二醛含量及电导率的影响 [J]. 东北农业大学学报, 2008, 39 (5): 20 - 23.

[13] 王静, 魏小红, 龙瑞军. 植物抗寒机制的研究方法与进展 [J]. 农林科技, 2004, 33 (6): 72 - 73.

[14] 王毅, 杨宏福, 李树德. 园艺植物冷害与抗冷性的研究 [J]. 园艺学报, 1994, 21 (30): 239 - 244.

[15] 王建华, 刘鸿先. 超氧化物歧化酶在植物逆境和衰老生理中的作用 [J]. 植物生理学通讯, 1989, (1): 1 - 7.

[16] 邓雪柯, 乔代蓉, 李良, 等, 低温胁迫下紫花苜蓿生理特性影响的研究 [J]. 四川大学学报, 2005, 42 (1): 190 - 196.

[17] 刘鸿先, 王以柔, 郭俊彦. 低温对植物细胞膜系统伤害机理的研究 [J]. 中国科学院华南植物研究所集刊, 1989, (5): 31 - 38.

[18] 刘鸿先, 曾韶平, 李平. 植物抗寒性与酶系统多态性的关系 [J]. 植物生理学通讯, 1981, (6): 6 - 11.

[19] 刘慧英, 王桢丽, 王玉华. 不同品种辣椒种子发芽和苗期耐冷性差异的研究 [J]. 石河子大学学报 (自然科学版), 2002, 6 (1): 23 - 26.

[20] 朱英华, 屠乃美, 肖汉乾, 等. 硫对烟草叶片光合特性和叶绿素荧光参数的影响 [J]. 生态学报, 2008, 28 (3): 1000 - 1005.

[21] 朱银峰, 马聪, 李彰. 烤烟漂浮育苗混充与烟苗生长相关性研究 [J]. 烟草科技, 2000, (12): 37 - 39.

[22] 江力, 陈炜平. 烟草叶片发育过程中抗坏血酸 - 谷胱甘肽循环清除 H_2O_2 的研究 [J]. 安徽农业科学, 2008, 36 (29): 125 - 127.

[23] 许凯扬, 叶万辉, 沈浩, 等. 低温胁迫下喜旱莲子幼苗膜脂过氧化及保护酶活性的变化. 生态科学, 2006, 25 (2): 139 - 142.

[24] 林海馨. 植物冷害与细胞生理 [M]. 厦门：厦门出版社，1994：131-132.

[25] 严寒静，谈锋. 自然降温过程中桅子叶片膜保护系统的变化与低温半致死温度的关系 [J]. 植物生态学报，2000，24（1）：91-95.

[26] 何若韫. 植物低温逆境生理 [M]. 北京：中国农业出版社，1995：61-126.

[27] 吴丁. 气孔的构造及类型在生理上的意义 [J]. 九江师专学报，1997，15（6）：39-43.

[28] 张有福，陈银萍，张满效，等. 两种圆柏属植物不同季节显微和超微结构变化与耐寒性的关系 [J]. 应用生态学报，2006，17（8）：1393-1397.

[29] 张志良，瞿伟菁. 植物生理学实验指导 [M]. 北京：高等教育出版社，2004：23-78.

[30] 张素勤，程智慧，耿广东. 低温胁迫对不同耐寒性茄子品种光合特性的影响. 2007，35（27）：8435-8437.

[31] 张燕，方力，李天飞，等. 钙对低温胁迫的烟草幼苗某些酶活性的影响 [J]. 植物学通报，2002，19（3）：342-347.

[32] 张燕，方力，姚照兵. PEG 对烟草幼苗耐低温胁迫能力的生理效应 [J]. 西北农业学报，2003，12（1）：63-67.

[33] 李正理，张新英. 植物解剖学 [M]. 北京：高等教育出版社，1983：261-266.

[34] 李志博，魏亦农，杨敏. 低温胁迫对棉花幼苗叶绿素荧光特性的影响初探 [J]. 棉花学报，2006，18（4）：255.

[35] 李建设，耿广东，程智慧. 低温胁迫对茄子幼苗抗寒性生理生化指标的影响 [J]. 西北农林科技大学学报（自然科学版），2003，31（1）：90-96.

[36] 李晔，王潮中，赵秀香，等. 铁营养对烟草幼苗生长及生理生化指标的影响 [J]. 植物生理科学，2006，22（9）：213-215.

[37] 杨小春. 低温弱光照对西葫芦幼苗叶绿素荧光参数的影响 [J]. 甘肃农业科技，2006，（12）：10-13.

[38] 杨凤仙，董俊梅，杨晓霞，等. 低温胁迫下棉叶叶绿体、液泡超微结构变化 [J]. 山西农业大学学报，2001，（2）：116-117.

[39] 杨建松，贺化祥，张邦琨，等. 盖膜层数及酿热物厚度对烤烟苗床微气象特征的影响 [J]. 中国农业气象，2001，22（2）：41-45.

[40] 汪耀富，韩锦峰，林学梧. 烤烟生长前期对干旱胁迫的生理生化响应研究 [J]. 作物学报，1996，22（1）：117-122.

[41] 沙伟，刘焕婷，谭大海. 低温胁迫对扎龙芦苇 SOD、POD 活性和可溶性蛋白含量的影响 [J]. 齐齐哈尔大学学报，2008，24（2）：1-4.

[42] 苏彦平，李敦海，王坎. 念珠藻葛仙米生理生化特性对不同低温胁迫的响应 [J]. 武汉植物学研究，2008，26（3）：310-314.

[43] 邹琦. 植物生理实验指导 [M]. 北京：中国农业出版社，2000：36-39，97-99.

[44] 邹志荣，陆帼一. 低温对辣椒幼苗膜脂过氧化和保护酶系统变化的影响 [J]. 西北农业学报，1995，3（3）：51-55.

[45] 陈卫国，周冀衡，杨虹琦. 烟草抗寒性生理生化研究进展 [J]. 2007，（1）：81-83.

[46] 陈玉珍，李凤兰. 低温锻炼对绵头雪莲花组织培养苗抗寒性及抗氧化酶活性的影响 [J]. 植物

生理与分子生物学学报, 2005, 31 (4): 437 - 440.

[47] 陈刚才, 甘露, 王仕禄. LaCl₃ 对烟草幼苗生产的影响 [J]. 稀土, 2000, 21 (6): 8 - 12.

[48] 陈杰中, 徐春香. 植物冷害及抗冷机理 [J]. 福建果树, 1998, (2): 21 - 23.

[49] 陈杰忠, 徐春香, 梁立峰. 低温对香蕉叶片蛋白质及脯氨酸的影响 [J]. 华南农业大学学报, 1999, 20 (3): 54 - 58.

[50] 陈钰, 郭爱华, 姚月俊. 低温胁迫下杏花器官内 POD、相对电导率和可溶性蛋白含量的变化 [J]. 山西农业科学, 2007, 35 (3): 30 - 32.

[51] 陈坚, 焦雪萍. 四个水稻品种幼苗期耐冷力比较 [J]. 贵州科学, 2003, 21 (4): 78 - 80.

[52] 单沛祥, 徐发华. 烤烟漂浮育苗热量状况分析初报 [J]. 中国烟草科学, 2000, (2): 20 - 22.

[53] 季作梁, 戴宏芬, 张昭其. 杧果果实冷害过程中谷胱甘肽和抗坏血酸含量的变化 [J]. 园艺学报, 1998, 25 (4): 324 - 328.

[54] 岳彩鹏, 韩锦峰, 陈卫华. 烟草开花研究进展 [J]. 烟草科技, 2001, (9): 36 - 40.

[55] 易建华, 孙在军. 烟草光合作用对低温的响应 [J]. 作物学报, 2004, 30 (6): 582 - 588.

[56] 林植芳, 彭长连, 林桂珠. 活性氧对苋菜磷酸烯醇式丙酮酸羧化酶活性的影响 [J]. 植物生理学报, 2000, 6 (1) 27 - 32.

[57] 周克功. 低温胁迫下甘肃黄花烟草愈伤组织的抗氧化呼吸 [J]. 植物学报, 2000, 42 (7): 675 - 683.

[58] 武维华, 张蜀秋. 植物生理学 [M]. 北京: 科学出版社, 2003: 188 - 189.

[59] 武雁军, 刘建辉. 低温胁迫对厚皮甜瓜幼苗抗寒性生理生化指标的影响 [J]. 西北农林科技大学学报 (自然科学版), 2007, 35 (3): 139 - 143.

[60] 罗娅, 汤浩茹, 张勇. 低温胁迫对草莓叶片 SOD 和 AsA - GSH 循环酶系统的影响 [J]. 园艺学报, 2007, 34 (6): 1405 - 1410.

[61] 苗芳, 张嵩午, 王长发, 等. 低温小麦种质叶片结构及某些生理特性 [J]. 应用生态学报, 2006, 17 (3): 408 - 412.

[62] 施大伟, 张成军, 陈国祥, 等. 低温对高产杂交水稻抽穗期剑叶光合色素含量和抗氧化酶活性的影响 [J]. 生态与农村环境学报, 2006, 22 (2): 40 - 44.

[63] 胡位荣, 张昭其, 季作梁, 等. 低温对荔枝果肉膜脂过氧化和保护酶活性的影响 [J]. 热带亚热带植物学报, 2005, 13 (1): 8 - 12.

[64] 赵伟才, 王行, 罗慧红. 烤烟不同育苗方式对比试验 [J]. 广东农业科学, 2006, (7): 17 - 20.

[65] 郭子武, 李宪利, 高东升, 等. 植物低温胁迫响应的生化与分子生物学机制研究进展 [J]. 中国生态农业学报, 2004, 12 (2): 54 - 57.

[66] 郭生国, 梁嘉勋, 苏秋芹, 等. 烤烟直播塑料托盘浅水育苗技术研究初报 [J]. 中国烟草科学, 2004, (2): 30 - 32.

[67] 郭燕, 朱杰, 许自成, 等. 植物抗坏血酸氧化酶的研究进展 [J]. 中国农学通报, 2008, 24 (3): 196 - 199.

[68] 高媛, 齐晓花, 杨景华, 等. 高等植物对低温胁迫的响应研究 [J]. 北方园艺, 2007, (10): 58 - 61.

[69] 萧蓓蕾, 胡晓丽. 短时低温处理对转基因 ZmPP2C2 烟草和野生型烟草生理生化特性的影响

[J]. 中国科技信息, 2007, (23) 61 - 62.

[70] 黄伟, 王英, 张福堰, 等. 低温弱光照对温室番茄苗期光合特性的影响 [J]. 华中农业大学学报, 2004, (35): 264 - 267.

[71] 彭伟秀, 杨建民, 张芹, 等. 不同抗寒性的杏品种叶片组织结构变化 [J]. 河北林果研究, 2001, 6 (2): 145 - 147.

[72] 曾纪晴, 刘鸿先, 王以柔, 等. 黄瓜幼苗子叶在低温下的光抑制及其恢复 [J]. 植物生理学报, 1997, 23 (1): 15 - 20.

[73] 曾祖荫, 李碧宽, 王家福, 等. 有氧发酵酿热漂浮育苗试验初报 [J]. 贵州农业科学, 2003, 31 (2): 46 - 47.

[74] 曾淑华, 刘飞虎. 5℃低温对转 SOD 或 POD 基因烟草影响的研究 [J]. 广西植物, 2006, 26 (5): 488 - 491.

[75] 曾韶西, 王以柔, 刘鸿先. 低温胁迫对水稻幼苗抗坏血酸含量的影响 [J]. 植物生理学报, 1987, 13 (4): 365 - 370.

[76] 董建新, 王树声, 李秋剑. 烤烟托盘假植育苗与直播漂浮育苗对比试验 [J]. 烟草科技, 2003, (2): 35 - 40.

[77] 韩锦峰. 烟草栽培生理 [M]. 北京: 中国农业出版社, 1996: 75 - 78.

[78] 颉建明, 郁继华, 黄高宝, 等. 低恒温和低变温弱光对辣椒光合作用的影响 [J]. 兰州大学学报, 2007, 43 (6): 39 - 44.

[79] 颉建明, 郁继华, 黄高宝, 等. 持续低温弱光及之后光强对辣椒幼苗光抑制的影响 [J]. 农业工程学报, 2008, 24 (5): 231 - 235.

[80] 颉建明, 颉敏华, 郁继华, 等. 低温弱光下辣椒叶片光合色素的变化及与品种耐性的关系 [J]. 中国蔬菜, 2008, (4): 12 - 16.

[81] 戴玉池, 邓霞玲, 姜孝成, 等. 不同水稻品种幼苗期的耐寒生理鉴定及其利用 [J]. 湖南师范大学自然科学学报, 2004, 27 (3): 86 - 89.

[82] 简令成, 孙德兰, 等. 不同柑橘种类叶片组织的细胞结构与抗寒性的关系 [J]. 园艺学报, 1986, 13 (3): 163 - 168.

[83] 简令成. 生物膜与植物寒害和抗寒性的关系 [J]. 植物学通报, 1983, (1): 17 - 23.

[84] 滕中华, 周党卫, 师生波, 等. 青藏高原三种高寒植物的质膜透性变化与抗寒性的关系 [J]. 中国草地, 2001, 23 (4): 37 - 47.

[85] 潘文杰, 李继新, 陈伟. 烤烟不同育苗方式的对比试验 [J]. 烟草科技, 2005, (11): 30 - 34.

[86] 潘文杰, 姜超英, 李继新. 漂浮系统热量状况及对烟苗素质的影响 [J]. 中国农业气象, 2003, 24 (4): 58 - 61.

[87] 潘文杰, 姜超英, 李继新, 等. 施肥对托盘水床育苗基质养分及烟苗生长的影响 [J]. 中国烟草科学, 2004, 27 (4): 27 - 29.

[88] 潘瑞炽. 植物生理学 [M]. 北京: 高等教育出版社, 2001: 284 - 288.

[89] 薛大煜, 马艳青, 黄炎武. 低温胁迫对辣椒幼苗抗坏血酸含量的影响 [J]. 湖南农业大学学报, 1996, 22 (2): 143 - 147.

[90] Antikainen M, Griffith M. Antifreeze protein accumulation in freezing-tolerant Cerala [J]. Plant Physiol, 1997, 99 (3): 423 –432.

[91] Asada. Ascorbate peroxidase-ahydrogen peroxides cavenging enzyme in plants [J]. Plant Physiol, 1992, (85): 235 –241.

[92] Borman HC, Janshan EVN. Nicotianana tobacco callus studies X ABA increase resistance to cold damage [J]. Plant Physiol, 1980, 48: 491 –493.

[93] Dexter S T, Tottingham W E, Graber L F. Preliminary results in measuring the hardiness of plants [J]. Plant Physiol, 1930, (5): 215 –223.

[94] Duman J G, Wu D W, Oslen T M, et al. Thermal-hysteresis proteins advances in low-temperature [J]. Biology, 1993, (2): 131 –182.

[95] Gregory R A, Wargo R W. Timing of defoliation and its effect on bud development, stsrch reserves, and sap sugar concentration in sugar maple [J]. Can J For Res, 1986, (16): 10 –17.

[96] Guy C L. Cold acclimation and frezing tolerance: role of protein metabolism [J]. Ann Rew Plant Physiol, Plant Mol Biol. 1990, (41): 187 –223.

[97] Haldimann P, Fracheboud Y, Stamp P. Photosynthetic performance and resistance to Dhotoinh-bition of *Zeamays L.* leaves grown at sub-optimal temperature [J]. Plant Cell Environ, 1996, (19): 85 –92.

[98] Hetherlngton SE, He J, Smillie RM. Photoinhibition at low temperature in chilling-sensitive and resistant plants [J]. Plant Physiol, 1989, (90): 1609 –1615.

[99] Hodgson RAL, Ort CR, Raison J K. Inhibition of photosynthesis by chilling in light [J]. Plant sci lett, 1987, (49): 75 –81.

[100] Houde M, Danyluk J, Laliberte J F, et al. Cloning, characterization, and a cDNA encoding a 50 kD protein specifically induced by cold acclimation in wheat [J]. Plant Physiol, 1992, (99): 1381 – 1387.

[101] Hunter N P A, Palta J P, Li P H. Anatomical changes in leaves of pumarye in response to growth at cold-hardening temperature [J]. Bot Gaz, 1981, (142): 55 –62.

[102] Kodama H, Hanada T, Horguchi G, et al. Genetic enhancement of cold tolerance by expressing of a gene for chloroplast-3 fatty acid desaturases in transgenic tobacco [J]. Plant Physiol, 1994, (105): 601 –605.

[103] Kratsch H A, Wise R R. The ultrasturcture of chilling stress [J]. Plant Cell Environ, 2000, (23): 337 –350.

[104] Levitt J. Responses of plant to environmental stress, chilling freezing and high temperture stress [M]. New York: Academic, 1980, 497 –512.

[105] Liang Wu-Sheng, Liang Hou-Guo. Comparison of the effects of H_2O_2 and salicylic acid on slternative respiratory pathway in aged potato tuber slices [J]. Acta Botanica Sinica, 2002, 44 (3): 287 –291.

[106] Lyons J M, Graham D, Raison J K eds. Low temperature stress in crop plants: the role of the membrance [M]. New York: Academic, 1997: 1 –24.

[107] Marc D A, Tottempudi K P, Cecil R S. Changes in isozyme profiles of catalase, peroxidase, and glutathione reductase during acclmation to chilling in mesocotyls of maize seedling [J]. Plant Physiol,

1995，（109）：1247 - 1257.

[108] Millenar F F, Jenschop J J, Wagner A M, et al. The role of the alternative oxidase in stabilzing the in vivo reduction state of the ubiquinone pool and the activation state of the alternative oxidase ［J］. Plant Physiol, 1998, （118）：599 - 607.

[109] Palta J P, Whitaker B D, WeissL S. Plasma membrane ligids associated with gentic variability in freezing tolerance and cold acclimation of solanum species ［J］. Plant Physiol, 1993 （103）: 793 - 803.

[110] Popov V N, Simonian R A, Skulachev V P, et al. Inhibition of the alternative oxidase stimulates H₂O₂ production in plant mitochondria ［J］. FEBS Lett. 1997, （415）：87 - 90.

[111] Prasd T K. Role of catalase in inducing chilling tolerance in pre-emergent maize seedlings ［J］. Plant Physiol, 1997, （114）：1369 - 1376.

[112] Purvis A C, Shewfelt R L. Does the alternative pathway ameliorate chilling injury in sensitive Plant Tissues ［J］. Physilo Plant, 1993 （88）：712 - 718.

[113] Purvis A. The role of adaptive enzymes in carbohydrate oxidation by stressed and senescing Plant Tissues ［J］. Hart Science, 1997, （32）：1165 - 1168.

[114] Rasmussen T S, Henry R J. Starch determination in horticultural plant material by an enzymic-colorimetric procedure ［J］. J Sci Food Agric, 1990, （52）：159 - 170.

[115] Renaud J P, mauffette Y. The relationships of crown dieback with carbohydrate content and growth of sugar maple ［J］. Can J For Res, 1991, （21）：1111 - 1118.

[116] Roberts Dwa. Changes in the forms of invertase during the development of wheat leaves growing under cold-hardening and non hardening conditons ［J］. Can j Bot, 1987, （4）：601 - 606.

[117] Stewart C K, Martin B A, Reding L. et al. Seedling growth, mitochondrial characteristics, and alternative respiratory capacity of corn genotypes differing in cold tolerance ［J］. Plant Physiol, 1990, （92）：761 - 766.

[118] Strobel D M, Sundberg M D. Stomatal density in leaves of various xerophytes ppreliminery studies ［J］. Minn Acad Sci. 1984, （49）：7 - 9.

[119] Sukumaran N P, Weiser C J. An exicised leaflet test for evaluating potato frost tolerance ［J］. Hortsci, 1972, 7 （5）：467 - 468.

[120] Thomashow M F. Role of cold-responsive genes in plant freezing tolerance ［J］. Plant Physiol, 1998, （118）：1 - 7.

[121] Uemura M, Steponkus P L. A contrast of the plasma membrane lipid composition of oat and rye leaves in relation to freezing tolerance ［J］. Plant Physiol, 1994, （104）：479 - 496.

[122] Vanalerberghe G C, McIntosh L. Signals tegulating the expression of the nuclear gene encoding alternative oxidase of plant mitochondria ［J］. Plant Physiol, 1996, （111）：589 - 595.

[123] Wang X X, Li S D. Effect of chilling temperature on POD, esterase and SOD in tomato during seeding and flowering stages ［J］. China Vegetables, 1997, （3）：1 - 4.

[124] Welinder K G. Catlase-peroxidases are gene duplicated members of the plant peroxidase superfamily ［J］. Biochem Biophys Acta. 1991, （1080）：215 - 220.

[125] Wolfe DM. Low temperature elects on early vegetative growth, leaf gas exchange and water potential of chilling sensitive and chilling-tolerant crop species [J]. Aan Bot, 1991, (67): 205 – 212.

[126] Worrall D. A carrot leucine-rich-repeat protein that inhibits ice recrystallization [J]. Science. 1998, 282 (2): 115 – 117.

[127] Yeh S, Moffatt B A, Griffith M, et al. Chitinase genes responsive to cold encode antifreeze proteins in winter cereals [J]. Plant Physiol, 2000, (124): 1251 – 1246.

[128] Yoshimura K, Yabuta Y, Ishikawa T, et al. Expression of spinach ascorbate peroxidase isoenzymes in response to oxidative stress [J]. Plant Physiol, 2000, (123): 223 – 233.

第4章　优质烤烟理想生长发育进程研究

4.1　前言

受遗传因素和环境因素影响，作物的一生可根据外部形态特征和内部生理特性的变化划分为若干个生长发育时期。生长发育前期应立足于促进作物根系发育，促进壮苗早发；生长发育中期应协调地上部分与地下部分、营养器官与生殖器官以及个体与群体之间的生长关系，促进作物健壮生长；生长发育后期应立足于养根保叶，保证作物有足够有机物向收获器官运转，确保产品的产量与品质（官春云，2011）。

烤烟生长发育进程过快（如早花现象）或过慢（如因水肥管理不当而导致的烤烟贪青晚熟现象）都会直接影响到烟叶成熟度以及烘烤特性，进而制约着烤烟的产量和质量。烤烟只有前期稳生稳长（伸根期）、中期健旺、后期耐熟才能真正达到烤烟"优质适产"的栽培目的。

4.1.1　生长发育进程对烤烟产量和品质的影响研究进展

烤烟不同生长发育进程决定大田生长发育期的长短，通过影响烟株一系列内生理生化反应进而造成烟叶产量与质量的差异。烤烟的产量主要取决于群体，而品质则取决于个体。因此，生产优质烟叶既要有合理的群体结构，又要有发育良好的个体（刘国顺，2003）。优质烤烟的生产要求烟株必须在适宜的发育时期及时由氮、碳固定和转化为主的代谢转变为以碳积累为主的代谢，保证碳水化合物和含氮化合物之间的平衡和协调（左天觉，1993；Weybrew et al.，1983；Sheen，1973）。

烟株如前期早生快发，较快进入旺长期，因生长发育进程加快而导致整个大田生长发育期缩短，烟株表现出下部叶片大而薄，进入旺长期后或因营养亏缺而造成后劲不足，产量、质量不佳。即使水肥条件满足需要，长势旺盛将造成烟株个体发育过度，导致田间叶面积大，群体结构不合理。这类烟田虽然仍能获得较高的产量，但质量不佳。烟株如前期生长迟缓，生长发育进程缓慢而导致大田生长发育期延长，下部叶片小质量欠佳，由于前期生长量小，容易造成发育不全。同时，会因后期雨水过多而造成贪青晚熟，不能正常落黄（田卫霞，2013；张喜峰，2013）。过快的烤烟生长发育进程导致烟株大田生长发育期趋于缩短，主要表现在烤烟的伸根期明显缩短，烤后烟叶相同等级的烟碱含量呈下降趋势，改变了烟叶风格特征，评吸质量变差（李文卿等，2013；陈永明等，2010）。

因此，烤烟合理的生长发育进程关系到烟叶产量与质量形成，必须引起烟草科技工作者与生产者的广泛重视。

4.1.2 栽培措施对烤烟生长发育进程的影响研究进展

4.1.2.1 移栽期对烤烟生长发育进程的影响

移栽是烤烟生产的重要环节。移栽时期和移栽技术是否适当将影响烤烟大田生长发育期间的环境条件，进一步影响其产量和品质的形成。气候是烤烟种植最基本的生态条件之一，优质烟叶的形成要求在烤烟生长季节内有合适的光照、温度和水分等条件（郭金梁等，2013；Alameda et al.，2012；Biglouei et al.，2010；Patel et al.，1989）。气候因子的多样性是引起烤烟生长发育时期表现出不同特征的条件，是导致烟叶产量与质量产生差异性的重要环境因素。因此，移栽期必然会影响烤烟生长发育期的长短，引起烟株个体生长发育快慢的不同，进而影响到烤烟产量和质量（胡钟胜等，2012；Ryu et al.，1988；祖世亨，1984）。杨园园等（2013）通过设置不同的移栽期试验发现，调整移栽期对烟草大田生长发育期内各个生长发育时期温度、光照、降雨产生极显著影响，调整移栽期表现出极强的气候调节效应。有研究指出（黄一兰等，2001；聂荣邦等，1995），由于移栽期的不同，烟株从移栽到团棵所经历的时间及田间长势长相均存在差异，而移栽至现蕾天数的差异达到了极显著水平。推迟移栽能缩短烟草大田生长发育时期，而移栽过早，生长前期光温不能满足烟株稳健生长的需要，烟株生长缓慢导致伸根期时间过长；而移栽过迟则导致烟株短时间进入旺长期，不能建立强健的根系，生长也不稳健。在广东南雄烟区研究发现（顾学文等，2012），随着移栽期的推迟，烟株生长发育相应延迟，不同移栽期对不同生长发育期间隔时间影响较大，且烟株旺长期、采烤期及大田生长发育期趋于缩短。此结果与杨园园等的研究结果一致。但是，广东南雄烟区提前或推迟移栽导致烟株早花率和杈烟率增加，不利于烤烟产量与质量的形成。王寒等（2013）的试验结果表明，推迟移栽的烤烟叶片内叶绿素含量和酶活性低，碳的分解提前，大田生长发育期缩短；提前移栽则烟株叶绿素含量过高，成熟后期叶绿素分解不及时，大田生长发育期延长。因此，提前或推迟移栽均不利于烟株个体发育，影响群体结构的形成，影响到烤烟烟叶后期能否正常落黄进而制约着优质烟叶的形成。

综上所述，不同的移栽期对田间烟株生长发育及其大田生长发育期有较大影响，且主要对各生长发育时期间隔天数的影响显著，提前或推迟移栽都不利于烤烟产量和质量的形成。合理的移栽期以及与之相对应的大田生长发育时期是生产优质烟叶的必要条件。移栽期作为一种在特定生态条件下强化烟株的生长发育进程动态调控的栽培手段，也是生产优质烤烟的重要途径之一。

4.1.2.2 种植密度对烤烟生长发育进程的影响

田间小气候通过影响作物营养生长及生殖生长而影响到作物的产量与质量形成，

是作物重要的生长环境制约因素之一。不同种植密度形成的群体结构不同，形成的田间小气候有明显差异，而不同的田间小气候又引起烟叶产生不同的生理生态反应。种植密度对烟草的产量和品质有影响，不良的环境条件对烟草生长发育的影响，最终反映在烟叶质量上（郑克宽等，1995）。所以，只有在合理种植密度和个体布局的基础上配合恰当的栽培管理措施才能让烟株个体生长发育具有良好的环境，从而使群体发展达到理想水平，实现优质适产的生产目标（时向东等，2012）。

相关研究认为，不同种植密度对烤烟生长发育进程无明显影响（上官攀克等，2003；邱忠智等，2013）。不同植烟密度前提下，烟株从移栽到团棵时，低种植密度与高种植密度的烟株生长速度基本相同；从团棵到现蕾时，不同种植密度的烤烟生长发育进程无明显差异（陈茂建等，2011）。打顶期相同时，高种植密度烤烟比低种植密度烤烟的大田生长发育期缩短，但差异亦不明显（仅 2 d～3 d）（江豪等，2002）。

由此观之，种植密度对烤烟大田生长发育期的影响甚小。然而，在实际烤烟生产中应选择合理的种植密度以避免植烟密度过大或者过小而形成群体与个体之间的矛盾，进而引起产量与质量之间的矛盾，影响优质烟叶的获得。

4.1.2.3　覆盖栽培方式对烤烟生长发育进程的影响

生产优质烟叶要求烟苗移栽后早生快发，尽早建立强壮发达根系的同时扩大根系养分吸收面积。覆盖栽培具有保湿、保温、抗虫、防病与抑制杂草等作用，起到克服自然条件限制的作用，协调好水、肥、气与热等栽培环境因素，为烟株前期打下良好的生理基础，为烟株在各生长发育时期形成有利的生长条件，满足其生长发育的要求，因而有利于烟叶产量与质量的同时提高。因此，覆盖栽培措施对烤烟生长发育进程具一定影响。目前覆盖方式有地膜覆盖、秸秆覆盖、液态地膜覆盖与纸膜覆盖等。其中以地膜覆盖、秸秆覆盖和地膜加秸秆覆盖的研究最多，应用最为广泛，已成为大多数烟区优质适产的主要栽培技术措施之一（焦永鸽等，2014；耿伟等，2010；史宏志等，2007）。

不同覆盖栽培方式对烤烟生长发育进程的影响主要表现在生长发育前期。高福宏等（2012）通过覆盖栽培与裸栽烟处理对比试验，发现覆盖栽培条件下烟苗成活率提高，田间还苗期缩短而现蕾时间延迟。钟翔等（1997）的研究发现，地膜覆盖促进烤烟早生快发，使烟株各生长发育时期提前，移栽至团棵的时间提前尤为突出，防止了早花现象，大田生长发育期缩短，使营养积累时间相对延长。此外，很多文献报道，地膜覆盖、秸秆覆盖均可以缩短烟株大田生长发育期，显著提高烟叶的产量、产值、上等烟比例和均价（郭利等，2008；熊茜等，2012）。王安柱等（1997）研究发现，地膜覆盖处理的烤烟与露地处理相比，移栽至团棵的天数缩短 5 d，整个大田生长发育期缩短 12 d。秸秆覆盖与露地处理相比，团棵至现蕾的天数缩短 2 d，全大田生长发育期缩短 5 d。而地膜加秸秆覆盖的全大田生长发育期缩短了 9 d，产量、上中等烟叶比率比露地处理分别提高了 30.07% 和 20.03%。

总而言之，不同覆盖栽培对烤烟生长发育进程均有较大影响。其中，烟田覆盖地膜促进烟株早生快发，使烟株各生长发育期提前、全生长发育缩短，主要表现在生长发育前期的缩短，这有利于烟叶产量和质量的提高。

4.1.2.4　施肥对烤烟生长发育进程的影响

作物维持自身正常生理活动需要多种矿质元素。矿质元素主要存在于土壤中，被根系吸收运输到相应部位加以同化利用，从而满足作物生长的需要。然而，土壤中的矿物质养分往往不能完全或及时地满足作物的需要，施肥成为提高作物产量和改进品质的主要栽培措施之一（潘瑞炽，2008；Leggett et al.，1977）。合理施肥是在一定的气候和土壤等环境条件下，为满足作物营养需要所采取的适当的施肥措施，包括有机肥料和化学肥料或者二者的混合配比，各种营养元素的搭配比例、化肥品种的选择、经济的施肥量、适宜的施肥时期和施肥方法等。作物对营养需求具有阶段性的特点，不同生长发育时期对养分的要求在种类、数量、比例上均不同。因此，与作物吸肥规律相吻合施肥才能达到增产增效的目的（吴艳霞，2014；Karaivazoglou et al.，2007）。

氮素是影响烟株生长发育与烟叶质量的最重要元素（Marchetti et al.，2006；Marchetti et al.，1958）。薛刚等（2012）研究发现，在广东南雄烟区的生态条件下，不同施肥用量和施用方式对烤烟生长发育进程具显著影响。不同施氮肥量水平，施氮肥量较多的烟田生长发育进程加快，烟株较早进入团棵期，而进入现蕾期和成熟时期较晚，大田生长发育期延长；不施氮处理的烟田生长发育进程最慢，较晚进入团棵期而最早进入现蕾期和成熟时期，大田生长发育期缩短。不同氮素形态配比施肥，以 30% 氮肥做基肥、70% 氮肥做追肥的施肥方式能够满足旺长期烟株对氮素的需求，使烤烟正常落黄。张黎明（2011）的研究表明，不同施氮水平条件下，各处理从移栽到团棵的天数是相同的。但随着施氮量减少，烟株最早现蕾并进入成熟期，大田生长发育期缩短。此结论与薛刚等的发现是一致的。然而有研究认为，在施氮量为 97.5 kg·hm^{-2} 时，不同氮素形态之间的配比施用，烤烟从移栽至现蕾的天数间隔仅 1～2 d，而对大田生长发育期无影响（尹学田，2009）。也有研究表明，不同追肥量对烤烟的生长发育进程有较小影响，团棵至现蕾的天数相差 3 d，对整个大田生长发育期的天数则基本无影响（李佛琳，2008）。聂荣邦等（1997）的研究表明，在施纯氮量相同的条件下，化肥、猪牛粪与饼肥配比施用的烟田，从移栽到团棵的天数显著多于只施化肥的烟株，而前者的施肥处理成熟适时，且分层落黄好。

可见，施肥对烤烟生长发育进程有明显影响。不施肥或施氮量过低，烟株生长发育缓慢，大田生长发育期缩短；而施氮肥过量则导致烟株贪青晚熟，大田生长发育期延长。不同氮素配比的施肥条件下对烤烟的生长发育无明显作用。化肥、猪牛粪与饼肥的合理配施能促进烟株成熟适时，生长发育较为合理。

4.1.2.5　灌溉对烤烟生长发育进程的影响

水分是植物组织结构的主要成分，同时是光合作用的基本原料，对植物的生长发育起着决定作用。水分胁迫会抑制植物生理代谢过程，如蒸腾、光合作用、细胞增大以及酶的活性等。植物不同生长发育期由于其群体数量、生长发育阶段等不同，对水分的要求也不同。研究表明，在烟草大田生长发育期总灌水量相同的情况下，各生长发育期灌水量的不均匀分配对烤烟的生长发育和产量有显著影响（蒋文昊等，2011）。崔保伟等（2008）发现，伸根期轻度干旱使烟草根系体积、鲜重和干重增加，促进烟草根系发育，有利于后期产量与品质的提高。国内外许多研究表明，在土壤水分有限的条件下，养分有效性及其利用率都有不同程度的降低，对植物的生长不利（Tesfaye et al.，2013；Reynolds et al.，1995；Clough et al.，1975）。适时适量的灌溉能减少肥料用量，加快烟草的生长并提高烟叶的产量和品质（王宇，2012；彭静等，2013）。

简而言之：烟草生长发育过程中，适时适量灌水能促进烟草生长发育，提高烟叶的产量和品质。施肥量过大时，灌水能够消除烟株潜在的肥害；烟株成熟期，灌水能防止下部叶底烘，提高烤烟的烘烤特性。

灌溉对烤烟的生长发育进程的研究鲜见。但笔者从作物生长的生理学角度出发，认为根据烤烟各生长发育时期的需水特性进行适时适量的灌溉有利于烤烟产量和质量的提高。在烟草大田生长期，伸根期应该适当控制水分，旺长期则需要充足的水分，成熟期则适当控水使烟叶适时落黄成熟。

由于烟株发育是一个不断变化的动态过程，今后应重视以动态调控的思路来研究烤烟生长发育进程，指导优质烟叶的生产。

4.1.3　研究的目的及意义

烟草生长发育对环境比较敏感，各生长发育阶段对环境因素都有严格的要求，这就需要通过合理的栽培措施加以调节与控制。国内外有关的理论和实践也已证明，合理的生长发育进程与其适宜的外观形态对烤烟的产量、产值与品质的形成具重要意义。烟叶产量和品质在一定的程度上存在着矛盾，而合理的群体结构和农业技术措施能动态地调控烤烟的生长发育进程与外观主要农艺性状，是保证烟草获得适宜产量、产值和质量的基础。因此，确定优质烤烟合理的生长发育进程以及各生长发育时期适宜的外观形态十分必要，可为烟草栽培的季节掌握、肥料运筹与培管调控提供依据。本研究在粤北地区生态条件下，从个体与群体综合考虑的角度，对粤北地区浓香型烟叶生长发育"进程指标"与"形态指标"进行初步的调查研究：从时间角度，通过收集、筛选并分析烤烟生长发育期的时间范围确定优质烤烟生长发育进程的合理时间区间；从水平和垂直的空间角度，通过收集并分析烤烟的田间长势长相，以株高、叶数、节距、茎围、最大叶长、最大叶宽、单株叶面积与叶面积系数等指标，应用聚类分析的方法，确定优质烤烟各生长发育时期内合理的长势长相数值区间。以期探明粤北地区优质烤烟生长发育的时间规律与外观形态的空间规律，为运用动态平衡理论的调控思路来调节烤烟生长发育进程提供依据，以达到指导优质烟叶的生产目的。

4.2 材料与方法

4.2.1 试验材料与试验设计

本研究于 2014—2015 年在粤北地区南雄烟区与始兴烟区进行，其中南雄烟区选择古市、湖口、黄坑、水口与乌迳共 6 个主要植烟乡镇，始兴烟区选取马市、都塘与附城 3 个主要植烟乡镇，南雄烟区与始兴烟区合计 9 个乡镇 30 块烟（地）。调查点设置符合试验设计要求，分布合理，具广泛代表性。当地植烟品种主要是粤烟 97，为浓香型烤烟品种。调查点的选择严格按照调查点分布设计表（表 1 - 1）进行。株距 0.5 ～ 0.6 cm，行距 1.0 ～ 1.2 cm，每 667 m² 种植 900 ～ 1100 株。粤北烟区植烟土壤主要有紫色土、牛肝土田和沙泥田。

表 4 - 1　调查烟田（地）基本信息（粤烟 97）

田块编号（N）	调查地点	土壤类型	田间长势	行距（m）	株距（m）	种植密度
1		牛肝土	强	1.10	0.60	1011
2	古市	沙泥田	中	1.10	0.60	1011
3		沙泥田	中	1.00	0.60	1112
4		紫色土	弱	1.00	0.60	1112
5		牛肝土	强	1.10	0.60	1011
6	湖口	牛肝土	中	1.10	0.60	1011
7		紫色土	中	0.90	0.70	1059
8		沙泥田	弱	0.95	0.70	1003
9		沙泥田	强	0.85	0.60	1308
10	黄坑	沙泥田	中	1.00	0.60	1112
11		沙泥田	弱	0.90	0.65	1140
12		沙泥田	强	1.00	0.70	953
13	水口	沙泥田	中	1.00	0.65	1026
14		沙泥田	弱	0.90	0.70	1059

续上表

田块编号（N）	调查地点	土壤类型	田间长势	行距（m）	株距（m）	种植密度
15		牛肝土	强	1.20	0.50	1112
16	乌迳	沙泥田	中	1.10	0.60	1011
17		紫色土	弱	1.10	0.60	1011
18		沙泥田	强	0.90	0.65	1140
19	帽子峰	沙泥田	中	0.90	0.65	1140
20		沙泥田	中	0.90	0.65	1140
21		沙泥田	弱	0.90	0.65	1140
22		牛肝土	强	1.20	0.65	855
23	马市	牛肝土	中	1.20	0.65	855
24		牛肝土	弱	1.20	0.65	855
25		牛肝土	强	1.20	0.60	926
26	都塘	牛肝土	中	1.20	0.60	926
27		牛肝土	弱	1.20	0.60	926
28		牛肝土	强	1.20	0.50	1112
29	附城	牛肝土	中	1.20	0.50	1112
30		牛肝土	弱	1.20	0.50	1112

按照强、中、弱三级田间长势长相选择调查点，共选择代表性烟田（地）共计30个编号点进行烤烟生长发育进程及其主要农艺性状调查。其中，强、中、弱三级田间长势长相按照田间烟苗成活后，综合其株高、着生叶片数、最大叶片长与最大叶片宽四个农艺性状进行判断选择。

田间调查采取三点对角线取样法选取调查株，共计90个调查点。每块田调查15株。试验中调查株的选取是在随机取点的基础上确定每点调查的烟株，每次均进行定株调查。严格确定叶位，上部叶采用第14～17片，中部叶采用第8～11片，下部叶采用第4～6片。可根据烟株生长状况进行适当调整。

表 4 - 2 大田烟区调查点的分布设计表

烟区	地点	调查点数	长势长相
南雄烟区（21 块田地，63 个调查点）	古市	4 块烟地（12 个调查点）	1 块烟地 + + +
			2 块烟地 + +
			1 块烟地 +
	湖口	4 块烟田（12 个调查点）	1 块烟地 + + +
			2 块烟地 + +
			1 块烟地 +
	黄坑	3 块烟地（9 个调查点）	1 块烟地 + + +
			1 块烟地 + +
			1 块烟地 +
	水口	3 块烟地（9 个调查点）	1 块烟 + + +
			1 块烟 + +
			1 块烟 +
	乌迳	3 块烟地（9 个调查点）	1 块烟 + + +
			1 块烟 + +
			1 块烟 +
	帽子峰	4 块烟地（12 个调查点）	1 块烟地 + + +
			2 块烟地 + +
			1 块烟地 +
始兴烟区（9 块田地，27 个调查点）	马市	3 块烟地（9 个调查点）	1 块烟 + + +
			1 块烟 + +
			1 块烟 +
	都塘	3 块田地（9 个调查点）	参考以上
	附城	3 块烟地（9 个调查点）	参考以上

注：长势强、中、弱三级分别用"＋＋＋"、"＋＋"与"＋"表示。

4.2.2 测定项目和方法

4.2.2.1 烤烟生长发育期调查和记载

移栽期、还苗期、伸根期、团棵期、旺长期、现蕾期、打顶期、成熟期、采收始期与采收完毕期。

4.2.2.2 烟株个体生长发育的状况指标

分别在伸根期、团棵期、旺长期、现蕾期、成熟期调查，用株高、茎围、节距、株型、叶数、最大叶片长与最大叶片宽、叶面积等长势长相等形态指标给以描述。

4.2.2.3 群体结构状况的指标

分别在伸根期、团棵期、旺长期、现蕾期、成熟期调查，包括单位面积株数、单株留叶数、单株叶面积、叶面积系数、总叶数、行距、株距、行式等长相描述。

4.2.2.4 产量调查

调查选定的每块烟地（田）烤后烟叶产量。每个调查点定 15 株烟计产。

4.2.2.5 经济效益分析

每个调查点定 15 株烟计产，分别标记、采收和烘烤，计产分级，烤后烟叶分级按照国家烤烟分级标准（GB 2635—1992）进行，计算中上等烟比例，按照当地烤后烟叶收购价格计算产值与均价。

4.2.2.6 农艺性状测定项目与方法

各调查点农艺性状测定项目与方法参考烟草行业推荐标准（YC/T 142—2010）。

4.2.3 统计分析方法

采用 Excel 2013 进行前期数据处理，采用 SPSS 20.0 进行系统聚类分析，运用 Origin 9.1 进行制图与高级非线性模型拟合。

4.3 结果

4.3.1 烤烟生长发育时期的分布

粤北地区的烟苗移栽时间集中在 2 月份内，上旬、中旬及下旬均是烤烟大田移栽期，至六月中、下旬及七月上旬全烟区烟叶采收完毕（表 4 - 3）。不同编号烟田（地）生长发育进程表现出显著差异，这是因为移栽时期不一致而导致的结果。适宜的移栽期为烤烟生长选择较优的气候条件，在各生长发育时期内促进烤烟生理代谢，提高其光合性能，促进干物质累积，有利于烤烟产量与质量的形成（杨园园等，2013；王建伟等，2011）。提早移栽，烟株前期因温度较低而生长缓慢，导致伸根期过长；推迟移栽，烟株短时间进入旺长期，不能建立充分的根系，生长不稳健（黄一兰等，2001）。上述观点与本研究结论相符。即使烟苗同一日期移栽，不同编号烟田（地）也存在不同的生长发育进程，如编号为 7 号与 8 号的烟田其烟株团棵日期相差 3 天，虽然现蕾时期相同，但采收始期相差 8 天，而采收完成日期相差 5 天，差异较为明显；编号为 11 号的调查点成活日期较 9 号和 10 号烟田晚 2 天，团棵日期推迟 4 天，而现蕾始期分别推迟 2 天和 5 天，即使采收始期一致，采收完成日期则是 9 号比 10 号与 11 号推迟 5 天；25 号与 26 号烟田虽然同一日期移栽，但是二者团棵日期相差 10 天，现蕾日期相差 8 天，虽然采收初期一致，但采收完成日期仍相差 5 天。不同栽培措施对烤烟生长发育进程存在一定差异的影响。同一移栽日期调查点表现出生长发育进程的不同，可能是因为管理人员的栽培技术差异导致的。总之，粤北烟区不同生长发育进程的现象客观普遍存在。

表 4 – 3　生长发育进程的时间记录

田块编号（N）	移栽日期（月/日）	成活日期（月/日）	团棵日期（月/日）	现蕾日期（月/日）	打顶日期（月/日）	采收始期（月/日）	采收完毕（月/日）
1	2/6	2/12	4/2	4/18	4/22	5/25	6/20
2	3/18	3/23	4/26	5/13	5/14	6/1	6/25
3	2/21	3/1	4/13	5/2	5/4	6/2	7/5
4	2/6	2/12	3/25	4/18	4/22	5/31	6/20
5	2/4	2/11	3/22	4/15	4/19	5/15	6/14
6	2/4	2/11	3/22	4/15	4/19	5/15	6/14
7	2/4	2/11	3/24	4/18	5/1	5/24	6/20
8	2/4	2/10	3/27	4/18	5/1	5/16	6/15
9	2/8	2/13	3/25	4/14	4/18	5/5	6/27
10	2/8	2/13	3/25	4/16	4/18	5/5	6/22
11	2/8	2/15	3/29	4/19	4/25	5/5	6/22
12	2/27	3/5	4/10	4/25	4/30	6/4	6/28
13	2/27	3/5	4/10	5/1	5/4	6/4	6/24
14	2/27	3/7	4/13	5/3	5/7	6/4	6/24
15	2/10	2/15	3/27	4/18	4/24	5/22	6/21
16	2/10	2/15	3/24	4/16	4/26	5/22	6/21
17	2/10	2/16	4/2	4/26	4/30	5/22	6/28
18	2/14	2/22	4/12	4/26	4/29	5/12	6/13
19	3/16	3/23	4/28	5/18	5/25	6/5	6/28
20	2/20	2/28	4/10	4/26	5/1	5/19	6/16

田块编号 （N）	移栽日期 （月/日）	成活日期 （月/日）	团棵日期 （月/日）	现蕾日期 （月/日）	打顶日期 （月/日）	采收始期 （月/日）	采收完毕 （月/日）
21	2/14	2/22	4/15	5/5	5/8	5/19	6/20
22	2/25	3/2	4/8	4/30	5/3	6/1	6/30
23	2/25	3/3	4/15	4/30	5/3	5/28	6/28
24	2/25	3/4	4/23	5/14	5/16	6/6	7/4
25	2/14	2/21	4/5	4/23	4/25	5/25	6/25
26	2/14	2/22	4/15	5/1	5/3	5/25	6/20
27	2/14	2/22	4/15	5/2	5/3	5/25	6/20
28	2/28	3/5	4/10	5/1	5/3	6/4	7/2
29	2/28	3/7	4/12	5/3	5/7	6/4	7/2
30	2/28	3/7	4/16	5/5	5/7	6/1	7/2

烤烟大田生长发育期是指从移栽到成熟采收结束这一段时间。大田生长发育期的长短因遗传因素、栽培水平条件和生态环境的不同而存在差异。一般地，还苗期为7～10 d，伸根期25～30 d，旺长期25～30 d，成熟期50～60 d，大田生长发育期120～130 d（刘国顺，2003）。

粤北地区烤烟实际生长发育时期与上述刘国顺意见有别（详见表4-4）。整个大田生长发育期100～147天，时间区间值较宽，且各生长发育时期分布有明显的差异，突出表现在相对较长的伸根期与相对较短的旺长期。其中，粤北地区烟株还苗期分布在6～9天范围内，中间间隔3天，差异不明显。还苗期时间的长短主要因为与烟苗的壮弱程度、移栽时对根系的损害程度以及移栽时间的环境条件有关。壮苗、移栽时对烟苗根系损害程度小以及移栽时土壤墒情与温度较适宜的条件下，烟苗能快速成活，还苗期时间缩短。伸根期分布在37～55天范围内，中间间隔18天，差异明显。伸根期主要集中在40～50天的范围内。较长的伸根期可能是由于烟苗移栽后遇持续低温、光照时数少等环境条件影响，由于低温寡照环境胁迫导致烟株生长受抑制，虽地下根系部分迅速横向伸展和纵横伸长，但地上部分生物能积累量较少，叶片由于缺少充足的光照而导致光合作用受到抑制，植株生长缓慢。其中有部分烟田出现早花现象（烟草生长的前期与中期，遇到较长时间的低温寡照而形成的现象），烟株着生叶片少于正常现蕾叶片数，管理者进行了权烟生产管理措施以弥补烤烟早花造成的叶片数不足而造成的损失。旺长期介于15～26天之间，相差11天，差异明显。其集中于17～25天范围内，旺长期以营养生长为主，每2天甚至每1天就能生长出一片叶，株高平均每天增长 3 ~4 cm，是烤烟迅速生长发育的关键时期。旺长期持续较短的原因是，烟株进入旺长期后持续的高温多雨环境条件促进烟株的生长发育，加之较长的伸根期为烟株形成了稳健的根系，为旺长打下了扎实的生长基础，促使烟株迅速生长发育。成熟期集中于 55 ~65 天范围内。烟叶达到生理成熟后，内部代谢由氮代谢为主转化为以碳代谢为主，水肥条件适宜，则烟叶正常落黄，取得较好的产量与质量；水肥条件过剩，则造成烟叶青筋暴叶，不能及时落黄，虽然能获得较高的产量，但烤后烟叶质量不佳。大田生长发育期从 100 天至 147 天不等，中间间隔 47 天之多，差异突显，但大部分调查点的大田生长发育期在 130 天左右。其原因可能是由于不同移栽期导致烟叶成熟时光温等条件的不同以及不同管理人员的农艺技术水平的差异形成不一的栽培措施导致的结果。

表 4 – 4　生长发育期的区间分布

田块编号（N）	还苗期（d）	伸根期（d）	旺长期（d）	成熟期（d）	大田生长发育期（d）
1	7	50	17	64	118
2	6	39	17	51	100
3	8	44	21	67	115
4	7	42	24	64	118
5	8	40	25	60	131
6	8	40	25	60	131
7	8	42	26	64	137
8	7	45	23	59	132
9	6	41	21	75	140
10	6	41	23	68	135
11	8	43	22	65	135
12	7	37	15	75	121
13	7	37	21	55	118
14	9	38	21	53	118
15	6	45	22	65	131
16	6	42	23	66	131
17	7	46	25	64	138
18	9	52	15	51	140
19	8	37	21	42	115

田块编号（N）	还苗期（d）	伸根期（d）	旺长期（d）	成熟期（d）	大田生长发育期（d）
20	9	41	17	54	137
21	9	55	20	50	147
22	6	37	22	65	126
23	7	43	15	58	122
24	8	50	21	57	130
25	8	44	18	64	134
26	9	53	16	50	129
27	9	53	17	49	129
28	6	36	21	63	125
29	8	36	21	61	125
30	8	40	19	59	125

4.3.2　烤烟不同物候期生长发育进程与主要农艺性状的区间分布

4.3.2.1　团棵期

团棵期是烤烟生长发育的物候期之一。一般地，烟株团棵时的直观描述为：移栽后株高约33 cm，叶数达13～16片，烟株宽度与高度之比约为2：1，株形近似球形，心叶下凹，称为团棵。团棵时烟株生长锥已转化为花序原始体。烟株达团棵标准后的3～5天，当心叶不再下凹开始拔高并显黄绿即为旺长的开始，生长中心从伸根期的地下部分转移到地上部分（官春云，2011；刘国顺，2003）。不管烟株田间长势长相强或弱，团棵均是其生长发育的必有的典型特征之一。所以，用团棵期烟株的个体指标和群体指标来衡量整块烟田（地）的长势长相具普遍适用性（详见表4-5）。

团棵时各调查点生长发育进程与基本农艺性状见表4-5。各调查点烟株从移栽至团棵时，时间差异明显，分布在42～64天范围内，相隔24天之久，表现出生长发育进程的多样性。即使同一日期进行移栽，如25号、26号与27号，团棵时间相差10天；同处团棵期时，田间主要农艺性状均存在显著差异。28号比29号与30号团棵时间分别相差2天与6天。28号调查点首先达到团棵标准，其主要农艺性状数值表现较大，外观长势长相旺盛。其中，移栽期为二月上旬的调查点烟株从移栽至团棵45～55天，二月中旬与下旬移栽的调查点，移栽到团棵标准时普遍接近45天，极少数达到50天。即使2号烟田于三月上中旬移栽，其烟株到达团棵时的天数也有40天。由此可得，粤北烟区烤烟还苗期与伸根期的时间一般是大于等于40天小于60天。广东粤北地区烤烟团棵时烟田（地）的主要农艺性状范围：着生叶片数分布于 10.33～14.11 片之间，主要集中于 11.00～13.00 片之间，只有 1 号、17 号、29 号与 30 号调查点烟株团棵时其着生叶片小于 11.00 片，着生叶数较少，2 号、18 号、22 号、25 号以及 26 号调查点烟株团棵时着生叶片大于 13.00 片，着生叶数较多。株高分布于 15.59～31.96 cm 范围内，主要集中于 18.00～30.00 cm 之间，上限与下限之间相隔近 1 倍，差异显著。只有 12 号、13 号和 14 号调查点烟株团棵时株高小于 18.00 cm，18 号与 19 号则超过 30.00 cm。节距分布于 1.32～2.46 cm，主要集中于 1.50～2.00 cm 范围内（取值为各调查点田间平均数）。其中，株高与着生叶片呈正相关关系，随着着生叶数的增多，株高明显增加。节距随株高的增加幅度而缓慢增加。整体而言，粤北地区烤烟团棵时，生长发育进程、主要农艺性状数值分布区间较宽，田间烟株长势长相呈多样性。虽有相对一致的田间长势长相，但是外观形态差异显著性客观存在。

表 4-5　团棵时各调查点生长发育进程与基本农艺性状

田块编号 （N）	移栽日期 （月/日）	移栽至团棵 （d）	着生叶数 （片）	株高 （cm）	节距 （cm）
1	2/6	57	10.89±0.26	18.47±0.91	1.70±0.06
2	3/18	40	13.22±0.62	23.54±1.11	1.81±0.07
3	2/26	49	11.56±0.29	20.83±0.22	1.80±0.03
4	2/6	49	12.33±0.41	24.88±0.92	2.02±0.08
5	2/4	48	11.00±0.29	21.63±0.67	1.97±0.06
6	2/4	48	11.00±0.24	18.13±0.65	1.67±0.04
7	2/4	50	11.67±0.17	19.93±0.57	1.71±0.06
8	2/4	52	11.56±0.29	18.23±0.88	1.58±0.06
9	2/8	47	11.78±0.28	18.52±0.77	1.56±0.05
10	2/8	47	11.00±0.18	18.00±0.33	1.49±0.03
11	2/8	51	11.11±0.20	20.16±0.78	1.81±0.05
12	2/27	44	12.11±0.42	17.00±0.45	1.42±0.05
13	2/27	44	11.56±0.41	15.14±0.64	1.32±0.04
14	2/27	47	11.44±0.38	17.00±0.45	1.51±0.06
15	2/10	51	11.22±0.22	20.88±0.63	1.87±0.06
16	2/10	48	11.33±0.24	21.52±0.56	1.92±0.05
17	2/10	53	10.89±0.35	19.49±0.72	1.81±0.07

田块编号 （N）	移栽日期 （月/日）	移栽至团棵 （d）	着生叶数 （片）	株高 （cm）	节距 （cm）
18	2/14	61	13.11 ± 0.26	31.79 ± 0.85	2.42 ± 0.05
19	3/18	43	13.00 ± 0.24	31.96 ± 0.67	2.46 ± 0.07
20	2/14	59	12.22 ± 0.22	29.09 ± 0.85	2.38 ± 0.05
21	2/14	64	11.78 ± 0.28	27.79 ± 0.85	2.38 ± 0.11
22	2/25	43	13.11 ± 0.26	23.84 ± 1.11	1.82 ± 0.07
23	2/25	50	12.00 ± 0.17	23.68 ± 0.92	1.99 ± 0.08
24	2/25	58	12.00 ± 0.29	19.73 ± 0.88	1.68 ± 0.10
25	2/14	52	13.33 ± 0.20	20.70 ± 1.20	1.49 ± 0.10
26	2/14	62	14.11 ± 0.33	25.03 ± 1.18	1.73 ± 0.08
27	2/14	62	11.56 ± 0.34	18.04 ± 0.37	1.60 ± 0.07
28	2/28	42	12.11 ± 0.39	21.34 ± 0.42	1.78 ± 0.07
29	2/28	44	10.89 ± 0.20	19.99 ± 0.72	1.86 ± 0.09
30	2/28	48	10.33 ± 0.24	20.74 ± 0.84	2.02 ± 0.08

田间烟株最大叶长分布于 31.31 ～59.40 cm 范围内，主要集中于 35.00 ～49.00 cm 之间。最大叶宽介于 26.63 ～15.77 cm 之间，主要集中于 17.00 ～22.00 cm 范围内。最大叶片面积在 0.03 ～0.10 m^2 之间，主要集中于 0.05 m^2 左右。单株叶面积在 0.14 ～0.73 m^2 之间，主要集中于 0.40 ～0.50 m^2 之间（详见表4－6）。由此可判断，田间烟株变化幅度较大的为最大叶长、最大叶片面积以及单株叶面积。由表4－6与表4－5综合可知，随着株高的增加，着生叶数加多，节距拉长，最大叶长长度增加，单株叶面积增大。可见，不同生长发育进程烟田（地）间的烟株个体与群体在同为团棵时，其田间长势长相存在较大差异。

表4－6　团棵时各调查点生长发育进程与基本农艺性状

田块编号 （N）	移栽日期 （月/日）	移栽至团棵 （d）	最大叶片			单株叶面积 （m^2）
			长（cm）	宽（cm）	面积（m^2）	
1	2/6	57	38.59 ± 1.24	15.77 ± 0.90	0.04 ± 0.00	0.23 ± 0.04
2	3/18	40	46.78 ± 1.22	18.2 ± 0.70	0.05 ± 0.00	0.40 ± 0.01
3	2/26	49	48.53 ± 2.10	17.34 ± 0.64	0.05 ± 0.00	0.34 ± 0.03

田块编号 （N）	移栽日期 （月/日）	移栽至团棵 （d）	最大叶片			单株叶面积 （m²）
			长（cm）	宽（cm）	面积（m²）	
4	2/6	49	41.41 ± 1.02	17.31 ± 0.48	0.05 ± 0.00	0.31 ± 0.03
5	2/4	48	41.11 ± 0.84	16.33 ± 0.40	0.04 ± 0.00	0.27 ± 0.02
6	2/4	48	43.81 ± 1.26	16.43 ± 0.41	0.05 ± 0.00	0.25 ± 0.03
7	2/4	50	43.66 ± 0.64	17.68 ± 0.48	0.05 ± 0.00	0.31 ± 0.00
8	2/4	52	46.29 ± 0.85	17.90 ± 0.57	0.05 ± 0.00	0.43 ± 0.02
9	2/8	47	47.19 ± 0.74	19.54 ± 0.59	0.06 ± 0.00	0.38 ± 0.03
10	2/8	47	47.27 ± 0.96	17.81 ± 0.54	0.05 ± 0.00	0.30 ± 0.02
11	2/8	51	43.11 ± 0.72	16.16 ± 0.48	0.04 ± 0.00	0.25 ± 0.01
12	2/27	44	40.20 ± 1.07	21.62 ± 0.91	0.06 ± 0.00	0.38 ± 0.06
13	2/27	44	35.07 ± 1.42	15.56 ± 0.88	0.04 ± 0.00	0.19 ± 0.02
14	2/27	47	39.07 ± 1.18	19.38 ± 1.56	0.05 ± 0.01	0.21 ± 0.02
15	2/10	51	42.71 ± 0.73	17.46 ± 0.64	0.05 ± 0.00	0.25 ± 0.01
16	2/10	48	44.60 ± 1.05	19.19 ± 0.41	0.05 ± 0.00	0.36 ± 0.01
17	2/10	53	37.43 ± 0.83	15.46 ± 0.72	0.04 ± 0.00	0.25 ± 0.01
18	2/14	61	59.40 ± 1.43	24.11 ± 2.89	0.10 ± 0.01	0.80 ± 0.02
19	3/18	43	49.93 ± 1.20	22.80 ± 0.63	0.07 ± 0.00	0.58 ± 0.02
20	2/14	59	53.62 ± 1.99	21.81 ± 1.18	0.07 ± 0.00	0.73 ± 0.03
21	2/14	64	49.93 ± 1.20	21.50 ± 0.64	0.07 ± 0.00	0.58 ± 0.01
22	2/25	43	45.90 ± 1.63	23.41 ± 0.75	0.07 ± 0.01	0.49 ± 0.10
23	2/25	50	44.71 ± 0.74	19.13 ± 0.52	0.05 ± 0.00	0.40 ± 0.03
24	2/25	58	45.33 ± 1.14	21.32 ± 0.81	0.06 ± 0.00	0.39 ± 0.06
25	2/14	52	51.42 ± 1.30	22.29 ± 0.92	0.07 ± 0.00	0.52 ± 0.04
26	2/14	62	56.03 ± 0.81	26.63 ± 0.69	0.09 ± 0.00	0.58 ± 0.07
27	2/14	62	32.73 ± 2.15	14.84 ± 1.27	0.03 ± 0.00	0.17 ± 0.06
28	2/28	42	36.09 ± 1.66	17.53 ± 0.57	0.04 ± 0.00	0.28 ± 0.04
29	2/28	44	31.31 ± 1.06	15.92 ± 0.83	0.03 ± 0.00	0.14 ± 0.00
30	2/28	48	33.26 ± 0.94	18.44 ± 1.28	0.04 ± 0.00	0.20 ± 0.03

4.3.2.2 现蕾期

烤烟的旺长期是指烟株从团棵到现蕾这段时间。烟株现蕾以后，叶片数不再增加，下部叶逐渐衰老，叶片由下而上逐渐落黄成熟，而中部叶与上部叶还处于物质积累和生长阶段（刘国顺，2003）。

烤烟从团棵至现蕾（旺长期）15～25 天（见图 4-1 与表 4-7）。从表 4-7 可见，烟株现蕾时，着生叶片介于 17.11～22.89 片之间，主要集中在 18.00～22.00 片范围内；株高之间跨度较大，在 41.39～94.24 cm 范围内，主要集中在 75.0～85.0 cm 范围内；茎围在 6.24～11.56 cm 之间，主要分布于 8.00 cm 左右。现蕾时节距仍然较短，介于 2.92～5.63 cm 之间，其主要分布于 3.50～4.50 cm 范围内。最大叶长与最大叶宽一定程度上可以表现出田间烟株的长势长相。从表 4-8 可见，最大叶长在 54.73～80.56 cm 之间，最大叶宽在 18.72～35.41 cm 之间，最大叶面积在 0.08～0.17 m² 范围内，单株叶面积在 0.75～2.51 m² 之间。整体而言，旺长期持续时间越长，其着生叶片数相对越多。也有少部分烟田烟株虽然旺长期持续时间较短，但着生叶片数也在合理值范围内。这可能是由于移栽期的不同导致各调查点于旺长期时光、温、水等条件的不同，或是不同水肥条件下造成烟株叶片生长速度不一的结果。株高的变化趋势与着生叶数相对一致，即旺长期持续时间越长，其株高越高。茎围、最大叶长、最大叶宽、最大叶面积以及单株叶面积的变化趋势与旺长期持续的时间长短无明显关系。节距是株高与着生叶数换算而得出的结果，其变化主要趋势为随着旺长期持续时间越长，其节距拉伸得越长。其中 2 号调查点属于特例，结合表 4-3 可知，2 号

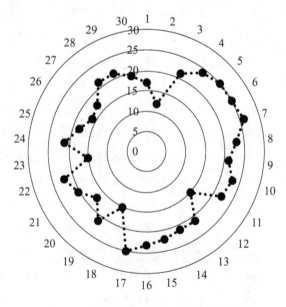

图 4-1 烤烟团棵至现蕾时间分布雷达图

烟田烟株移栽日期为三月中旬，移栽后短时间内进入升温多雨季节，光、温、水、肥适宜的条件使烟株开始迅速生长，因此旺长持续时间只需15天，其叶片的发生速度以及茎的伸长速度较快。

表4-7　现蕾期烟株生长发育进程及基本农艺性状

田块编号 （N）	团棵至现蕾 （d）	着生叶数 （片）	株高 （cm）	茎围 （cm）	节距 （cm）
1	17	21.33 ± 0.73	67.83 ± 3.54	6.79 ± 0.24	2.92 ± 0.34
2	15	18.56 ± 0.78	77.02 ± 1.93	7.89 ± 0.23	4.21 ± 0.21
3	21	21.89 ± 0.73	71.96 ± 2.78	8.04 ± 0.25	3.30 ± 0.10
4	24	22.33 ± 0.60	82.01 ± 1.97	7.84 ± 0.15	3.69 ± 0.11
5	25	20.78 ± 0.32	89.92 ± 1.52	9.11 ± 0.08	4.33 ± 0.08
6	25	19.22 ± 0.57	74.71 ± 2.46	8.73 ± 0.19	3.90 ± 0.14
7	25	20.33 ± 0.55	89.00 ± 2.04	8.38 ± 0.23	4.39 ± 0.10
8	23	21.67 ± 0.44	83.11 ± 2.49	8.96 ± 0.23	3.84 ± 0.12
9	21	19.44 ± 0.38	88.04 ± 2.38	9.62 ± 0.20	4.77 ± 0.07
10	23	19.44 ± 0.41	94.01 ± 2.94	9.33 ± 0.21	4.84 ± 0.14
11	22	19.89 ± 0.61	90.12 ± 1.99	8.89 ± 0.19	4.55 ± 0.13
12	15	22.22 ± 0.49	83.74 ± 1.76	9.42 ± 0.18	3.78 ± 0.08
13	21	20.11 ± 0.59	65.07 ± 4.11	6.98 ± 0.15	3.23 ± 0.17
14	21	20.22 ± 0.55	59.68 ± 2.46	6.24 ± 0.08	2.96 ± 0.12
15	22	17.11 ± 0.35	65.09 ± 0.63	7.76 ± 0.15	3.82 ± 0.09
16	23	18.01 ± 0.32	75.36 ± 1.24	8.4 ± 0.12	4.25 ± 0.08
17	25	17.11 ± 0.31	53.40 ± 1.08	7.13 ± 0.12	3.13 ± 0.08
18	15	18.67 ± 0.24	75.87 ± 1.53	9.42 ± 0.14	4.07 ± 0.08
19	21	21.00 ± 0.69	93.67 ± 0.87	8.61 ± 0.23	4.49 ± 0.12
20	17	19.56 ± 0.29	81.38 ± 1.55	9.21 ± 0.14	4.16 ± 0.08
21	20	18.67 ± 0.24	75.01 ± 1.47	8.54 ± 0.12	4.02 ± 0.08
22	22	22.56 ± 0.50	83.26 ± 2.37	11.56 ± 0.47	3.69 ± 0.21
23	15	20.33 ± 0.37	66.39 ± 2.28	10.98 ± 0.28	3.27 ± 0.25
24	21	21.22 ± 0.28	78.91 ± 1.42	9.69 ± 0.33	3.72 ± 0.26
25	18	20.56 ± 1.04	64.09 ± 3.08	8.21 ± 0.18	3.22 ± 0.28
26	16	19.56 ± 0.60	67.56 ± 4.74	9.21 ± 0.26	3.44 ± 0.17
27	17	19.44 ± 0.60	44.74 ± 3.98	7.79 ± 0.25	2.29 ± 0.19
28	21	22.22 ± 0.66	94.24 ± 2.34	10.78 ± 0.46	4.27 ± 0.17
29	21	22.89 ± 0.35	86.42 ± 3.16	9.44 ± 0.22	3.78 ± 0.12
30	19	20.56 ± 0.63	70.99 ± 3.87	9.74 ± 0.40	3.45 ± 0.13

表 4 - 8　现蕾期烟株生长发育进程及基本农艺性状

田块编号 (N)	团棵至现蕾 (d)	最大叶片			单株叶面积 (m²)
		长 (cm)	宽 (cm)	面积 (m²)	
1	17	54.73 ± 1.60	22.88 ± 1.64	0.08 ± 0.01	0.75 ± 0.15
2	15	77.17 ± 1.92	30.16 ± 0.67	0.15 ± 0.00	1.58 ± 0.18
3	21	72.70 ± 1.78	26.12 ± 0.71	0.12 ± 0.01	1.13 ± 0.13
4	24	60.92 ± 0.70	24.84 ± 0.33	0.10 ± 0.00	1.07 ± 0.05
5	25	76.06 ± 1.03	30.28 ± 0.67	0.15 ± 0.00	1.65 ± 0.06
6	25	69.74 ± 2.11	27.39 ± 0.92	0.12 ± 0.01	1.37 ± 0.06
7	26	62.06 ± 0.71	29.23 ± 3.17	0.11 ± 0.01	1.25 ± 0.10
8	23	68.74 ± 1.03	27.13 ± 0.99	0.12 ± 0.01	1.77 ± 0.17
9	21	73.87 ± 1.89	30.64 ± 0.84	0.14 ± 0.00	1.63 ± 0.03
10	23	72.40 ± 1.22	31.54 ± 0.95	0.15 ± 0.01	1.53 ± 0.16
11	22	68.33 ± 1.61	29.49 ± 0.61	0.13 ± 0.00	1.59 ± 0.12
12	15	73.82 ± 1.27	35.00 ± 0.80	0.16 ± 0.00	2.11 ± 0.15
13	21	61.07 ± 1.34	21.02 ± 0.69	0.08 ± 0.00	1.13 ± 0.16
14	21	58.41 ± 2.84	18.72 ± 0.41	0.07 ± 0.00	0.80 ± 0.05
15	22	60.69 ± 1.00	26.08 ± 0.53	0.10 ± 0.00	1.13 ± 0.03
16	23	68.76 ± 0.54	27.96 ± 0.55	0.12 ± 0.00	1.47 ± 0.15
17	25	55.69 ± 1.22	24.18 ± 0.72	0.09 ± 0.00	0.99 ± 0.11
18	15	74.22 ± 1.82	25.07 ± 1.07	0.12 ± 0.01	1.47 ± 0.07
19	21	69.23 ± 2.75	25.52 ± 1.10	0.11 ± 0.01	1.82 ± 0.25
20	17	71.80 ± 1.78	25.87 ± 1.11	0.12 ± 0.01	1.51 ± 0.05
21	20	66.60 ± 2.60	25.17 ± 1.02	0.11 ± 0.01	0.93 ± 0.06
22	22	80.56 ± 1.84	31.16 ± 1.25	0.16 ± 0.01	2.51 ± 0.21
23	15	71.03 ± 1.18	32.98 ± 1.07	0.15 ± 0.01	1.63 ± 0.06
24	21	73.02 ± 0.75	28.24 ± 0.43	0.13 ± 0.00	1.86 ± 0.18
25	18	59.89 ± 1.31	23.83 ± 0.78	0.09 ± 0.00	1.22 ± 0.05
26	16	69.22 ± 1.05	29.97 ± 1.03	0.13 ± 0.00	1.81 ± 0.11
27	17	59.60 ± 1.66	29.72 ± 1.02	0.11 ± 0.01	0.87 ± 0.11
28	21	76.00 ± 1.14	35.41 ± 1.48	0.17 ± 0.01	2.35 ± 0.17
29	21	67.28 ± 1.37	34.68 ± 0.95	0.15 ± 0.01	1.77 ± 0.04
30	19	69.99 ± 1.84	33.39 ± 2.23	0.15 ± 0.01	1.82 ± 0.10

4.3.2.3 圆顶期

烟株现蕾打顶后，顶叶达到最大、烟株呈筒形时称为圆顶。烟株到圆顶时，植株几乎停止生长，体内以合成与积累的调节为主，继而适时落黄成熟（官春云，2011）。一般地，在圆顶时即进行第一次采收。圆顶期是决定烟叶产量与品质的关键时期，其农艺性状与烟叶产量密切相关。本次调查将圆顶期作为物候期数据。

烤烟从移栽至圆顶的时间（除去一个最小值 75 天与最大值 114 天）主要集中分布于 80～100 天范围内（见图 4-2 与表 4-9）。除去 15 号、21 号、29 号、27 号与 30 号有效叶数小于等于 15 片外，其他烟田（地）有效叶片在 16.00～20.00 片之间。其中 15 号、21 号和 27 号烟田烟株因为其长势较弱导致有效叶片少；29 号与 30 号则是因为烟田地势较低，烟株进入成熟时大量降雨造成涝害因而有效叶片少。除去 27 号烟田烟株小于 70.00 cm 外，其他烟株株高分布于 72.20～114.93 cm 范围内，且主要集中于 90.00～110.00 cm 之间。茎围最大值为 22 号烟田烟株（为 15.08 cm），其他烟田烟株分布于 9.00～12.86 cm 范围内且变化差异较小。参考烟草农业行业推荐标准（YC/T—142 2010），节距等于株高除以有效叶数，29 号、30 号烟田烟株在受涝害情况下，有效叶数减少而株高正常的情况导致节距数据较大，达到 8.00 cm 左右，剔除特例，节距主要集中于 5.00 cm 左右。如表 4-10 所示，广东粤北烟区的最大叶长分布于 68.23～89.97cm 范围内，极少部分达到 90.00 cm 以上，以 85.00 cm 叶长居多。最大叶宽介于 26.44～36.06 cm 之间，以 28.00～32.00 cm 居多。最大叶面积 0.12～0.19 m^2，其中以 0.14 m^2 为频数。单株叶面积差异最为显著，在 1.30～3.36 m^2 之间，多集中于 2.00 m^2 左右。总体而言，烟株从移栽至圆顶的时间相对较短，则其有效叶片数较少（15～17 片），而茎围数值较大（10.00～11.00 cm），其余农艺性状表现正常。烟株从移栽至圆顶（第一次采收）的时间差异在于 20 天左右，随着移栽的推迟，时间趋于缩短。种植水平涉及管理者对烤烟种植技巧的把握程度、田间管理等，如适时水肥掌控、除草等。种植水平的高低也影响到移栽至成熟的时间，种植水平差的其烟株长势长相呈两个极端，要么水肥条件不足，造成田间烟株长势弱小，干物质积累少，过早落黄，大田生长发育期较短；要么水肥条件过剩，导致烟株长势强劲，青筋暴叶，不能正常落黄，大田生长发育期较长。真正优质适产烟叶需要在适宜的时间内落黄采收，有较好的田间成熟度。有效叶片的多少取决于烟株现蕾时着生叶数和成熟阶段自然条件的变化（如涝灾造成烟叶损失等），烟株现蕾后株高生长渐缓，茎围随着水肥条件的差异而变化，叶片纵向伸长和横向加宽的速度减缓，叶片趋于定型。而单株叶面积是有效叶数与单叶面积的综合体现。所以成熟时有效叶片的多少、株高、茎围、节距、最大叶长、最大叶宽、最大叶面积以及单株叶面积与移栽至成熟的时间间隔之间无明显规律。

表4-9 圆顶期烟株生长发育进程及基本农艺性状

田块编号 （N）	移栽至圆顶 （d）	有效叶数 （片）	株高 （cm）	茎围 （cm）	节距 （cm）
1	108	16. 56 ± 0. 41	84. 04 ± 3. 97	9. 00 ± 0. 17	5. 11 ± 0. 17
2	75	16. 67 ± 0. 58	82. 31 ± 3. 27	10. 50 ± 0. 23	4. 98 ± 0. 15
3	96	18. 78 ± 0. 55	95. 36 ± 4. 66	9. 70 ± 0. 11	5. 11 ± 0. 15
4	114	17. 56 ± 0. 60	91. 04 ± 6. 34	10. 00 ± 0. 14	5. 24 ± 0. 23
5	100	17. 44 ± 0. 38	98. 40 ± 3. 13	10. 19 ± 0. 31	5. 66 ± 0. 13
6	100	17. 67 ± 0. 33	97. 72 ± 6. 70	10. 12 ± 0. 17	5. 54 ± 0. 15
7	119	19. 67 ± 0. 41	108. 78 ± 6. 31	9. 16 ± 0. 20	5. 55 ± 0. 17
8	101	18. 56 ± 0. 41	103. 64 ± 6. 00	9. 90 ± 0. 22	5. 60 ± 0. 11
9	86	16. 78 ± 0. 32	87. 27 ± 7. 94	10. 71 ± 0. 24	5. 20 ± 0. 09
10	86	17. 22 ± 0. 40	107. 52 ± 6. 47	11. 04 ± 0. 18	6. 28 ± 0. 22
11	86	15. 89 ± 0. 54	83. 44 ± 9. 46	11. 32 ± 0. 16	5. 25 ± 0. 66
12	97	17. 89 ± 0. 56	106. 24 ± 4. 11	11. 07 ± 1. 22	5. 98 ± 0. 18
13	97	17. 78 ± 0. 55	100. 69 ± 3. 89	9. 16 ± 0. 18	5. 70 ± 0. 16
14	97	16. 33 ± 0. 55	94. 68 ± 6. 16	8. 41 ± 0. 16	5. 84 ± 0. 22
15	101	14. 67 ± 0. 58	80. 50 ± 6. 48	16. 27 ± 6. 77	5. 52 ± 0. 12
16	101	16. 22 ± 0. 22	95. 89 ± 4. 76	10. 09 ± 0. 13	5. 92 ± 0. 16
17	101	19. 56 ± 0. 75	93. 11 ± 4. 20	9. 52 ± 0. 19	4. 81 ± 0. 17
18	94	15. 22 ± 0. 28	79. 78 ± 6. 40	11. 18 ± 0. 26	5. 25 ± 0. 14
19	78	19. 67 ± 0. 71	111. 10 ± 8. 52	9. 81 ± 0. 25	5. 68 ± 0. 15
20	94	17. 11 ± 0. 35	98. 43 ± 4. 50	11. 66 ± 0. 17	5. 75 ± 0. 11
21	94	14. 67 ± 0. 33	78. 32 ± 4. 89	11. 48 ± 0. 17	5. 34 ± 0. 20
22	96	20. 44 ± 0. 41	89. 44 ± 6. 57	15. 08 ± 2. 46	4. 38 ± 0. 50
23	92	20. 44 ± 0. 53	96. 80 ± 6. 06	12. 86 ± 0. 35	4. 74 ± 0. 21
24	101	20. 44 ± 0. 34	89. 20 ± 4. 96	12. 39 ± 0. 92	4. 36 ± 0. 34
25	100	18. 22 ± 0. 60	96. 08 ± 6. 12	10. 29 ± 0. 36	5. 27 ± 0. 17
26	100	15. 78 ± 0. 40	76. 42 ± 14. 55	10. 81 ± 0. 45	4. 84 ± 0. 34
27	100	15. 00 ± 0. 33	72. 2. 53 ± 7. 10	9. 49 ± 0. 18	4. 80 ± 0. 17
28	97	17. 11 ± 0. 42	108. 27 ± 11. 89	12. 41 ± 0. 33	6. 36 ± 0. 28
29	97	14. 44 ± 0. 41	114. 93 ± 7. 89	10. 67 ± 0. 23	8. 00 ± 0. 25
30	94	13. 11 ± 0. 54	107. 23 ± 11. 74	11. 83 ± 0. 46	8. 24 ± 0. 32

表 4 – 10　圆顶期烟株生长发育进程及基本农艺性状

田块编号 （N）	移栽至圆顶 （d）	最大叶片			单株叶面积 （m²）
		长（cm）	宽（cm）	面积（m²）	
1	108	72.67 ± 1.43	30.46 ± 0.73	0.14 ± 0.01	1.61 ± 0.04
2	75	87.32 ± 2.12	32.10 ± 1.02	0.18 ± 0.01	2.86 ± 0.02
3	96	81.66 ± 1.36	26.88 ± 1.16	0.14 ± 0.01	2.12 ± 0.21
4	114	75.26 ± 1.55	28.01 ± 0.917	0.13 ± 0.01	1.67 ± 0.12
5	100	78.29 ± 2.51	31.80 ± 1.00	0.16 ± 0.01	2.36 ± 0.10
6	100	73.26 ± 1.55	29.32 ± 0.85	0.14 ± 0.01	2.05 ± 0.12
7	119	73.47 ± 1.26	29.11 ± 0.85	0.14 ± 0.00	1.94 ± 0.09
8	101	73.90 ± 1.72	28.82 ± 1.25	0.14 ± 0.01	2.28 ± 0.08
9	86	80.39 ± 2.54	34.17 ± 0.72	0.17 ± 0.01	2.14 ± 0.11
10	86	68.23 ± 8.24	32.58 ± 1.36	0.14 ± 0.02	2.02 ± 0.11
11	86	79.66 ± 0.64	34.24 ± 0.69	0.17 ± 0.00	2.07 ± 0.09
12	97	82.29 ± 1.67	36.06 ± 1.47	0.19 ± 0.01	2.93 ± 0.11
13	97	68.48 ± 8.47	26.00 ± 0.97	0.12 ± 0.02	2.07 ± 0.14
14	97	75.91 ± 2.62	26.71 ± 1.71	0.13 ± 0.01	1.71 ± 0.25
15	101	70.50 ± 4.09	31.60 ± 0.61	0.14 ± 0.01	1.74 ± 0.07
16	101	74.89 ± 1.70	32.72 ± 1.11	0.16 ± 0.01	1.85 ± 0.12
17	101	72.89 ± 1.45	27.63 ± 0.92	0.13 ± 0.01	1.80 ± 0.21
18	94	81.38 ± 0.93	27.29 ± 0.75	0.14 ± 0.00	1.71 ± 0.09
19	78	74.31 ± 2.36	27.07 ± 0.60	0.13 ± 0.01	2.47 ± 0.11
20	94	86.33 ± 1.07	28.82 ± 0.65	0.16 ± 0.00	1.76 ± 0.08
21	94	75.27 ± 1.92	28.37 ± 0.60	0.14 ± 0.01f	1.38 ± 0.22
22	96	89.97 ± 2.39	31.82 ± 1.40	0.18 ± 0.01	3.36 ± 0.31
23	92	88.61 ± 1.81	31.12 ± 1.43	0.18 ± 0.01	3.15 ± 0.16
24	101	80.68 ± 0.66	28.44 ± 0.47	0.15 ± 0.00	2.52 ± 0.11
25	100	75.67 ± 2.03	26.66 ± 0.85	0.13 ± 0.01	2.15 ± 0.08
26	100	80.10 ± 1.56	29.13 ± 0.56	0.15 ± 0.01	1.97 ± 0.19
27	100	69.60 ± 1.08	31.87 ± 1.02	0.14 ± 0.00	1.30 ± 0.07
28	97	82.43 ± 1.13	35.59 ± 1.96	0.19 ± 0.01	2.67 ± 0.07
29	97	73.24 ± 1.14	26.44 ± 1.31	0.12 ± 0.01	1.62 ± 0.09
30	94	80.91 ± 2.18	29.64 ± 1.01	0.15 ± 0.01	1.90 ± 0.11

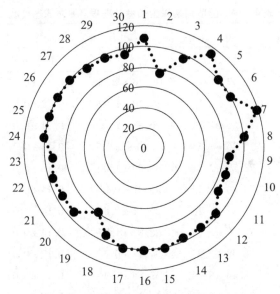

图 4－2　烤烟移栽至成熟时间分布雷达图

4.3.3　不同生长发育进程对烤烟主要经济性状的影响

　　烟草具有经济效益高的特点（齐林，2013）。农户种植烤烟是以经济效益作为出发点和最终目标的。江豪等（2002）认为，经济性状能在一定程度上反映烟叶的质量。高质量的烟叶表现出较高的感官质量、协调的内部化学成分以及较优的工业可用性。烤后烟叶收购价格的制定遵循"以质定价"的原则，较好质量的烟叶对应较高的收购价格，相应较佳的经济效益。产量、产值、均价和中上等烟比例为烤烟主要的经济性状，但四者往往难以同时兼顾。烟叶产量和品质的矛盾在一定范围内是客观存在的（施伟平等，2010）。在一定产量条件下，产量和品质能够平衡发展，然而单位面积产量过高则会导致烟叶品质下降。产值在一定程度上综合反映了烤烟的产量、质量性状。本研究结果也证明了上述观点（详见表4－11）。各调查点烤烟大田生长发育期在100～147 天范围内，中间相差47 天，但总体而言，时间主要集中于120～130 天；烤烟每公顷产量最低值为1846.37 kg，最高为3000.79 kg，差异突出，主要集中在2800 kg左右，其中只有16 号、21 号以及27 号烟田烤烟产量小于2000.00 kg，而19 号烟田烤烟突破3000.00 kg；产值跨度较大，每公顷从最高产值79020.30 元到最低产值34441.77 元，最高产值为最低产值的2.30 倍，其中较低产量与最高产量调查点对应的产值往往相对较低，均价每公斤16.61 元至27.64 元，中上等比例70.05% 至97.21%。除去受涝害的异常数据值外，不同大田生长发育期对经济性状的影响存在差异。其中，大田生长发育在135 天左右，每公顷产量约在2800.00 kg 的情况下调查点能得到较好的经济效益。本研究发现，产值与均价、中上烟比例呈正相关，产值高的调查点往往呈现出较高的均价与较高的中上等烟比例。优质适产的烟叶能获得较优的经济效益。

表 4-11　不同大田生长发育期对烤烟主要经济性状的影响

编号 (N)	地区	生长发育期天数 (d)	每公顷产量 (kg)	每公顷产值 (元)	均价 (元/kg)	中上等烟比例 (%)
1	古市	118	2436.22	54863.58	22.52	90.87
2		100	2648.44	54134.18	20.44	78.67
3		115	2884.93	69295.90	24.02	93.17
4		118	2376.34	56604.36	23.82	86.92
5	湖口	131	2587.81	67697.03	26.16	92.45
6		131	2322.52	59503.03	25.62	88.59
7		137	2971.48	69175.97	23.28	81.71
8		132	2505.91	55781.64	22.26	87.54
9	黄坑	140	2997.74	79020.30	26.36	95.86
10		135	2851.68	75740.49	26.56	96.93
11		135	2920.51	76751.08	26.28	95.15
12	水口	121	2708.65	70045.60	25.86	95.26
13		118	2851.60	78818.22	27.64	97.21
14		118	2090.08	50329.21	24.08	89.68
15	乌迳	131	2826.59	76374.39	27.02	94.3
16		131	1860.17	40514.51	21.78	76.58
17		138	2818.25	77501.88	27.50	96.91
18	帽子峰	147	2316.69	62643.36	27.04	90.52
19		113	3000.79	64877.19	21.62	80.04
20		145	2273.94	58758.50	25.84	91.62
21		147	1846.37	43722.08	23.68	85.01
22	马市	126	2447.52	57418.82	23.46	86.12
23		122	2609.97	68355.11	26.19	94.38
24		130	2621.16	70666.47	26.96	96.87
25	都塘	134	2805.84	56097.18	20.94	89.77
26		129	2329.41	44438.41	19.42	79.26
27		129	1978.70	34441.77	16.61	70.05
28	附城	125	2608.73	62951.38	24.13	88.40
29		125	2365.08	53021.99	22.26	91.23
30		125	2334.57	51960.15	22.42	85.85

4.3.4 烤烟不同生长发育进程、主要农艺性状及主要经济性状的聚类分析

4.3.4.1 团棵期

所谓物候期是指将作物生长发育在一定外界条件下所表现的形态特征，人为地制定一个具体标准，以便科学地把握作物的生长发育进程（官春云，2011）。团棵期、现蕾期与圆顶期都属于烟草生长发育阶段的物候期（刘国顺，2003）。因此进行烤烟团棵、现蕾与圆顶三个物候期的差异性分析，适用于调查烟区全调查点。聚类分析依据物以类聚的原则，将具有类似属性的事物聚为一类，适同一类事物具有高度的相似性。应用聚类分析法筛选各调查点物候时期田间烟株的长势长相，把具体农艺性状表现作为生长发育进程的量化指标，此方法具普遍代表性（张力，2008）。

为进一步筛选优质适产烤烟田间的长势长相标准以及理想的生长发育进程模式，应用 SPSS 20.0 对烟株团棵时各编号烤烟主要农艺性状平均值（详见表4-5与表4-6）进行系统聚类分析（采用样本聚类，计量资料选择欧式距离）。以下给出数据均为各调查点田间农艺性状平均值。如图4-3所示，当欧式距离为15时，把所有调查点分为三个大类，第一类包含7号、15号、11号、6号、5号、16号、23号、2号、24号、4号、8号、9号、10号、3号、22号和25号；第二类包含12号、14号、27号、29号、28号、30号、1号、17号和13号；第三类包含20号、21号、19号、18号和26号。其中，第一类的主要农艺性状表现为：着生叶片 11.00 ～13.33 片，株高 18.00 ～23.84 cm，节距 1.49 ～2.02 cm，最大叶长 41.11 ～51.52 cm，最大叶宽 16.16 ～23.41 cm，最大叶面积 0.04 ～0.07 m²，单株叶面积 0.25 ～0.52 m²，叶面积系数 0.41% ～0.65%。第二类的主要农艺性状表现为：着生叶片 10.33 ～12.11 片，株高 15.14 ～21.34 cm，节距 1.32 ～2.02 cm，最大叶长 31.31 ～40.20 cm，最大叶宽 14.84 ～21.62 cm，最大叶面积 0.03 ～0.06 m²，单株叶面积 0.14 ～0.38 m²，叶面积系数 0.23% ～0.54%。第三类的主要农艺性状表现为：着生叶数 11.78 ～14.11 片，株高 25.03 ～31.96 cm，节距 1.73 ～2.46 cm，最大叶长 49.93 ～59.4 cm，最大叶宽 21.50 ～26.63 cm，最大叶面积 0.07 ～0.10 m²，单株叶面积 0.58 ～0.8 m²，叶面积系数 0.81% ～1.37%。依据即成三大分类，按其长势长相分为强、中、弱三个等级，其中第三类为长势强，第一类为长势中，第二类为长势弱。

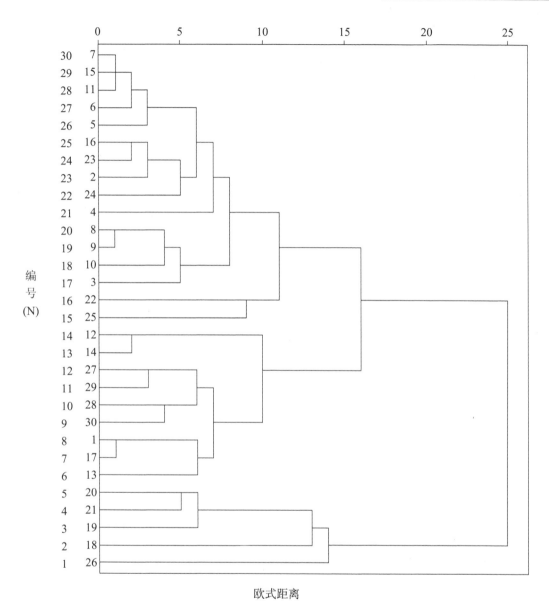

图 4-3 团棵期各调查点烤烟主要农艺性状聚类分析树形图

4.3.4.2 现蕾期

为进一步筛选优质适产烤烟田间的长势长相标准以及理想的生长发育进程模式，应用 SPSS 20.0 对烟株现蕾时各编号主要农艺性状平均值（详见表 4-7 与表 4-8）进行系统聚类分析（采用样本聚类，计量资料选择欧式距离）。以下给出数据均为各调查点烟株田间农艺性状平均值。如图 4-4 所示，当欧式距离为 15 时，把各调查点分为三

大类：第一类包含 6 号、16 号、21 号、3 号、18 号、20 号、24 号、8 号、2 号、23
号、26 号、30 号与 4 号；第二类包含 11 号、19 号、7 号、12 号、29 号、5 号、9 号、
10 号、28 号与 22 号；第三类包含 13 号、25 号、15 号、1 号、14 号、17 号与 27 号。
其中，第一类的主要农艺性状表现为：着生叶片 17.78～22.33 片，株高 67.56～
82.01 cm，茎围 7.84～10.98 cm，节距 3.30～4.25 cm，最大叶长 60.92～74.22 cm，

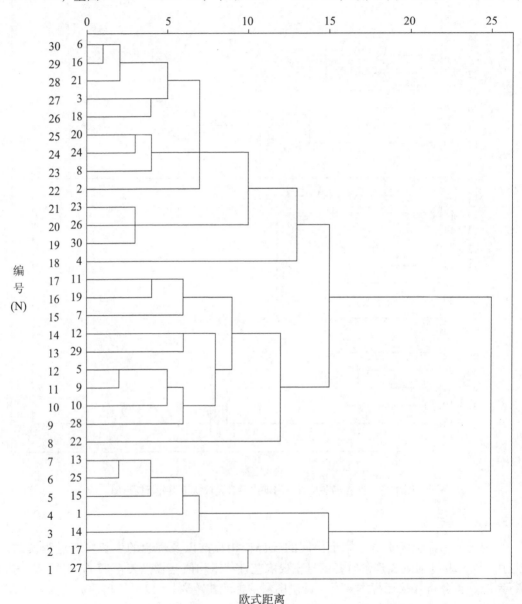

图 4-4 现蕾期各调查点烤烟主要农艺性状的聚类分析树形图

最大叶宽24.84～33.39 cm，最大叶面积0.10～0.15 m²，单株叶面积0.93～1.86 m²，叶面积系数1.59%～3.14%。第二类的主要农艺性状为：着生叶片19.44～22.89 片，株高83.26～94.24 cm，茎围8.38～11.56 cm，节距3.69～4.84 cm，最大叶长62.06～80.56 cm，最大叶宽25.52～35.41 cm，最大叶面积0.11～0.17 m²，单株叶面积1.25～2.51 m²，叶面积系数1.98%～3.91%。第三类的主要农艺性状表现为：着生叶数17.11～20.22 片，株高44.74～65.09 cm，茎围6.24～8.21 cm，节距2.29～3.82 cm，最大叶片长55.69～61.07 cm，最大叶片宽18.72～29.72 cm，最大叶面积0.07～0.11 m²，单株叶面积0.80～1.13 m²，叶面积系数1.21%～1.74%。其中第三类为长势强，第一类为长势中，第三类为长势弱。

4.3.4.3　圆顶期

为进一步筛选优质适产烤烟田间的长势长相标准，为理想的生长发育进程确定对应的外观形态，应用SPSS 20.0对烟株圆顶时各编号烟田烤烟主要农艺性状平均值（详见表4-9与表4-10）进行系统聚类分析。以下给出数据均为各调查点烟田烤烟田间农艺性状平均值。如图4-5所示，当欧式距离为17时，把所有样本分为三个大类（剔除受涝害29号、30号）。第一类包含12号、28号、7号、19号、8号、10号与13号；第二类包含14号、25号、4号、17号、6号、16号、5号、3号、24号、20号、23号与22号；第三类包含9号、11号、2号、18号、26号、21号、1号、15号与27号。第一类的农艺性状表现为：有效叶片数17.11～20.67 片，株高90.69～111.10 cm，茎围9.16～12.41 cm，节距5.53～6.39 cm，最大叶长68.23～82.43 cm，最大叶宽26.00～36.06 cm，最大叶面积0.12～0.19 m²，单株叶面积1.94～2.67 m²，叶面积系数3.08%～4.45%。第二类的主要农艺性状表现为：有效叶片数16.22～20.44 片，株高89.20～98.40 cm，茎围8.41～12.86 cm，节距4.36～5.91 cm，最大叶长72.89～89.97 cm，最大叶宽26.66～31.82 cm，最大叶面积0.13～0.18 m²，单株叶面积1.67～3.36 m²，叶面积系数2.71%～4.30%。第三类的主要农艺性状表现为：有效叶片数14.67～16.78 片，株高72.20～87.27 cm，茎围9.00～11.48 cm，节距4.31～5.97 cm，最大叶片长69.60～87.32 cm，最大叶片宽27.29～34.24 cm，最大叶面积0.14～0.18 m²，单株叶面积1.30～2.68 m²，叶面积系数1.80%～4.03%。其中第一类为长势强，第二为长势中，第三类为长势弱。

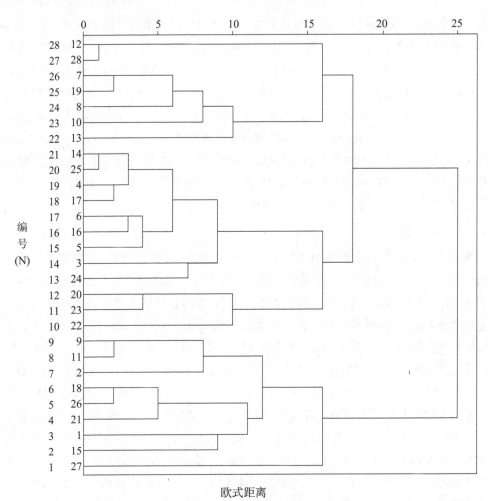

图 4-5   圆顶期各调查点烤烟主要农艺性状的聚类分析树形图

4.3.4.4   主要经济性状

进一步地，对烤烟主要经济性状进行系统聚类分析（采用样本聚类，计量资料选择欧式距离）。将烟株田间主要经济性状相近的各调查点归为同一大类，判别烟株田间主要经济性状好、中和差三个大类的主要表现情况，同时探明主要经济性状好、中与差三个大类对应的田间烤烟生长发育进程时间分布情况。如图 4-6 所示，当欧式距离为 18 时，把各调查点分为三个大类。第一类包含 3 号、7 号、12 号、24 号、5 号、23 号、18 号、28 号、19 号、9 号、13 号、11 号、15 号、10 号与 17 号；第二类包含 29 号、30 号、14 号、6 号、20 号、1 号、2 号、8 号、25 号、4 号与 22 号；第三类包含 21 号、26 号、16 号与 27 号。第一类的生长发育期及主要经济性状主要表现为：大田生长发育天数 120～135 d，每公顷产量分布在 2587.81～3000.79 kg 范围内，每公顷产值分布在 62951.38 ～79020.30 元范围内, 均价介于 21.62 ～27.04 元/kg, 上中等烟比例 81.71% ～97.21%, 主要经济性状表现好; 第二类的生长发育期及主要经济性状主要表现为: 大田生长发育天数区间分布为 100 ～134 d 之间, 每公顷产量区间分布为 2090.08 ～2805.84 kg, 每公顷产值区间分布为 50329.21 ～59503.03 元, 均价区间分布为 20.44 ～25.84 元/kg, 上中等烟分布比例为 78.67% ～91.62%, 主要经济性状表现中; 第三类的生长发育期及主要经济性状主要表现为: 大田生长发育期为 129 ～147 d, 每公顷产量 1860.17 ～2329.41 kg, 每公顷产值 34441.77 ～44438.41 元, 均价为 16.61 ～23.68 元/kg, 上中等烟比例范围分布于 70.05% ～89.68%, 主要经济性状表现差。

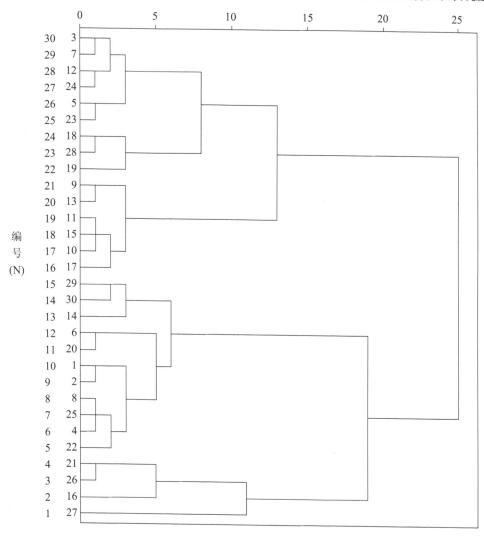

图 4-6 主要经济性状的系统样本聚类分析树形图

4.3.5 不同长势长相、生长发育进程与单叶重及株形的关系

按照烟株田间长势长相强、中与弱三类分类，于表4-1中分别选取六块最具代表性烟田（地）重新编号（编号1号、2号、3号、4号、5号与6号分别对应表4-1中28号、6号、2号、15号、10号与14号），记录其大田生长发育期，成熟期判断其株形，定株测定其烤后烟叶单叶重。如表4-12所示，当田间烟株长势弱，大田生长发育期较短，成熟期烟株株形均呈倒塔型，上部叶单叶重数值较大，中部叶与下部叶在整株烟株空间体积上所占比例呈逐渐减小趋势。倒塔形不属于优质烟叶田间的长相，在生产上，倒塔型烟株长势应该尽量避免。长势强的烟田（地）烤烟大田生长发育期为125～131 d，株形呈橄榄形，各部位单叶重数值偏大，顶叶、上二棚叶与中部叶每片约19.00 g，不符合优质适产烟叶的生产要求。长势中的烟田（地）烤烟大田生长发育期相近（131～135 d），单叶重总体上分布合理，其中中部叶单叶重在15.00 g左右，上部叶单叶重均值小于中部叶。株形分别呈橄榄形与塔形，中部叶开展程度最大，上部叶与下部叶次之，呈中间向两端收拢趋势，为田间优质烟株的长相形态。总之，田间长势中的烟田（地）其大田生长发育期既不太短也不太长，株形呈橄榄形且单叶重分布合理，符合优质烟叶生产田间烟株的长势长相的要求。

表4-12 不同长势长相、生长发育进程与单叶重的关系

编号(N)	分类	大田生长发育期(d)	株形	顶叶(g)	上二棚叶(g)	中部叶(g)	下二棚叶(g)	底叶(g)
1	长势强	125	橄榄形	19.76	19.00	19.83	15.60	4.99
2	长势中	131	橄榄形	14.53	12.10	15.93	12.72	10.60
3	长势弱	100	倒塔形	18.48	14.93	10.78	9.57	4.74
4	长势强	131	筒形	18.92	17.40	12.74	9.16	5.96
5	长势中	135	塔形	14.70	13.18	15.42	14.18	6.98
6	长势弱	118	倒塔形	17.42	14.24	16.21	10.60	8.28

注：烤后烟叶单叶重取平均值。

4.3.6 优质烟叶生长发育进程模型的建立

从烤后烟叶主要经济性状的角度出发，选择烤烟综合性状最优调查点进行整合（编号10），品种为粤烟97，分别于烤烟伸根点、团棵点、旺长点、现蕾点与成熟点五个时间点为基础建立优质烤烟的生长发育进程模型。应用origin 9.1进行高级非线性拟合（Nonlinear Least Squares Fitter，非线性最小平方拟合），以期各模型拟合程度达到最佳。

4.3.6.1 着生叶片数

拟合 S 曲线 Boltzmann 模型：

$$y = \frac{A_1 - A_2}{1 + e^{(x-x_0)/d_x}} + A_2$$

表 4 - 13 着生叶片数拟合参数

参数	值	参数值标准误差 SE	R^2	prob $> F$
A_1	3.69	±0.79		
A_2	20.58	±0.78		
x_0	44.11	±1.81	0.989	0.002
d_x	9.78	±1.83		

Boltzmann 曲线方程模型参数的估算值见表 4 - 13。由此可知 Boltzmann 模型中 A_1、A_2、x_0 和 d_x 分别为 3.69、20.58、44.11 和 9.78，将 A_1、A_2、x_0 和 d_x 值代入方程，得到 Boltzmann 曲线方程：

$$y = \frac{3.69 - 20.58}{1 + e^{(x-44.11)/9.78}} + 20.58$$

模型拟合的相关指数（拟合度）$R^2 = 0.989$，$p < 0.01$，说明拟合模型达到极显著水平。拟合图形如图 4 - 7 所示，其中，x 为大田移栽天数，y 对应为所求着生叶片数。该方程适用于检验烟株移栽相应天数后其田间着生叶片是否符合优质烤烟的生长要求。

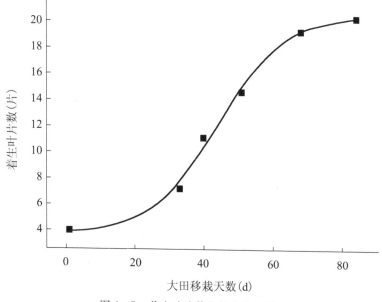

图 4 - 7 着生叶片数生长曲线模型

4.3.6.2 株高

拟合 S 曲线 Boltzmann 模型：

$$y = \frac{A_1 - A_2}{1 + e^{(x-x_0)/d_x}} + A_2$$

表 4 - 14 株高拟合参数

参数	值	参数值标准误差 SE	R^2	prob > F
A_1	10.32	±1.43		
A_2	105.40	±1.52	0.999	0.012
x_0	56.87	±0.53		
d_x	6.60	±0.43		

Boltzmann 曲线方程模型参数的估算值见表 4 - 14。从表 4 - 14 可知 Boltzmann 模型中 A_1、A_2、x_0 和 d_x 分别为 10.32、104.40、56.87 和 6.60，将 A_1、A_2、x_0 和 d_x 值代入方程，得到 Boltzmann 曲线方程：

$$y = \frac{10.32 - 105.4}{1 + e^{(x-56.87)/6.6}} + 105.4$$

模型拟合的相关指数（拟合度）$R^2 = 0.999$，$p < 0.05$，说明拟合模型达到显著水平。拟合图形如图 4 - 8 所示。其中，x 为大田移栽天数，y 对应为所求株高。该方程适用于检验烟株移栽相应天数后其田间株高是否符合优质烤烟的生长要求。

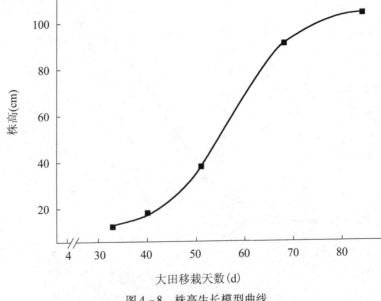

图 4 - 8 株高生长模型曲线

4.3.6.3　单株叶面积

拟合 S 曲线 Boltzmann 模型：

$$y = \frac{A_1 - A_2}{1 + e^{(x-x_0)/d_x}} + A_2$$

表 4-15　单株叶面积拟合参数

参数	值	参数值标准误差 SE	R^2	prob $> F$
A_1	-0.23	±0.02		
A_2	2.36	±0.02		
x_0	57.23	±0.22	0.999	0.003
d_x	12.82	±0.31		

Boltzmann 曲线方程模型参数估算值见表 4-15，可知 Boltzmann 模型中 A_1、A_2、x_0 和 d_x 分别为 -0.23、2.36、57.23 和 12.82，将 A_1、A_2、x_0 和 d_x 值代入方程，得到 Boltzmann 曲线方程：

$$y = \frac{-0.23 - 2.36}{1 + e^{(x-57.23)/12.82}} + 2.36$$

模型拟合的相关指数（拟合度）$R^2 = 0.999$，$p < 0.003$，说明拟合模型达到极显著水平。拟合图形如图 4-9 所示。其中，x 为大田移栽天数，y 对应为所求单株叶面积。该方程适用于检验烟株移栽相应天数后其田间单株叶面积是否符合优质烤烟的生长要求。

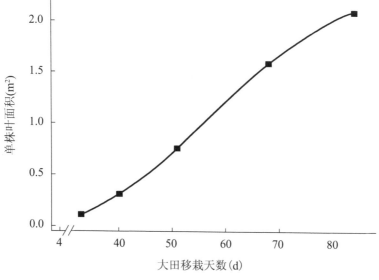

图 4-9　单株叶面积生长模型曲线

151

4.3.6.4　叶面积系数

拟合 S 曲线 Boltzmann 模型：

$$y = \frac{A_1 - A_2}{1 + e^{(x-x_0)/d_x}} + A_2$$

表 4 - 16　叶面积系数

参数	值	参数值标准误差 SE	R^2	prob $> F$
A_1	-0.38	±0.01		
A_2	4.21	±0.01	1.000	0.000
x_0	57.28	±0.04		
d_x	12.78	±0.05		

Boltzmann 曲线方程模型参数的估算值见表 4 - 16，可知 Boltzmann 模型中 A_1、A_2、x_0 和 d_x 分别为 -0.38、4.21、57.28 和 12.78，将 A_1、A_2、x_0 和 d_x 值代入方程得到 Boltzmann 曲线方程：

$$y = \frac{-0.38 - 4.21}{1 + e^{(x-57.28)/12.78}} + 4.21$$

模型拟合的相关指数（拟合度）$R^2 = 1.000$，$p < 0.01$，说明拟合模型达到极显著水平。拟合图形如图 4 - 10 所示。其中，x 为大田移栽天数，y 对应为所求叶面积系数。该方程适用于检验烟株移栽相应天数后其田间叶面积系数是否符合优质烤烟的生长要求。

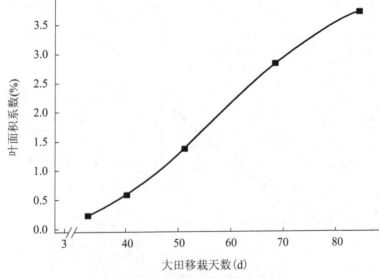

图 4 - 10　叶面积系数生长模型曲线

4.4 研究结论

粤北地区优质烤烟品种为粤烟 97，其大田生长发育天数 120～135d，每 667 m² 种植烤烟 900～1100 株，株距 0.5～0.6 m，行距 1.1～1.2 m。烤烟圆顶时，株形呈橄榄形，烤后烟叶单叶重分布合理且中部叶单叶重每片约 15.00 g。烤后烟叶每公顷产量 2587.81～3000.79 kg，每公顷产值 62951.38～79020.30 元，均价 21.62～27.04 元/kg，上中等烟比例 81.71%～97.21%。

进程指标为：还苗期 6～9 d，伸根期 40～50 d，旺长期 18～25 d，成熟期 60～70 d。形态指标为：团棵时，着生叶片数 11.00～13.33 片，株高 18.00～23.84 cm，节距 1.49～2.02 cm，最大叶片长 41.11～51.52 cm，最大叶片宽 16.16～23.41 cm，最大叶面积 0.04～0.07 m²，单株叶面积 0.25～0.52 m²，叶面积系数 0.41%～0.65%；现蕾时，着生叶片数 19.44～22.89 片，株高 83.26～94.24 cm，茎围 8.38～11.56 cm，节距 3.69～4.84 cm，最大叶片长 62.06～80.56 cm，最大叶片宽 25.52～35.41 cm，最大叶面积 0.11～0.17 m²，单株叶面积 1.25～2.51 m²，叶面积系数 1.98%～3.91%；成熟时，有效叶片数 16.22～20.44 片，株高 89.20～111.10 cm，茎围 8.41～12.86 cm，节距 4.36～6.39 cm，最大叶片长 68.23～89.97 cm，最大叶片宽 26.00～36.06 cm，最大叶面积 0.12～0.19 m²，单株叶面积 1.67～3.36 m²，叶面积系数 2.71%～4.45%，如表 4-17 所示。

表 4-17 优质烟叶外观形态指标区间值

时期	着生叶片（片）	株高（cm）	茎围（cm）	节距（cm）	最大叶片			单株叶面积（m²）	叶面积系数（%）
					长（cm）	宽（cm）	面积（m²）		
团棵期	11.00～13.33	18.00～23.84	—	1.49～2.02	41.11～51.52	16.16～23.41	0.04～0.07	0.25～0.52	0.41～0.65
现蕾期	19.44～22.89	83.26～94.24	8.38～11.56	3.69～4.84	62.06～80.56	25.52～35.41	0.11～0.17	1.25～2.51	1.98～3.91
圆顶期	16.22～20.44	89.20～111.10	8.41～12.86	4.36～6.39	68.23～89.97	26.00～36.06	0.12～0.19	1.67～3.36	2.71～4.45

注：表中各主要农艺性状值均为各调查点烟株田间平均值。

参考文献

[1] 陈茂建，胡小曼，杨焕文，等. 烤烟新品种 PVH19 的种植密度产质量效应 [J]. 中国农学通报，2011，27（09）：261-264.

[2] 陈永明，陈建军，邱妙文. 施氮水平和移栽期对烤烟还原糖及烟碱含量的影响 [J]. 中国烟草科

学, 2010, 31 (01): 34-36.

[3] 崔保伟, 陆引罡, 张振中, 等. 烤烟生长发育及化学品质对水分胁迫的响应 [J]. 河南农业科学, 2008, (11): 55-58.

[4] 邓小华, 周冀衡, 陈新联, 等. 烟叶质量评价指标间的相关性研究 [J]. 中国烟草学报, 2008, (02): 1-8.

[5] 高福宏, 詹莜国, 张晓海, 等. 不同综合抗旱技术对烤烟农艺性状和经济性状的影响比较 [J]. 中国农学通报, 2012, 8 (13): 249-254.

[6] 高卫锴, 陈杰, 罗慧红, 等. 不同移栽期对烤烟生长及烟叶质量风格特色的影响 [J]. 安徽农业科学, 2015, (33): 48-50.

[7] 高相彬, 孟智勇, 崔光周, 等. 信阳烟区适宜移栽期筛选研究 [J]. 安徽农业科学, 2015, (11): 55-56.

[8] 耿伟, 吴群, 焦枫, 等. 覆盖栽培在烟草生产中的应用研究进展 [J]. 河南农业科学, 2010, (02): 115-119.

[9] 顾学文, 王军, 谢玉华, 等. 种植密度与移栽期对烤烟生长发育和品质的影响 [J]. 中国农学通报, 2012, 28 (22): 258-264.

[10] 官春云. 现代作物栽培学 [M]. 北京: 高等教育出版社, 2011.

[11] 郭金梁, 周月凤. 外界环境条件对烟草生产的影响 [J]. 现代化农业, 2013, (03): 2-4.

[12] 郭利, 李娅, 曹祥练, 等. 烤烟地膜覆盖不同栽培方式试验研究 [J]. 现代农业科技, 2008, (16): 75-177.

[13] 韩富根, 沈铮, 李元实, 等. 施氮量对烤烟经济性状、化学成分及香气质量的影响 [J]. 中国烟草学报, 2009, (05): 38-42.

[14] 韩天富, 盖钧镒. 生育期结构不同的大豆品种的光周期反应和农艺性状 [J]. 作物学报, 1998, (5): 550-557.

[15] 胡钟胜, 杨春江, 施旭, 等. 烤烟不同移栽期的生育期气象条件和产量品质对比 [J]. 气象与环境学报, 2012, 28 (02): 66-70.

[16] 黄一兰, 李文卿, 陈顺辉, 等. 移栽期对烟株生长、各部位烟叶比例及产、质量的影响 [J]. 烟草科技, 2001, (11): 38-40.

[17] 江豪, 陈朝阳, 王建明, 等. 种植密度、打顶时期对云烟85烟叶产量及质量的影响 [J]. 福建农林大学学报 (自然科学版), 2002, 31 (04): 437-441.

[18] 蒋文昊, 李援农, 黄晔, 等. 不同生育期灌水量对烤烟生长发育及产量的影响 [J]. 节水灌溉, 2011, (02): 33-35.

[19] 焦永鸽, 李江舟, 代快, 等. 秸秆覆盖对土壤温度、含水量及烤烟节水抗旱性的影响 [J]. 云南农业科技, 2014, (01): 25-27.

[20] 金亚波, 王军. 南雄主产烟区气候、土壤状况分析 [J]. 安徽农学通报, 2014, (17): 71-75.

[21] 郎有忠, 窦永秀, 王美娥, 等. 水稻生育期对籽粒产量及品质的影响 [J]. 作物学报, 2012, (03): 528-534.

[22] 李佛琳, 罗杰. 氮钾追肥不同施用量对烤烟生长性状的影响 [J]. 安徽农业科学, 2008, 36 (29): 12785-12786.

[23] 李仕贵, 马玉清, 何平, 等. 不同环境条件下水稻生育期和株高的 QTL 分析 [J]. 作物学报, 2002, (04): 546-550.

[24] 李文卿, 陈顺辉, 柯玉琴, 等. 不同移栽期对烤烟生长发育及质量风格的影响 [J]. 中国烟草学报, 2013, (04): 48-54.

[25] 刘德玉, 李树峰, 罗德华, 等. 移栽期对烤烟产量、质量和光合特性的影响 [J]. 中国烟草学报, 2007, (03): 40-46.

[26] 刘国顺. 烟草栽培学 [M]. 北京: 中国农业出版社, 2003.

[27] 罗建钦, 齐永杰, 邓小华, 等. 不同施氮水平对湘南稻作烤烟生长发育和经济性状的影响 [J]. 作物研究, 2016, (02): 132-135.

[28] 罗萍, 唐鉴平, 党杰, 等. 不同栽培模式对烤烟农艺性状和经济性状的影响 [J]. 安徽农业科学, 2015, (27): 75-76.

[29] 聂荣邦, 曹胜利. 肥料种类与配比对烤烟生长发育及产量品质的影响 [J]. 湖南农业大学学报, 1997, 23 (05): 38-42.

[30] 聂荣邦, 赵松义, 曹胜利, 等. 烤烟生育动态与烟叶品质关系的研究 [J]. 湖南农业大学学报, 1995, 21 (04): 354-360.

[31] 牛瑞锋, 黄飞燕, 吴军, 等. 移栽期对曲靖富源烤烟生长发育及烟叶品质的影响 [J]. 湖南农业科学, 2015, (06): 22-26.

[32] 潘瑞炽. 植物生理学 [M]. 北京: 高等教育出版社, 2008.

[33] 彭静, 郭磊, 彭琼, 等. 不同灌溉方式对烤烟的生长及品质的影响 [J]. 植物生理学报, 2013, 49 (01): 53-56.

[34] 齐林. 烟草经济一场利益与健康的博弈 [J]. 中国新时代, 2013, (02): 95-97.

[35] 邱忠智, 孙智荣, 孙文刚, 等. 种植密度对烤烟生长发育特征的影响 [J]. 广东农业科学, 2013, (18): 16-18.

[36] 上官克攀, 杨虹琦, 罗桂森, 等. 种植密度对烤烟生长和烟碱含量的影响 [J]. 烟草科技, 2003, (08): 42-45.

[37] 施伟平, 王鑫, 余凌锋, 等. 烤烟产量与品质影响因素的研究进展 [J]. 福建农业科技, 2010, (01): 23-25.

[38] 时向东, 朱命阳, 赵会纳, 等. 种植密度对烤烟叶片生育期光合特性的影响 [J]. 中国烟草学报, 2012, 18 (06): 38-42.

[39] 史宏志, 陈炳, 刘国顺, 等. 不同覆盖措施的保水效果及对烟叶产质的影响 [J]. 河南农业科学, 2007, (11): 47-50.

[40] 舒俊生, 王浩军, 杜丛中, 等. 烤烟烟叶质量综合评价方法研究 [J]. 安徽农业大学学报, 2012, (06): 1018-1023.

[41] 谭子笛, 陈建军, 吕永华, 等. 不同播期对烤烟品种烟叶主要化学成分及其经济性状的影响 [J]. 西南农业学报, 2012, (01): 91-96.

[42] 田卫霞. 不同移栽期对烤烟品质的影响 [D]. 福州: 福建农林大学, 2013.

[43] 王安柱, 黄东亮. 不同覆盖处理对旱作烤烟生育和产质量效应之研究 [J]. 西北农业学报, 1997, 6 (04): 65-68.

[44] 王寒，陈建军，林锐峰，等．粤北地区移栽期对烤烟成熟期生理生化指标和经济性状的影响 [J]．中国烟草学报，2013，19（06）：71-77．

[45] 王建伟，张艳玲，过伟民，等．气象条件对烤烟烟叶主要化学成分含量的影响 [J]．烟草科技，2011，（12）：73-76．

[46] 王玮，张喜峰，樊万福，等．不同移栽期对烤烟生长、氮、钾含量及经济性状的影响 [J]．中国农学通报，2014，（16）：182-186．

[47] 王宇．灌溉模式对烤烟不同生育期光合特性的影响 [J]．节水灌溉，2012，（3）：36-39．

[48] 吴艳霞，周睿．施肥对玉米品质的影响研究 [J]．现代农业科技，2014，（11）：33-35．

[49] 谢晓斌，陈永明，王军，等．南雄烟区生态条件分析 [J]．中国烟草科学，2014，（04）：75-78．

[50] 熊茜，查永丽，毛昆明，等．小麦秸秆覆盖量对烤烟生长及烟叶产质量的影响 [J]．作物研究，2012，26（06）：649-653．

[51] 薛刚，杨志晓，张小全，等．不同氮肥用量和施用方式对烤烟生长发育及品质的影响 [J]．西北农业学报，2012，21（06）：98-102．

[52] 闫伸，符云鹏，景沙沙，等．豫中烟区烤烟移栽期和成熟度与质体色素及降解产物的关系 [J]．中国烟草科学，2014，（02）：43-48．

[53] 杨园园，穆文静，王维超，等．调整烤烟移栽期对各生育阶段气候状况的影响 [J]．江西农业学报，2013，25（09）：47-52．

[54] 殷英，张玉，余祥文，等．烤烟主要农艺性状与产量产值的关系研究 [J]．中国烟草科学，2012，（06）：18-22．

[55] 尹学田，赵平敏，周永，等．氮素形态与比例对烤烟生长和烟叶产量质量的影响 [J]．山东农业科学，2009，（04）：65-67．

[56] 张黎明．氮素用量对烤烟生长发育及产质量的影响 [J]．湖南农业科学，2011，（18）：29-30．

[57] 张力．SPSS 在生物统计中的应用 [M]．厦门：厦门大学出版社，2008．

[58] 张喜峰．移栽期对陕南烤烟生长、产量和品质的影响及其生物学机制 [D]．咸阳：西北农林科技大学，2013．

[59] 张小全，王军，陈永明，等．广东南雄烟区主要气候因素与烤烟品质特点分析 [J]．西北农业学报，2011，（03）：75-80．

[60] 赵芳，史燕平，曹良波，等．成熟后期灌水对烤烟农艺性状及产质量的影响 [J]．贵州农业科学，2014，（02）：63-64．

[61] 郑克宽，任有志，吕凤山，等．烤烟合理群体结构和产质量形成规律的研究 [J]．内蒙古农牧学院学报，1995，16（01）：28-34．

[62] 钟翔，申昌优，郭伟，等．地膜覆盖对烤烟生态、产量和品质影响效果研究 [J]．江西农业科技，1997，（01）：14-17．

[63] 祖世亨．烟烤质量的光温水指标及黑龙江省优质烤烟适宜栽培区的初步划分 [J]．烟草科技，1984，（01）：32-38．

[64] 左天觉．烟草的生产、生理和生物化学 [M]．朱尊权，译．上海：上海远东出版社，1993．

[65] Alameda D, Anten N P R, Villar R. Soil compaction effects on growth and root traits of tobacco depend

on light, water regime and mechanical stress [J]. Soil & Tillage Research, 2012, 120 (0): 121 -129.

[66] Biglouei M H, Assimi M H, Akbarzadeh A. Effect of water stress at different growth stages on quantity and quality traits of Virginia (flue-cured) tobacco type [J]. Plant, Soil and Environment, 2010, 56 (02): 67 -75.

[67] Clough B F, Milthorpe F L. Effects of water deficit on leaf development in tobacco [J]. Functional Plant Biology, 1975, 2 (03): 291 -300.

[68] Karaivazoglou N A, Tsotsolis N C, Tsadilas C D. Influence of liming and form of nitrogen fertilizer on nutrient uptake, growth, yield, and quality of Virginia (flue - cured) tobacco [J]. Field Crops Research, 2007, 100 (01): 52 -60.

[69] Leggett J E, Sims J L, Gossett D R, et al. Potassium and magnesium nutrition effects on yield and chemical composition of burley tobacco leaves and smoke [J]. Journal of Plant Science, 1977, 57 (01): 159 -166.

[70] Marchetti R, Castelli F, Contillo R. Nitrogen requirements for flue-cured tobacco [J]. Agronomy Journal, 2006, 98 (03): 666 -674.

[71] Patel S H, Patel N R, Patel J A, et al. Planting time, spacing, topping and nitrogen requirement of bidi tobacco varieties [J]. Tobacco Research, 1989, 15 (01): 42 -45.

[72] Reynolds L B, Rosa N. Effect of irrigation scheduling and amounts on flue-cured tobacco in Ontario [J]. Tobacco Science, 1995, 39: 83 -91.

[73] Ryu M H, Lee U C, Jung H J. Growth and chemical proper ties of oriental tobacco as affected by transplanting time [J]. Journal of The Korean Society of Tobacco Science, 1988, 10 (02): 109 -116.

[74] Sheen S J. Changes in amount of polyphenols and activity of related enzymes during growth of tobacco flower and capsule [J]. Plant Physiology, 1973, 51 (05): 839 -844.

[75] Steinberg R A, Tso T C. Physiology of the tobacco plant [J]. Annual Review of Plant Physiology, 1958, 9 (01): 151 -174.

[76] Tesfaye S G, Ismail M R, Kausar H, et al. Plant water relations, crop yield and quality of arabica coffee (Coffeaarabica) as affected by supplemental deficit irrigation [J]. International Journal of Agriculture and Biology, 2013, 15 (04): 665 -672.

[77] Weybrew J A, Wan Ismail W A, Long R C. The cultural management of flue-cured tobacco quality [J]. Tobacco International, 1983, 185 (10): 82 -87.

第5章 秸秆还田对烤烟生长发育及产质量的影响

5.1 前言

烤烟是我国重要的经济作物，而良好的土壤生态条件是优质烟叶生产的基础。始兴烟区作为广东省优质烟叶主产区，具有土壤条件好、温度适宜、日照时数较高等诸多生态优势（罗战勇等，2004），但大量施用化肥及长期连作的生产方式导致植烟土壤环境日益恶化。首先是植烟土壤板结，通透性、疏松度差，烟株根系难于穿透，所施的肥料很难发挥作用，造成烟株前期生长缓慢。而进入雨季后，肥料又大量释放造成烟株后期贪青晚熟，不易调制，烟叶可用性差。其次是普遍采用地膜覆盖栽培烤烟，土壤长期处于温度相对较高的环境下，有机质分解大于积累，含量下降。同时地膜难以回收，农田中残留的地膜逐年增加，阻断了土壤的毛细管作用，影响植株的根系发育。再次是土壤耕作层变浅，加上烟叶生长后期雨水过多，肥料流失严重，利用率低。复种指数过高还带来土壤碱化，缺镁、缺硼等问题，对烟叶的产量和品质造成了很大的不利影响。同时，随着烤烟连作年限的增加，烟叶的单产、均价和上中等烟比例都明显下降；评吸结果中除杂气外，其他指标均随连作年限的增加而下降。因此，探寻出一种既能充分集约利用当地资源，统筹烟叶和其他作物生产协调发展，又能节本增效，适宜于普遍推广应用的土壤改良技术手段就显得至关重要。

目前对植烟土壤的改良主要采取轮作、间作和复种，翻压绿肥，使用土壤改良剂、微生物肥料、无机和有机肥配施、秸秆还田和覆盖等方式。始兴烟区以烤烟－水稻、烤烟－花生轮作为主，稻草和花生秸秆就成为最常见最易得的有机肥料。并且秸秆直接还田方法简单，容易为广大烟农所接受。

因此，本试验采用前作作物水稻或花生秸秆直接还田方法，探讨秸秆还田对植烟土壤理化性状、烤烟生长发育、烟叶品质形成及烤后烟产质量的影响。并且，现阶段对秸秆还田的研究多局限于土壤理化性状、生物学性质及当季、后茬作物产质量方面（Humberto B and R. L，2007；Nie J et al.，2007；赵鹏，陈阜，2008；Chen H et al.，2010；Han W and He M，2010），但从烟叶生理代谢角度探讨秸秆还田对烤烟生长发育的影响尚未见报道。本试验侧重从生理生化角度研究秸秆还田对烤烟生长发育及产质量的影响，为选出适宜始兴烟区的秸秆还田方式，实现烟叶生产可持续发展提供理论和技术参考。

5.1.1　秸秆还田的概念和意义

作物秸秆是作物生物体的重要组成部分，它几乎占到作物总生物产量的50%。据测算，我国每年约有6.2亿吨作物秸秆，其中稻草秸秆1.8亿吨，麦秸秆1.1亿吨，玉米秸秆1.2亿吨。这些秸秆资源中共含氮素300多万吨，含磷素70多万吨，含钾素近700万吨，还含有大量微量元素和有机物，是一类极其丰富的农业资源，具有很大的综合利用价值（杨文钰，王兰英，1999）。秸秆还田是将作物收获后余留的秸秆直接或堆积腐熟后施入农田，改良土壤性质、加速生土熟化、提高土壤肥力的一种处理方式（李东升等，2010）。从宏观上来说，秸秆还田是集约化利用资源，达到用地养地相结合的有效途径。从微观上说，秸秆还田能实现蓄水、增温、保墒、肥田和改土，促进农田生态系统养分的良性循环。

5.1.2　秸秆还田对土壤特性的影响研究现状

5.1.2.1　对土壤水分含量的影响

秸秆还田能提高土壤含水率，将蓄水、藏水、保水与土壤培肥融为一体，缓解了缺水矛盾，使土壤水分条件普遍得到改善。顾绍军等（1999）1994—1998年对湖黑土、老黄土、白浆土三种土壤肥力监测结果表明，秸秆还田能够提高田间持水量71.2%，提高自然降水的有效性，增强土壤保水能力。

高飞等（2011）在宁南半干旱区通过大田定位试验得出，秸秆还田可使0～200 cm土层土壤贮水量增加30.17～32.83 mm，并提高玉米水分利用效率（WUE）。黄刚等（2008）认为，秸秆还田能够增加干旱季节土壤的含水率，减少土壤水分蒸发。卿明福（2005）针对四川丘陵旱区的耕作制度，在四川丘陵旱区的典型区域简阳市开展针对性的试验结果得出，在秸秆还田的小麦田中，0～10 cm土层含水量比对照要高出9%～11%；10～20 cm土层含水量比对照高出3%左右。在秸秆还田的油菜田中，0～10 cm土层含水量比对照高出5%～7%；10～20 cm土层含水量比对照高出1%左右。0～20 cm耕层土壤的储水量也均明显高于对照。乔海龙等（2006）通过土柱模拟实验结果表明，秸秆深层覆盖（在土表以下20 cm处铺设秸秆）能够在土壤中形成毛细管障碍层，破坏土壤毛细管的连续性，明显降低深层土壤水分蒸发，减少了深层土壤盐分向表层的运移。深层秸秆结合表层秸秆覆盖对土壤的保水效果最好，而且抑制盐分的土壤表聚，减轻土壤盐分对作物生长的胁迫，降低土壤耕层返盐，从而保证作物正常生长。

5.1.2.2　对土壤温度的影响

土壤温度影响作物对土壤水分和养分的吸收和利用状况，与作物的生长发育密切相关。常晓慧等（2011）在黑龙江旱作土壤上采用玉米秸秆还田结果表明，秸秆深施和覆盖还田均能提高耕地土壤的日平均温度，并且随着秸秆深施还田量的增加，对土壤的保温和保墒作用加强。景明等（2008）研究认为，免耕覆盖表层以下土壤温度不易受到大气温度的影响，即免耕覆盖具有缓和温度剧变的作用，还能减小对表土层的破坏和阻拦太阳有效辐射，使土壤热通量降低。姚宝林、施炯林（2008）通过研究河西内陆河灌区作物生长发育期土壤温度的动态变化，指出覆盖条件下土温年、日变化趋于缓和，低温时有增温效应，高温时却有降温效应；同时秸秆覆盖在春季有调节麦田地温的滞后作用，可抗御"倒春寒"对作物的危害；夏季高温时可降低土壤温度，防止干热风出现。

5.1.2.3 对土壤物理性状的影响

国内外已有大量研究表明（任顺荣等，2006；吴婕等，2006；Wuest S B，2007；Zhang G S et al.，2008），秸秆还田后可以降低土壤容重，增加土壤孔隙度和大粒径微团聚体数量及水稳定性。杨帆等（2011）在安徽、湖南、湖北、广西和江苏布置定位试验2年，发现秸秆还田的土壤容重平均下降2.69%，使土壤坚实度降低、结构疏松，增加了土壤通透性和持水性，微生物活动和作物根际透气性得以改善。Jastrow（1996）报道，在土壤中添加植物残体后，真菌菌丝体和其他根际微生物产生的有机物能够使微团聚体进一步胶结成大团聚体。并且秸秆在分解过程中释放出的有机碳、氮能迅速参与到团聚体的形成过程中（Coppens F et al.，2006；Lichter K et al.，2008），从而起到增加土壤团聚体的作用。

张庆忠等（2006）从秸秆还田对土壤有机碳的增加、对生物量碳的增加和秸秆还田减少化学N、P、K肥料的使用可减排碳三个方面，定量研究华北平原冬小麦－玉米轮作区秸秆还田对农田生态系统碳截留的作用，认为：在高产粮区，若小麦秸秆全部还田，可以增加土壤有机碳690 kg·hm^{-1}·year^{-1}；增加生物量碳580 kg·hm^{-1}·year^{-1}；因增加土壤N、P、K含量少施化肥减排碳40 kg·hm^{-1}·year^{-1}；合计大约可以增加1310 kg·hm^{-1}·year^{-1}的碳截留。此外秸秆还田相比传统耕作能更有效抑制土壤风蚀（Tibke G，1998；闻杰等，2005）。

5.1.2.4 对土壤养分含量的影响

还田的秸秆经腐解后残留各种微生物和代谢中间产物，如酚、多酚等结构复杂化合物，在土壤中进一步转化形成有机无机复合物和微团聚体，既能提高土壤的有机质数量，也能更新活化老有机质，改善腐殖物质品质和组成。马俊永等（2006）在潮土上进行的长期定位试验得出，施用秸秆能增加土壤有机质腐殖酸含量提高土壤腐殖酸中胡敏酸（HA）含量而对富啡酸（FA）影响不明显，结果促进HA/FA升高，使土壤有机质品质提高。而施用化肥倾向于增加不同形态腐殖质的含量，同时提高松解态和稳结态腐殖质的比例，加速了地力的消耗。聂新涛（2007）的研究结果认为，秸秆还田4年后，水稻收获后土壤有机质、全N、碱解N、速效P、速效K秸秆还田翻耕处理比无秸秆还田处理分别增加1.6%～5.7%、1.6%～10.5%、2.8%～14.9%、4.9%～17.9%、3.5%～5.0%，并对土壤速效氮具有一定的缓冲和调节作用。慕平等（2011）在甘肃农业大学平凉玉米育种站设计试验，以未进行秸秆还田、连续 3 年还田（2007—2010 年）、连续 6 年还田（2005—2010 年）及连续 9 年还田（2002—2010 年）的玉米田为研究对象，测定其耕层土壤理化性状，表明：连续秸秆还田结合土壤浅耕能够降低耕层深层土壤容重，对土壤高 pH 值有一定改良降低作用，显著增加 0 ～ 20 cm 耕层有机质、全氮、全磷、速效氮、速效磷及速效钾等含量。谭德水等（2009）于 1993—2006 年在青海省栗钙土区进行施钾与小麦秸秆还田对耕层（0 ～ 20 cm）土壤钾素与其他养分指标以及小麦产量的长期影响定位试验，发现：秸秆还田能够提高速效钾和缓效钾在全钾中的比例，同时降低矿物钾的比例，还可降低土壤铵态氮、有效硫、钙、镁以及全磷的含量，提高有机质、有效磷、铜、铁、锰、锌以及全氮的含量。

5.1.2.5 对土壤生物性状的影响

土壤微生物种类、数量的变化以及它们在土壤中的某些生物化学过程强度在一定程度上反映了土壤有机质矿化的速度以及各种养分存在的状态，直接影响土壤的供肥状况（杜秉海等，1996）。秸秆还田一方面可以显著增加土壤中微生物有效性的数量，刺激土壤微生物的活动，以使更多的养分固持在微生物体内（库）免遭流失，从而使土壤保持较高的肥力水平（Mary B et al.，1996；Recous S et al.，1999；沙涛等，2000）。另一方面还可加速土壤微生物量的周转，死亡的微生物经矿化后将释放出更多的养分供作物吸收（程岩等，1995），从而在土壤生态系统内部形成所谓"小循环"（鲁如坤等，1998）。

尚志强（2008）的研究指出，秸秆还田可提高土壤中放线菌、磷细菌、钾细菌等有益微生物的数量，而使真菌、细菌、霉菌等有害微生物的数量显著降低；使土壤的转化酶、蛋白酶、淀粉酶、蔗糖酶、磷酸酶、脱氢酶和 ATP 酶等的活性得到不同程度的提高。国外大量学者的研究结果也证实，秸秆还田能够提高土壤有益微生物的数量，抑制土壤致病微生物的发生（Deigado A et al.，2005；Govaerts B et al.，2006；Krupinsky J M et al.，2007；Govaerts B et al.，2007；Govaerts B et al.，2008）。

5.1.3 秸秆还田对烤烟生长发育及产质量的影响研究现状

秸秆还田能够优化烟株的个体发育，改良群体结构，改善烟叶品质，为实现优质适产创造条件。尚志强等（2011）利用选择培养基，以麦秆还田、稻秆还田的植烟土壤为对象，无秸秆还田植烟土壤作为对照，对烟草根际微生物（主要是细菌、真菌、放线菌）进行了分离和测数，结果表明：秸秆还田能明显地增加植烟土壤根际微生物的数量。谷海红等（2009）研究稻草覆盖还田和稻草翻埋还田两种方式对烟叶产质量的影响，发现两种方式均能使上部烟叶总氮和烟碱浓度降低约 18% 和 17%，总糖和还原糖浓度增加约 23% 和 19%，改善上部烟叶品质；而对中部烟叶品质的影响不显著。

李良勇等（2007）的实验结果指出，秸秆直接还田能明显增加烤烟干物质积累量，促进烟株体内 N、P、K、Ca、Mg、Zn、Mn 等元素的累积，降低中部叶的总糖、还原糖和糖碱比，提高中上部叶的烟碱和总氮含量，明显改善烤烟经济性状。在云南省曲靖地区，汤浪涛（2010）采用油菜、小麦、玉米秸秆还田发现：秸秆还田能显著提高烟株高度，加粗烟株茎围，促进农艺性状的改善；烟叶中钾含量、多酚和非挥发性有机酸含量显著提高，总糖、还原糖含量显著降低，化学协调性更好。烟叶品质以油菜秸秆还田优于小麦秸秆还田，小麦秸秆还田又优于玉米秸秆还田。王绍坤等（2000）在长期大量施用化肥的云南红壤烟区通过三点定位实验得出，施用小麦和玉米秸秆显著提高了（特别是生长发育后期）烤烟根际土壤氧化还原电位，改善了烤烟根际土壤通透性状况；利于土壤在团棵至旺长期保持较高的氮素供应水平，提高烤烟产量品质；在生长后期供氮水平快速回落，烟叶褪色落黄较好，利于烘烤调制；烟叶抽吸品质显著提高。还有研究指出（孟祥东等，2010），秸秆覆盖明显促进烤烟叶片中性香气物质的积累，深耕＋秸秆覆盖促进了类胡萝卜素降解产物类香气物质、棕色化产物类香气物质、苯丙氨酸类香气物质和新植二烯的形成，致香物质总量和其他不同种类致香物质含量有明显提高。

在广东南雄烟区，研究者们采用前膜后草的还田方式发现，在成熟期用稻草覆盖还田可使叶片叶绿素和可溶性蛋白质含量提高，叶片保护酶 SOD、POD、CAT 活性增强，MDA 含量降低（杨志晓等，2009）；促进烟株的早生快长，减少早花率；成熟期可以保持烟株的根系活力，提高上部叶的田间耐熟性（章新军等，2007）。

秸秆还田能降低烟株炭疽病和赤星病发生率，改善烟叶的香气质、香气量、杂气、劲头和刺激性（杨跃等，2004）；增加土壤对硝态氮的固持能力，后期能够使土壤养分供给和植株吸收之间达到一种平衡状态，促进增产优质（刘慧颖等，2011）；还可作为降低上部叶烟碱含量的有效措施（刘青丽等，2010）。

5.1.4　秸秆还田在生产应用上存在的问题及展望

秸秆直接还田后在土壤中被微生物分解转化的周期较长，不能作为当季作物的肥源；受病虫害危害的秸秆一般不能直接还田；秸秆还田数量、土壤水分、秸秆被粉碎的程度等均在不同程度上影响了秸秆还田的效果。在水田渍水条件下，稻草中易分解有机成分易发生强烈的还原反应，产生各种有机酸，阻碍根系对养分的吸收，并易使根系发生根腐病而导致减产。秸秆还田对作物产质量的提高作用一般与其用量呈正相关，但当秸秆用量超过一定水平时，反而会造成减产及品质下降。秸秆还田对土壤生态环境的影响也因还田秸秆的多少而异（王振跃等，2011；张丽娟等，2011；路文涛等，2011）。故此，适宜的秸秆还田量亦是当前研究的重点。

秸秆还田对烟株供氮水平的影响存在一些争议。高质量烟叶的生产要求烟株生长发育前期供氮充足，后期氮素供应宜少，以防止烟株贪青晚熟和烟叶烟碱含量过高。

但高 C/N 比的秸秆直接还田后，秸秆中大量有机碳的介入会使土壤氮矿化/固持时间发生重大变化，前期将进行强烈的氮素生物固持作用，使土壤微生物与作物争氮素，产生"氮饥饿"现象，后期又进行相对强烈的有机氮的矿化作用，使土壤有效氮含量大幅提高，故此与烟株"前重后轻"的需氮规律不相符合。有学者（王鹏等，2008）指出，将秸秆还田的时间拖后，在烤烟移栽后 9 周进行，秸秆分解对肥料氮吸收影响作用降低，不会影响到烤烟的发育和烟叶的质量；在施氮量较高或供氮比较充分的条件下，移栽后 5～7 周秸秆还田，可以降低烟株对肥料氮的吸收，对控制后期烟株氮素吸收和改善上部烟叶烟碱均能产生积极的作用，但这一问题的解决仍有待进一步深入研究。

5.2　材料与方法

5.2.1　试验材料和试验设计

试验于 2010—2011 年进行，地点设在广东省始兴县马市镇。采用烤烟品种 K326，试验地前茬为水稻，土壤类型为白沙泥田，其基本理化性质见表 5-1，烤烟生长发育期天气状况见图 5-1 和图 5-2。

表 5-1　试验地土壤基本理化性质

pH	有机质 （g·kg⁻¹）	全氮 （g·kg⁻¹）	全磷 （g·kg⁻¹）	全钾 （g·kg⁻¹）	碱解氮 （mg·kg⁻¹）	速效磷 （mg·kg⁻¹）	速效钾 （mg·kg⁻¹）
6.04	23.6	1.33	8.00	15.7	28.0	47.20	110

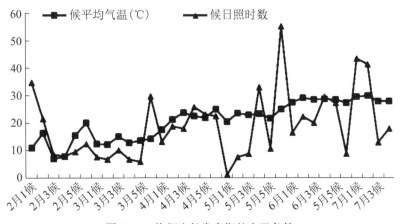

图 5-1　烤烟生长发育期的光温条件

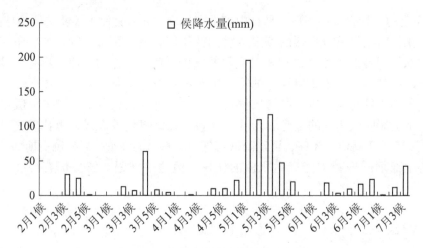

图 5-2　烤烟生长发育期的降水条件

试验设置五个处理，分别如表 5-2 所示。

表 5-2　试验处理设置

处理	秸秆种类	秸秆还田量（kg/hm²）
CK	—	—
A	水稻	2500
B	水稻	1250
C	花生	2500
D	花生	1250

　　每处理设 3 个重复小区，采用完全随机区组排列，共 15 个小区。每小区种植 80 株，种植密度为 0.55 m×1.10 m，小区面积 45.98 m²。周边设保护行，田间栽培管理措施均按韶关烟区优质烤烟生产技术规范进行。肥源为烟草专用复合肥（N-P₂O₅-K₂O 为 13∶9∶14）、过磷酸钙（P₂O₅ 12%）、硫酸钾（K₂O 50%）、硝酸钾（N-K₂O 为 13.5∶44.5）。田间试验于 2—7 月进行，移栽苗采用漂浮育苗，2 月 26 日移栽，5 月 4—6 日打顶，留叶数 21 ～23 片/株。

　　将秸秆切碎至 4 ～5 cm，在起垄前（烤烟移栽前 50 d）将切碎秸秆翻埋入土壤中，与耕层（0 ～20 cm）土壤混匀，翻埋后适当淋水以促进秸秆腐化。供试秸秆 N、P、K 含量见表 5-3。

表 5 - 3　供试秸秆 N、P、K 含量

秸秆类型	N（%）	P（%）	K（%）
水稻	46.92 ± 1.61a	18.05 ± 0.15a	6.16 ± 0.49a
花生	90.30 ± 1.02b	19.22 ± 0.14b	11.88 ± 0.24b

注：表中数据分析采用邓肯氏新复极差法，同列不同数据中具有相同字母的数据间差异未达到 5% 显著水平，具有不同字母的数据间差异达到 5% 显著水平。

5.2.2　测定项目和方法

5.2.2.1　农艺性状测定

参照《中华人民共和国烟草行业标准烟草农艺性状调查方法》（YC/T142—1998），在打顶后第 30 天进行农艺性状调查。每小区选择长势较一致的烟株 15 株，分别记录株高、茎围、节距、有效叶数及上、中、下部叶最大叶长宽。

选取植株自下往上数的第 6、12、18 片叶分别代表上、中、下部叶，上部叶在移栽后第 84 天，中、下部叶在移栽后第 63 天起开始取样试验，每隔 7 天进行一次。样品取回后，立即测量其长、宽，称其叶片鲜重，然后杀青（105 ℃，30 min）、烘干（60℃，30 h）至恒重后称其叶片干重，计算出叶片单叶面积（叶面积指数为 0.6345）及比叶重（叶片干重/叶面积）。

5.2.2.2　烟叶生理指标测定

（1）硝酸还原酶活性测定

参照邹琦（2003）的活体法。将剪碎叶片 0.5 g 置于刻度试管中，加入 KNO_3 - 异丙醇 - PBS 混合液 9 mL，对照管立即加入 1 mL 30% 三氯乙酸（TCA）终止反应，然后将试管置于真空干燥器中用真空泵抽真空，反复几次至叶片沉入管底，再将试管置 30 ℃下于暗处保温 30 min，然后取出加入 1 mL 30% 三氯乙酸（TCA）摇匀终止反应。取上清液 2 mL 于另外试管，依次加入 4 mL 对氨基苯磺酸和 α - 萘胺，以对照管作参比在 540 nm 波长下测定其光密度值，计算硝酸还原酶活性，单位为 $\mu g \cdot g^{-1} \cdot h^{-1}$。

（2）酸性蔗糖转化酶活性测定

参照高俊凤（2006）的 3,5 - 二硝基水杨酸比色法。称取 1.0 g 新鲜烟叶，用 5 mL 100 mol/L 的 pH 7.0 Tris-HCl 缓冲液研磨入离心管，2℃下 10000 r/min 离心 20 min，取 0.2 mL 酶液于 10 mL 试管，加入 0.8 mL pH 5.6 的 Tris - HCl（内含 500 mmol/L 蔗糖）反应液，反应 10 min 后加 3,5 - 二硝基水杨酸 1 mL，沸水浴 5 min，冷却后 540 nm 比色，通过标曲查得的葡萄糖含量计算酶活性，单位为 $mg \cdot g^{-1} \cdot h^{-1}$。

（3）淀粉酶活性测定

参照邹琦（2003）的 3,5 - 二硝基水杨酸比色法。称取 1 g 剪碎烟叶，用 5 mL 蒸

馏水研磨，摇匀，放置 15～20 min 后 5000 r/min 离心 10 min。分别吸取离心液 0.4 mL 于四支试管，加水 0.6 mL 稀释。CK：加入 1 mL 柠檬酸缓冲液。将试管放入 40℃ 恒温水浴 15 min 取出，立即加入 40℃ 预热的淀粉溶液 2 mL，再 40℃ 恒温水浴 5 min。立刻向测定管加入 4 mL 4 mol·L^{-1} NaOH，摇匀。每管吸取 2 mL 于 15 mL 试管，加 2 mL 3,5-二硝基水杨酸溶液，沸水浴煮沸 5 min，冷却，定容至刻度，以对照为参比，520 nm 波长比色得光密度值。查麦芽糖标准曲线计算淀粉酶活性，单位为 mg·g^{-1}·5 min^{-1}。

（4）叶绿素含量测定

参照邹琦（2003）的乙醇提取法。将剪碎叶片 0.5 g 置于 20 mL 螺口试管中，加入 10 mL 按 4.5∶4.5∶1 比例配成的丙酮:无水乙醇:水混合液，封口后置于暗箱中保存 24 h，然后以混合液为对照，在 663 nm、645 nm 和 470 nm 波长下分别测定光密度值，依公式计算叶绿素含量，单位为 mg·g^{-1}。

（5）可溶性蛋白含量测定

参照邹琦（2003）的考马斯亮蓝法。称取 0.5 g 新鲜烟叶，用 5 mL 蒸馏水研磨成匀浆，10000 r/min 离心 10 min。吸取样品提取液 1.0 mL 共 3 份分别放入 3 支试管中，加入 5 mL 考马斯亮蓝 G-250 溶液，充分混合，放置 2 min 后在 595 nm 下比色，测定吸光度，通过标曲查得蛋白质含量。

（6）游离氨基酸含量测定

参照邹琦（2003）的水合茚三酮比色法。称取 0.5 g 新鲜烟叶，5 mL 10% 乙酸研磨成匀浆，用蒸馏水稀释至 100 mL，混匀，并用滤纸过滤到三角瓶中备用。吸取滤液 2.0 mL 共 3 份分别放入 20 mL 干燥试管中，先后加入 2 mL 蒸馏水、3 mL 水合茚三酮、0.1 mL 抗坏血酸，加盖后沸水浴 15 min，用冷水迅速冷却，呈现蓝紫色时，60% 乙醇定容至 20 mL，570 nm 比色，通过标曲查得含氮量。

（7）硝态氮含量测定

参照张志良（2003）的研磨浸提比色法。称取 1.0 g 新鲜烟叶放入研钵中，加蒸馏水 20 mL，加少量石英砂研磨成匀浆。转移至三角瓶中，加少量活性炭振荡 15 min，过滤，取中间液 2 mL 定容至 50 mL。在 210 nm 波长下比色，以蒸馏水为参比，测定吸光度。根据公式计算硝态氮含量，单位为 μgNO$_3^-$-N·g^{-1}FW。

5.2.2.3 烟叶化学成分指标测定

（1）可溶性总糖含量测定

参照邹琦（2003）的蒽酮比色法。称取剪碎叶片 0.1 g 共 3 份分别放入 3 支试管。加 5～10 mL 蒸馏水，加盖封口，沸水中提取 30 min，提取 2 次，提取液过滤入 25 mL 容量瓶中，定容至刻度。吸取 0.2 mL 样品液于试管中，加蒸馏水 1.8 mL 稀释。加入 0.5 mL 蒽酮乙酸乙酯，再加入 5 mL 浓硫酸，立即将试管放入沸水中准确保温 1 min，取出自然冷却至室温。630 nm 比色，查蔗糖标准曲线，计算可溶性糖含量。

（2）淀粉含量测定

参照邹琦（2003）的蒽酮比色法。将提取可溶性糖以后的残渣移入原来的试管，加入 10～15 mL 蒸馏水，放入沸水中煮沸 15 min。加入 1.75 mL 高氯酸提取 15 min，取出冷却。滤纸过滤到 25 mL 容量瓶，定容。吸取 0.1～0.2 mL 提取液稀释到 2 mL，加入蒽酮乙酸乙酯和浓硫酸……剩下方法同可溶性糖的测定。

（3）还原糖含量测定

参照邹琦（2003）的 3,5 - 二硝基水杨酸比色法。称取均匀样品 0.2 g 于消化管，加沸水约 30 mL，微沸约 5 min，冷却，加水至恰好 35 mL，充分振荡后经干滤纸过滤。取 2 支 10 mL 刻度试管，各移入上述试样溶液 0.2 mL，加水 0.3 mL，然后依次移入 5 g·kg^{-1} 苦味酸 0.30 mL 及 200 g·kg^{-1} 碳酸钠 1.5 mL：一试管放沸水浴中加热 10 min，再用冷水冷却 2 min；另一试管不经过加热处理作为本底。两试管内溶液均加水稀释至 10 mL 处，摇匀，在 400 nm 处，与本底溶液做参比，调节吸光值为 0，测定吸光值，查葡萄糖标准曲线，计算还原糖含量。

（4）总氮含量测定

参照李合生（2000）的方法。将新鲜叶片在 105℃下杀青，80℃下烘干至恒重并过40 目筛，制成杀青样品，以 H$_2$SO$_4$～H$_2$O$_2$ 法消化，在 FOSS Kjeltec2300 全自动凯氏定氮仪上测定叶片总氮含量。

（5）烟碱含量测定

参照王瑞新（2003）的紫外分光光度法。称取样品 0.5 g 置于 500 mL 凯氏瓶中，加入 NaCl 25 g，NaOH 3 g，蒸馏水约 25 mL。将凯氏瓶连接于蒸汽蒸馏装置，用装有 10 mL 1:4 盐酸溶液的 250 mL 三角瓶收集 220～230 mL 馏出液。将馏出液转移到 250 mL 容量瓶中定容。吸取 1.5 mL 于试管，稀释到 6 mL，用 0.05 mol·L^{-1} 盐酸溶液作参比液，紫外分光光度计在 259 nm、236 nm、282 nm 波长处测定待测液的吸光度，计算烟碱含量。

（6）钾含量测定

参照王瑞新（2003）的火焰光度计法。用灰化制备的待测液，吸取该待测液 5 mL 于 100 mL 容量瓶中，定容，摇匀，直接在上海分析仪器厂生产的 6400 - A 型火焰光度计上测定，记录光度计的读数，然后从标准曲线上查得待测液的钾浓度。

5.2.2.4 经济性状测定

按小区单收单烤，烤后烟叶按照国家烤烟分级标准（GB2635—92）进行分级，各级别烟叶价格参照当地烟叶收购价格，计算产量、产值、均价、上中等烟比例。

5.2.2.5 土壤理化性质测定

（1）土壤 pH 值测定

参照鲍士旦（2000）的电位法。称取通过 1 mm 孔径筛子的风干土 25 g，放入 50 mL 烧杯中，加入蒸馏水 25 mL 用玻璃棒搅拌 1 min，使土体充分散开，放置 0.5 h，此时应避免空气中有氨或挥发性酸的影响，然后用酸度计测定。

（2）土壤有机质含量测定

参照鲍士旦（2000）的重铬酸钾容量 – 外加热法。准确称取过 0.25 mm 孔径筛网的烘干土样 0.1 g 于硬质试管中，准确加入 0.136 mol·L^{-1}重铬酸钾 – 硫酸（$K_2Cr_2O_7$ – H_2SO_4）溶液 10 mL，在试管口加一小漏斗。放入温度控制在 170℃ ～180℃ 的油浴锅加热，管中液体沸腾时开始计时，煮沸 5 min，取出试管，冷却后将试管内容物全部洗入 250 mL 三角瓶中，总体积在 60 ～70 mL，保持其中硫酸浓度为 1 ～1.5 mol·L^{-1}。此时溶液的颜色应为橙黄色或淡黄色。然后加邻啡罗啉指示剂 3 ～4 滴，用 0.2 mol·L^{-1}的标准硫酸亚铁（$FeSO_4$）溶液滴定，溶液由黄色经过绿色、淡绿色突变为棕红色即为终点。在测定样品的同时用石英砂代替样品做两个空白试验，取其平均值。按照公式计算有机质的含量。

（3）土壤全氮含量测定

参照鲍士旦（2000）的半微量凯氏定氮法。将土壤样品消煮后，利用 FOSS Kjeltec2300 全自动凯氏定氮仪进行全氮含量的测定。

（4）土壤全磷含量测定

参照鲍士旦（2000）的氢氧化钠熔融 – 钼锑钪比色法。称取土样 0.25 g 于银坩埚底部，加几滴无水酒精湿润，然后加 0.2 g 固体 NaOH 平铺于土样的表面，将坩埚放在高温电炉内，由低温升至 720 ℃ 保持此温度 15 min，当炉温升至 400 ℃ 时关闭电源 15 min 后继续升温。取出稍冷，加入 10 mL 水，加热至 80℃ 左右，待熔块溶解后，再煮沸 5 min。转入 50 mL 容量瓶中，然后用少量 0.2 mol/L H_2SO_4 溶液清洗数次一起倒入容量瓶内，使总体积至约 40 mL，再加 1:1 HCl 5 滴和 4.5mol/L H_2SO_4 5 mL。用水定容，过滤。吸取滤液 2 mL 于 50 mL 容量瓶中，用水稀释至 30 mL，加二硝基酚指示剂 2 滴，用稀氢氧化钠（NaOH）溶液和稀硫酸（H_2SO_4）溶液调节 pH 至溶液刚呈微黄色。加入钼锑抗显色剂 5 mL，摇匀，用水定容至刻度。在室温高于 15℃ 的条件下放置 30 min 后，在分光光度计上以 700 nm 的波长比色，以空白试验溶液为参比液调零点，读取吸收值，在工作曲线上查出显色液的 P – mg/L 数。绘制标准曲线，计算全磷含量。

（5）土壤速效氮含量测定

参照鲍士旦（2000）的碱解扩散法。称取 3 份过 1 mm 孔径筛网的风干土样 2 g 和 1 g 硫酸亚铁粉剂均匀铺在扩散皿外室，吸取 2% 硼酸溶液 2 mL 加入扩散皿内室并滴加 1 滴定氮混合指示剂，然后在皿的外室边缘涂上特制胶水，盖上毛玻璃并旋转数次以便毛玻璃与皿边完全黏合，转开毛玻璃的一边使扩散皿露出一条狭缝，迅速用移液管加入 10 mL 1.8 mol·L^{-1}氢氧化钠溶液于皿的外室，立即用毛玻璃盖严。水平轻轻旋转扩散皿使碱溶液与土壤充分混合均匀，随后放入 40℃ 恒温箱中恒温 24 小时后取出，再以 0.01 mol/L HCl 标准溶液用微量滴定管滴定内室所吸收的氮量，溶液由蓝色滴至微红色为终点，记下盐酸用量毫升数 V。同时要做空白试验，滴定所用盐酸量为 V_0。计算碱解氮含量。

（6）土壤速效磷含量测定

参照鲍士旦（2000）的碳酸氢钠浸提—钼锑钪比色法。称取过 18 目筛土样 5 g（精确到 0.01 g）于 200 mL 三角瓶中，准确加入 0.5 mol/L 碳酸氢钠溶液 100 mL，再加一小角勺无磷活性炭，塞紧瓶塞，在振荡机上振荡 30 min 后过滤，滤液承接于 100 mL 三角瓶中。吸取滤液 10 mL 于 50 mL 容量瓶中，加硫酸钼锑抗混合显色剂 5 mL，充分摇匀，加水定容至刻度。30 min 后，在分光光度计上比色（波长 660 nm）。比色时须同时做空白测定。绘制标准曲线，计算速效磷含量。

5.3 结果

5.3.1 不同秸秆还田处理对土壤理化性状的影响

5.3.1.1 对 pH 值的影响

如图 5-3 所示，从烤烟移栽前到移栽期，处理 A、B、C、D 及对照的土壤 pH 值分别降低了 7.94%、7.32%、6.56%、7.47% 及 1.63%，降幅表现为处理 A > 处理 D > 处理 B > 处理 C > 对照。可见秸秆在施用初期便使土壤 pH 值迅速降低，以 2500 kg/hm^2 水稻秸秆还田处理的作用最显著。

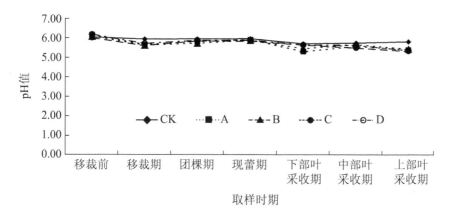

图 5-3 不同秸秆还田处理对土壤 pH 值的影响

至上部叶采收期为止，处理 A、B、C、D 的土壤 pH 值比移栽前均有明显降低，降幅分别为 12.16%、10.44%、11.23%、13.22%，处理 D 降幅最大，而处理 B 最小。对照的土壤 pH 值降幅仅为 3.86%。说明四个秸秆还田处理均使植烟土壤的 pH 值比移栽前有所降低，其中又以 1250 kg/hm² 花生秸秆还田的影响最大，以 1250 kg/hm² 水稻秸秆还田的影响最小。

5.3.1.2 对速效氮含量的影响

如图 5-4 所示，处理 A、B、C、D 的土壤速效氮含量自移栽期起始终高于对照，表明采用秸秆还田的四个处理均能提高整个烤烟生长发育期内植烟土壤的速效氮含量。从烤烟移栽前到移栽期，处理 A、B、C、D 的土壤速效氮含量分别提高了 55.73%、43.51%、114.81% 及 98.99%，增幅表现为处理 C > 处理 D > 处理 A > 处理 B，而对照则降低了 3.12%。可见秸秆在施用初期便使土壤中速效氮的含量迅速提高，采用花生秸秆还田的两个处理提高幅度明显大于采用水稻秸秆还田的两个处理，可以认为是花生秸秆的含氮量高所致，且花生秸秆的用量越大，土壤速效氮含量的增加幅度越大。

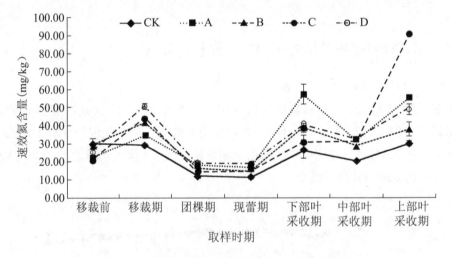

图 5-4 不同秸秆还田处理对土壤速效氮含量的影响

在移栽至现蕾期各处理间的变化趋势基本一致，自下部叶采收起发生明显分化。在下部叶采收期，土壤速效氮含量表现为处理 A > 处理 D > 处理 B > 处理 C，此时土壤速效氮的含量以 2500 kg/hm² 水稻秸秆还田处理的值最高，而以 2500 kg/hm² 花生秸秆还田处理的值最低。中部叶采收至上部叶采收这段时期内处理 A、C 的值有大幅度的上升，在上部叶采收时各处理的值表现为处理 C > 处理 A > 处理 D > 处理 B，说明采用 2500 kg/hm² 水稻秸秆还田及 2500 kg/hm² 花生秸秆还田两个处理可能在烤烟成熟后期持续释放氮素，使土壤速效氮含量有较大幅度的提高。

对比移栽前，处理 A、B、C、D 土壤速效氮的含量分别提高了 149.32%、30.62%、344.43% 及 91.66%，而对照的值基本不变，据此可以认为，秸秆还田处理均使植烟土壤速效氮含量比移栽前有所增加，且以采用 2500 kg/hm² 花生秸秆还田的处理对土壤速效氮的增加作用最大，以采用 1250 kg/hm² 水稻秸秆还田的处理最小。

5.3.1.3 对速效磷含量的影响

如图 5-5 所示，处理 A、B、C、D 的值从烤烟团棵期开始始终高于对照，即采用秸秆还田的四个处理均使烤烟生长发育期的土壤速效磷含量有所提高。从烤烟移栽前到移栽期，处理 B、C 及对照的土壤速效磷含量分别提高了 7.42%、18.40% 及 1.96%，而处理 A、D 则分别下降了 12.04% 及 0.54%，可见不同秸秆在施用初期对土壤中速效磷含量的影响有差异，采用 1250 kg/hm² 水稻秸秆还田及采用 2500 kg/hm² 花生秸秆还田的两个处理使土壤中速效磷含量提高，而采用 2500 kg/hm² 水稻秸秆还田及采用 1250 kg/hm² 花生秸秆还田的两个处理使土壤中速效磷含量降低。

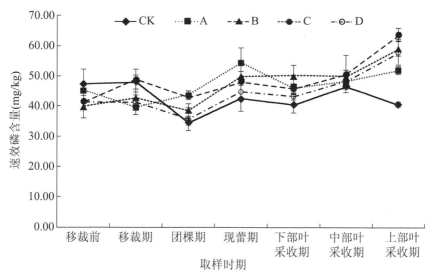

图 5-5 不同秸秆还田处理对土壤速效磷含量的影响

中部叶采收至上部叶采收期间，对照的值有明显降低，但是处理 A、B、C、D 则表现出上升趋势，又以处理 C 的增幅最大，说明各处理在烤烟成熟后期使土壤中速效磷的含量持续增加，且采用 2500 kg/hm² 花生秸秆还田的处理对烤烟成熟后期土壤速效磷含量的提高作用最大。

与移栽前相比，处理 A、B、C、D 的土壤速效磷含量有不同程度的提高，增幅分别为 14.93%、48.36%、54.04%、39.91%，即处理 C > 处理 B > 处理 D > 处理 A，而对照则降低了 13.77%。可以认为，水稻和花生秸秆还田均使植烟土壤速效磷含量比移栽前有所提高，而其中又以采用 2500 kg/hm^2 花生秸秆还田使土壤速效磷增加的作用最明显。

5.3.1.4　对有机质含量的影响

如图 5-6 所示，处理 D 的值始终高于对照，表明采用 1250 kg/hm^2 花生秸秆还田处理增加了烤烟整个生长发育期内土壤有机质的含量。从烤烟移栽前到移栽期，处理 A、B、C、D 的土壤有机质含量分别提高了 7.90%、11.91%、6.48% 及 16.78%，而对照则提高了 10.12%。说明在秸秆施用初期，只有 1250 kg/hm^2 水稻及花生秸秆还田处理相对提高了土壤有机质的含量，以 1250 kg/hm^2 花生秸秆还田效果较为明显。

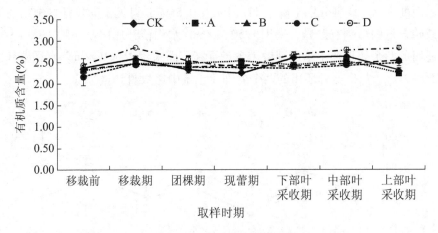

图 5-6　不同秸秆还田处理对土壤有机质含量的影响

在移栽期至采收下部叶这段时间，处理 D 及对照表现为先下降，至烟株现蕾期达到最小值之后又上升，而处理 A、B、C 的土壤有机质含量变动幅度较小。可以认为，2500 kg/hm^2 水稻还田、1250 kg/hm^2 水稻还田、2500 kg/hm^2 花生秸秆还田对烤烟生长发育前中期土壤内有机质的补充起到了一定的效果。在中部叶采收至上部叶采收这段时期，处理 A 及对照的土壤有机质含量呈现明显降低趋势，而处理 B、C、D 则未表现波动，即在烤烟成熟后期，1250 kg/hm^2 水稻秸秆还田、2500 kg/hm^2 花生秸秆还田及 1250 kg/hm^2 花生秸秆还田土壤有机质含量仍然保持较高的水平。

与移栽前对比，至上部叶采收为止处理 B、C、D 的土壤有机质含量均有所提高，增幅分别为 11.61%、8.57%、16.51%，提高幅度以处理 D 的最大。而处理 A 及对照的值分别降低了 2.75% 及 1.80%。可见 1250 kg/hm^2 水稻秸秆还田、2500 kg/hm^2 花生秸秆还田、1250 kg/hm^2 花生秸秆还田使土壤有机质的含量比移栽前有不同程度的提高，其中又以 1250 kg/hm^2 花生秸秆还田对土壤有机质的提高作用最大。

5.3.1.5 对全氮含量的影响

如图 5 - 7 所示,从烤烟移栽前到移栽期,处理 A、B、C、D 的土壤全氮含量分别下降了 16.70%、20.36%、16.33% 及 11.13%,降幅表现为处理 B > 处理 A > 处理 C > 处理 D。可见秸秆在施用初期就能够使土壤中全氮的含量出现明显降低,采用水稻秸秆还田的两个处理降低幅度明显大于采用花生秸秆还田的两个处理,且又以采用 1250 kg/hm² 水稻秸秆还田对土壤全氮含量的降低作用较大。

对比移栽前,处理 A、B、C、D 在上部叶采收后的土壤全氮含量均有所增加,增幅分别为 18.70%、15.03%、22.64% 及 20.48%,对照则增加了 18.36%。处理 C 的提高幅度最大,而处理 B 的则小于对照。可见,花生秸秆还田能显著增加土壤全氮的含量,2500 kg/hm² 水稻秸秆还田影响不明显,而 1250 kg/hm² 水稻秸秆还田土壤全氮的含量反而比移栽前有所减小。

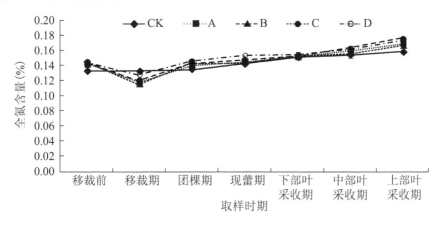

图 5 - 7 不同秸秆还田处理对土壤全氮含量的影响

5.3.1.6 对全磷含量的影响

如图 5 - 8 所示,整个烤烟生长发育期内对照的全磷含量曲线波动较为平缓,而处理 A、B、C、D 则变幅较大。从烤烟移栽前到移栽期,处理 B、C 及对照的土壤全磷含量分别提高了 9.20%、7.56% 及 0.86%,增幅表现为处理 B > 处理 C > 对照,而处理 A、D 则分别降低了 0.38% 及 1.80%。可见不同秸秆在施用初期对土壤中全磷含量的影响有差异,采用 1250 kg/hm² 水稻秸秆还田及采用 2500 kg/hm² 花生秸秆还田的两个处理使土壤中全磷含量提高,而采用 2500 kg/hm² 水稻秸秆还田及采用 1250 kg/hm² 花生秸秆还田的两个处理土壤中全磷的含量降低。

处理 A 的值自移栽期开始上升,在移栽至中部叶采收这段时间内均显著高于其余三个处理及对照的值,表明 2500 kg/hm² 水稻秸秆还田提高了烤烟生长发育前中期土壤全磷的含量。下部叶采收期起，处理 B、C、D 的土壤全磷含量提高，尤其在中部叶采收至上部叶采收期上升幅度极大，可见 2500 kg/hm^2 水稻秸秆还田、2500 kg/hm^2 花生秸秆还田及 1250 kg/hm^2 花生秸秆还田烤烟成熟期土壤全磷的含量有明显增加。

与移栽前对比，处理 B、C、D 的值分别增加了 21.11%、19.82% 及 6.84%，处理 B 增幅较大。而对照及处理 A 的值分别降低了 12.59% 及 4.92%。即采用秸秆还田的四个处理植烟土壤的全磷含量在不同程度上有所提高，其中又以 1250 kg/hm^2 水稻秸秆还田的增幅最大。

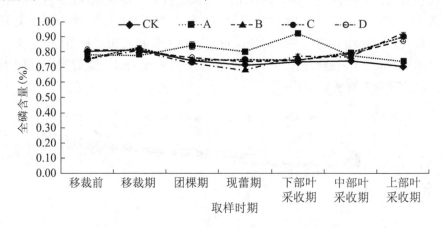

图 5 - 8　不同秸秆还田处理对土壤全磷含量的影响

5.3.2　不同秸秆还田处理对烤烟农艺性状的影响

5.3.2.1　对株高、茎围、节距及上中下部叶叶长叶宽的影响

如表 5 - 4 所示，处理 A、B、C、D 烟株的株高均显著高于对照。处理 A 烟株的茎围及节距显著大于其余三个处理及对照的，处理 B、C、D 的茎围及节距也有所增加，但与对照相比差异未达到显著水平，处理 B、C、D 相互之间差异亦不显著。相比对照而言，处理 A、C 下部叶的最大叶长增大，而处理 D 下部叶的最大叶长减小。各处理及对照相互之间比较，有效叶数、下部叶最大叶宽、中部叶最大叶长、中部叶最大叶宽及上部叶最大叶宽均未表现出显著差异。采用秸秆还田的四个处理烟株上部叶的最大叶长均有所增加，但只有处理 C、D 与对照烟株之间的差异达到显著水平。

可见，秸秆还田能够显著增加烟株的株高。2500 kg/hm^2 水稻秸秆还田烟株的茎围、节距及下部叶最大叶长增加，花生秸秆还田上部叶及下部叶最大叶长增大。

表 5 - 4 不同秸秆还田处理对烟株农艺性状的影响

处理	株高(cm)	茎围(cm)	节距(cm)	有效叶数(片)	下部叶		中部叶		上部叶	
					最大叶长(cm)	最大叶宽(cm)	最大叶长(cm)	最大叶宽(cm)	最大叶长(cm)	最大叶宽(cm)
CK	68.67±1.29a	9.07±0.33a	5.88±0.13a	21.33±0.67a	63.57±1.56ab	19.57±1.18a	63.93±1.91a	20.13±1.48a	54.20±2.59a	19.37±2.33a
A	84.17±1.83b	10.47±0.27b	6.83±0.15b	21.67±0.88a	67.37±4.11b	23.87±2.51a	64.73±0.54a	25.07±1.48a	59.93±1.90ab	21.80±0.98a
B	82.37±0.73b	9.60±0.15ab	6.13±0.32ab	22.33±0.33a	62.53±1.14ab	23.73±0.38a	64.00±0.89a	22.60±2.06a	57.33±1.13ab	22.23±1.98a
C	81.77±1.16b	9.90±0.23ab	6.51±0.13ab	22.67±0.67a	66.77±0.74b	23.70±0.42a	66.33±1.91a	23.30±1.93a	61.07±1.60b	21.33±0.81a
D	83.50±1.13b	9.47±0.52ab	6.51±0.31ab	23.33±0.67a	58.50±1.55a	23.93±1.16a	62.00±1.60a	23.80±1.32a	62.03±1.91b	24.30±1.50a

注：表中数据分析采用邓肯氏新复极差法，同列不同数据中具有相同字母的数据间差异未达到5%显著水平，具有不同字母的数据间差异达到5%显著水平。

5.3.2.2 对单叶面积的影响

如表 5－5、表 5－6、表 5－7 所示，在整个测定区间内，处理 A、B、C、D 上、中、下部叶的单叶面积始终高于对照的，表明秸秆还田能够增加烤烟的单叶面积。

处理 A、B 相互比较，上、下部叶片处理 A 的值始终高于处理 B 的值。处理 C、D 相互比较，上、中、下部叶片处理 C 的值始终高于处理 D 的值。可以认为，还田的秸秆用量越大，对土壤肥力的增加作用也越明显，越有利于烟株叶片的扩展。

同时，移栽后第 98 天起，中部叶处理 A 及对照的值基本不变，而处理 B、C、D 的值有较明显上升，即 1250 kg/hm² 水稻秸秆、2500 kg/hm² 及 1250 kg/hm² 花生秸秆还田处理中部叶单叶面积在打顶后四周起出现大幅度增加，且其中以 2500 kg/hm² 花生秸秆还田处理的增加幅度最大，可能是还田的秸秆在烤烟成熟后期的持续供氮作用所致。

表 5－5　不同秸秆还田处理对上部叶单叶面积的影响

处理	叶面积（cm²）					
	移栽后 84 d	移栽后 91 d	移栽后 98 d	移栽后 105 d	移栽后 112 d	移栽后 119 d
CK	476.16 ± 3.92a	673.69 ± 10.42a	617.15 ± 7.32a	782.77 ± 1.89a	828.66 ± 1.89a	656.82 ± 5.62a
A	842.94 ± 8.31e	828.72 ± 41.93b	1007.42 ± 9.92c	1017.39 ± 1.09d	972.49 ± 1.09b	1100.98 ± 2.97c
B	791.75 ± 1.68d	811.66 ± 1.82b	864.25 ± 2.67b	952.01 ± 2.24c	1008.01 ± 2.24c	1065.66 ± 39.43c
C	674.96 ± 2.88c	959.79 ± 11.90c	1036.76 ± 15.13d	1031.77 ± 9.08d	1083.05 ± 0.69d	1051.19 ± 4.32c
D	635.95 ± 5.85b	827.93 ± 4.53b	871.20 ± 6.30b	904.79 ± 0.69b	1008.62 ± 9.08c	966.91 ± 2.79b

注：表中数据分析采用邓肯氏新复极差法，同列不同数据中具有相同字母的数据间差异未达到 5% 显著水平，具有不同字母的数据间差异达到 5% 显著水平。

表 5－6　不同秸秆还田处理对中部叶单叶面积的影响

处理	叶面积（cm²）					
	移栽后 63 d	移栽后 70 d	移栽后 77 d	移栽后 84 d	移栽后 91 d	移栽后 98 d	移栽后 105 d
CK	359.74 ± 2.42a	589.37 ± 5.67a	752.55 ± 8.68a	773.49 ± 8.21a	816.61 ± 4.22a	811.50 ± 8.11a	887.96 ± 2.63a
A	480.62 ± 0.73c	724.28 ± 4.01cd	1000.70 ± 5.01d	1100.74 ± 28.94d	1030.50 ± 19.25d	1033.95 ± 17.56c	1036.58 ± 2.48b
B	509.04 ± 1.97e	684.10 ± 7.28b	918.18 ± 5.84b	900.32 ± 8.67b	915.96 ± 1.47b	980.30 ± 1.42b	1485.15 ± 43.69c
C	500.78 ± 3.24d	740.12 ± 2.63d	1008.04 ± 1.47d	984.89 ± 7.69c	979.50 ± 4.95c	1048.89 ± 9.29c	1841.06 ± 3.60d
D	428.35 ± 1.82b	721.64 ± 5.93c	939.86 ± 3.42c	933.81 ± 6.06b	934.47 ± 13.50b	954.69 ± 2.23b	1460.28 ± 16.42c

注：表中数据分析采用邓肯氏新复极差法，同列不同数据中具有相同字母的数据间差异未达到 5% 显著水平，具有不同字母的数据间差异达到 5% 显著水平。

表 5－7　不同秸秆还田处理对下部叶单叶面积的影响

处理	叶面积（cm²）					
	移栽后 63 d	移栽后 70 d	移栽后 77 d	移栽后 84 d	移栽后 91 d	移栽后 98 d
CK	526.12 ± 2.30a	651.58 ± 4.54a	823.13 ± 5.19a	779.65 ± 5.04a	791.14 ± 4.70a	749.52 ± 14.79a
A	631.79 ± 1.48c	856.18 ± 6.87cd	971.89 ± 22.20b	997.15 ± 6.49bc	1004.38 ± 3.02d	923.39 ± 5.65c
B	589.34 ± 3.81b	793.71 ± 1.78b	931.02 ± 15.85b	915.73 ± 9.50b	941.51 ± 18.92c	829.59 ± 10.45b
C	633.88 ± 1.71c	874.23 ± 5.96d	1043.70 ± 14.84c	1038.00 ± 56.36c	1033.20 ± 2.83e	977.79 ± 5.68d
D	696.33 ± 5.07d	842.57 ± 7.69c	980.20 ± 12.16b	989.55 ± 8.46bc	886.45 ± 2.05b	903.67 ± 2.48c

注：表中数据分析采用邓肯氏新复极差法，同列不同数据中具有相同字母的数据间差异未达到 5% 显著水平，具有不同字母的数据间差异达到 5% 显著水平。

5.3.2.3　对比叶重的影响

比叶重（specific leaf weight，SLW）是指单位面积的叶片干重，反映不同生长发育期光合产物及其积累情况（徐克章等，1998）。如图 5－9、图 5－10、图 5－11 所示，移栽后第 112 天起，处理 A、C、D 上部叶片的比叶重与对照的相比降幅更大；移栽后 98 天起处理 B、C、D 中部叶片的比叶重与对照的相比有明显下降；移栽后第 84 天起，四个处理下部叶的比叶重都明显小于对照的，降幅也比对照明显。秸秆还田处理的烤烟在成熟后期叶片中干物质的降解和转化较快，表明秸秆还田能够有效促进烟叶成熟。

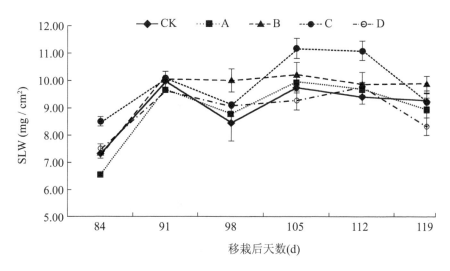

图 5－9　不同秸秆还田处理对上部叶比叶重的影响

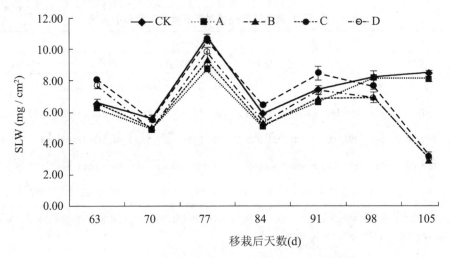

图 5 – 10　不同秸秆还田处理对中部叶比叶重的影响

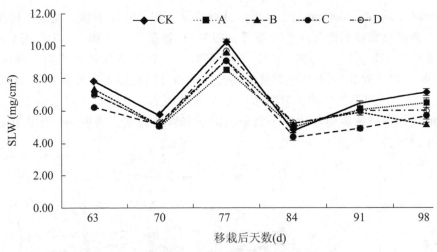

图 5 – 11　不同秸秆还田处理对下部叶比叶重的影响

5.3.3　不同秸秆还田处理对烤烟部分生理指标的影响

5.3.3.1　对硝酸还原酶活性的影响

硝酸还原酶（nitrate reductase，NR）是氮代谢的关键酶和限速酶。已有研究表明，硝酸还原酶的活性与施氮水平紧密相关（史宏志等，2009）。如图 5 – 12 所示，四个秸秆还田处理硝酸还原酶的活性在移栽后第 105 天起出现大幅度的提高，而移栽后第 112 天起各处理硝酸还原酶的活性下降幅度均比对照的要大。由于作物在生长发育后期对氮素仍具有同化能力（岳寿松等，1998），可以认为，还田秸秆持续释放的氮素营养能够满足上部叶成熟过程中的营养需求，从而促进了烟株氮代谢水平的提高和适时转化。

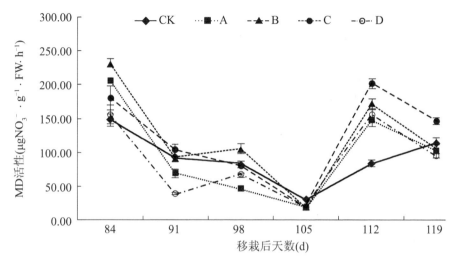

图 5 - 12 不同秸秆还田处理对上部叶硝酸还原酶活性的影响

如图 5 - 13 所示，与对照的相比，处理 B 的值一直高于对照的，说明 1250 kg/hm² 花生秸秆还田使整个生长发育期内中部叶片硝酸还原酶的活性都有所提高。处理 C 的值在移栽后第 56 天至第 77 天高于对照的，而在移栽后第 77 天起低于对照的，即 2500 kg/hm² 花生秸秆还田提高了中部叶片进入成熟期之前硝酸还原酶的活性，促进了成熟后期硝酸还原酶的活性的适时降低。处理 A、D 烟株中部叶片中硝酸还原酶的活性在移栽后

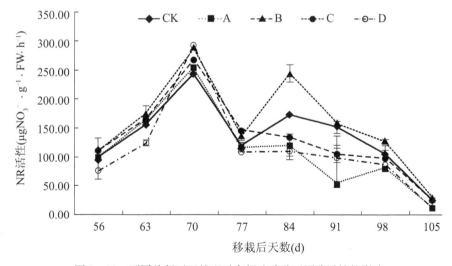

图 5 - 13 不同秸秆还田处理对中部叶硝酸还原酶活性的影响

第 77 天起开始表现出下降趋势，并在不同程度上低于对照，可见 1250 kg/hm² 花生秸秆还田、2500 kg/hm² 水稻秸秆还田也促进了中部叶片成熟期硝酸还原酶活性的降低。

从图 5 - 14 可以看出，处理 A、C 下部叶片中硝酸还原酶的活性在移栽后第 56 天至第 77 天均显著高于对照的，表明 2500 kg/hm² 水稻和花生秸秆还田都提高了下部叶在进入成熟之前叶片中硝酸还原酶的活性。自移栽后第 77 天起，处理 B 的硝酸还原酶活性与其余处理及对照的相比提高幅度较大，表明 1250 kg/hm² 水稻秸秆还田叶片在成熟后期仍保持较高的氮代谢强度。

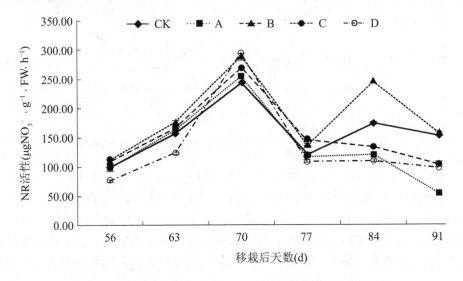

图 5 - 14　不同秸秆还田处理对下部叶硝酸还原酶活性的影响

5.3.3.2　对酸性蔗糖转化酶活性的影响

酸性蔗糖转化酶（acid invertase，Inv）与烟株组织的生长有密切关系，是衡量同化产物的转移和利用及植物细胞代谢生长强度的指标（刘卫群等，2005）。如图 5 - 15 所示，不同秸秆还田处理对上部叶片中酸性转化酶活性的影响较大。移栽后第 84 天至第 119 天，处理 D 的值均显著低于对照的值，表明 1250 kg/hm² 花生秸秆还田处理烟株上部叶成熟期叶片中酸性蔗糖转化酶的活性降低。自移栽后第 91 天起，处理 B 的值一直高于对照的值，可见 1250 kg/hm² 水稻秸秆还田提高了烟株成熟中后期上部叶片中酸性蔗糖转化酶的活性。而处理 A 烟株在移栽后第 98 天起酸性转化酶的活性均低于对照的，即采用 2500 kg/hm² 水稻秸秆还田处理烟株成熟后期鲜叶中酸性蔗糖转化酶的活性有明显的减弱。

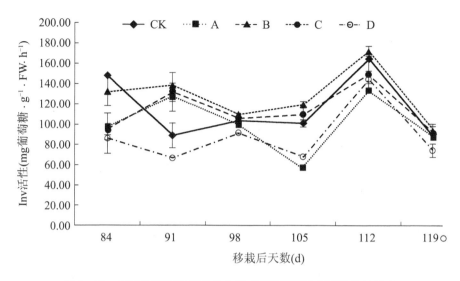

图 5-15 不同秸秆还田处理对上部叶酸性蔗糖转化酶活性的影响

如图 5-16 所示，采用秸秆还田的四个处理烟株中部叶片中酸性蔗糖转化酶的活性在第 70 天达到最低点，之后大幅上升，曲线峰值出现在移栽后第 84 天。而对照的转化酶的活性则在移栽后第 77 天达到最低点，曲线峰值出现在移栽后第 91 天。可见，2500 kg/hm² 及 1250 kg/hm² 水稻秸秆还田、2500 kg/hm² 及 1250 kg/hm² 花生秸秆还田烤烟中部叶片中酸性蔗糖转化酶活性的曲线峰值出现时间提早，即碳氮代谢的转化提前。

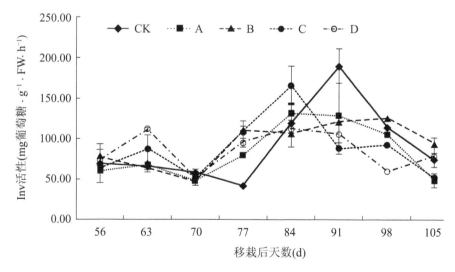

图 5-16 不同秸秆还田处理对中部叶酸性蔗糖转化酶活性的影响

在移栽后第 56 天至第 70 天，处理 C、D 的酸性蔗糖转化酶活性曲线与其他两个处理及对照相比出现一个明显的峰值，表明烟株在旺长中后期，2500 kg/hm² 及 1250 kg/hm² 花生秸秆还田的烤烟叶片中酸性蔗糖转化酶的活性有大幅度的提高。

移栽后第 84 天起，处理 A、D 的值均小于对照的值，表明在成熟中后期 2500 kg/hm² 水稻秸秆还田及 1250 kg/hm² 花生秸秆还田烟株中部叶片酸性蔗糖转化酶的活性降低。处理 B 的值在移栽后第 98 天起开始表现出高于对照的值，即 1250 kg/hm² 水稻秸秆还田的烟株在成熟后期叶片中酸性蔗糖转化酶的活性提高。

如图 5 - 17 所示，在移栽后第 63 天至第 70 天，各处理下部叶片中酸性蔗糖转化酶活性比对照低，可见秸秆还田能够降低打顶前叶片中酸性蔗糖转化酶的活性。在移栽后第 70 天起处理及对照的值开始表现出较大幅度的提升，至打顶后一周，对照及四个处理提升的幅度依次为 23.85%、73.22%、97.22%、67.02% 及 38.41%。即从打顶之后起，秸秆还田处理烟株下部叶片酸性蔗糖转化酶活性的提高速度明显比对照的要快，这对促进下部叶片碳氮代谢的转化有积极的作用。

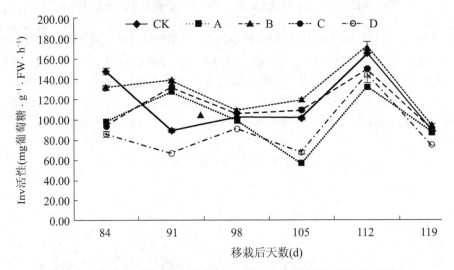

图 5 - 17　不同秸秆还田处理对下部叶酸性蔗糖转化酶活性的影响

5.3.3.3　对淀粉酶（AM）活性的影响

植物叶片中淀粉的降解主要有水解和磷酸化两条途径，而两者最初均由淀粉酶（amylase，AM）催化，故淀粉酶直接关系到烟叶中淀粉的积累量，对碳氮代谢产生重要的影响（史宏志，韩锦峰，1998）。如图 5 - 18 所示，在移栽后第 84 天起，处理 C 烟株上部叶片中淀粉酶的活性低于对照的活性，表明采用 2500 kg/hm² 花生秸秆还田处理的烤烟在整个成熟期内上部叶片中淀粉酶的活性减弱。在移栽后第 84 天至第 98 天内，处理 A 的值显著高于对照的值，而在第 105 天至第 119 天内则表现为低于对照的值。2500 kg/hm² 水稻秸秆还田处理的烤烟上部叶片在成熟前期淀粉酶的活性提高，可能是秸秆的培肥作用促进了烟叶的生长，酶的活性就相应提高。而成熟后期上部叶片中淀粉酶的活性降低，可能是秸秆继续腐解供氮引起叶片中氮代谢水平居高不下，而使碳代谢的相对强度受到影响。

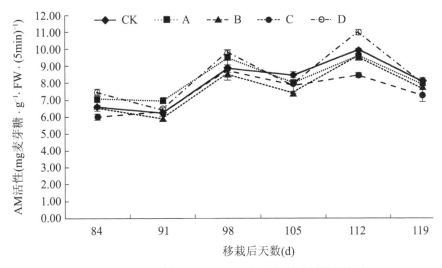

图 5 – 18　不同秸秆还田处理对上部叶淀粉酶活性的影响

如图 5 – 19 所示，中部叶淀粉酶的活性表现为在移栽后第 56 天至第 70 天下降，自第 70 天起逐渐上升的变化趋势。处理 A、处理 D 的值自移栽后第 56 天起高于对照的值，说明 2500 kg/hm² 水稻秸秆还田处理及 1250 kg/hm² 水稻秸秆还田处理能够提高中

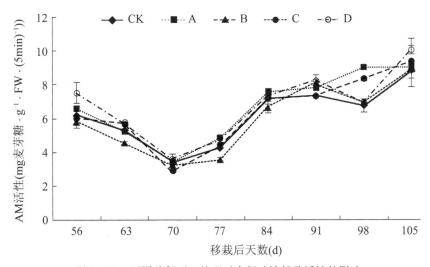

图 5 – 19　不同秸秆还田处理对中部叶淀粉酶活性的影响

部叶片中淀粉酶的活性。处理 B 在移栽后第 84 天前均低于对照的值，而在第 91 天至第 105 天高于对照的。可以认为，处理 B 的烤烟中部叶片淀粉酶的活性在成熟前期降低，而在成熟后期提高。同时，在第 91 天至第 105 天，与处理 B、D 及对照相比，处理 A、C 烟叶淀粉酶活性的曲线出现一个明显峰值，即在成熟后期，2500 kg/hm² 水稻及花生秸秆还田处理的烤烟中部叶片淀粉酶的活性有显著的提高。

如图 5-20 所示，各处理烟株下部叶淀粉酶的活性在移栽后第 63 天至第 70 天呈现下降趋势，第 70 天起开始表现出较大幅度的提升。从移栽后第 70 天也即打顶期开始至打顶后一周的这段时间，对照及四个处理叶片中淀粉酶活性的提高幅度依次为 16.10%、97.53%、91.76%、60.37% 及 64.34%，可见四个秸秆还田处理烟株下部叶片淀粉酶活性上升幅度较大，相比对照而言转入碳代谢的速度较快。

在整个生长发育期间，处理 D 的值始终高于对照的值，可能是由于花生秸秆含氮量高，在施用量为 1250 kg/hm² 即施用量不太大时能够充分腐解提供养分，从而较好地促进了酶活性的提高。从移栽后第 84 天起，处理 A、B、D 烟株鲜叶中淀粉酶的活性比对照的高，此时鲜叶中淀粉的分解代谢旺盛，能促进烟叶中糖类物质含量增加。

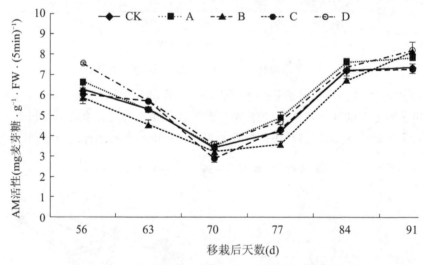

图 5-20 不同秸秆还田处理对下部叶淀粉酶活性的影响

5.3.3.4 对 Inv/NR 比值的影响

Inv 和 NR 活性的比值表示碳氮代谢的相对强度，可以作为衡量碳氮代谢相对强度的重要指标（刘卫群等，2005）。如图 5-21 所示，采用秸秆还田的四个处理烟株上部叶片的 Inv/NR 值在移栽后第 84 天接近并显著低于对照的，可见在烤烟成熟前期，2500 kg/hm² 及 1250 kg/hm² 水稻秸秆还田、2500 kg/hm² 及 1250kg/ hm² 花生秸秆还田四个处理的烤烟叶片中氮代谢的相对强度均显著提高。

移栽后第 98 天起上部叶的 Inv/NR 值迅速提高，即此时上部叶片的氮代谢开始向碳代谢转化。其中，处理 B、C 上部叶 Inv/NR 的上升幅度明显大于其余处理及对照的，并且在第 105 天处理 B、C 上部叶的 Inv/NR 值最高，可见 1250 kg/hm² 水稻秸秆还田和 2500 kg/hm² 花生秸秆还田对上部叶由氮代谢向碳代谢的转化有明显的促进作用。而从移栽后第 105 天起，处理 A 上部叶的 Inv/NR 值显著低于对照的，说明 2500 kg/hm² 水稻秸秆还田处理的烟株上部叶片在成熟后期仍保持较高的氮代谢水平。

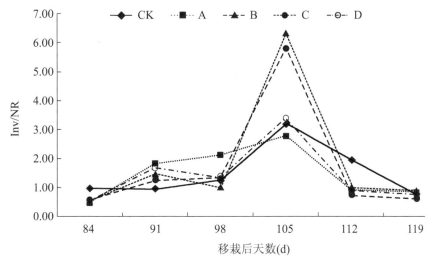

图 5 – 21　不同秸秆还田处理对上部叶 Inv/NR 比值的影响

如图 5 – 22 所示，不同秸秆还田处理对烟株中部叶 Inv/NR 值的影响较大。在移栽后第 70 天以前，处理 A 的烟株中部叶 Inv/NR 值一直低于对照的，即在烟株打顶前，2500 kg/hm² 水稻秸秆还田处理的烟株叶片中氮代谢的相对强度较高。而处理 C、D 与其余两个处理及对照相比，中部叶 Inv/NR 值出现一个较为明显的提升，说明 2500 kg/hm² 及 1250 kg/hm² 花生秸秆还田处理的烤烟叶片中碳代谢的相对强度有较大幅度的提高。

从打顶期起，处理 A 的烟株中部叶 Inv/NR 值始终高于对照的，即 2500 kg/hm² 水稻秸秆还田的烤烟中部叶片整个成熟期碳代谢的相对强度高。此时四个秸秆还田处理的烟株中部叶 Inv/NR 上升幅度及其值均明显大于对照的，说明秸秆还田对打顶时中部烟叶中氮代谢向碳代谢的转化有促进作用。

移栽后第 84 天至第 98 天，处理 B、C、D 的烟株中部叶 Inv/NR 比值均比对照的低，即 1250 kg/hm² 水稻秸秆还田、2500 kg/hm² 及 1250 kg/hm² 花生秸秆还田处理提高了氮代谢的相对强度。而移栽后第 98 天起，2500 kg/hm² 水稻秸秆还田、2500 kg/hm² 及 1250 kg/hm² 花生秸秆还田处理的烟株中部叶 Inv/NR 比值上升且在此之后高于对照的，尤其以 1250 kg/hm² 花生秸秆还田处理的增幅较大且其值最高。氮代谢的水平提高使烟株在成熟期仍能合成较多的含氮化合物，成熟后期起碳代谢的相对强度大于氮代谢，利于成熟后期可溶性糖类物质的形成。

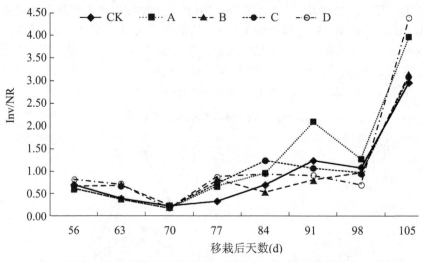

图 5-22　不同秸秆还田处理对中部叶 Inv/NR 比值的影响

如图 5-23 所示，下部叶的 Inv/NR 值在移栽后第 63 天起开始下降，此时处理 C、D 烟株下部叶 Inv/NR 的值接近且均显著低于对照的，处理 B 的值显著高于对照，而处理 A 的值与对照的接近。即在烤烟打顶前，采用花生秸秆还田的两个处理烟株下部叶的 Inv/NR 比值低，氮代谢相对较强，而采用 1250 kg/hm² 水稻秸秆还田处理烟株下部叶的 Inv/NR 比值高，碳代谢相对较旺盛。2500 kg/hm² 水稻秸秆还田处理对碳氮代谢的相对强弱影响不大。

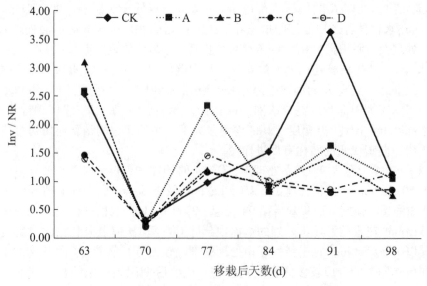

图 5-23　不同秸秆还田处理对下部叶 Inv/NR 比值的影响

移栽后第 70 天至第 84 天，相比对照而言各处理烟株下部叶的 Inv/NR 曲线出现明显峰值，其中以处理 A、D 烟株下部叶的 Inv/NR 比值提高幅度较大且其值在打顶后一周时最高。可以认为，自烤烟进入成熟期开始，四个秸秆还田处理均促进了下部叶碳代谢相对水平的提高，其中以 2500 kg/hm² 水稻秸秆还田及 1250 kg/ hm² 花生秸秆还田处理的作用最为显著。

移栽后第 84 天起处理 A、B 及对照烟株下部叶的 Inv/NR 值上升，并在移栽后第 91 天达到最大，此时处理 A、B 下部叶片的 Inv/NR 值均低于对照。而处理 C、D 下部叶片的 Inv/NR 值未表现明显上升趋势，且持续低于其余两个处理及对照，但处理 D 烟株在打顶后第四周其 Inv/NR 值又回升至与对照的接近。可见秸秆还田处理烟株下部叶的氮代谢强度在打顶两周之后仍保持较高的水平，以采用 2500 kg/hm² 花生秸秆还田处理的作用最为明显。

5.3.3.5 对叶绿素（Chl）含量的影响

如图 5-24 所示，各处理及对照烟株上部叶片中叶绿素的含量均表现为随烟叶成熟衰老而逐渐下降的趋势。在移栽后第 84 天上部叶片中叶绿素含量最高，四个处理及对照分别为 2.48 mg · g⁻¹FW、2.53 mg · g⁻¹FW、2.72 mg · g⁻¹FW、2.62 mg · g⁻¹FW 及 2.26 mg · g⁻¹FW。可见 2500 kg/hm² 及 1250 kg/ hm² 水稻秸秆还田、2500 kg/hm² 及 1250 kg/ hm² 花生秸秆还田四个处理均提高了上部叶片中叶绿素的含量。

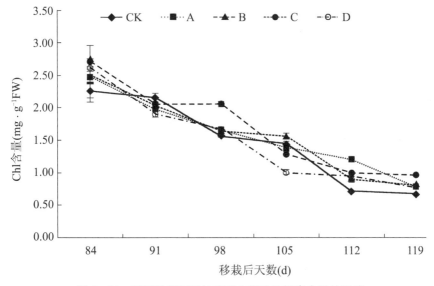

图 5-24　不同秸秆还田处理对上部叶叶绿素含量的影响

如图 5-25 所示，不同秸秆还田处理对中部叶叶绿素含量的影响较大。各处理及对照中部叶片中叶绿素含量的最大值分别为 2.60 mg · g⁻¹FW、2.40 mg · g⁻¹FW、2.58 mg · g⁻¹

FW、2.44 mg·g⁻¹FW 及 2.56 mg·g⁻¹FW，即处理 A > 对照 > 处理 C > 处理 D > 处理 B，可见 2500 kg/hm² 花生秸秆还田处理能够提高中部叶中总叶绿素的含量。处理 C 及对照在第 56 天至第 63 天叶片中总叶绿素的含量上升，在第 63 天时达到最大值，而处理 A、D 中部叶片中总叶绿素的含量在移栽后第 70 天达到最大值，处理 B 中部叶片中总叶绿素的含量则在移栽后第 77 天时才达到最大值，之后开始下降。由此可见，2500 kg/hm² 及 1250 kg/hm² 水稻秸秆还田、2500 kg/hm² 花生秸秆还田均有效推迟了中部叶片中叶绿素的降解。

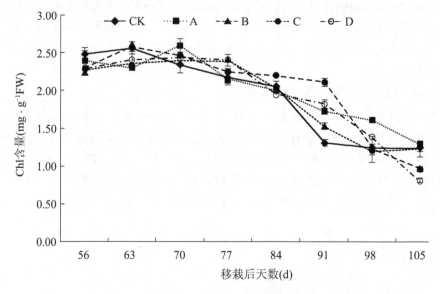

图 5 - 25　不同秸秆还田处理对中部叶叶绿素含量的影响

如图 5 - 26 所示，处理 B 烟株下部叶片中总叶绿素的含量从移栽后第 63 天起就持续下降，而其余三个处理以及对照烟株下部叶片中叶绿素的含量则表现为先上升，在移栽后第 70 天达到最大值后开始降低，表明 1250 kg/hm² 水稻秸秆还田处理下部叶片中叶绿素降解较早。

四个处理及对照烟株下部叶叶绿素含量的最大值分别为 1.96 mg·g⁻¹FW、1.86 mg·g⁻¹FW、1.86 mg·g⁻¹FW、1.89 mg·g⁻¹FW 及 2.10 mg·g⁻¹FW，即秸秆还田处理下部叶片中总叶绿素的积累量减少。自移栽后第 77 天也即打顶后一周起，四个处理烟株下部叶片中叶绿素的含量则不同程度的高于对照。打顶前积累量少而打顶后含量反而高，说明施用秸秆处理烟株下部叶片成熟期总叶绿素的分解较慢。这可能是秸秆在烤烟生长后期供肥量足，能有效延长烟叶的生长周期，从而对单施化肥存在的后期营养缺乏、脚叶成熟快、落黄快、可用性差现象有一定的改良效果。

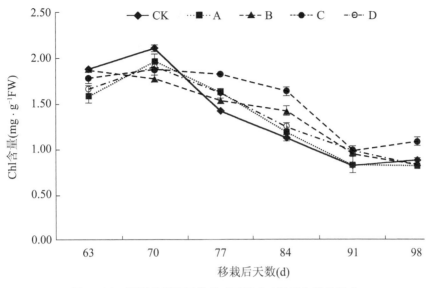

图 5 - 26　不同秸秆还田处理对下部叶叶绿素含量的影响

5.3.4　不同秸秆还田处理对烟叶主要含氮化合物含量的影响

5.3.4.1　对游离氨基酸含量的影响

游离氨基酸（free amino acid，FAA）是植物体内氮素同化物的主要运输形式，既是组成蛋白质的原料，也是蛋白质水解的产物，与烟株体内氮素代谢和烟叶品质密切相关（张新要等，2004）。如图 5 - 27 所示，移栽后第 84 天起，处理 B 烟株上部叶片

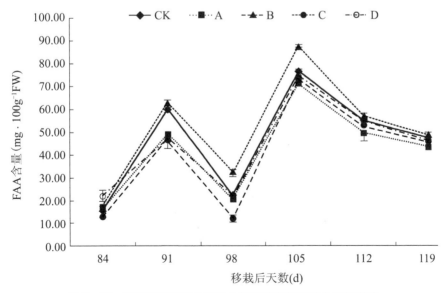

图 5 - 27　不同秸秆还田处理对上部叶游离氨基酸含量的影响

中游离氨基酸的含量始终高于对照的，处理 A、处理 C 的值低于对照的值，可见在烤烟成熟期内，1250 kg/hm² 水稻秸秆还田处理的烤烟上部叶片游离氨基酸的含量提高，而 2500 kg/hm² 水稻、花生秸秆还田处理的烤烟上部叶片中游离氨基酸的含量降低。

如图 5 - 28 所示，在移栽后第 56 天至移栽后第 70 天这段时期，处理 A、D 中部叶中游离氨基酸的含量高于对照，而处理 B、C 中部叶中游离氨基酸的含量则低于对照的，移栽后第 70 天至第 98 天，各处理以及对照的游离氨基酸含量随叶片的成熟衰老而逐渐下降，并且采用秸秆还田的四个处理中部叶中游离氨基酸的含量都低于对照的。可见，2500 kg/hm² 水稻秸秆还田和 2500 kg/hm² 花生秸秆还田处理打顶前叶片中游离氨基酸的含量提高，打顶后叶片中游离氨基酸的含量降低。1250 kg/hm² 花生和水稻秸秆还田处理在打顶前后游离氨基酸的含量都降低。第 98 天至第 105 天，随烟叶的成熟衰老，叶片中的蛋白质等含氮大分子化合物开始降解和转化，游离氨基酸的含量有所回升，各处理的值与对照的差异较小。

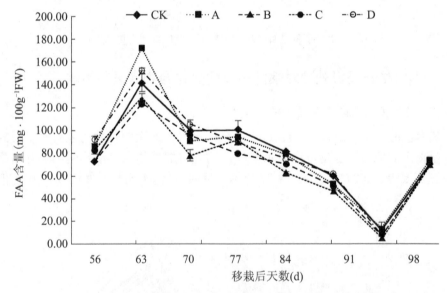

图 5 - 28　不同秸秆还田处理对中部叶游离氨基酸含量的影响

如图 5 - 29 所示，移栽后第 63 天起，处理 A、D 烟株下部叶片中游离氨基酸的含量降低，处理 B、C 烟株下部叶片中游离氨基酸的含量在移栽后第 70 天至第 84 天表现出明显提高，即自烤烟进入成熟期开始，1250 kg/hm² 水稻秸秆还田和 2500 kg/hm² 花生秸秆还田处理烟株下部叶中游离氨基酸的含量提高，可能是因为随烤烟成熟度的增加，下部叶中蛋白质分解加快造成。在成熟后期四个秸秆还田处理烟株下部叶中游离氨基酸的含量减少，则可能是成熟晚期烟株代谢水平缓慢所致。

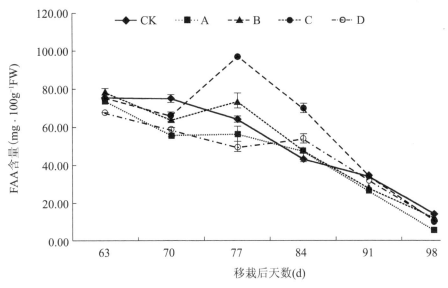

图 5 - 29 不同秸秆还田处理对下部叶游离氨基酸含量的影响

5.3.4.2 对硝态氮含量的影响

硝态氮作为植物体内主要的有机氮源，其还原和同化对植物生命活动的重要性与光合作用中 CO_2 的同化一样重要（魏蒙关等，2004）。

如图 5 - 30 所示，处理 A 及处理 D 烟株上部叶片中硝态氮的含量均显著高于对照，可见 2500 kg/hm^2 水稻秸秆还田和 2500 kg/hm^2 花生秸秆还田对烟株上部叶片中硝态氮

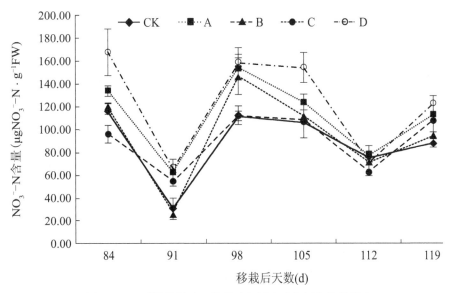

图 5 - 30 不同秸秆还田处理对上部叶硝态氮含量的影响

的含量有明显的提高作用。移栽后第 98 天起，处理 A、B 烟株上部叶片中硝态氮的含量开始大幅度下降，而处理 C、D 以及对照烟株在第 98 天至第 105 天硝态氮的含量基本不变，自第 105 天起才开始降低，表明在烤烟成熟后期，2500 kg/hm² 及 1250 kg/hm² 水稻秸秆还田处理能够促进烟株叶片中硝态氮的还原代谢，从而使烟叶中累积的硝态氮较早地被大量还原。

移栽后第 112 天开始，四个秸秆还田处理的烤烟叶片中硝态氮的含量提高，在第 119 天时的值显著高于对照的值。可能是还田的秸秆补充了烤烟成熟后期土壤中的氮素供应，促进了烟株对硝态氮的吸收，从而使烟叶中硝态氮含量显著增加。

如图 5-31 所示，处理 A 的值始终低于对照的值，可见采用 2500 kg/hm² 水稻秸秆还田处理对降低烤烟在整个生长发育期间中部叶片中硝态氮的积累有明显的作用。处理 D 的值在移栽后第 84 天以前均高于对照的值，而之后又低于对照的值。即至打顶后两周为止，1250 kg/hm² 花生秸秆还田处理的烤烟中部叶硝态氮的积累量增加，在成熟后期中部叶硝态氮的含量降低。处理 B 的值则在移栽后 70 天之前低于对照的值，在第 77 天至第 91 天高于对照及其余三个处理，可见在烤烟打顶前，采用 1250 kg/hm² 水稻秸秆还田处理烟株中部叶片中硝态氮的含量降低，而打顶后中部叶中硝态氮的含量提高。从移栽后第 98 天开始，采用秸秆还田各处理烟株中部叶中硝态氮的含量均降至低于对照，可见秸秆还田能够有效降低采收时鲜叶中硝酸盐的积累量，对优良品质的形成有利。

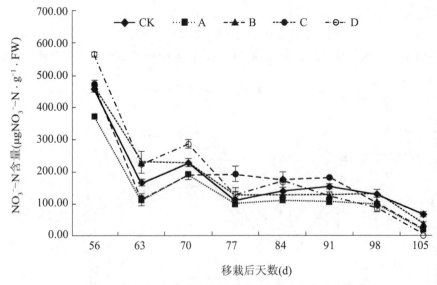

图 5-31　不同秸秆还田处理对中部叶硝态氮含量的影响

如图 5-32 所示，处理 A 的值在整个烤烟生长发育期内低于对照的值，说明采用 2500 kg/hm² 水稻秸秆还田处理能够有效降低烤烟下部叶片中硝态氮的积累量。处理 D 的值在移栽后第 84 天之前都比对照的值高，可见 1250 kg/hm² 花生秸秆还田能够促进下部叶中硝态氮的积累。从移栽后第 70 天即烤烟打顶时起，处理 C 的值高于其余处理以及对照的值，可见 1250 kg/hm² 水稻秸秆还田处理的烤烟成熟期下部叶片硝态氮的积累量显著增加。

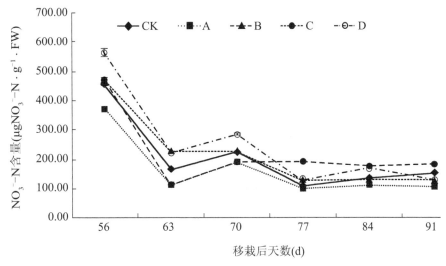

图 5 - 32 不同秸秆还田处理对下部叶硝态氮含量的影响

5.3.4.3 对可溶性蛋白含量的影响

可溶性蛋白含量的高低可以反映叶片对氮素的同化能力，在氮素代谢中起着代谢库的作用（陈爱国等，2010）。如图 5 - 33 所示，移栽后第 91 天起，处理 C、D 烟株上部叶片的可溶性蛋白含量明显低于对照，可见花生秸秆还田处理降低了烤烟成熟期间上部叶片中可溶性蛋白的含量。在移栽后第 91 天以前，处理 B、D 的值显著提高，可

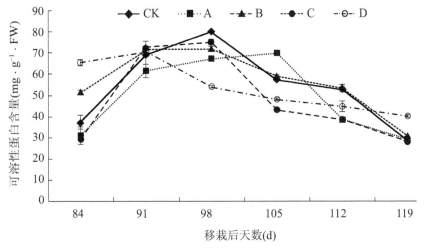

图 5 - 33 不同秸秆还田处理对上部叶可溶性蛋白含量的影响

能是由于秸秆在用量较少时容易腐解，起到了充分供氮的作用。处理 D 烟株上部叶片中的可溶性蛋白含量在移栽后第 119 天高于其余处理及对照的值，可能与下部叶采收后源库比例的改变和光合条件的改善有关。

如图 5 - 34 所示，处理 B、C 烟株中部叶可溶性蛋白含量的变化趋势与对照基本一致，均表现为自移栽后第 56 天起开始增加，在第 70 天达到最大值。但处理 A 烟株中部叶可溶性蛋白含量的最大值出现在移栽后第 77 天，处理 D 烟株中部叶可溶性蛋白含量最大值则出现在移栽后第 63 天。即处理 D、处理 B 及处理 C、处理 A 烟株中部叶可溶性蛋白含量曲线的峰值分别出现在打顶前一周、打顶期及打顶后一周，表明 1250 kg/hm² 花生秸秆还田处理提早了中部叶中可溶性蛋白的降解，而 2500 kg/hm² 水稻秸秆还田处理则使中部叶中可溶性蛋白开始降解的时间延后。

在移栽后第 63 天以前，处理 B、D 的值显著高于其余处理以及对照的值，而移栽后第 63 天至第 91 天期间，采用花生秸秆还田的处理 C、D 烟株中部叶中可溶性蛋白的含量低，这与上部叶片中可溶性蛋白含量的变化规律是一致的。

处理 A、B、C 的值从移栽后第 91 天起表现出提高的趋势，处理 D 的值则一直平缓下降，在第 105 天，处理 A 的值显著高于对照的值，而其余三个处理的值显著低于对照的值。即在成熟后期，2500 kg/hm² 水稻秸秆还田处理烟株中部叶中可溶性蛋白的含量增加，而 1250 kg/hm² 水稻秸秆还田、2500 kg/hm² 及 1250 kg/hm² 花生秸秆还田烟株中部叶可溶性蛋白含量减少，其中又以 1250 kg/ hm² 花生秸秆还田处理促进了可溶性蛋白的降解，使其在成熟后期含量最小。

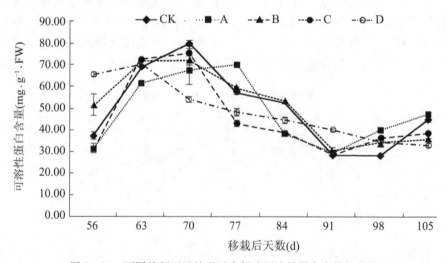

图 5 - 34　不同秸秆还田处理对中部叶可溶性蛋白含量的影响

如图 5 - 35 所示，下部叶中可溶性蛋白的含量表现为单峰曲线，在移栽后第 84 天各处理及对照烟株下部叶的可溶性蛋白积累量达到最大值。移栽后第 70 天至第 84 天，下部叶片中可溶性蛋白的含量表现为处理 C > 处理 D > 处理 A > 处理 B > 对照。第 84 天至第 91 天时表现为处理 C > 处理 D > 对照 > 处理 B > 处理 A，第 98 天时处理 C、D 的值接近但仍显著高于对照的值，而处理 A、B 的值则与对照的值差异不大。表明在烟株打顶后，采用花生秸秆还田的烟株下部叶片中可溶性蛋白的含量提高。而水稻秸秆还田在烟株打顶后两周之前促进了烟株下部叶片中可溶性蛋白的积累，成熟晚期还田秸秆对叶片中可溶性蛋白的含量影响不大。

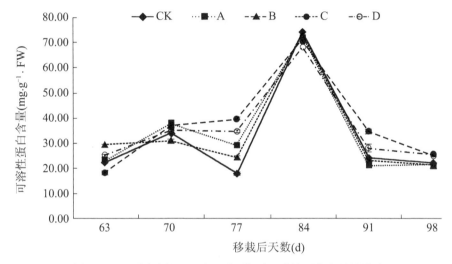

图 5 – 35　不同秸秆还田处理对下部叶可溶性蛋白含量的影响

5.3.4.5　对烟碱含量的影响

如图 5 – 36 所示，在整个烤烟生长发育期间处理 A 烟株上部叶烟碱含量都显著低

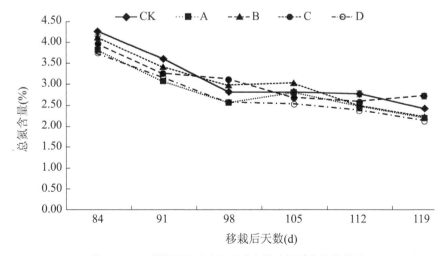

图 5 – 36　不同秸秆还田处理对上部叶烟碱含量的影响

于对照，可见 2500 kg/hm² 水稻秸秆还田有效降低了上部叶片的烟碱含量。处理 B 烟株上部叶的烟碱含量在移栽后第 112 天前低于对照，之后则表现为高于对照，说明采用 1250 kg/hm² 水稻秸秆还田处理的烤烟在进入成熟晚期之前上部叶中的烟碱含量降低，但在成熟后期烟碱的含量有所增加。移栽后第 112 天起处理 C、D 烟株上部叶烟碱含量出较大幅度提升，其值显著高于其余两个处理及对照的值。花生秸秆还田促进了成熟后期上部叶片中烟碱的积累，在采收时鲜叶中的烟碱含量可能较高。

如图 5-37 所示，移栽后第 63 天起，处理 A 烟株中部叶烟碱含量始终低于对照，表明采用 2500 kg/hm² 水稻秸秆还田能使中部叶的烟碱积累量降低。自移栽后第 98 天起，对照的烟碱含量出现降低趋势，但采用秸秆还田的四个处理其值仍持续增加，以移栽后第 105 天的值与移栽后第 98 天的值对比，各处理的上升幅度依次为 12.5%、5.3%、29.3% 及 22.5%，处理 C、D 增幅较大，并且烟碱的含量表现为处理 C > 处理 D > 处理 B。可见在中部叶成熟后期，1250 kg/hm² 水稻秸秆还田、2500 kg/hm² 与 1250 kg/hm² 花生秸秆还田对烟叶中的烟碱含量有明显的提高作用。

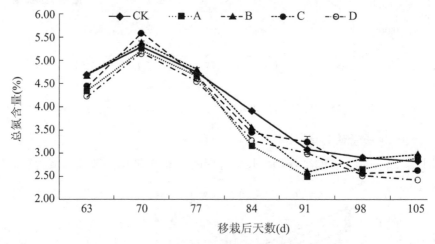

图 5-37　不同秸秆还田处理对中部叶烟碱含量的影响

如图 5-38 所示，在移栽后第 63 至第 98 天，处理 A、D 烟株下部叶烟碱含量明显低于对照，可见 2500 kg/hm² 水稻及 1250 kg/hm² 花生秸秆还田减少了下部叶片中烟碱的积累。移栽后第 84 天起，处理 A 的值有大幅度的下降，即 2500 kg/hm² 水稻秸秆还田处理的烤烟下部叶片中积累的烟碱在打顶两周之后开始快速降解。B、C、D 三个处理移栽 84 天后下部叶片中的烟碱含量降幅较小，但其值都低于对照，说明四个秸秆还田处理均能有效促进下部叶片成熟后期烟碱含量的降低，其中又以 2500 kg/hm² 水稻秸秆还田的作用最大。

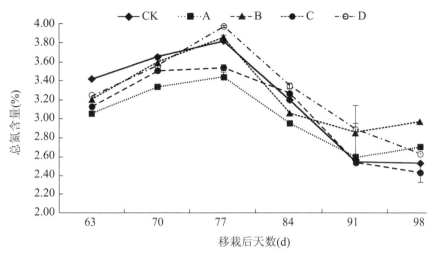

图 5 - 38　不同秸秆还田处理对下部叶烟碱含量的影响

5.3.4.4　对总氮含量的影响

如图 5 - 39 所示，总氮含量表现为随上部叶的成熟而逐渐下降的趋势。处理 A、D 烟株上部叶总氮含量移栽后第 84 天起均低于对照，可见 2500 kg/hm² 水稻及 1250 kg/hm² 花生秸秆还田有效降低了上部叶片中总氮的含量。移栽后第 112 天起，处理 C 烟株上部叶总氮含量表现出明显的提高趋势，在移栽后第 119 天其值高于其余三个处理以及对照的值，处理 A、B、D 的值则显著低于对照的值。表明 2500 kg/hm² 花生秸秆还田处理的烤烟上部叶片中总氮的含量在成熟后期有所提高，而 2500 kg/hm² 及 1250 kg/hm² 水稻秸秆还田处理、1250 kg/hm² 花生秸秆还田处理的烤烟上部叶片中总氮的含量降低。

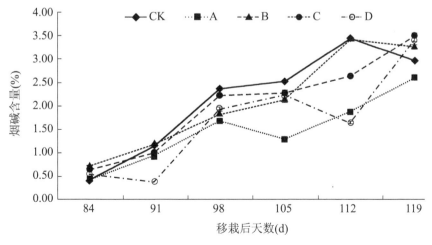

图 5 - 39　不同秸秆还田处理对上部叶总氮含量的影响

如图 5-40 所示，在烤烟移栽后第 81 天至第 91 天，处理 A、D 烟株中部叶总氮含量明显低于对照，即 2500 kg/hm² 水稻秸秆还田及 1250 kg/hm² 花生秸秆还田的烤烟中部叶片中总氮的含量降低。移栽后第 91 天起处理 A、B 的值明显提高，在第 105 天中部叶片中总氮含量表现为处理 B > 处理 A > 对照 > 处理 C > 处理 D，可见在成熟后期，采用水稻秸秆还田的烤烟中部叶片中总氮含量提高，而采用花生秸秆还田的烤烟中部叶片中总氮含量降低。

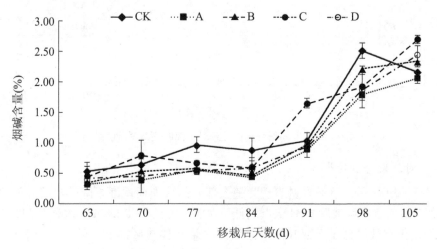

图 5-40　不同秸秆还田处理对中部叶总氮含量的影响

如图 5-41 所示，在移栽后第 70 天之前，各处理烟株下部叶片的总氮含量都低于对照。秸秆还田的烤烟在烟株打顶前下部叶片的总氮含量较低，可能是秸秆开始腐解

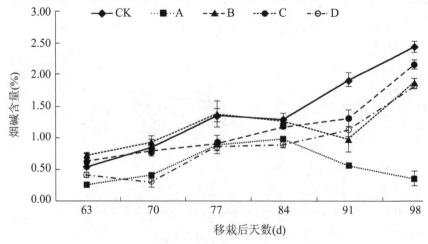

图 5-41　不同秸秆还田处理对下部叶总氮含量的影响

时与烟株的争氮作用所致。从打顶后起，处理 D 的值始终高于其余处理及对照的值，可见采用 1250 kg/ hm² 花生秸秆还田对下部叶片中总氮的积累起到明显的促进作用。移栽后第 91 天起处理 A、B 烟株下部叶总氮含量表现出明显的上升趋势，并且其值高于对照的值，即在烤烟成熟后期，水稻秸秆还田的烤烟下部叶中总氮的积累量增加。

5.3.5　不同秸秆还田处理对烟叶主要碳水化合物含量的影响

5.3.5.1　对可溶性总糖含量的影响

如图 5 – 42 所示，在移栽后第 84 天至第 112 天，处理 D 烟株上部叶片中的总糖含量都比对照高，即 1250 kg/hm² 花生秸秆还田能够促进烤烟生长发育过程中可溶性总糖的积累。处理 A、C 的值在移栽后第 98 天起比对照的值低，并且从移栽后第 105 天起处理 A 的值也明显低于对照的值，表明 2500 kg/hm² 水稻秸秆还田的烤烟鲜叶上部叶中可溶性总糖的合成较少。在移栽后第 119 天即烤烟成熟晚期，四个秸秆还田烟株上部叶片中的总糖含量均低于对照的，可见采用秸秆还田减少了上部叶片中总糖的含量。但是采用水稻秸秆还田的烤烟上部叶片的可溶性总糖含量虽然比较低，曲线却呈现上升趋势，可能是由于土壤中残存的秸秆腐解提供养分，致使烟叶中的可溶性糖仍持续积累。

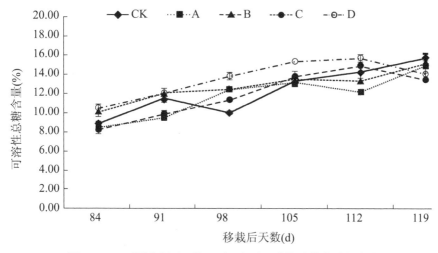

图 5 – 42　不同秸秆还田处理对上部叶可溶性总糖含量的影响

如图 5 – 43 所示，在移栽后第 77 天以前，采用秸秆还田的四个处理烟株中部叶片中可溶性总糖的含量均不同程度低于对照。移栽后第 77 天至第 98 天，中部叶片中总糖含量的变化趋势表现出较为明显的差异，处理 A、B 及对照烟株中部叶可溶性总糖含量的最大值出现在移栽后第 91 天，而处理 C、D 烟株中部叶可溶性总糖含量的最大值出现在移栽后第 84 天。可以认为，花生秸秆还田促使中部叶中可溶性总糖较早地由积累代谢转入分解代谢。

处理 C、D 烟株烟叶的总糖含量自移栽后第 91 天开始提高并在此之后显著高于对照的，处理 A、B 烟株烟叶的总糖含量则自移栽后第 98 天开始提高，并且处理 B 烟株烟叶的总糖含量比对照高，而处理 A 烟株烟叶的总糖含量低于对照的。表明在烤烟成熟后期，1250 kg/hm² 水稻秸秆还田、2500 kg/hm² 及 1250 kg/hm² 花生秸秆还田烟株中部叶片中可溶性总糖的含量提高，而 2500 kg/hm² 水稻秸秆还田烟株中部叶片中可溶性总糖的含量减少。

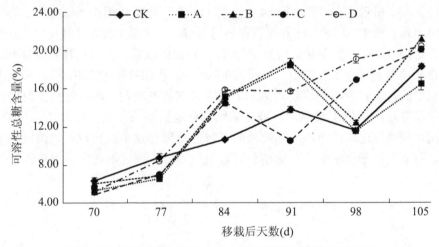

图 5 - 43　不同秸秆还田处理对中部叶可溶性总糖含量的影响

如图 5 - 44 所示，在移栽后第 63 天至第 98 天，处理 B、C 烟株下部叶片中总糖的含量均高于对照，除移栽后第 77 天其值与对照接近外，处理 A 的值在移栽后第 91 天

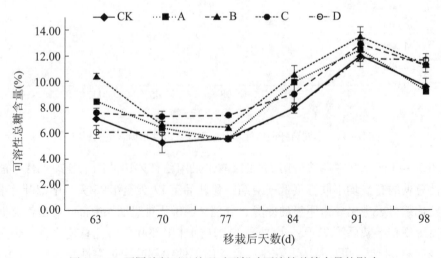

图 5 - 44　不同秸秆还田处理对下部叶可溶性总糖含量的影响

之前也比对照的值高。可见 1250 kg/hm² 及 2500 kg/hm² 水稻秸秆还田、2500 kg/hm² 花生秸秆还田都促进了成熟期下部叶片中总糖的积累。移栽后第 91 天起，下部叶片中总糖的含量呈现出降低的趋势，处理 B、C、D 烟株下部叶片中可溶性总糖的含量比对照的高，而处理 A 烟株下部叶片中可溶性总糖则比对照的低，表明在成熟后期，2500 kg/hm² 水稻秸秆还田促进了可溶性总糖的分解，下部叶片中可溶性总糖的含量较低，而 1250 kg/hm² 花生秸秆还田则延缓了可溶性总糖的分解，烟叶中可溶性总糖的含量较高。

5.3.5.2 对还原糖含量的影响

如图 5 – 45 所示，从移栽后第 84 天至第 119 天，处理 D 烟株上部叶片的还原糖含量均显著高于对照，表明 1250 kg/hm² 花生秸秆还田对上部叶片的还原糖含量有提高作用。而处理 A 即 2500 kg/hm² 水稻秸秆还田能够提高前期上部叶片中还原糖的含量，但从移栽后第 105 天起，其上部叶中还原糖的含量与对照接近，处理 B 的值比对照的值低。可见在成熟后期，采用 1250 kg/hm² 水稻秸秆还田的烤烟叶片中还原糖的含量降低，而采用 2500 kg/hm² 花生秸秆还田处理的烤烟叶片中还原糖的含量提高。

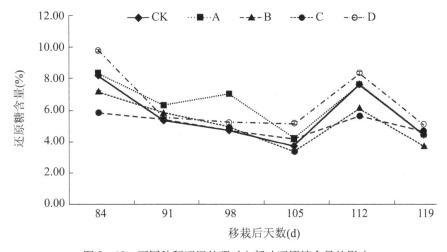

图 5 – 45　不同秸秆还田处理对上部叶还原糖含量的影响

如图 5 – 46 所示，自移栽后第 70 天起，处理 B、D 烟株中部叶片中还原糖的含量均高于对照，可见 1250 kg/hm² 花生秸秆和水稻秸秆还田都能够促进中部叶片还原糖的积累。处理 B、C、D 及对照烟株中部叶片的还原糖含量均在移栽后第 84 天达到最大值，而处理 A 的最大值则出现在移栽后第 91 天，即 2500 kg/hm² 水稻秸秆还田延迟了中部叶还原糖含量曲线峰值出现的时间，表明其前期还原糖的积累较慢。

移栽后第 105 天时，处理 A、C、D 烟株中部叶片中还原糖的含量都比对照的高，即 2500 kg/hm² 水稻秸秆还田、2500 kg/hm² 及 1250 kg/hm² 花生秸秆还田的烤烟成熟后期中部叶片中还原糖的含量提高。

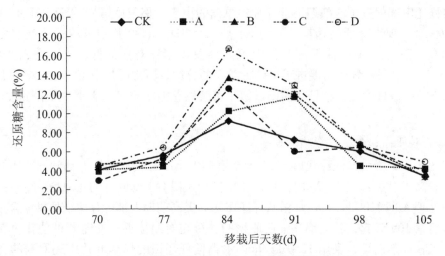

图 5 – 46　不同秸秆还田处理对中部叶还原糖含量的影响

如图 5 – 47 所示，移栽后第 63 天起，处理 C 烟株下部叶片中还原糖的含量一直比对照的低，而处理 B 烟株下部叶片中还原糖的含量则一直高于对照的。可见采用 2500 kg/hm² 花生秸秆还田的烤烟下部叶片中还原糖的含量降低，而采用 1250 kg/hm² 水稻秸秆还田的烤烟下部叶片中还原糖的含量提高。

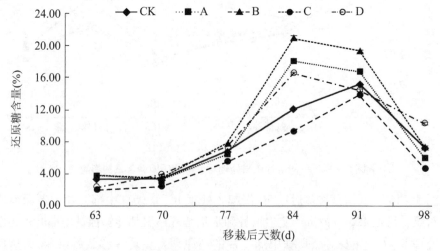

图 5 – 47　不同秸秆还田处理对下部叶还原糖含量的影响

处理 C 及对照烟株下部还原糖含量均在移栽后第 91 天时达到最大值，而处理 A、B、D 烟株则在移栽后第 84 天其值达到最大，即 2500 kg/hm² 及 1250 kg/hm² 水稻秸秆还田处理、2500 kg/hm² 花生秸秆还田处理烟株下部叶还原糖含量曲线的峰值提早一周出现，表明其促进了前期叶片中还原糖的积累。自移栽后第 91 天起，处理 D 的值明显高于其余三个处理及对照的值，可见 2500 kg/hm² 花生秸秆还田的烤烟下部叶片中还原糖的含量在成熟后期大幅度提高。

5.3.5.3 对淀粉含量的影响

如图 5 - 48 所示，处理 A、B、C、D 烟株上部中淀粉含量从移栽后第 84 天起均不同程度高于对照，可见秸秆还田处理能明显提高上部叶片中淀粉的积累量。上部叶片中淀粉的含量自移栽后第 105 天起开始下降，第 112 天的值与第 105 天的值对比，四个处理及对照的降幅分别为 21.7%、13.4%、0.3%、18.2%、13.4%，即在成熟后期上部叶片中淀粉的降解幅度以处理 A、D 大于对照，而处理 C 小于对照。自第 112 天起，处理 A、B、D 烟株上部叶的淀粉含量有所提高，且其值表现为处理 B ＞处理 D ＞处理 A ＞处理 C ＞对照。由此可见，2500 kg/hm² 水稻及 1250 kg/hm² 花生秸秆还田在叶片达到生理成熟后使淀粉分解加快，2500 kg/hm² 花生秸秆还田则使淀粉分解减慢。但 2500 kg/hm² 及 1250 kg/hm² 水稻秸秆还田、1250 kg/hm² 花生秸秆还田在成熟后期使上部叶中淀粉表现出持续积累现象，并且四个秸秆还田处理烟株成熟期淀粉含量均较高。

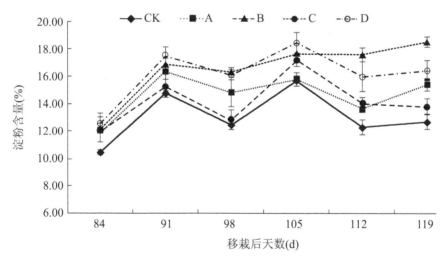

图 5 - 48　不同秸秆还田处理对上部叶淀粉含量的影响

如图 5 - 49 所示，不同处理及对照烟株在移栽后第 70 天至第 77 天中部叶淀粉含量未表现显著差异，说明秸秆还田处理对成熟前期中部叶中淀粉的含量影响不大。移栽后第 91 天，处理 A、B 以及对照烟株中部叶淀粉含量达到最大值，且在第 77 天至第 91 天期间处理 A、B 烟株中部叶的淀粉含量均显著高于对照。处理 C、D 烟株中部叶片淀粉含量的变化趋势与处理 A、B 及对照的不尽一致，移栽后第 70 天起其值均表现为持续上升。在移栽第 98 天之后，各处理及对照中部叶片中淀粉含量依次为处理 D ＞处理

C > 对照 > 处理 A > 处理 B。可见，2500 kg/hm² 及 1250 kg/hm² 水稻秸秆还田从打顶后一周起至叶片达到生理成熟为止促进了中部叶片中淀粉的积累，而在成熟后期则促进叶片中淀粉的分解。2500 kg/hm² 及 1250 kg/hm² 花生秸秆还田处理的烤烟中部叶片中淀粉一直持续积累，成熟后期叶片中的淀粉含量提高。

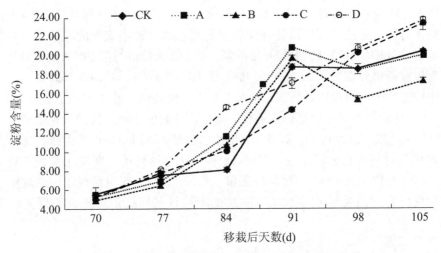

图 5 - 49　不同秸秆还田处理对中部叶淀粉含量的影响

如图 5 - 50 所示，移栽后第 63 天起处理 C 烟株下部叶淀粉含量始终高于对照，表明 2500 kg/hm² 花生秸秆还田促进烟株整个生长发育期间下部叶片中淀粉含量提高。移栽后第 70 天前，四个秸秆还田烟株下部叶片中的淀粉含量比对照的高，之后处理 A、B、D 的值降至低于对照的值，即 2500 kg/hm² 及 1250 kg/hm² 水稻秸秆还田、1250 kg/hm² 花生

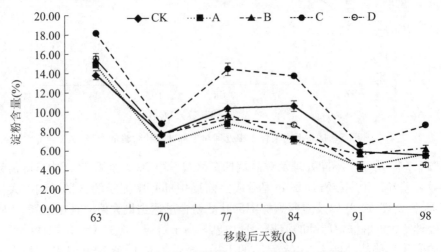

图 5 - 50　不同秸秆还田处理对下部叶淀粉含量的影响

秸秆还田烟株打顶前下部叶片中淀粉含量提高，打顶之后含量降低。移栽后第91天起，处理A、B、C烟株中部叶淀粉含量表现出明显的上升趋势，各处理及对照烟株中部叶片中淀粉含量依次为处理C＞处理B＞处理A＞对照＞处理D，即采用2500 kg/hm² 及 1250 kg/hm² 水稻秸秆还田、2500 kg/hm² 花生秸秆还田的烤烟在成熟后期下部叶片中淀粉持续积累，淀粉的含量提高，而采用1250 kg/hm² 花生秸秆还田的烤烟成熟后期下部叶片中淀粉含量降低。

5.3.6 不同秸秆还田处理对烤后烟叶常规化学成分及其协调性的影响

5.3.6.1 对上部叶常规化学成分及其协调性的影响

烟叶的化学成分是决定其质量和香气风格的内在因素，它受烟草类型、生态环境和栽培调制技术等因素的影响极大。烟叶的外观等级、感官评吸质量与其内在化学成分的协调性密切相关（周思瑾等，2011）。

烟叶中总糖与还原糖之差，即两糖差与香气质、香气量、余味、杂气、刺激性、评吸总分呈显著正相关关系，两糖差越小，烟叶品质越佳（戴勋等，2009）。由表5－8可知，处理A、B、C、D烟株上部叶片的两糖差值均显著低于对照，表明四个秸秆还田处理均能有效降低上部叶片的两糖差值。处理B、D的烟叶烟碱含量显著低于对照，可见1250 kg/hm² 水稻秸秆还田及1250 kg/hm² 花生秸秆还田能显著降低上部叶片的烟碱含量。

还原糖含量影响烟叶的吃味品质，能提高烟叶的醇和度（肖协忠等，1997）。处理B、C、D烟株烟叶还原糖含量高于对照，即1250 kg/hm² 水稻秸秆还田、2500 kg/hm² 花生秸秆还田及1250 kg/hm² 花生秸秆还田均能有效提高上部叶的还原糖含量。这三个处理的氮碱比值亦有所提高，但相比对照而言更接近于优质烤烟的标准。

钾素不仅是烤烟生长必需的营养元素，而且是烤烟重要的品质元素，提高烤烟钾含量一直是我国烟草科技工作者关注的课题（李强等，2010）。在我国优质烤烟要求含钾量不低于2.0%（周冀衡等，2005）。从表5－8可以看出，处理A、B、C使烟株上部叶片的钾含量有较大幅度的提高，且均高于钾含2.0%的优质烟标准。2500 kg/hm² 水稻秸秆、1250 kg/hm² 水稻秸秆及2500 kg/hm² 花生秸秆还田均能有效提高上部叶的钾含量，改善其燃烧性、阴燃持久力和色泽。

蛋白质是烟叶的主要结构物质之一，优质烤烟的蛋白质含量要求为7%～10%，蛋白质含量过高，影响香气和吃味，使香气质变差，刺激性增大，烟灰发暗；蛋白质含量过低，烟味平淡，劲头不足（邵惠芳等，2007）。处理B、C、D提高了烟株上部叶片中蛋白质的含量并使之达到14%左右，说明1250 kg/hm² 水稻秸秆还田、2500 kg/hm² 花生秸秆还田和1250 kg/hm² 花生秸秆还田可能导致烤后上部叶片中存在蛋白质含量过高的现象。同时，处理A的烟株烟叶烟碱含量显著提高，而总糖、还原糖含量则低于对照，施木克值、糖碱比、氮碱比明显降低，表明2500 kg/hm² 水稻秸秆还田烟株烤后上部叶片含氮化合物的相对含量高而使吃味强烈，具有较高的刺激性。

表5-8 秸秆还田对上部叶常规化学成分的影响

处理	总氮(%)	烟碱(%)	总糖(%)	还原糖(%)	淀粉(%)	钾(%)	蛋白质(%)	两糖差	氮碱比	施木克值	糖碱比
CK	2.86±0.003a	4.53±0.001b	22.13±0.28b	13.44±0.11b	5.48±0.16ab	1.86±0.03a	12.97±0.02a	8.68±0.34c	0.63±0.001b	1.71±0.04b	4.88±0.11b
A	2.90±0.001a	4.86±0.002c	19.24±0.18a	12.45±0.01a	5.49±0.15ab	2.63±0.08c	12.90±0.01a	6.80±0.32b	0.60±0.000a	1.49±0.02a	3.96±0.07a
B	3.02±0.047b	4.06±0.039a	20.16±0.26ab	14.32±0.06c	5.35±0.02a	2.25±0.03b	14.49±0.28c	5.84±0.57ab	0.74±0.011d	1.39±0.02a	4.97±0.09b
C	3.07±0.005b	4.40±0.124b	22.09±0.29b	15.33±0.14d	6.44±0.49c	2.31±0.04b	14.46±0.11c	6.76±0.76b	0.70±0.018c	1.53±0.05ab	5.03±0.11b
D	2.88±0.012a	4.01±0.024a	21.07±0.024b	16.22±0.11e	6.12±0.15bc	1.89±0.01a	13.65±0.05b	4.85±0.43a	0.72±0.002c	1.54±0.03ab	5.26±0.09b

注：表中数据分析采用邓肯氏新复极差法，同列不同数据中具有相同字母的数据间差异未达到5%显著水平，具有不同字母的数据间差异达到5%显著水平。

5.3.6.2 对中部叶常规化学成分及其协调性的影响

烤烟烟碱含量范围为 1.5% ～3.5%，小于 1%，劲头不足；大于 3.5%，劲头太强；最适为 2% 左右。还原糖含量范围为 5.0% ～25.0%，两糖差在 2.4 ～3.4 时，综合感官质量相对较好（唐珂等，2011）。由表 5 - 9 可知，处理 A、B、C、D 烟株中部叶片的烟碱含量均显著低于对照，且在 3.5% ～4.3% 范围内。还原糖含量高于对照，处理 B 烟株烟叶的还原糖含量最高，达到 28.83%。两糖差值均有大幅度降低，处理 A、C 烟株烟叶的两糖差值分别为 2.44 和 2.32。

可见，采用秸秆还田的四个烟株均使中部叶片中烟碱含量降低。同时，各处理都提高了中部叶片的还原糖含量，降低了两糖差值，其中采用 1250 kg/hm² 水稻秸秆还田烟株的中部叶还原糖含量偏高，而 2500 kg/hm² 水稻秸秆还田及 2500 kg/hm² 花生秸秆还田烟株中部叶片的两糖差值处于最适宜范围内。各处理烟株中部叶片的钾含量均高于对照，即秸秆还田能够有效提高中部叶片的钾含量。

从表 5 - 9 还可看出，处理 C 使烤后中部叶片中总糖、淀粉含量降低，总氮、蛋白质含量增加，施木克值降低；处理 D 使总氮、蛋白质含量增加，施木克值降低。且处理 C、D 烟株烟叶的糖碱比值较低，分别为 6.54 和 6.98。可以认为，采用花生秸秆还田的两个处理中部叶片含氮化合物含量增加。但 2500 kg/hm² 花生秸秆还田处理中部叶两糖差值为 2.32，施木克值为 1.75，氮碱比为 0.77，其化学成分相对最为协调。

5.3.6.3 对下部叶常规化学成分及其协调性的影响

表 5 - 10 表明，处理 A、B、C、D 烟株的下部叶总氮、蛋白质含量高于对照，表明四个秸秆还田均提高了下部叶中总氮及蛋白质的含量。处理 A、B、C 烟株下部叶片的钾含量与对照相比有显著增加，即 2500 kg/hm² 水稻秸秆还田、1250 kg/hm² 水稻秸秆还田及 2500 kg/hm² 花生秸秆还田均能增加下部叶片中的钾含量。处理 C 的蛋白质、总氮、烟碱含量提高，总糖含量降低，淀粉含量提高，糖碱比、施木克值降低，表明采用 2500 kg/hm² 花生秸秆还田烟株下部叶片中含氮化合物相对较高，易使吃味浓烈，具有较大的刺激性。同时，处理 B 即 1250 kg/hm² 水稻秸秆还田烟株烟叶两糖差值为 1.49，氮碱比为 1.10，施木克值为 1.56，糖碱比为 9.02，可见 1250 kg/hm² 水稻秸秆还田的烤烟下部叶的化学成分协调性较好。

5.3.7 不同秸秆还田处理对烤烟经济性状的影响

如表 5 - 11 所示，处理 A、B、C、D 烟株烟叶的产量、产值均显著高于对照。可见，四个秸秆还田处理均有利于提高烤烟的产量和产值。同时，产量以处理 C 的相对最高，产值、均价以处理 A 的相对最高，上中等烟比例以处理 D 的相对最高。表明采用 2500 kg/hm² 花生秸秆还田提高烤烟产量的作用最大，采用 2500 kg/hm² 水稻秸秆还田提高烤烟产值和均价的作用最大，而采用 1250 kg/hm² 花生秸秆还田对上中等烟比例

表5-9 秸秆还田对中部叶常规化学成分的影响

处理	总氮（%）	烟碱（%）	总糖（%）	还原糖（%）	淀粉（%）	钾（%）	蛋白质（%）	两糖差	氮碱比	施木克值	糖碱比
CK	2.55±0.005b	4.27±0.041d	26.43±0.16b	18.30±0.08a	6.49±0.31b	2.39±0.01a	11.35±0.07a	8.13±0.30c	0.60±0.007a	2.33±0.03c	6.20±0.06a
A	2.48±0.006a	4.04±0.030c	25.59±0.35b	23.14±0.04c	6.21±0.15b	2.53±0.03b	11.17±0.06a	2.44±0.66a	0.62±0.005a	2.29±0.06c	6.34±0.16ab
B	2.55±0.021b	3.55±0.034ab	29.72±0.23c	28.83±0.17e	6.38±0.17b	2.45±0.04ab	12.12±0.10b	0.90±0.53ab	0.72±0.001b	2.45±0.05c	8.37±0.19c
C	2.72±0.006c	3.52±0.005a	23.04±0.23a	20.72±0.10b	5.53±0.03a	2.83±0.03a	13.20±0.04c	2.32±0.50ab	0.77±0.003d	1.75±0.03a	6.54±0.12ab
D	2.71±0.019c	3.64±0.013b	25.44±0.15b	24.83±0.10d	6.54±0.09b	2.79±0.04c	13.02±0.13c	0.61±0.40a	0.74±0.007c	1.95±0.03b	6.98±0.05b

注：表中数据分析采用邓肯氏新复极差法，同列不同数据中具有相同字母的数据间差异未达到5%显著水平，具有不同字母的数据间差异达到5%显著水平。

表 5 - 10　秸秆还田对下部叶常规化学成分的影响

处理	总氮（%）	烟碱（%）	总糖（%）	还原糖（%）	淀粉（%）	钾（%）	蛋白质（%）	两糖差	氮碱比	施木克值	糖碱比
CK	2.35±0.176a	3.41±0.021d	19.95±0.33ab	14.75±0.45a	5.60±0.40ab	2.64±0.01b	10.99±1.12a	5.20±0.62bc	0.69±0.055ab	1.84±0.14c	5.85±0.21b
A	2.72±0.001b	3.29±0.021c	26.58±0.23c	20.14±0.07b	5.79±0.07b	3.03±0.05d	13.44±0.02bc	6.44±0.46c	0.83±0.005b	1.98±0.03c	8.08±0.15c
B	2.66±0.042b	2.42±0.049b	21.79±0.17b	20.30±0.14b	6.00±0.36b	2.79±0.04c	14.02±0.30c	1.49±0.44a	1.10±0.037c	1.56±0.05b	9.02±0.08c
C	2.76±0.015bc	4.32±0.033e	20.35±0.18ab	14.97±0.07a	4.94±0.10a	3.44±0.01e	12.61±0.06b	5.38±0.38bc	0.64±0.001a	1.61±0.03b	4.71±0.11a
D	2.96±0.013c	1.01±0.047a	18.58±0.13a	14.59±0.16a	5.55±0.02ab	2.41±0.01a	17.42±0.05d	3.98±0.21b	2.94±0.123d	1.07±0.01a	18.41±0.76d

注：表中数据分析采用邓肯氏新复极差法，同列不同数据中具有相同字母的数据间差异未达到 5% 显著水平，具有不同字母的数据间差异达到 5% 显著水平。

的提高作用最大。在还田秸秆的种类相同时，产值、上中等烟比例及均价表现为处理 A 烟株烟叶显著高于处理 B 烟株烟叶，处理 D 烟株烟叶显著高于处理 C 烟株烟叶。表明采用水稻秸秆还田时，以施用量为 2500 kg/hm² 的处理烤烟产值、上中等烟比例及均价高，而在采用花生秸秆还田时，以施用量为 1250 kg/hm² 的处理烤烟产值、上中等烟比例及均价高。

表 5 - 11　秸秆还田对烤烟经济性状的影响

处理	产量（kg/hm²）	产值（元/hm²）	均价（元/kg）	上中等烟比例（%）
CK	1803. 80 ± 36. 38a	22120. 34 ± 938. 58a	12. 25 ± 0. 34b	63. 00 ± 2. 52b
A	2296. 80 ± 16. 36c	31534. 76 ± 517. 01d	13. 73 ± 0. 16c	65. 39 ± 1. 64b
B	2325. 80 ± 31. 23c	24631. 65 ± 232. 36b	10. 60 ± 0. 24a	49. 51 ± 4. 31a
C	2337. 40 ± 34. 12c	27682. 84 ± 479. 10c	11. 85 ± 0. 16b	50. 37 ± 3. 89a
D	2146. 00 ± 29. 37b	29045. 45 ± 817. 88c	13. 53 ± 0. 20c	76. 61 ± 1. 29c

注：表中数据分析采用邓肯氏新复极差法，同列不同数据中具有相同字母的数据间差异未达到 5% 显著水平，具有不同字母的数据间差异达到 5% 显著水平。

5.4　研究结论

5.4.1　秸秆还田能有效降低植烟土壤 pH 值，提高土壤速效氮、速效磷和全磷含量

2500 kg/hm² 及 1250 kg/hm² 花生秸秆还田、2500 kg/hm² 及 1250 kg/hm² 水稻秸秆还田四种秸秆还田方式均能降低植烟土壤 pH 值，提高土壤速效氮、速效磷、全磷的含量。此外，花生秸秆还田还能够增加土壤有机质、全氮的含量，对培肥植烟土壤起到明显效果。1250 kg/hm² 水稻秸秆还田还能够增加土壤有机质含量，2500 kg/hm² 水稻秸秆还田对土壤有机质、全氮含量的影响不显著。在烤烟成熟后期，四个秸秆还田处理土壤速效氮及全氮的含量均有较大幅度的提高，并且以 2500 kg/hm² 花生秸秆还田的作用最明显，在土壤本身富氮，或者配施的氮肥水平较高时可能引起烤烟贪青晚熟。

5.4.2　秸秆还田可增加烟株株高，有利于叶片扩展，提高产量产值

水稻和花生秸秆还田均可增加上、中、下部叶单叶面积，提高烟株的株高，有利于积累更多的光合产物，使烤烟的产量和产值明显提高，其中又以采用 2500 kg/hm² 花生秸秆还田处理的烤烟产量最大，采用 2500 kg/hm² 水稻秸秆还田处理的烤烟产值和均价最高。

5.4.3 秸秆还田可提高烤后烟叶中还原糖和钾含量，降低两糖差值及烟碱含量

秸秆还田对烤后叶片中还原糖含量及钾含量有明显提高效果。各处理上中下部叶还原糖含量均有增加，对钾含量的提高作用则随秸秆用量的增加而增大。在采用 1250 kg/hm² 还田量时，秸秆还田处理上、中、下部叶片中烟碱含量均明显降低。秸秆还田能够有效降低烤烟上、中部叶的两糖差值。1250 kg/hm² 水稻秸秆还田、2500 kg/hm² 及 1250 kg/hm² 花生秸秆还田的三个处理上、中部叶氮碱比提高，且都在 0.7 ～ 0.75 范围内，比对照更接近适宜值。

烤后烟叶的总氮和蛋白质含量在不同程度上有所提高，其中 2500 kg/hm² 花生秸秆还田及 1250 kg/hm² 水稻秸秆还田处理上、中、下部叶总氮和蛋白质都增加。秸秆还田处理对烤后烟叶中总糖和淀粉含量的影响较小。

从本试验结果来看，秸秆还田可在一定程度上改善烟碱含量高、还原糖和钾含量低的问题，同时有效降低两糖差值，协调氮碱比，提高综合感官质量。

5.4.4 秸秆还田可促进成熟期烟叶中氮代谢向碳代谢转化，降低比叶重，有效促进烟叶成熟

在烤烟成熟后期，秸秆还田对烟叶中氮代谢向碳的积累代谢的适时转化有明显效果。各处理的烤烟比叶重降幅大，并且其值显著小于对照的值。可见采用秸秆还田能够有效促进烟叶成熟。

5.4.5 秸秆还田影响烟叶碳氮代谢的相对强度，进而影响烟叶中化学成分含量

秸秆还田对不同叶位烟叶碳、氮代谢相对强度有显著影响。2500 kg/hm² 水稻秸秆还田上部叶片成熟后期的氮代谢强度提高，含氮化合物的含量增加。打顶前 2500 kg/hm² 及 1250 kg/hm² 花生秸秆还田处理的烤烟中部叶中碳、氮代谢水平均有所提高，打顶期及时由氮代谢转入碳代谢，成熟中期一直保持较高的氮代谢水平，成熟后期碳代谢水平提高，与优质烤烟的生理规律相吻合。可见花生秸秆还田能够提高烟叶碳、氮代谢的强度，并促进碳、氮代谢的协调发展，有利于提高产质量。2500 kg/hm² 水稻秸秆还田处理的烤烟中部叶在打顶前氮代谢水平高，打顶之后碳代谢强度相对较高；1250 kg/hm² 水稻秸秆还田处理的烤烟中部叶成熟后期氮代谢加强。就下部叶片而言，2500 kg/hm² 花生秸秆还田处理的烤烟整个生长发育过程的氮代谢水平提高；2500 kg/hm² 及 1250 kg/hm² 水稻秸秆还田处理的烤烟在打顶之后继续保持较高的氮代谢水平，烟叶中总氮、蛋白质等含氮化合物的含量有所增加。

5.4.6 1250 kg/hm² 花生秸秆还田在生产上推广应用有一定的可行性

1250 kg/hm² 花生秸秆还田处理的烟株生长发育过程中生理代谢协调，烤后烟叶化学品质较优，产量产值提高，且能改良植烟土壤理化性状。在本试验中花生秸秆每公斤 0.8 元，每公顷成本 1000 元，而其产值每公顷提高了 6925.11 元，经济收入明显增加。可以认为，1250 kg/hm² 花生秸秆还田在生产上推广应用具有一定的可行性。

参考文献

[1] 鲍士旦. 土壤农化分析 [M]. 第三版. 北京：中国农业出版社，2000.

[2] 常晓慧，孔德刚，井上光弘，等. 秸秆还田方式对春播期土壤温度的影响 [J]. 东北农业大学学报，2011，(5).

[3] 陈爱国，王树声，申国明，等. 烤烟叶片成熟期间碳氮代谢主要物质流分析 [J]. 中国烟草学报，2010，(4)：30 - 34.

[4] 程岩，刘元英，赵久明，等. 现代农业中的植物营养与施肥 [M]. 北京：中国农业科技出版社，1995.

[5] 戴勋，王毅，张家伟，等. 不同留叶数对美引烤烟新品种 NC297 生长及质量的影响 [J]. 中国农学通报，2009，(1)：101 - 103.

[6] 杜秉海，李贻学，宋国菌，等. 烟田土壤微生物区系分析 [J]. 中国烟草，1996，(2)：30 - 32.

[7] 方先兰，肖林长，郭伟. 品种和施氮量对烤烟优质高产的效应初探 [J]. 江西农业科技，2003，(11)：18 - 19.

[8] 高飞，贾志宽，路文涛，等. 秸秆不同还田量对宁南旱区土壤水分、玉米生长及光合特性的影响 [J]. 生态学报，2011，(3).

[9] 高俊凤. 植物生理学实验指导 [M]. 北京：高等教育出版社，2006.

[10] 谷海红，张继宗，李岩，等. 稻草还田对土壤氮素矿化及烟叶品质的影响 [J]. 中国土壤与肥料，2009，(2)：34 - 38.

[11] 顾绍军，王兆民，孙皓，等. 试论秸秆还田对改善土壤微生态环境的作用 [J]. 江苏农业科学，1999，(6)：56 - 58.

[12] 何念祖，林咸永，林荣新，等. 碳氮磷钾投入量对三熟制稻田土壤肥力的影响 [J]. 土壤通报，1995，(S1)：5 - 7.

[13] 何念祖，林咸永，林荣新，等. 面施和深施对秸秆中氮磷钾释放的影响 [J]. 土壤通报，1995，(S1)：40 - 42.

[14] 何振立，周启星，谢正苗. 污染及有益元素的土壤化学平衡 [M]. 北京：中国环境科学出版社，1998.

[15] 黄刚，王发鹏，丁福章，等. 不同保水措施对烟地土壤水分及烤烟生长的影响 [J]. 中国农学通报，2008，(9)：265 - 268.

[16] 景明，姜丙洲，施坰林. 西北内陆河流域免耕覆盖条件下土壤温度效应 [J]. 干旱区资源与环境，2008，(4)：139 - 142.

[17] 李东升，周为华，范佳，等. 秸秆还田对土壤特性和作物生产的影响 [J]. 安徽农学通报（上

半月刊)，2010，(15)：158 – 161.

[18] 李合生，孙群，赵世杰，等．植物生理生化实验原理和技术 [M]．北京：高等教育出版社，2000.

[19] 李良勇，李帆，黄松青，等．稻草不同还田量和还田方式对烤烟养分吸收及产质的影响 [J]．福建农业学报，2007，(1)：10 – 14.

[20] 李强，周冀衡，何伟，等．中国烤烟含钾量的区域特征研究 [J]．安徽农业大学学报，2010，(2)：363 – 368.

[21] 刘慧颖，董环，张鑫，等．辽宁大凌河流域草甸土土壤硝态氮运移及合理施肥调控 [J]．安徽农业科学，2011，(1)：169 – 172.

[22] 刘青丽，石俊雄，张云贵，等．应用^{15}N 示踪研究不同有机物对烤烟氮素营养及品质的影响 [J]．中国农业科学，2010，(22)：4642 – 4651.

[23] 刘卫群，陈良存，徐鑫丽．硝酸铵追肥对生长后期 NC89 叶片中硝酸还原酶和转化酶活性的影响 [J]．烟草科技，2005，(8)：35 – 37.

[24] 刘卫群，陈良存，甄焕菊，等．烟叶成熟过程中碳氮代谢关键酶对追施氮肥的响应 [J]．华北农学报，2005，(3)：74 – 78.

[25] 鲁如坤，谢建昌，蔡贵信，等．土壤植物营养学原理和施肥 [M]．北京：化学工业出版社，1998.

[26] 路文涛，贾志宽，张鹏，等．秸秆还田对宁南旱作农田土壤活性有机碳及酶活性的影响 [J]．农业环境科学学报，2011，(3)：522 – 528.

[27] 罗战勇，吕永华，李淑玲，等．广东省生态烟区的划分及其烟叶质量评价 [J]．广东农业科学，2004，(1)：18 – 20.

[28] 马俊永，陈金瑞，李科江，等．施用化肥和秸秆对土壤有机质含量及性质的影响 [J]．河北农业科学，2006，(4)：44 – 47.

[29] 孟祥东，赵铭钦，李元实，等．不同耕作模式对烤烟常规化学成分、经济指标及香气成分的影响 [J]．云南农业大学学报 (自然科学版)，2010，(5)：642 – 647.

[30] 莫淑勋，钱菊芳．稻草还田对补充水稻钾素养分的作用 [J]．土壤通报，1981，(1)：20 – 21.

[31] 慕平，张恩和，王汉宁，等．连续多年秸秆还田对玉米耕层土壤理化性状及微生物量的影响 [J]．水土保持学报，2011，(5).

[32] 聂新涛．免耕与秸秆还田对农田生态环境和稻麦生产力的影响 [D]．扬州大学，2007.

[33] 乔海龙，刘小京，李伟强，等．秸秆深层覆盖对土壤水盐运移及小麦生长的影响 [J]．土壤通报，2006，(5)：885 – 889.

[34] 卿明福．稻田保护性耕作对土壤水分及作物产量的影响研究 [D]．四川农业大学，2005.

[35] 任顺荣，邵玉翠，高宝岩，等．不同施肥处理对土壤团聚体和硝态氮含量的影响 [J]．天津农业科学，2006，(2)：50 – 52.

[36] 沙涛，程立忠，王国华，等．秸秆还田对植烟土壤中微生物结构和数量的影响 [J]．中国烟草科学，2000，(3)：42 – 44.

[37] 尚志强．秸秆还田与覆盖对植烟土壤性状和产量质量的影响 [J]．土壤通报，2008，(3)：706 – 708.

[38] 尚志强，徐刚，许志强，等．秸秆还田对烤烟根际微生物种群数量的影响［J］．内蒙古农业科技，2011，(5)：63－66.

[39] 邵惠芳，郭波，任晓红，等．云南烤烟主产烟区烟叶化学成分比较分析［J］．安徽农业科学，2007，(7)：1957－1959.

[40] 史宏志，韩锦峰．烤烟碳氮代谢几个问题的探讨［J］．烟草科技，1998，(2)：34－36.

[41] 史宏志，李志，刘国顺，等．皖南焦甜香烤烟碳氮代谢差异分析及糖分积累变化动态［J］．华北农学报，2009，(3)：144－148.

[42] 宋建民，田纪春，赵世杰．植物光合碳和氮代谢之间的关系及其调节［J］．植物生理学通讯，1998，(3)：230－238.

[43] 谭德水，金继运，黄绍文，等．施钾和秸秆还田对栗钙土区土壤养分及小麦产量的长期效应研究［J］．干旱地区农业研究，2009，(2)：194－198.

[44] 汤浪涛．秸秆还田对植烟土壤肥力及烟草生长、产质量的影响［D］．湖南农业大学，2010.

[45] 唐珂，毛多斌，王荣梅，等．烤烟两糖差与感官品质之间的相关性研究［J］．安徽农学通报（上半月刊），2011，(1)：34－35.

[46] 王鹏，曾玲玲，王发鹏，等．秸秆还田对烤烟氮积累、分配及利用的影响［J］．中国土壤与肥料，2008，(4)：43－46.

[47] 王瑞新．烟草化学［M］．北京：中国农业出版社，2003.

[48] 王绍坤，张晓海，李金培，等．秸秆还田对烟区土壤和烟叶产质量的效应［J］．中国农学通报，2000，(5)：11－13.

[49] 王振跃，施艳，李洪连．玉米秸秆还田配施生防放线菌 S024 对麦田土壤微生物及小麦纹枯病的影响［J］．生态学杂志，2011，(2)：311－314.

[50] 魏蒙关，黄平俊，张会芳，等．不同有机肥对烤烟叶片硝态氮含量的影响［J］．河南农业科学，2004，(8)：54－56.

[51] 闻杰，王聪翔，侯立白，等．秸秆还田对农田土壤风蚀影响的试验研究［J］．土壤学报，2005，(4)：678－681.

[52] 吴婕，朱钟麟，郑家国，等．秸秆覆盖还田对土壤理化性质及作物产量的影响［J］．西南农业学报，2006，(2)：192－195.

[53] 武雪萍．饼肥有机营养对土壤生化特性和烤烟品质作用机理的研究［D］．山西农业大学，2003.

[54] 肖协忠，李德臣，郭承芳，等．烟草化学［M］．北京：中国农业科技出版社，1997.

[55] 徐克章，张治安，刘振库，等．高粱叶片比叶重的变化与产量关系的研究［J］．吉林农业大学学报，1998，(2)：14－16.

[56] 杨帆，李荣，崔勇，等．我国南方秸秆还田的培肥增产效应［J］．中国土壤与肥料，2011，(1).

[57] 杨文钰，王兰英．作物秸秆还田的现状与展望［J］．四川农业大学学报，1999，(2)：211－216.

[58] 杨跃，王毅，瞿兴，等．施用麦秸秆对烤烟产质量的影响［J］．烟草科技，2004，(11)：30－32.

[59] 杨志晓，张小全，毕庆文，等．不同覆盖方式对烤烟成熟期根系活力和叶片衰老特性的影响［J］．华北农学报，2009，(2)：153－157.

[60] 姚宝林，施炯林．秸秆覆盖免耕条件下土壤温度动态变化研究［J］．安徽农业科学，2008，

（3）：1128－1129.

［61］岳寿松，于振文，余松烈. 不同生育时期施氮对冬小麦氮素分配及叶片代谢的影响［J］. 作物学报，1998，（6）：811－815.

［62］张丽娟，常江，蒋丽娜，等. 砂姜黑土玉米秸秆有机碳的矿化特征［J］. 中国农业科学，2011，（17）：3575－3583.

［63］张庆忠，吴文良，林光辉. 小麦秸秆还田对华北高产粮区碳截留的作用［J］. 辽宁工程技术大学学报，2006，（5）：773－776.

［64］张新要，李天福，刘卫群，等. 配施饼肥对烤烟叶片含氮化合物代谢及酶活性的影响［J］. 中国烟草科学，2004，（3）：31－34.

［65］张志良，瞿伟菁. 植物生理学实验指导［M］. 北京：高等教育出版社，2003.

［66］章新军，陈永明，毕庆文，等. "前膜后草"覆盖栽培对烤烟生长及产质量的影响［J］. 中国烟草科学，2007，（4）：33－36.

［67］赵鹏，陈阜. 秸秆还田配施化学氮肥对冬小麦氮效率和产量的影响［J］. 作物学报，2008，（6）：1014－1018.

［68］钟杭，朱海平，黄锦法. 稻麦秸秆全量还田对作物产量和土壤的影响［J］. 浙江农业学报，2002，（6）：42－45.

［69］周冀衡，王勇，邵岩，等. 进口烤烟与部分国产烤烟的品质特性分析及工业可用性比较研究：全国部分替代进口烟叶工作会议［C］. 北京，2005.

［70］周思瑾，杨虹琦，赖碧添，等. 福建武平典型烤烟产区烟叶品质特征分析［J］. 中国农学通报，2011，（20）：103－108.

［71］邹琦. 植物生理学实验指导［M］. 北京：中国农业出版社，2003.

［72］Bishko A J, Fisher P R. Quantifying the pH response of a peat-based medium to application of basic chemicals［J］. Hort. Sci. , 37（3）：511－515.

［73］Chen H, Zhou J, Xiao B. Characterization of dissolved organic matter derived from rice straw at different stages of decay［J］. Journal of Soils and Sediments, 2010, （5）：.

［74］Coppens F, Merckx R, Recous S. Impact of crop residue location on carbon and nitrogen distribution in soil and in water-stable aggregates［J］. Eur J Soil Sci, 2006, 35（77）：570－582.

［75］Deigado A, Franeo G M, Paez J I, et al. Incidence of cotton seedling diseases caused by *Rhizoctonia solani* and *Thielaviopsis basicola* in relation to previous crop, residue management and nutrients availability in soils in SW Spain［J］. J. Phytopathology, 2005, （153）：710－714.

［76］Govaerts B, Fuentes M, Mezzalama M, et al. Infiltration, soil moisture, root rot and nematode populations after 12years of different tillage, residue and crop rotation managements［J］. Soil Till Res, 2007, （94）：209－219.

［77］Govaerts B, Mezzalama M, Sayre K D, et al. Long-term consequences of tillage, residue management, and croprotation on maize/wheat root rot and nematode populations in subtropical highlands［J］. Appl. Soil Eco. , 2006, （32）：305－315.

［78］Govaerts B, Mezzalama M, Sayre K D, et al. Long-term consequences of tillage, residue management, andcrop rotation on selected soil micro-flora groups in the subtropical highlands［J］. Appl. Soil Eco. ,

2008, (38): 197 – 210.

[79] HAN W, HE M. Short-term effects of exogenous protease application on soil fertility with rice straw incorporation [J]. 2010, 46 (2): 144 – 150.

[80] Humberto B, R. L. Soil structure and organic carbon relationships following 10 years of wheat straw management in no-till [J]. Soil and Tillage Research, 2007, 95 (1 – 2): 240 – 254.

[81] Jastrow J D. Soil aggregate formation and the accrual of particulate and mineral associated organic matter [J]. Soil Biol Biochem, 1996, 28 (425): 665 – 676.

[82] Krupinsky J M, Tanaka D L, Merrill S D, et al. Crop scquence effects on leaf spot diseases of no-till spring wheat [J]. Agron. J. , 2007 (99): 912 – 920.

[83] Lichter K, Govaerts B, Six J, et al. Aggregation and C and N contents of soil organic matter fractions in a permanent raised-bed planting system in the Highlands of Central Mexico [J]. Plant and Soil, 2008, (1 – 2):.

[84] Mary B, Recous S, Darwis D, et al. Interactions between decomposition of plant residues and nitrogen cycling in soil [J]. Plant and Soil, 1996, (181): 71 – 82.

[85] Nie J, Zhou J, Wang H, et al. Effect of long-term rice straw return on soil glomalin, carbon and nitrogen [J]. Pedosphere, 2007, 17 (3): 295 – 302.

[86] Recous S, Aita. C, Marry B. In situ changes in gross N transformations in bare soil after addition of straw [J]. Soil Biol. &Biochem. , 1999, 5 (31): 119 – 133.

[87] Tibke G. Basic principles of wind erosion control [J]. A culture Ecosystems and Environment, 1998, 22 (23): 103 – 122.

[88] WeiQiang Y, Goulart B L. Interactive effects of mycorrhizal inoculation and organic soil amendments on Nitrogen acquisition and growth of highbush blueberry [J]. J. Amer. Soe. Hort. Sci. , 2002, 127 (5): 742 – 748.

[89] Wuest S B. Surface versus incorporated residue effects on water-stable aggregates [J]. Soil Till Res, 2007 (96): 124 – 130.

[90] Zhang G S, Chan K Y, Li G D, et al. Effect of straw and plastic film management under contrasting tillage practices on the physical properties of an erodible loess soil [J]. Soil Till Res, 2008, 5 (98): 113 – 115.

第6章 基于水肥一体化的液体菌肥对坡地烤烟生理代谢和品质的影响

6.1 前言

中国是全球种植烤烟面积最大、产量最多的国家，烤烟已成为我国重要的经济作物，对于社会发展具有深远的影响。近年来广东烟区烤烟呈现烟叶浓香型风格弱化趋势，化学成分存在广泛变异（李丹丹等，2011），特别是连州烟叶总糖和还原糖含量偏高（张金霖等，2009），香型风格趋向于清偏中间型（席元肖等，2011）。不同烟区独特的土壤和气候条件无法改变，但借助水肥一体化技术耦合液体肥料可协调烟叶氮、糖碱比，同时为坡地烟叶受困于水利基础设施条件提供解决办法。

6.1.1 坡地烤烟质量优势与生产面临的主要问题

在全球气候变暖的大环境下，极端气候天气不断发生，加剧了农业水资源缺乏形势。烟草作为重要的经济作物，烤烟生长发育的前提是适宜的水分供应（金文华等，2002）。同时，我国不同生态区烟田存在显著的时空差异，种植季节水分分配不均，烟叶极易因水分胁迫导致产质量下滑。北方烟区烤烟在生长发育前期易受干旱胁迫，影响烟株发育，在成熟期过多降水量引起土壤养分的再利用，导致烟叶贪青晚熟。南方烟区降雨量大，却因时间范围波动大，烤烟在成熟期容易发生干旱影响烟叶落黄成熟（徐同庆等，2018）。南方烟区的积温在9500℃以上，年降水量在1600 mm以上，但是烤烟在种植过程中在移栽期易受寒潮影响，在成熟期又因间歇性雨季影响日照和水分灌溉（邴龙飞等，2012）。另一方面，坡地烤烟作为南方烟区的典型特色烟叶，常受地表径流引起土壤侵蚀和养分的流失影响和农业非点源污染。降雨径流作为地表径流的主要动力，在南方烟区极易触发水土和养分流失（Novotny V，1999；黄宗楚等，2007）。

广东粤北烟区作为浓香型特色烤烟的典型代表之一，区内陆地以山地、丘陵为主，占陆地的70%以上。其烟叶具有独特的焦甜香，特别是坡地烟叶香气浓郁。但种植于旱坡地上，受气候和地理环境影响，在5—7月份时常遭受季节性干旱灾害，不仅影响了烤烟的生长发育，导致减产减质，弱化浓香型风格特征（姜俊红等，2015），也进一步削弱了烟农种植坡地烟的积极性。优质坡地烟叶已成为提升"双喜"品牌竞争力的重要烟叶原料来源之一，但近年来种植面积在缩减。粤北烟区的烟农基本上依靠自然降雨进行肥水管理，既效率低下，抗灾能力弱，同时又存在因大水漫灌降低肥料利用率的现状，引发了土壤肥力流失和农业肥料污染。合理施用氮肥主要包括施肥量、施肥时期、施肥方法和肥料品种四个方面的科学合理，它们相互联系。一旦氮肥投入量超过了经济最佳施氮量或最高施氮量，烤烟不仅产量不再增加甚至减少，而且过量氮肥残留会流失到环境造成污染（Ju X T et al.，2009）。因此，开发和应用基于滴灌的水肥一体化技术对于促进优质坡地烟叶生产具有重要意义。

6.1.2 我国农业领域水肥一体化技术和化肥使用现状

水肥一体化作为高效的农业工程技术，在时间和空间上实现了水肥的同步耦合，因此极大提高了水肥利用效率（Sharma S et al.，2011；张林森，2015）。水肥一体化技术能根据施肥需求直接作用于根部，从而减少养分的淋溶流失（Senthilkumar M et al.，2017），通过调整追肥频率（Jain N K et al.，2018）和基追肥比例（Luo H et al.，2018）促进养分吸收，从而实现减少养分投入并满足不同作物生长发育需求（Luo Z et al.，2018；Wang D et al.，2018）。我国的喷微灌面积只占总灌溉面积的2%，相比国际上许多国家，我国在水肥一体化技术的研究领域仍属于起步阶段，需要进一步结合不同作物、不同地域的特点研发相对应的配套装置和栽培措施。在传统水肥一体化的基础上，通过引入智能化控制系统，在对作物生长信息监测的引导下进行作物生长墒情监测与管理决策支持，则属精准水肥管理技术（邓兰生，2012；Liu M X et al.，2012）。水肥一体化技术借助科技创新力量，已经实现通过检测土壤耕作层水肥参数并反馈系统，系统进一步依据作物生理需水肥量及土壤含水量和肥分自动调节根部水肥供给量（Haiyan Helen Yu et al.，2016）。席奇亮等（2018）研究发现，采用水肥一体化模式能促使烟株前期吸收氮素较多，同时调亏后期氮素吸收，进一步调控烟叶落黄，最终实现烤烟减氮增质。

化肥作为保障我国粮食安全的基础，关乎着农业生产和环境的可持续发展。但我国一直面临以下几点问题：一是生产和施用总量巨大但肥料利用效率低；二是产品结构不合理且质量低；三是施用化肥方式原始，造成劳动力成本高且环境污染严重（巨晓棠等，2014）。需要注意的是：肥料中氮素的作物回收率为50%左右（Dobermann A，2007）；磷肥的累计作物回收率不稳定，在8%到64.4%之间，因此无效的比例容易上升（林继雄等，1995）；钾在作物的当季回收率在20%～60%之间。农业部自20世纪80年代初协调和组织的平衡施肥研究工作发现，在我国三大粮食作物上，每公斤氮平均增产10.8～12.2 kg，每公斤磷平均增产9.2～11.5 kg，每公斤钾平均增产6.8～10.4 kg（刘晓燕，2008）。与国外相比，我国大部分农业产区已经面临高投入高产出高度集约化的情况下难以突破低效肥料利用率难题，需要从不同角度去思考解决途径，其中新型肥料的研发受到重视（朱兆良等，2013）。《国家中长期科学和技术发展规划纲要（2006—2020年）》明确提出研发新型环保型肥料，主要包括有缓控释肥料、液体肥料、功能性肥料、有机无机复合肥料等。

在现阶段，缓控释肥料和液体肥料受到极大重视，关系未来我国化肥的发展道路。缓控释肥料是根据作物吸收养分的规律设计调整肥料在土壤中的养分供应，做到同步供应与吸收，通过一次性施肥的技术模型实现作物高产、养分高效、环境友好和人力节省的四大优势，并在作物上已进行开发研究（赵思远等，2017；范国灿等，2018；刘兆辉等，2018）。在烟草上，相关的研究表明缓控释肥料可有效改良土壤环境（杜志勇等，2004），降低野火病、烟草花叶病、烟草病毒病的病情指数，可使烤后烟叶主要化学成分含量适宜协调，同时改善烟叶香气和燃烧性（林继雄等，1995；计玉等，2003）。总体来看，对于缓控释肥料在烟草上的研究数量少不全面，在烟叶品质方面未深入挖掘，实际应用案例较匮乏（何永秋等，2012）。下面对于液体肥料将予以概述，通过研究液体肥料对烟草生长发育、产量品质以及经济指标等方面的影响，探讨液体肥料与水肥一体化技术的结合应用，旨在推动、加快液体肥料在烟草生产上的推广应用，响应农业部"一控两减"的发展目标。

6.1.3　液体肥料的概念及种类

液体肥料又称流体肥料，是含有一种或以上作物所需营养元素（氮、磷、钾等）的液体产品。按照施用方法可分为滴灌肥、叶面肥、冲施肥；按照作用功能可分为营养型和功能型肥料。液体肥料的品种繁多，大体上可分为液体氮肥和液体复合肥（王云霞，2003）。液体氮肥只含有单一营养元素氮，有效物质为胺态、硝态和酰胺态的氮，相关肥料有液氨、氨水和氮溶液等，其中氮溶液分为有压氮溶液（氨液混合硝铵、尿素）和无压氮溶液（即 UAN，如混合尿素、硝铵和水）两种（夏孝勤，2018）。液体复合肥指含有氮、磷、钾中 2 种或以上营养元素的肥料，并可加入微量营养元素、生物菌、杀虫剂、植物激素、腐殖酸等，成分复杂，效用多面（王连祥，2007），耦合营养和功能的作用。另外，液体复合肥根据加入的成分及含量可分为清液肥料和悬浮肥料。清液肥料是指其营养养分完全溶解，液体均匀一致，不含分散性固体颗粒的肥料。清液肥料养分含量低、易结晶，不易长途运输。悬浮肥料借助分散剂和增稠剂等悬浮助剂使养分不易结晶，可悬浮在液体中，使得在生产工艺上可应用纯度和溶解度偏低的原料，有效增加养分含量，适合制造高浓度钾液体肥料。需要注意的是，水溶肥指可完全溶于水的复合肥料，富含作物所需营养元素，在形态上表现为液体或固体，强调溶水。在国家标准上水溶肥定义模糊，与液体肥料的定义部分重合，导致在市场上液体肥料又常被称为液体水溶肥。二者并无明确区别，这需要国家根据肥料的实际发展出台相关统一合理的标准（周芳芳等，2016）。液体菌肥通过添加选定的微生物，依靠其生命活动促进土壤物质的转化，从而协助、刺激作物对营养物质的吸收利用，从而达到增产增质的效果。当下常用的生物菌肥主要包括光合菌肥和细菌肥、放线菌肥和酵素菌肥。不同的生物菌肥主要作用包括产生植物激素和减轻植物病害，通过分解土壤营养元素提高土壤肥力等（刘鹏等，2013）。

6.1.4 液体肥料对烤烟生长发育的影响

6.1.4.1 液体肥料对烤烟土壤理化性质的影响

由于长期施用化肥，并且部分烟区土地连作严重，出现了土壤理化性质恶化、土壤板结等问题。周芳芳（2016）等试验 2 种氨基酸水溶肥和 3 种腐殖酸水溶肥共 5 种液态有机肥在烤烟团棵期进行增施，结果表明 5 种液态有机肥均可改良土壤理化性质，其中氨基酸水溶肥可显著增加土壤中微生物数量，即促进细菌和放线菌生长，抑制真菌数量，间接改善土壤环境。而腐殖酸水溶肥更有利于改善土壤养分状况，提高土壤中有机质和速效氮、磷、钾含量。刘晓倩等（2019）通过增施解磷菌、解钾菌生物菌肥，发现土壤过氧化氢酶、脲酶、蔗糖酶和酸性磷酸酶 4 种生物酶类活性显著提高，有利于保持土壤肥力。

这两年关于微生物菌肥对烤烟的研究较多（邓兆权等，2018；王鹏等，2020），主要集中在土壤改良和根系指标上，不同结果表明能提高土壤蔗糖酶和脲酶活性，增加有效氮、磷、钾含量。

6.1.4.2 液体肥料对烤烟生长发育时期和农艺性状的影响

基于不同的施肥方式和不同的液体复合肥，研究表明施用液体肥料或延长烟草生长发育时期。王志勇等（2014）通过追施不同比例的氨基酸水溶肥发现团棵到现蕾期延长约 7 天，但在打顶期与 CK 一致，并且进入旺长期后最大有效叶面积显著不同。对于农艺性状属于常规调查，不同研究表明施用液体肥料将促进烟株的苗壮成长，水溶肥替代常规追肥能显著增加烤烟的株高（夏昊等，2018）。整体上施用液体肥料都有利于烟株生长发育，但不少研究（周芳芳等，2016；李杰，2018）中基本上没有进行精准的亩施氮量计算，无法确定增益效果来源于增氮还是来源于液体肥的肥效。

6.1.4.3 液体肥料对烤烟抗性的影响

不同肥料应用效果（段正卫等，2018）表明，施用液体肥料将降低烟株发病率，其中微生物肥料具有突出应用价值。王志勇等（2014）研究发现，施用氨基酸水溶肥有效延迟烟株花叶病害发生时间，减缓病害蔓延速度。李杰（2018）通过施用"吉纳泰"微生物液体肥进行烟株抗逆系统测定，包括测定脯氨酸、丙二醛和超氧化物歧化酶，以及烟草花叶病、根结线虫病和炭疽病病情指数调查，表明微生物液体肥能有效提高烟株抗病害能力。实际上，菌肥能加快烟株同化硝酸盐，进一步提高植物供氮能力，从而增强抗逆性，微生物菌耦合于液体肥料中不改变相应效果（吕静等，1999；田俊岭等，2016）。

6.1.4.4 液体肥料对烤烟经济性状和品质的影响

大多数研究成果表明施用液体肥料能有效提高烤后烟叶经济性状和化学品质。对于肥料利用率只有关于磷素的研究。王德勋等（2013）发现，在减少20%复合肥施用量条件下，喷施NPSAN有机水溶肥能提高烤后烟叶产质量和上等烟比例。另外施用黄腐酸可分别提高上、中、下部烟叶的烟碱含量3.79%、5.56%和1.75%，与施用腐殖酸肥料效果一致（焦玉生等，2014）。相关研究（夏昊等，2018）表明，控制氮、磷、钾比例为50∶50∶50进行追肥时，可有效避免氮素养分吸收过量，烤烟经济性状显著提高，且上部叶的化学成分协调性最佳，提高了上部烟叶内在品质，提升其上等烟叶比例和上部烟叶可用率。陈玉国（2015）等通过加施菌肥活化液发现产量和产值显著提高了222.60 kg·hm^{-2}、7937.10元·hm^{-2}，同时还降低了烟叶烟碱含量，提高了烟叶钾含量，提高了两糖比、糖碱比和氮碱比，促进烟叶落黄成熟，化学成分更趋于协调。配施解磷细菌肥能改善烟叶内在化学成分，提高中部烟叶还原糖和钾元素含量，以及活化土壤磷素，提高肥料利用率（刘晓倩等，2019；王勇乾等，2020）。总的来说，液体肥料耦合不同物质对烤烟的发育可产生不同的效果，不同试验施用的肥料总量、肥料用量、施用方法、品种基本不同，无法系统总结归纳。

通过施用液体肥料，能协调烟叶不同内在香气物质而影响感官评吸。周芳芳等（2016）通过试验5种液体肥料发现，对于改善烟叶感官质量，氨基酸肥料具有更大的作用效果，略高于腐殖酸肥料，主要体现在香气量较足，燃烧性较佳，杂气偏少。席奇亮等（2018）通过盆栽和田间试验，施用含黄腐酸烟草专用液体肥料进行追肥，研究表明处理后烤后烟叶香气质较好且量足，刺激性降低。这是由于烤烟上调表达了西柏三烯二醇代谢相关基因，使得烟叶茄酮含量增加，进一步改善烤烟叶面分泌物，最终提高评吸质量。许春平等（2015）在不同生长发育时期喷洒稀释800倍"仟禾福"水溶肥料于叶面，提取和分析烤后烟叶香气物质，研究发现叶绿素、类胡萝卜素、新植二烯、类胡萝卜素降解产物含量分别比对照增加28.0%、54.7%、26.4%、57.3%，增加了烟叶香气物质含量，进而提高烟叶内在质量。总体上相关研究报告过少，且只是简单的指标测定，未见深入的作用机理研究，偏重于肥效探究。

6.2　材料与方法

6.2.1　试验材料和试验设计

供试烤烟品种为粤烟97，2018年在广东省清远市连州市星子镇水泉头村进行试验，土壤基本理化性质为pH = 6.39，有机质36.54 g·kg^{-1}，全氮1.8 g·kg^{-1}，碱解氮111.33 mg·kg^{-1}，全磷0.52 g·kg^{-1}，有效磷1.25 mg·kg^{-1}，全钾19.64 g·kg^{-1}，速效钾426.06 mg·kg^{-1}，肥力中等。2019年在广东省韶关市始兴县斜塘村进行试验，土壤基本理化性质为pH = 7.47，有机质30.80 g·kg^{-1}，全氮1.84 g·kg^{-1}，碱解氮194.83 mg·kg^{-1}，全磷0.76 g·kg^{-1}，有效磷39.20 mg·kg^{-1}，全钾18.47 g·kg^{-1}，

速效钾 248.19 mg·kg^{-1}，肥力中等。

在代表性的烟田进行小区试验，采用随机区组设计，以不同减氮追施液体菌肥模式为试验因素，试验共设置 5 个处理，即 BC 空白对照、CK 常规水肥管理、K1 不减氮追施液体菌肥、K2 减氮 10% 追施液体菌肥、K3 减氮 20% 追施液体菌肥。CK 按照当地常规施肥管理，N∶P$_2$O$_5$∶K$_2$O 比例为 1∶1∶2，其中 2018 年亩施纯氮 9 kg，2019 年亩施纯氮 10 kg。K1、K2 和 K3 采用水肥一体化滴灌系统追施液体菌肥，磷肥和钾肥施用量与 CK 一致，通过单料肥补足。具体处理如下所示：

BC：空白对照，完全不施肥料；

CK：采用当地常规施肥方法管理，基追肥比例为 6∶4，不滴灌，施肥方法按当地优质烟生产要求进行；

K1：亩施总氮量与 CK 相同，基肥施氮量与 CK 一致，追施液体菌肥共 8 次，每次追施纯氮 0.5 kg；

K2：亩施总氮量比 CK 少 10%，基肥施氮量与 CK 一致，追施液体菌肥共 6 次，每次追施纯氮 0.5 kg；

K3：亩施总氮量比 CK 少 20%，基肥施氮量与 CK 一致，追施液体菌肥共 4 次，每次追施纯氮 0.5 kg。

所有处理重复 3 次，共 15 小区。每个小区种烟 50 株，周边设保护行。行距 1.2 m，株距 0.5 m，单株留叶 16～19 片，田间管理按当地的生产技术标准进行，烟叶采烤按照烟叶标准成熟标准和密集烘烤工艺进行操作。

2018 年的水肥一体化滴灌系统采用固定式滴灌装置，采用 DOSATRON 比例施肥器进行肥料注入与稀释，滴灌带采用直径 Φ16、间距 30 cm 的内镶贴片式毛管。2019 年的水肥一体化滴灌系统采用移动式滴灌机进行肥料注入与稀释，滴灌带采用直径 Φ16、间距 15 cm 的内镶贴片式毛管。

试验中追肥时用清水稀释液体菌肥 4 倍，注入肥液浓度设置为灌溉流量的 1.3%，即总稀释倍数为 300，控制滴头流量为 3 L·h^{-1}。先用清水滴灌 10 min，湿润烟株土壤和根系，再施用液体菌肥滴灌 40 min；最后用清水清洗水肥一体化系统，滴灌 10 min。

固体肥料种类为烟草专用肥（N∶P$_2$O$_5$∶K$_2$O = 13∶8∶15），过磷酸钙（16% P$_2$O$_5$），硫酸钾（50% K$_2$O），硝酸钾（13.5% N，44.5% K$_2$O），液体肥采用青岛漾花湖农业科技有限公司生产的"苗泽一号"，有效活菌数 ≥10^{10}·mL^{-1}，腐殖酸 ≥40 g·L^{-1}，N + P$_2$O$_5$ + K$_2$O ≥200 g·L^{-1}，N ≥70 g·L^{-1}，P$_2$O$_5$ ≥100 g·L^{-1}，K$_2$O ≥30 g·L^{-1}，pH（1∶250 倍稀释）5.76。

6.2.2　测定项目和方法

6.2.2.1　土壤理化特性测定

采用梅花型取样法取土样 5 份，混匀，3 次重复，取样时间为移栽前和采收后，土壤肥力指标测定：pH、有机质、全氮、全磷、全钾、碱解氮、速效磷、速效钾。

6.2.2.2　生长发育时期和农艺性状调查

参照《烟草农艺性状调查检测方法 YC/T 142—2010》分别记录烤烟生产的移栽期、还苗期、伸根期、旺长期、打顶期、采收始期、采收结束时间。分别在烤烟团棵期后每隔 15 天测量其农艺性状，测量项目包括株高、茎围、节距、有效叶片数、单株叶面积、顶叶开片度等。

6.2.2.3　光合特性测定

各处理烤烟随机选取长势良好且均一的 3 株进行挂牌标记。在成熟期选择晴朗无风的天气中 10：00—12：00，避开主脉测定中部叶（烟株自上而下第 8 ～9 片叶）、上部叶（烟株自上而下第 4 ～5 片叶）的光合参数差异。使用 TRGAS－1 便携式光合仪在自然光照条件下测定光合作用，测定参数包括：净光合速率（P_n）、气孔导度（G_s）、胞间 CO_2 浓度（C_i）和蒸腾速率（T_r）。使用 FMS2 脉冲调制式荧光仪测定荧光速率，人工控制光照强度为 1000 $\mu mol \cdot m^{-2} \cdot s^{-1}$，测定参数包括光化学淬灭、非光化学淬灭、PSⅡ的净光合效率、PSⅡ的最大光合效率。

6.2.2.4　常规化学成分测定

分光光度法测定烟碱含量、蒽酮比色法测定可溶性总糖和淀粉含量、3,5－二硝基水杨酸比色法测定还原糖含量、凯氏自动定氮仪 CID－310（Foss，瑞典）测定总氮含量（张宏建等，2019）、参照《YC/T176—2003 烟草及烟草制品石油醚提取物的测定》测定烤后烟叶石油醚提取物含量（质量分数）。

6.2.2.5　烤烟根系指标测定

分别在移栽后 50 天、65 天和 80 天测定烟株根系的一级侧根数、根系体积、根系鲜重、根系干重和根系活力（刘国顺等，2009）。

6.2.2.6　烟叶酶活性和抗氧化系统测定

淀粉酶（AM）测定：采用 3,5－二硝基水杨酸比色法（邹琦，2000）。去除主脉，称取剪碎的叶片 1 g，在加入 5 mL 蒸馏水后与少量石英砂进行研磨，提取上清液使用离心机用 5000 r·min^{-1} 离心 10 min。在空白试管中加入上清液 0.2 mL、蒸馏水 0.8 mL、柠檬酸缓冲液 1 mL（对照试管中加 1 mL 蒸馏水、1 mL 柠檬酸缓冲液），放在 40℃ 水浴锅中水浴 15 min。加入 2 mL 淀粉溶液（40℃），并水浴 5 min 后立即加入 4 mL 的 0.4 mol/L 的 NaOH 溶液摇匀终止反应。每管分别吸取 2 mL 混合液于 15 mL 试管中，加入 2 mL 3,5－二硝基水杨酸，沸水浴 5 min，再冷却定容至 20 mL。以对照为空白溶液，520 nm 波长下比色。

硝酸还原酶（NR）测定：通过活体法测定（邹琦，2000）。分别称取剪碎烟叶 0.5 g 于 4 支试管中，加入 9 mL 混合液（硝酸钾·异丙醇·磷酸缓冲溶液），对照管中另再加入 1 mL 30% 三氯乙酸。试管通过抽真空后置于 30℃暗箱中保存 30 min，取出后于另外 3 支试管中加入 1 mL 30% 三氯乙酸。分别取上清液 2 mL 于新试管中，先后加入氨基苯磺酸和 α−萘胺，对照作为参比液，在 540 nm 波长下比色测定吸光度。

丙二醛（MDA）测定：采用硫代巴比妥酸法（郝再彬，2004）。去除主脉，称取剪碎的叶片 1 g，加入 10% 三氯乙酸 8 mL 研磨后使用离心机 4000 r·min⁻¹ 离心 10 min。随后在空白试管中加入 2 mL 上清液和 2 mL 0.6% 硫代巴比妥酸溶液（对照 2 mL 蒸馏水），摇匀后沸水浴 15 min，冷却摇匀。450 nm、532 nm 及 600 nm 波长下测定吸光度。

抗氧化系统酶活性测定（陈建勋，2006）：超氧化物歧化酶（SOD）活性采用氮蓝四唑还原法测定，过氧化物酶（POD）活性采用愈创木酚法测定，过氧化氢酶（CAT）活性采用紫外吸收法测定。

叶绿素测定：通过分光光度法测定（邹琦，2000）。去除主脉，称取剪碎的叶片 0.2 g 放于 25 mL 试管中。加入无水乙醇和水混合液 20 mL，置于暗箱中保存至叶片变白，在 470 nm、646 nm 和 663 nm 波长下测定吸光度。

6.2.2.7　烤烟经济性状和氮肥利用率测定

收获时各小区随机取 50 株烤烟进行记产，烤后烟叶按照国家烤烟分级标准（GB 2635—1992）进行分级，各级别烟叶价格按照当地烟叶收购价格（表 6−1），计算产量、产值、均价、中上等烟比例、上等烟比例等。

表 6−1　烤烟收购主要等级价格表（粤烟 97）

烤烟等级	等级代码	等级名称	2018 年收购价格（元/（50 kg））	2019 年收购价格（元/（50 kg））
	C1F	中橘一	1980	2000
	C2F	中橘二	1760	1795
	C3F	中橘三	1530	1560
	C1L	中柠一	1800	1850
	C2L	中柠二	1590	1610
上等烟	B1F	上橘一	1600	1720
	B2F	上橘二	1250	1370
	B1L	上柠一	1250	1250
	B1R	上红一	955	955
	H1F	完熟一	1250	1250
	X1F	下橘一	1400	1300

烤烟等级	等级代码	等级名称	2018 年收购价格（元/（50 kg））	2019 年收购价格（元/（50 kg））
	C3L	中柠三	1370	1380
	X2F	下橘二	1100	950
	C4F	中橘四	1320	1100
	C4L	中柠四	1180	1000
	X3F	下橘三	650	490
	X1L	下柠一	1250	1100
中等烟	X2L	下柠二	900	750
	B3F	上橘三	850	980
	B4F	上橘四	560	500
	B2L	上柠二	900	900
	B3L	上柠三	550	550
	B2R	上红棕二	700	700
	B3R	上红棕三	460	450
	B4L	上柠四	300	300
下等烟	X3L	下柠三	500	390
	X4L	下柠四	310	240

肥料利用率：各处理每次随机取 3 株烟，在采收期测定根、茎、叶等器官的干重及其总氮含量（邹勇等，2015）。

氮肥偏生产力＝施氮区产量/氮肥用量

氮肥吸收利用率＝（烟株总氮积累量－空白对照烟株总氮积累量）/氮肥用量

氮肥农学利用率＝（叶片干物质积累量－空白对照叶片干物质积累量）/氮肥用量

6.2.3 统计分析方法

用 SPSS 21.0 软件进行数据统计及相关性分析。单因素方差分析（ANOVA）用于数据分析，Duncan 的多范围检验用于比较 5% 概率水平的均值。用 Excel 2019 软件进行图表生成。

6.3 结果

6.3.1 基于水肥一体化的液体菌肥对烤烟土壤肥力的影响

表6-2中的试验田是移栽前烟田的土壤理化特性，其他则为采收结束后不同处理种植土壤理化特性。表6-2为不同处理烟田土壤相应的理化特性消耗情况。结合表6-2和表6-3综合分析可知，在移栽前，试验田的pH为7.47，在采收后BC和CK土壤pH有所升高，而K3的土壤进一步酸化，pH下降了0.11。在种植后，BC除了碱解氮含量下降36.54%，其他理化特性均有所增加，其他处理的土壤有机质含量下降约20%。相比CK，K1、K2和K3的有机质、全氮、全磷和全钾消耗较少，全氮少消耗约7%，K2和K3的全钾消耗相比CK少3.18%、6.14%。不同处理间对碱解氮的消耗基本在50%左右，同时增加了土壤中有效磷含量，其中K1明显高于其他处理，K2和K3略低于CK。K3的速效钾含量采收后增加最多（229.36 mg·kg^{-1}），CK最少（87.08 mg·kg^{-1}）。K1对全磷基本无消耗，有效磷增加量最多（48.49 mg·kg^{-1}），且全氮和碱解氮的消耗率最低。K3的速效钾含量显著增加，比K1和K2多22.56%和36.48%。相比不减氮追施液体菌肥，K2和K3的土壤特性消耗率基本相同，其中减氮20%（K3）略多于减氮10%（K2）。

表6-2 2019年减氮追施液体菌肥对土壤理化特性的影响

处理	pH	有机质 （g·kg^{-1}）	全氮 （g·kg^{-1}）	全磷 （g·kg^{-1}）	全钾 （g·kg^{-1}）	碱解氮 （mg·kg^{-1}）	有效磷 （mg·kg^{-1}）	速效钾 （mg·kg^{-1}）
试验田	7.47	30.80	1.841	0.763	18.47	194.83	39.20	248.19
BC	7.75	34.15	1.885	0.776	18.66	123.63	45.31	335.27
CK	7.75	23.32	1.175	0.650	16.26	89.97	66.69	376.96
K1	7.49	24.63	1.310	0.761	16.14	102.27	87.69	421.52
K2	7.43	24.38	1.278	0.677	16.85	97.74	65.16	386.98
K3	7.36	23.98	1.294	0.680	17.39	95.15	60.58	477.51

表6-3 2019年减氮追施液体菌肥对土壤理化特性消耗率的影响

处理	有机质 （%）	全氮 （%）	全磷 （%）	全钾 （%）	碱解氮 （%）	有效磷 （%）	速效钾 （%）
BC	10.87	2.40	1.78	1.06	-36.54	15.59	35.09
CK	-24.30	-36.15	-14.81	-11.95	-53.82	70.13	51.88
K1	-20.03	-28.82	-0.26	-12.59	-47.51	123.71	69.84
K2	-20.84	-30.59	-11.26	-8.77	-49.83	66.24	55.92
K3	-22.15	-29.71	-10.77	-5.81	-51.16	54.55	92.40

6.3.2　基于水肥一体化的液体菌肥对烤烟生长发育特性的影响

6.3.2.1　减氮追施液体菌肥对烤烟生长发育进程的影响

减氮追施液体菌肥对烤烟生长发育进程时间分布的影响如表 6-4 和表 6-5 所示。2018 年各处理正常还苗。同时，K2 较快进入旺长期，同时旺长时间也略长一些，为烟株进入成熟期积累了更多的物质。整体上各处理间差异不明显。而 BC 不施肥料对烟株前期生长发育影响不大，但在后期烟株明显发育不良，烟叶提前落黄采收，生长发育时期缩短。2019 年各处理正常还苗，K2 和 K3 的伸根期相比 CK 多 3 d、4 d，成熟期短 7 d、4 d。相比 2018 年，2019 年的大田生长发育期延长约 13 d，其中伸根期缩短约 5 d，成熟期延长约 22 d。这可能受到不同地区土壤和气候影响，烟株前期发育较快，后期落黄较慢。

表 6-4　减氮追施液体菌肥对烤烟生长发育进程的影响

年份	处理	移栽日期 月-日	团棵日期 月-日	现蕾日期 月-日	采收始期 月-日	采收完毕 月-日
	BC	3-7	4-25	5-25	6-3	6-21
	CK	3-7	4-25	5-17	6-3	7-6
2018	K1	3-7	4-25	5-16	6-3	7-6
	K2	3-7	4-23	5-17	6-3	7-6
	K3	3-7	4-25	5-16	6-3	7-6
	BC	2-26	4-14	5-3	5-26	6-14
	CK	2-26	4-8	4-24	5-26	6-21
2019	K1	2-26	4-7	4-22	5-26	6-21
	K2	2-26	4-11	4-23	5-26	6-21
	K3	2-26	4-11	4-25	5-26	6-21

表 6-5　减氮追施液体菌肥对烤烟生长发育时期分布的影响

年份	处理	还苗期（d）	伸根期（d）	旺长期（d）	成熟期（d）	大田生长发育期（d）
	BC	9	40	31	28	108
	CK	9	40	23	43	115
2018	K1	8	41	22	44	115
	K2	9	39	25	42	115
	K3	8	41	22	44	115

年份	处理	还苗期（d）	伸根期（d）	旺长期（d）	成熟期（d）	大田生长发育期（d）
	BC	9	38	31	53	131
	CK	9	32	23	66	130
2019	K1	8	32	22	66	128
	K2	9	35	25	59	128
	K3	8	36	22	62	128

6.3.2.2 减氮追施液体菌肥对烤烟不同时期农艺性状的影响

表6-6为2018年减氮追施液体菌肥对烤烟不同时期农艺性状的影响。烟株在移栽50 d进入旺长期。除了叶片数，BC烤烟的各项农艺性状都显著低于其他处理的烤烟，烟株矮小发育不良。在移栽50 d，相比CK，追施液体菌肥的烟株较高，叶片数偏多，单株叶面积偏大，有效促进植株的前期生长发育。在移栽65 d后，除了BC烤烟，CK烤烟的株高最低（76.77 cm），单株叶面积较少。K1的烟株显著偏高，比CK烤烟高19.49 cm，而K3烤烟单株叶面积最大。移栽80 d，各处理间株高、茎围和有效叶片数差异不显著，其中K1的株高和节距最大，减氮10%下（K2）的单株叶面积最少为21484.48 cm^2，比减氮20%（K3）少884.54 cm^2。

表6-6 2018年减氮追施液体菌肥对烤烟不同时期农艺性状的影响

处理	栽后天数（d）	株高（cm）	茎围（cm）	单株叶数（片）	节距（cm）	单株叶面积（cm^2）
BC		54.67±2.73c	6.97±0.19b	17.33±1.15a	3.23±0.16b	8595.87±232.19b
CK		69.33±3.38b	8.13±0.27a	17.33±0.88a	3.90±0.11a	13937.69±1146.75a
K1	50	80.01±7.09ab	8.67±0.22a	19.00±0.57a	4.43±0.27a	14752.06±944.31a
K2		77.25±3.61ab	8.07±0.29a	18.00±0.59a	4.53±0.15a	15695.18±672.33a
K3		81.67±4.84a	8.27±0.28a	19.67±0.66a	4.37±0.24a	15352.51±659.37a
BC		67.13±3.62c	8.31±0.24b	17.00±1.00a	4.82±0.25b	10635.22±1188.72
CK		76.77±1.88b	11.13±0.85a	18.00±0.75a	4.53±0.20b	19944.70±1901.33b
K1	65	96.26±7.61a	10.67±0.29a	19.33±0.67a	5.33±0.35a	20229.98±845.64ab
K2		88.47±2.76ab	10.03±0.68a	18.67±0.23a	5.30±0.06a	20225.76±1518.86b
K3		90.43±4.59ab	10.53±0.35a	19.00±0.96a	4.77±0.07ab	21110.30±1103.79a

续上表

处理	栽后天数（d）	株高（cm）	茎围（cm）	单株叶数（片）	节距（cm）	单株叶面积（cm²）
BC		67.25 ± 4.36b	8.03 ± 0.12b	17.33 ± 0.88b	3.86 ± 0.09b	12950.99 ± 944.64b
CK		88.33 ± 3.18a	10.61 ± 0.61a	18.00 ± 1.55a	4.87 ± 0.48a	22240.79 ± 4379.02a
K1	80	97.67 ± 8.25a	11.27 ± 0.37a	18.67 ± 0.57a	5.40 ± 0.38a	22754.90 ± 941.02a
K2		88.66 ± 5.49a	10.50 ± 0.49a	18.67 ± 0.33a	4.93 ± 0.29a	21484.48 ± 4522.78a
K3		89.36 ± 4.28a	11.60 ± 0.61a	19.00 ± 1.00a	4.73 ± 0.05a	23698.04 ± 1115.07a

注：表中数据的方差分析用邓肯氏新复极差法检验，同列数据中具有相同字母的两数据之间未达到5%的显著水平，具有不同字母的两数据之间达到5%的显著水平。

表6-7为2019年减氮追施液体菌肥对烤烟不同时期农艺性状的影响。除了叶片数，BC的烟株矮小发育不良各项农艺性状显著偏小。在移栽40 d后开始进入旺长期，与2018年结果一致，追施液体菌肥的烟株较高，叶片数偏多，单株叶面积显著偏大，其中K1、K2和K3烤烟的单株叶面积分别比CK烤烟多54.92%、23.14%和26.85%。在移栽55 d，除了株高，CK和K1烤烟的农艺性状基本一致，而K2和K3烤烟的单株叶面积相比CK增加10.31%、7.70%。移栽80 d，K1和K2烤烟的茎围和节距显著偏大，K2烤烟的单株叶面积比CK多10.17%，K3烤烟的单株叶面积最小。

表6-7　2019年减氮追施液体菌肥对烤烟不同时期农艺性状的影响

处理	栽后天数（d）	株高（cm）	茎围（cm）	单株叶数（片）	节距（cm）	单株叶面积（cm²）
BC		6.93 ± 0.84b	—	7.67 ± 0.33b	0.90 ± 0.08b	1276.65 ± 124.51c
CK		7.23 ± 0.43b	—	8.00 ± 0.58b	0.91 ± 0.06b	1503.76 ± 89.72bc
K1	40	10.57 ± 0.74a	—	9.67 ± 0.33a	1.09 ± 0.04ab	2329.66 ± 100.58a
K2		10.03 ± 0.68a	—	8.33 ± 0.67ab	1.21 ± 0.02a	1851.77 ± 185.76b
K3		9.30 ± 1.00ab	—	8.00 ± 0.01b	1.16 ± 0.13a	1907.59 ± 134.96b
BC		39.17 ± 2.92b	5.90 ± 0.17b	16.00 ± 0.01b	2.45 ± 0.18b	4744.75 ± 452.01b
CK		74.50 ± 2.72a	8.00 ± 0.25a	18.00 ± 0.01a	4.14 ± 0.15a	12151.08 ± 909.48a
K1	55	81.10 ± 3.59a	8.03 ± 0.44a	17.33 ± 0.33a	4.68 ± 0.21a	12653.66 ± 602.79a
K2		80.70 ± 0.50a	8.77 ± 0.24a	18.00 ± 0.58a	4.49 ± 0.17a	13403.58 ± 531.47a
K3		78.00 ± 2.56a	8.10 ± 0.12a	18.00 ± 0.01a	4.33 ± 0.14a	13086.28 ± 853.68a

处理	栽后天数（d）	株高（cm）	茎围（cm）	单株叶数（片）	节距（cm）	单株叶面积（cm²）
BC		62.67±0.88c	6.87±0.18d	16.00±0.33b	4.59±0.07c	5631.26±522.81c
CK		97.09±2.96b	10.71±0.10c	18.00±0.01a	5.39±0.16b	20255.40±549.29b
K1	70	110.15±3.59a	12.10±0.22a	17.33±0.33a	6.36±0.30a	20065.72±471.53b
K2		110.16±1.65a	11.43±0.12b	18.00±0.58a	6.14±0.29a	22316.34±645.73a
K3		107.22±2.65a	10.92±0.30bc	18.00±0.01a	5.96±0.15ab	19882.76±235.04b

注：表中数据的方差分析用邓肯氏新复极差法检验，同列数据中具有相同字母的两数据之间未达到5%的显著水平，具有不同字母的两数据之间达到5%的显著水平。

在2018年，K3烤烟的单株叶面积显著偏大，而在2019年其基本与CK和K1烤烟单株叶面积相同。另外，正常施氮量下K1烤烟的农艺性状表现不突出。这可能存在气候和土壤差异影响了K3烤烟的发育，而K1烤烟可能由于水肥一体化模式下烟株无法吸收过多营养，将造成流失。K2在减氮10%表现出优异的农艺性状，表明该模式下烟株可充分吸收养分。

6.3.2.3 减氮追施液体菌肥对烤烟顶叶开片度的影响

叶长和叶宽是衡量烟叶物理性状的重要指标，人为只能控制叶长使其达到标准，但无法改变叶宽，因此叶宽成为区分烟叶发育状况关键指标之一，但在收购时常被忽略导致烟叶参差不齐，影响烟叶复烤以及工业加工，造成不良的负面效果。顶叶开片度过大的叶片形态偏圆，跟品种和施肥量相关，可能存在过旺生长。图6-1为减氮追施液体菌肥对烤烟顶部4片叶开片度的影响。在移栽60 d已打顶进入成熟期，在顶1叶，除了BC，在60～85 d过程中，减氮10%（K2）开片度最小，减氮20%（K3）开片度基本最大；在110 d，不同处理的开片度有K3 > CK > K2 > K1 > BC，且均大于43%，而CK和K3的开片度大于50%说明叶片偏圆。不同处理间顶2叶的开片度变化趋势与顶1叶基本一致，在移栽85 d后开片度显著增加。相比CK，在60 d追施液体菌肥的三个处理开片度较小，少于30%。在65 d后，K3烟株的开片度最大，在110 d为53.46%，而K2烟株的开片度基本最小，相比CK烟株少5.4%。在顶3叶，除了BC和K2烟株，其他处理烟株的倒3叶在移栽85 d后依然开片度明显增大，增幅约为13%，且K3和K2烟株的开片度分别为38.87%和53.46%。在顶4叶，移栽后60 d，不同处理开片度在31%左右，K3烟株在前期明显偏大，在65 d比CK烟株高4.59%，但在110 d只有45.25%，而CK、K1和K2烟株约为48%。

顶部4片叶，在60～85 d的成熟过程中开片速度较慢，在85～110 d进入采收时期开片度显著增加。K2烟株的最终开片度整体上略低于K1烟株，而减氮20%下K3烟株的开片度基本最高，高于50%。

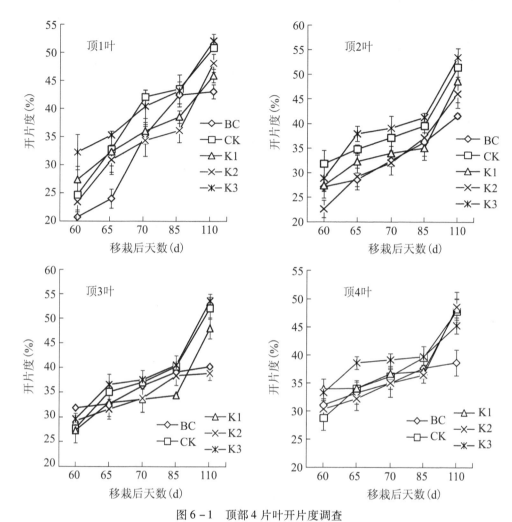

图 6 - 1　顶部 4 片叶开片度调查

6.3.3　基于水肥一体化的液体菌肥对烤烟光合物质生产的影响

6.3.3.1　基于水肥一体化的液体菌肥对烤烟光合参数的影响

光合作用为植物提供所需的物质和能量，是植物生长发育的基础。光合作用参数的变化可以直接反映烟株的光合能力。减氮追施液体菌肥对烤烟圆顶期叶片光合参数的影响见表 6 - 8。在倒 5 叶上，相比 CK，除了水蒸气压亏缺，K1 和 K3 烟株的各项光合参数基本显著偏低，其中 K3 烟株的气孔导度和胞间 CO_2 浓度分别比 CK 烟株低141.66 mmol · m^{-2} · s^{-1} 和 33.33 μmol · mol^{-1}；K2 烟株的水蒸气压亏缺和气孔导度稍大，净光合速率比 CK 烟株显著增大 29.74%。在倒 9 叶上，K1 的烟株叶片蒸腾速率显著最低，比 CK 烟株低 26.50%，水蒸气压亏缺显著偏高，比 CK 烟株高 29.82%。K3

烟株的气孔导度和蒸腾速率偏低，净光合速率偏小。K2 烟株的气孔导度和净光合速率显著最大，分别为 324.67 mmol·m^{-2}·s^{-1}、9.68 μmol·m^{-2}·s^{-1}，比 K1 烟株提高 10.06% 和 23.94%，比较高的气孔导度和蒸腾速率反映叶片结构较疏松。追施液体菌肥，K1 和 K3 烟株的光合特性相对较差，其中对 K1 烟株的中部叶和 K3 烟株的上部叶影响更明显，表现出偏低的蒸腾速率和细胞间隙 CO_2 浓度，偏高的水蒸气压亏缺。K2 烟株的光合特性表现优异，反映了其适宜的叶片结构。

表 6-8　2019 年减氮追施液体菌肥对烤烟圆顶期叶片光合参数的影响

处理	叶位	蒸腾速率 (mmol·m^{-2}·s^{-1})	水蒸气压亏缺 (mb)	气孔导度 (mmol·m^{-2}·s^{-1})	胞间 CO_2 浓度 (μmol·mol^{-1})	净光合速率 (μmol·m^{-2}·s^{-1})
BC		3.76 ± 0.02a	9.33 ± 0.55b	459.00 ± 14.11a	331.33 ± 10.97a	12.20 ± 1.47a
CK		3.34 ± 0.12b	12.43 ± 1.07a	287.33 ± 8.02b	315.00 ± 11.79ab	9.39 ± 0.07b
K1	倒5	2.09 ± 0.08c	12.37 ± 0.32a	176.00 ± 11.14c	296.00 ± 10.15bc	8.95 ± 0.38b
K2		3.21 ± 0.06b	14.60 ± 2.71a	289.50 ± 4.77b	299.33 ± 13.20bc	12.17 ± 0.31a
K3		1.99 ± 0.21c	14.13 ± 0.49a	145.67 ± 20.79d	281.67 ± 6.81c	8.70 ± 0.69b
BC		3.15 ± 0.02b	10.40 ± 0.10d	325.67 ± 1.53a	351.67 ± 3.21a	6.21 ± 0.09d
CK		3.17 ± 0.04b	11.30 ± 0.46c	293.00 ± 5.29b	332.67 ± 5.86b	7.17 ± 0.16c
K1	倒9	2.33 ± 0.20c	14.67 ± 0.15a	295.00 ± 13.75b	301.33 ± 11.93c	7.81 ± 0.10b
K2		3.28 ± 0.16a	10.73 ± 0.15cd	324.67 ± 8.39a	323.33 ± 7.64b	9.68 ± 0.21a
K3		2.57 ± 0.10b	12.97 ± 0.85b	222.33 ± 25.72c	321.33 ± 11.02b	7.36 ± 0.71c

注：表中数据的方差分析用邓肯氏新复极差法检验，同列数据中具有相同字母的两数据之间未达到 5% 的显著水平，具有不同字母的两数据之间达到 5% 的显著水平。

6.3.3.2　基于水肥一体化的液体菌肥对烤烟叶绿素荧光参数的影响

光系统 Ⅱ 的最大光合效率 F_v/F_m 反映了植物的潜在最大光能转换效率。光系统 Ⅱ 的实际光合效率 $Y(Ⅱ)$ 反映了光合机构目前的实际光能转换效率。由光合作用引起的荧光淬灭称为光化学淬灭，由热耗散引起的荧光淬灭称为非光化学淬灭。光化学淬灭反映了植物光合活性的高低；非光化学淬灭反映了植物耗散过剩光能为热的能力，起到保护作用。减氮追施液体菌肥对烤烟圆顶期叶片荧光参数的影响见表 6-9。烤烟在进入成熟期 15 天后，生长进入缓慢周期。总的来说，各处理烟株间不同荧光参数基本没有显著差异，BC 的最大光合效率和净光合效率没有下降，倒 5 叶的非光化学淬灭较低。不同处理下倒 5 叶的光化学淬灭基本无差异，最大光合潜力基本相同；相比 CK 烟株，追施液体菌肥后，不减氮处理（K1）烟株的 NPQ 下降，而净光合速率比 CK 烟株增大 30.43%，减氮 10%（K2）烟株的 NPQ 显著增加，比 CK 烟株增大 137.84%，减氮 20%（K3）烟株与 CK 烟株基本一致。倒 9 叶作为中二棚典型叶位，相比 CK，K1 烟株的光化学淬灭和非光化学淬灭增大 0.17 和 0.88，而 K3 烟株的 qP 最大，但 NPQ 较小。追施液体菌肥后，K1 烟株和 K3 烟株的 PSⅡ的净光合效率增大，而 K2 烟株的净光合效率和最大光合效率相比 CK 烟株下降 0.02 和 0.07。

表 6-9　2019 年减氮追施液体菌肥对烤烟叶片荧光参数的影响

处理	叶位	光化学淬灭 qP	非光化学淬灭 NPQ	PSⅡ的净光合效率 Y（Ⅱ）	PSⅡ的最大光合效率 F_v/F_m
BC		0.44 ±0.07a	0.98 ±0.11c	0.33 ±0.03a	0.82 ±0.01a
CK		0.38 ±0.07a	1.11 ±0.17c	0.23 ±0.03b	0.81 ±0.01a
K1	倒 5	0.42 ±0.06a	0.74 ±0.06d	0.30 ±0.03ab	0.81 ±0.01a
K2		0.40 ±0.01a	2.64 ±0.19a	0.22 ±0.01b	0.80 ±0.01a
K3		0.40 ±0.09a	1.65 ±0.06b	0.23 ±0.04b	0.81 ±0.01a
BC		0.28 ±0.06b	1.57 ±0.07ab	0.21 ±0.02a	0.80 ±0.01ab
CK		0.25 ±0.05b	1.10 ±0.15b	0.17 ±0.02a	0.78 ±0.02ab
K1	倒 9	0.42 ±0.06a	1.98 ±0.17a	0.23 ±0.04a	0.81 ±0.01a
K2		0.29 ±0.04b	1.55 ±0.11ab	0.15 ±0.02a	0.71 ±0.03b
K3		0.45 ±0.08a	1.43 ±0.17ab	0.25 ±0.04a	0.72 ±0.05ab

　　注：表中数据的方差分析用邓肯氏新复极差法检验，同列数据中具有相同字母的两数据之间未达到 5% 的显著水平，具有不同字母的两数据之间达到 5% 的显著水平。

6.3.3.3　基于水肥一体化的液体菌肥对烤烟抗氧化系统的影响

　　表 6-10 为减氮追施液体菌肥对烤烟抗氧化系统的影响。在移栽 80d 的上部叶中，相比 CK，K3 烤烟的 MDA 含量和 CAT 活性最低，分别下降了 9.38% 和 61.50%，但 POD 和 SOD 活性分别提高了 33.42% 和 31.66%。K1 和 K2 烤烟的 MDA 含量增加，CAT、POD 和 SOD 活性下降，但差异基本不显著。在中部叶，相比 CK，追施液体菌肥后，三种处理烤烟的 MDA 含量增加，CAT、POD、SOD 活性均下降。其中 K1 烤烟的三种抗氧化酶活性基本最低，分别下降了 35.59%、29.09% 和 10.12%。不同处理间下部叶与上部叶变化较一致，K1 和 K2 的酶活性较高，K3 的 MDA 含量和 CAT 活性最低，分别下降了 6.15% 和 23.57%，POD 和 SOD 活性分别提高了 45.33% 和 10.54%。

表6-10　2018年减氮追施液体菌肥对烤烟抗氧化系统的影响

处理	指标	上部叶	中部叶	下部叶
BC		—	—	—
CK		0.64±0.05ab	0.65±0.01c	0.65±0.02b
K1	MDA（nmol·g^{-1}）	0.72±0.01a	0.80±0.01a	0.78±0.01a
K2		0.73±0.03a	0.79±0.02a	0.74±0.02a
K3		0.58±0.01b	0.73±0.02b	0.61±0.02b
BC		—	—	—
CK		220.83±1.67a	212.51±9.01a	100.31±1.21bc
K1	CAT（U·g^{-1}）	162.13±7.76b	136.87±16.8b	103.77±4.26b
K2		210.84±13.41a	164.17±15.45b	136.66±14.5a
K3		85.01±2.50c	155.83±16.22b	76.67±4.62c
BC		—	—	—
CK		840.05±17.56b	902.51±27.42a	450.13±24.38c
K1	POD（U·g^{-1}）	792.65±20.97b	640.00±5.20c	538.87±14.47b
K2		714.17±10.92c	685.95±11.46c	448.33±31.50c
K3		1120.83±25.09a	801.31±9.82b	654.17±7.95a
BC		—	—	—
CK		52.85±2.67b	64.44±1.53a	50.47±1.01b
K1	SOD（U·g^{-1}）	48.34±1.87b	57.92±1.50a	56.28±2.15a
K2		55.74±1.68b	49.9±2.29b	54.95±0.92a
K3		69.58±2.71a	59.43±2.32a	55.79±0.11a

注：表中数据的方差分析用邓肯氏新复极差法检验，同列数据中具有相同字母的两数据之间未达到5%的显著水平，具有不同字母的两数据之间达到5%的显著水平。

6.3.3.4　基于水肥一体化的液体菌肥对烤烟淀粉酶活性的影响

淀粉酶是碳水化合物代谢中的重要酶类，在淀粉的合成过程中起着重要的作用，其活性的大小直接决定着淀粉合成的多少，在生长发育时期则反映烟株糖类物质的合成与转化。烟叶功能由积累淀粉向分解淀粉转变由高活性淀粉酶促进。表6-11为减氮追施液体菌肥对烤烟淀粉酶活性的影响，在不同时期不同叶位，淀粉酶活性受影响不同：在上部叶中，在移栽50 d后，相比CK，不同处理烤烟在50 d和65 d时酶活性差异显著，在80 d差异不显著。追施液体菌肥能提高AM活性，但在65 d和80 d时酶活性下降，其中减氮20%（K3）烤烟的酶活性为1.87 μg·g^{-1}·min^{-1}和2.446 μg.g^{-1}·min^{-1}，下降了40.82% 和27.65%。在中部叶，相比 CK，K2 烤烟在移栽后 50d 酶活性显著增大43.44%，而 K3 烤烟在移栽后 65 d 和 80 d 酶活性显著下降。在下部叶，移栽后 50 d 和65 d，减氮 10% 和 20% 烤烟的酶活性显著偏低，但在 80 d，K2 烤烟的酶活性显著偏大。在同一时期，不同叶位酶活性基本存在上部叶 > 中部叶 > 下部叶。在移栽后 50 d 和 65 d，K3 烤烟的中部叶和下部叶酶活性显著偏低，K1 烤烟的酶活性较高；K2 烤烟只有下部叶酶活性显著偏低。但在 80 d，不同叶位的酶活性差异较小。

表 6 - 11　2018 年减氮追施液体菌肥对烤烟生长发育期淀粉酶活性的影响

处理	移栽后天数 （d）	上部叶 AM 活性 （µg·g⁻¹·min⁻¹）	中部叶 AM 活性 （µg·g⁻¹·min⁻¹）	下部叶 AM 活性 （µg·g⁻¹·min⁻¹）
BC		—	—	—
CK		1.58 ±0.16b	1.22 ±0.04c	1.54 ±0.04b
K1	50	2.08 ±0.06a	1.54 ±0.03b	2.34 ±0.06a
K2		2.28 ±0.06a	1.75 ±0.06a	1.09 ±0.09c
K3		2.13 ±0.09a	1.24 ±0.08c	0.99 ±0.06c
BC		—	—	—
CK		3.16 ±0.11a	2.60 ±0.02a	2.00 ±0.06b
K1	65	2.29 ±0.06b	2.62 ±0.08a	2.56 ±0.08a
K2		2.10 ±0.05bc	2.48 ±0.09a	1.67 ±0.01c
K3		1.87 ±0.08c	1.48 ±0.04b	1.65 ±0.08c
BC		—	—	—
CK		3.40 ±0.09a	2.05 ±0.05b	1.82 ±0.07b
K1	80	2.56 ±0.06b	2.45 ±0.09a	2.52 ±0.09a
K2		2.72 ±0.17ab	2.17 ±0.09b	2.34 ±0.03a
K3		2.46 ±0.21b	1.68 ±0.09c	1.81 ±0.04b

注：表中数据的方差分析用邓肯氏新复极差法检验，同列数据中具有相同字母的两数据之间未达到 5% 的显著水平，具有不同字母的两数据之间达到 5% 的显著水平。

6.3.3.5　基于水肥一体化的液体菌肥对烤烟硝酸还原酶活性的影响

硝酸还原酶（NR）是植物氮代谢的关键酶，作为诱导酶，其活性大小与氮素营养有密切的关系。研究硝酸还原酶活性，有利于了解土壤供肥状况。

表 6 - 12 为减氮追施液体菌肥对烤烟生长发育期硝酸还原酶活性的影响。硝酸还原酶活性随着烟株成熟在不断下降，使烤烟吸收氮肥能力下降。且不同叶位间的差异体现了叶位的逐渐成熟。在下部叶，移栽后 50 d，相比 CK，追施液菌肥的三个处理烤烟 NR 活性显著偏低，K1 烤烟酶活性最低（0.13 µg·g⁻¹·h⁻¹），只有 CK 烤烟的

26.53%；在65 d 和 80 d，CK 烤烟的酶活性显著偏低，K3 烤烟在 80 d 活性最高（0.27μg·g^{-1}·h^{-1}）。分析中部叶酶活性变化，在 50 d 和 65 d，追施液体菌肥后，减氮 10%（K2）烤烟的酶活性最高，不减氮（K1）烤烟的酶活性最低，但在 80 d K2 烤烟酶活性显著偏低，只有减氮 20%（K3）烤烟的 54.84%；CK 烤烟的酶活性在 80 d 显著性偏高。在上部叶，移栽 50 d，相比 CK，K1 烤烟酶活性只有 1.39 μg·g^{-1}·h^{-1}，K2 和 K3 烤烟酶活性相同（2.329 μg·g^{-1}·h^{-1}）。在 50～65 d 过程中，不同处理间酶活性下降，CK、K1、K2 和 K3 烤烟分别下降了 2.849 μg·g^{-1}·h^{-1}、0.87 μg·g^{-1}·h^{-1}、1.55 μg·g^{-1}·h^{-1} 和 1.40 μg·g^{-1}·h^{-1}，CK 烤烟酶活性下降最多；在 80 d，K1 和 K3 烤烟的叶片酶活性显著偏高，CK 和 K2 烤烟的酶活性显著偏低，减氮 20%（K3）烤烟的酶活性比 CK 烤烟的酶活性高 0.54 μg·g^{-1}·h^{-1}。减氮追施液体菌肥将延缓叶片的硝酸还原酶活性的下降速度，在前期硝酸还原酶活性较低，后期较高。减氮 10%（K2）烤烟的酶活性在前期较高，后期较低，减氮 20%（K3）烤烟硝酸还原酶则在后期依然保持较高活性。

表 6-12　2018 年减氮追施液体菌肥对烤烟硝酸还原酶活性的影响

处理	移栽后天数 (d)	上部叶 NR 活性 （μg·g^{-1}·h^{-1}）	中部叶 NR 活性 （μg·g^{-1}·h^{-1}）	下部叶 NR 活性 （μg·g^{-1}·h^{-1}）
BC		—	—	—
CK		3.29 ± 0.01a	1.40 ± 0.02a	0.49 ± 0.01a
K1	50	1.39 ± 0.04c	0.52 ± 0.02c	0.13 ± 0.02c
K2		2.32 ± 0.14b	1.39 ± 0.08a	0.21 ± 0.05b
K3		2.32 ± 0.05b	0.92 ± 0.07b	0.19 ± 0.01b
BC		—	—	—
CK		0.45 ± 0.05c	0.57 ± 0.02a	0.16 ± 0.01b
K1	65	0.52 ± 0.01c	0.38 ± 0.01d	0.21 ± 0.02a
K2		0.77 ± 0.01b	0.51 ± 0.01b	0.26 ± 0.01a
K3		0.92 ± 0.10a	0.44 ± 0.01c	0.22 ± 0.01a
BC		—	—	—
CK		0.57 ± 0.10b	0.58 ± 0.02a	0.13 ± 0.01b
K1	80	0.96 ± 0.04a	0.22 ± 0.01c	0.20 ± 0.04ab
K2		0.57 ± 0.02b	0.14 ± 0.03d	0.22 ± 0.02a
K3		1.11 ± 0.03a	0.31 ± 0.01b	0.27 ± 0.02a

注：表中数据的方差分析用邓肯氏新复极差法检验，同列数据中具有相同字母的两数据之间未达到 5% 的显著水平，具有不同字母的两数据之间达到 5% 的显著水平。

6.3.3.6　基于水肥一体化的液体菌肥对烤烟生长过程中主要碳水化合物的影响

（1）减氮追施液体菌肥对烤烟淀粉含量的影响

植物体内的淀粉为光合作用的产物，淀粉中的一部分作为叶片光合产物暂存于叶绿体中。淀粉是碳代谢的主要指标，研究烟草碳水化合物代谢、评价其营养状况、分析烟草的品质等均有涉及淀粉含量。表 6 - 13 为减氮追施液体菌肥对烤烟淀粉含量的影响。在移栽后 50 d，相比 CK，追施液体菌肥的三个处理烤烟的上部叶和中部叶淀粉含量显著偏大，但在下部叶，则 CK 烤烟显著偏大。K3 烤烟的淀粉含量较低，特别是下部叶；在移栽 65 d，不同处理烤烟间淀粉含量均显著提高。相比 50 d，CK 烤烟的上部叶和 K1 烤烟的中部叶淀粉含量增加最多，分别为 6.11% 和 3.99%，K2 烤烟的下部叶淀粉含量最低（6.33%）。在移栽 80 d 进入成熟期后，各处理烟株开始进行淀粉代谢，其中 K3 烤烟的上部叶淀粉含量显著偏低，比 CK 烤烟少 1.87%，而 CK 和 K1 烤烟的中部叶淀粉含量显著下降，各处理烤烟下部叶淀粉含量变化不大，其中 CK 烤烟淀粉含量最大（8.667%）。从移栽后时间变化上看，淀粉含量在 50 ～ 65 d 增加，在 65 ～ 80 d 下降，其中上部叶变化幅度最大。相比 CK，追施液体菌肥烤烟在 50 ～ 65 d 淀粉积累量较多，在 65 ～ 80 d 淀粉下降量较小。

表 6 - 13　2018 年减氮追施液体菌肥对烤烟淀粉含量的影响

处理	移栽后天数（d）	上部叶淀粉含量（%）	中部叶淀粉含量（%）	下部叶淀粉含量（%）
BC		—	—	—
CK		3.17 ± 0.14c	4.51 ± 0.07c	4.52 ± 0.11a
K1	50	5.57 ± 0.33a	5.91 ± 0.02a	4.22 ± 0.03b
K2		5.64 ± 0.17a	5.94 ± 0.25a	4.03 ± 0.06bc
K3		4.75 ± 0.01b	5.41 ± 0.06b	3.96 ± 0.04c
BC		—	—	—
CK		9.28 ± 0.14a	7.88 ± 0.10b	7.74 ± 0.27a
K1	65	8.89 ± 0.01ab	9.90 ± 0.02a	8.24 ± 0.10a
K2		9.30 ± 0.29a	7.80 ± 0.01b	6.33 ± 0.09b
K3		8.67 ± 0.07b	7.29 ± 0.20c	7.67 ± 0.31a
BC		—	—	—
CK		6.69 ± 0.07b	3.33 ± 0.07c	8.67 ± 0.08a
K1	80	7.24 ± 0.17a	4.95 ± 0.05b	7.62 ± 0.19b
K2		6.37 ± 0.18b	7.82 ± 0.09a	7.12 ± 0.24b
K3		4.82 ± 0.18c	7.57 ± 0.19a	7.70 ± 0.27b

注：表中数据的方差分析用邓肯氏新复极差法检验，同列数据中具有相同字母的两数据之间未达到 5% 的显著水平，具有不同字母的两数据之间达到 5% 的显著水平。

（2）减氮追施液体菌肥对烤烟可溶性总糖含量的影响

可溶性总糖是烟叶碳积累代谢过程中的一个重要产物，其含量的高低对烤后烟叶品质产生显著影响，在生长发育时期体现了烟株光合能力，直接影响叶片内在物质的积累。

表 6 - 14 为减氮追施液体菌肥对烤烟可溶性总糖含量的影响。随着烟株逐渐生长成熟，烟叶中可溶性总糖的含量也逐渐增加。在移栽 50 d，相比 CK，K2 烤烟的不同叶位间总糖含量基本最高，分别比 CK 高 3.79%、3.70% 和 5.19%，K3 烤烟的中部叶和下部叶糖含量显著偏低，说明前期减氮 20% 不利于叶片总糖积累，追施液体肥促进上部叶糖类代谢。在移栽后 65 d，CK 烤烟的上部叶总糖含量最高（14.36%），相比 50 d 增加了 6.84%，而其他三个处理只增加了约 2%。不减氮（K1）烤烟的中部叶和下部叶总糖含量最高，减氮 20%（K3）烤烟的下部叶总糖含量最低，相比 K1 烤烟减少 5.26%。在移栽后 80 d，相比 CK，K1 和 K3 烤烟的总糖含量基本显著偏低，其中 K3 烤烟的总糖含量低于 20%；减氮 10%（K1）烤烟的总糖含量基本最高，分别比减氮 20%（K3）烤烟高 4.47%、4.73% 和 10.87%，下部叶差异最大。

表 6 - 14　2018 年减氮追施液体菌肥对烤烟可溶性总糖含量的影响

处理	移栽后天数（d）	上部叶总糖含量（%）	中部叶总糖含量（%）	下部叶总糖含量（%）
BC		—	—	—
CK		7.52 ± 0.09c	12.75 ± 0.19b	9.04 ± 0.25d
K1	50	10.07 ± 0.11b	12.96 ± 0.04b	13.14 ± 0.32b
K2		11.31 ± 0.26a	16.45 ± 0.17a	14.23 ± 0.21a
K3		11.56 ± 0.74a	10.38 ± 0.22c	9.84 ± 0.11c
BC		—	—	—
CK		14.36 ± 0.19a	14.66 ± 0.20b	14.75 ± 0.07b
K1	65	12.54 ± 0.18b	18.31 ± 0.39a	18.38 ± 0.11a
K2		12.25 ± 0.35b	14.97 ± 0.12b	16.08 ± 0.49ab
K3		13.66 ± 0.13a	14.98 ± 0.58b	13.12 ± 0.25b
BC		—	—	—
CK		19.83 ± 0.19b	23.60 ± 0.84a	26.14 ± 0.92a
K1	80	20.06 ± 0.41b	17.08 ± 0.09c	20.43 ± 0.37b
K2		23.77 ± 0.15a	23.67 ± 0.23a	26.06 ± 0.22a
K3		19.30 ± 0.21b	18.94 ± 0.37b	15.19 ± 0.04c

注：表中数据的方差分析用邓肯氏新复极差法检验，同列数据中具有相同字母的两数据之间未达到 5% 的显著水平，具有不同字母的两数据之间达到 5% 的显著水平。

（2）减氮追施液体菌肥对烤烟还原糖含量的影响

表 6 – 15 为减氮追施液体菌肥对烤烟还原糖含量的影响。从移栽后 50 d 到 80 d，烟株从旺长期到成熟期，还原糖含量呈现急剧增长，体现了叶片成熟和内在糖类代谢的关系。在 50 ～65 d 过程中，不同处理间还原糖含量变化较小，其中上部叶和中部叶含量稍微降低，CK 烤烟下部叶还原糖含量增加最多（1.98%），K1 烤烟还原糖含量增加最少（0.73%）。在移栽后 80 d，相比 CK 烤烟上部叶，K1 和 K2 烤烟的还原糖含量显著偏高，比 CK 烤烟还原糖含量偏高 2.89%、3.05%；减氮 20% 追施液体菌肥（K3）烤烟的还原糖含量基本最低，下部叶只有 13.70%，相比 CK 烤烟偏少 6.27%。从 50 ～80 d，相比 CK 的上部叶还原糖含量增加 10.21%，K1 和 K2 烤烟上部叶还原糖含量增加了 10.85% 和 11.46%，而 K3 只增加 8.04%。而在中部叶，K2 烤烟在 50 d 还原糖含量最高，但与 80 d 相比只增加 7.83%，其他处理烤烟增加 10% 左右。

表 6 – 15　2018 年减氮追施液体菌肥对烤烟还原糖含量的影响

处理	移栽后天数 （d）	上部叶还原糖含量 （%）	中部叶还原糖含量 （%）	下部叶还原糖含量 （%）
BC		—	—	—
CK		6.38 ± 0.09c	9.02 ± 0.06c	7.97 ± 0.29b
K1	50	8.64 ± 0.20a	9.63 ± 0.23b	10.52 ± 0.13a
K2		8.18 ± 0.06b	12.86 ± 0.18a	10.48 ± 0.01a
K3		8.63 ± 0.04a	7.29 ± 0.20d	6.12 ± 0.23c
BC		—	—	—
CK		7.51 ± 0.09b	6.39 ± 0.05d	9.95 ± 0.16c
K1	65	6.88 ± 0.04c	9.13 ± 0.09a	11.25 ± 0.22b
K2		7.89 ± 0.05a	7.48 ± 0.09c	12.16 ± 0.30a
K3		6.89 ± 0.03c	7.98 ± 0.07b	7.98 ± 0.13d
BC		—	—	—
CK		16.59 ± 0.27b	19.38 ± 0.22c	19.97 ± 0.05a
K1	80	19.48 ± 0.29a	19.89 ± 0.12b	18.87 ± 0.15b
K2		19.64 ± 0.18a	20.69 ± 0.08a	18.16 ± 0.02c
K3		16.67 ± 0.09b	17.40 ± 0.09d	13.70 ± 0.16d

注：表中数据的方差分析用邓肯氏新复极差法检验，同列数据中具有相同字母的两数据之间未达到 5% 的显著水平，具有不同字母的两数据之间达到 5% 的显著水平。

6.3.3.7　基于水肥一体化的液体菌肥对烤烟干物质积累的影响

干物质积累量反映烟株的生长情况，不同部位的积累量则反映烟株的物质分配差异。结合烟株生长特点，将倒 1 ～7 叶作为上部叶，倒 8 ～12 叶作为中部叶，剩下的是下部叶。图 6-2 至图 6-4 分别为不同处理对移栽 60 d 后、75 d 后、90 d 后烟株干物质积累量的影响。在移栽后 60 d，进入旺长后期，除了 BC，其他处理烤烟的叶片与根茎干重比例约为 6.5∶3.5；相比 CK，K1 烤烟整株干物质积累量显著偏大，比 CK 烤烟多 37.13%，K2 烤烟整株干物质积累量偏小，为 88.62 g；K1 烤烟的根、茎和上部叶片干重分别比 K2 烤烟的高 4.57 g、12.99 g 和 9.05 g。

在移栽 75 d 进入成熟期后，各处理烤烟干物质积累总量显著增加，约为 230 g，BC 烤烟由于缺肥已基本停滞生长，干物质积累量为 88.19。除了 BC 烤烟，其他处理烤烟的叶片与根茎干重比例约为 5.2∶4.8，各处理地上部积累总量在 120 g 左右；相比第一次取样，根干重约增加 50g，说明烟株根系快速生长。K3 烤烟干物质积累总量显著偏低，K2 烤烟的根和中部叶片干重相比 CK 烤烟偏大，茎和上部叶片干重偏小。

在移栽 90 d，即成熟后期，烟株生长基本停止，各处理烤烟间叶片与根茎干重比例约为 5.1∶4.9，但 K3 烤烟的只有 44%，说明其物质分配上营养更多流向根系和茎。相比第二次取样，除了 BC 烤烟，CK、K1、K2 和 K3 烤烟的干物质积累量分别增加 65.88 g、126.55 g、148.87 g 和 115.03 g，CK 烤烟的根干重增加量只有 30.02 g，K2 烤烟的根增重 77.52 g。相比前期取样，CK 烤烟的干物质积累总量低于追施液体菌肥的三个处理烤烟，K2 烤烟的干物质积累总量最大，并且上部叶片干重显著偏大，是 CK 烤烟的 127.48%。

整体上看，前期减氮下 K2 和 K3 烤烟干物质积累较少，但在后期均比 CK 烤烟多，但 K3 烤烟相对偏低，最终 K2 烤烟最多。而 CK 烤烟后期生长较停滞，追施液体肥在生长发育后期能有效持续保证烟株发育。在成熟期，K1 烤烟的上部叶显著低于 K2 和 K3 烤烟，但茎明显偏重。

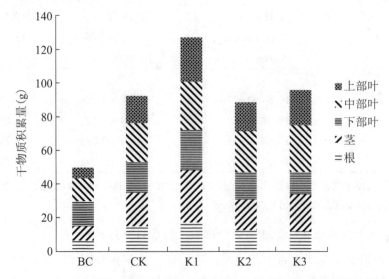

图 6-2　2019 年减氮追施液体菌肥对移栽 60 d 后烟株干物质积累量的影响

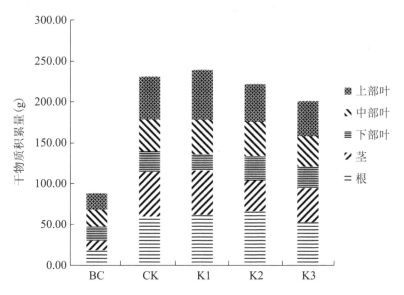

图 6-3 2019 年减氮追施液体菌肥对移栽 75 d 后烟株干物质积累量的影响

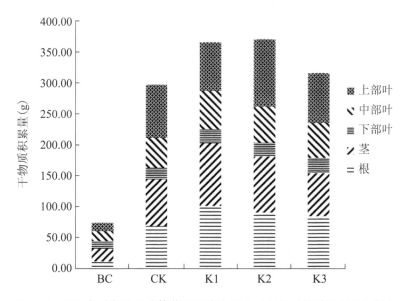

图 6-4 2019 年减氮追施液体菌肥对移栽 90 d 后烟株干物质积累量的影响

6.3.3.8 基于水肥一体化的液体菌肥对烤烟根系活力的影响

表 6-16 为减氮追施液体菌肥对烤烟根系活力的影响。在移栽 50 d，相比 CK 烤烟，K3 烤烟的一级侧根数、根系体积和重量都偏大，根系活力比 CK 烤烟低 21.04%。

K1 和 K2 烤烟基本一致，根系活力较低，其中 K2 烤烟的一级侧根数和根系干重比 K1 烤烟的偏大。在移栽后 65 d，相比 CK 烤烟，其他处理烤烟的根系体积显著偏小。K1 烤烟的根系活力最大，但没有显著性差异，根系鲜重和干重显著偏低。减氮 20% （K3）烤烟的根系指标均大于减氮 10% （K2）烤烟的，其中根系体积显著偏大。在移栽后 80 d，相比 CK 烤烟，追施液体菌肥的烟株根系显著偏小，根系干重显著偏大。减氮 20%（K3）烤烟的一级侧根数、根系干重和根系活力最大，显著偏高于其他处理烤烟。K1 烤烟的根系活力较高（483.41 μg·g^{-1}），根系干重较小（61.41 g），相比减氮 10%（K1）烤烟的根系活力提高了 101.89 μg·g^{-1}，根系干重下降 13.72 g。

表 6-16 2018 年减氮追施液体菌肥对烤烟根系活力的影响

处理	移栽后天数（d）	一级侧根（条）	根系体积（cm³）	根系鲜重（g）	根系干重（g）	根系活力（μg·g^{-1}）
BC		—	—	—	—	—
CK		13.1 ± 1.2ab	64.31 ± 5.89a	56.23 ± 1.21b	12.10 ± 0.12a	153.15 ± 0.23a
K1	50	10.2 ± 0.6b	60.74 ± 1.21a	53.84 ± 1.27b	12.23 ± 0.75a	128.19 ± 0.99b
K2		12.3 ± 1.2ab	60.41 ± 2.25a	62.41 ± 1.10ab	14.61 ± 1.04a	134.26 ± 1.65b
K3		14.9 ± 1.2a	69.32 ± 1.10a	68.21 ± 4.73a	13.94 ± 1.15a	120.77 ± 1.54ba
BC		—	—	—	—	—
CK		22.2 ± 1.3a	260.32 ± 2.94a	223.25 ± 4.3ab	62.9 ± 1.97b	391.64 ± 6.54a
K1	65	19.8 ± 1.7a	172.51 ± 2.31d	146.57 ± 4.68c	41.32 ± 0.69c	399.07 ± 7.32a
K2		21.1 ± 2.3a	183.21 ± 5.02c	202.31 ± 2.31b	66.61 ± 1.33b	371.40 ± 5.44ab
K3		21.0 ± 1.2a	238.64 ± 7.51d	237.46 ± 12.6a	73.21 ± 1.21a	394.01 ± 1.88a
BC		—	—	—	—	—
CK		23.8 ± 1.7b	300.21 ± 3.64c	248.54 ± 2.66c	47.56 ± 0.75d	432.11 ± 5.68c
K1	80	24.1 ± 0.6b	232.14 ± 4.16c	190.65 ± 4.73b	61.41 ± 0.76c	483.41 ± 4.21b
K2		21.0 ± 1.7b	212.21 ± 4.85b	213.24 ± 7.85ab	75.13 ± 1.04b	381.52 ± 6.55d
K3		30.3 ± 2.2a	268.21 ± 1.39a	259.27 ± 7.45a	80.71 ± 0.92a	549.85 ± 7.65a

注：表中数据的方差分析用邓肯氏新复极差法检验，同列数据中具有相同字母的两数据之间未达到 5% 的显著水平，具有不同字母的两数据之间达到 5% 的显著水平。

6.3.4 基于水肥一体化的液体菌肥对烤烟某些烘烤特性的影响

6.3.4.1 基于水肥一体化的液体菌肥对烟叶失水量的影响

不同处理烤烟烟叶在烘烤过程中，中上部叶的失水速率有所不同。图 6-5 为减氮追施液体菌肥对烟叶失水量的影响，在烘烤中部叶时，失水速率在48 h前较快，之后变缓。与 CK 烤烟烟叶相比，K1 烤烟烟叶的失水量明显偏大，在36 h 时为61.2%，比 CK 烤烟烟叶高8.3%，而 K2 和 K3 烤烟烟叶失水量变化基本一致且失水量较小；在72 h 时，K1 的失水量最高（82.2%），K2 和 K3 的最低，只有72.2%。在上部叶中，不同处理间失水速率保持平缓趋势，各处理间前期差异较明显，48 h 后基本一致，最终失水量约为69%。在36 h 前，CK 烤烟烟叶失水率最高，其中12 h 时差异最大。K2 烤烟烟叶在12 h 时失水率最低，在12 h 到48 h 这一阶段有最大失水量，为40.6%。

总的来说，CK 和 K1 烤烟烟叶在烘烤过程中失水速率均衡较差，在12 h 较大的失水率说明叶片含水量较高。变黄前期过快的失水不利于叶片进行糖类代谢物质转换，破坏适宜酶反应环境，定色期较大的叶片失水率将导致棕色反应加快，影响烟叶质量。

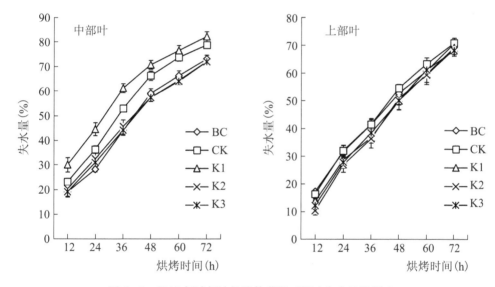

图 6-5　2019 年减氮追施液体菌肥对烟叶失水量的影响

6.3.4.2　基于水肥一体化的液体菌肥对烟叶淀粉酶活性的影响

淀粉酶作为糖代谢关键酶，其活性影响着淀粉的分解与转化速率。图 6-6 为减氮追施液体菌肥对烟叶淀粉酶活性的影响，不同处理烤烟烟叶间在烘烤过程其酶活性各不相同。中部叶的淀粉酶活性呈 N 型变化趋势，在24 h 前，K2 和 K3 烤烟烟叶的酶活性较高，但在36 h 时，CK 和 K1 烤烟烟叶在24～36 h 有最大酶活性增幅，分别为24.99 mg·5 min^{-1} FW、23.72 mg·5 min^{-1} FW 和11.43 mg·5 min^{-1} FW，并达到峰值，BC 和 K2 的最大增幅则在36～48 h。其中 K3 的峰值只有39.65 mg·5 min^{-1} FW，K2 的则在48 h 时达到峰值（43.55 mg·5 min^{-1} FW），但略小于 K1 的峰值（46.69 mg·5 min^{-1} FW）。在48～72 h 时，AM 活性先显著下降后上升，其中 K1 的变化幅度最大，最终 K1 的酶活性最高，K2 的酶活性最低，只有 24.97 mg · 5 min^{-1} FW。相比中部叶，上部叶的酶活性变化波动较少，呈上升趋势。在 0～36 h，各处理烤烟烟叶间酶活性差异较小，其中 CK 烤烟烟叶的酶活性基本最高。在 36 h 后，CK 烤烟烟叶的酶活性增幅显著，在 36～48 h 有最大增幅 12.27 mg · 5 min^{-1} FW，最终酶活性为 42.99 mg · 5 min^{-1} FW。追施液体菌肥的处理烤烟上部叶的酶活性基本呈稳定上升趋势，并在 72 h 时有最大峰值，但相比同时期中部叶的酶活性偏低，且存在 K3 > K1 > K2，另外 K2 的峰值只有 CK 的 39.38%。

受叶片因素影响，生产上烘烤过程中部叶升温较快，上部叶升温较慢，变黄期延长，将导致酶活性呈现不同变化趋势。总的来说，K1 烤烟的叶片酶活性偏高，且变化幅度较大，K2 的前期酶活性较高，后期较低，但 K2 的在烘烤过程保持较稳定的酶活性变化，而 K3 烤烟的中部叶酶活性在后期波动显著。

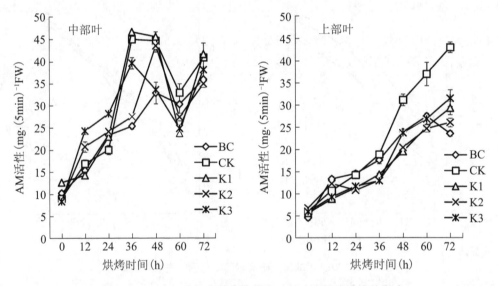

图 6-6　2019 年减氮追施液体菌肥对烟叶淀粉酶活性的影响

6.3.4.3　基于水肥一体化的液体菌肥对烟叶淀粉含量的影响

图 6-7 为减氮追施液体菌肥对烟叶淀粉含量的影响，整体上看淀粉随着烘烤的进行不断降解。在 0 h，CK 烤烟烟叶的淀粉含量显著偏低，只有 8.40%，在 72h 后为 4.46%，降解总量最小。BC 和 K3 烤烟烟叶淀粉保持稳定的降解速率，最终淀粉总降解量为 11.59% 和 12.56%。K1 烤烟烟叶淀粉在 0～24 h 有最大降解量，降解速度为 0.37% · h^{-1}，后保持稳定；K2 烤烟烟叶在定色前期 24～48 h 淀粉含量保持稳定，在 48～60 h 有最大降解量 2.87%。

相比中部叶，上部叶淀粉的降解速率在前期波动较低。各处理烤烟烟叶在 0～36 h

时间段基本一致，其淀粉降解量为 3.62% ～5.87%。BC 烤烟烟叶在 24 ～48 h 时间段淀粉含量基本不变，但之后降解速率加快，在 72 h 为 5.27%。在 48 ～72 h，K1、K2 和 K3 烤烟烟叶淀粉都先降解再回升，其中 K1 烤烟烟叶淀粉在 48 ～60 h 有最大降解速率，为 0.35% · h^{-1}，随后升高至 5.34%。K2 和 K3 波动较小，最终淀粉含量稍低于 K1 的。

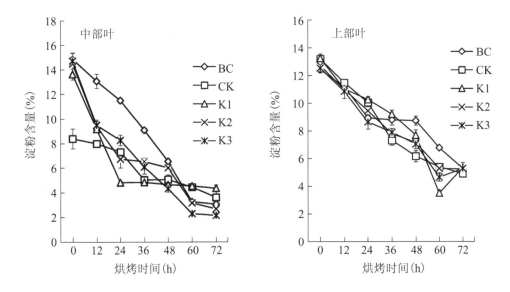

图 6 - 7　2019 年减氮追施液体菌肥对烟叶淀粉含量的影响

6.3.4.4　基于水肥一体化的液体菌肥对烟叶可溶性总糖含量的影响

图 6 - 8 为减氮追施液体菌肥对烟叶可溶性总糖含量的影响。在烘烤过程中，可溶性总糖含量在逐渐增加。烘烤中部叶，在 0 h，K1 的总糖含量显著偏高，相比 CK 高 5.56%，其他处理差异不大。在 12 ～24 h 变色期，BC 的总糖含量显著增加 7.8%，K1 的总糖含量下降 4.93%，K2 和 K3 的基本不变。在 24 ～48 h 定色前期，K2 的总糖含量基本不变，而 K1 和 K3 的显著增加了 8.70%、5.64%。在 60 ～72 h，不同处理烤烟中部叶总糖含量基本稳定，其中 CK 和 K2 的总糖含量为 22%，相比其他处理的少 4%。

相比中部叶，上部叶的总糖含量变化呈小 N 型变化，在 12 ～24 h 有峰值，波动较大，72 h 时不同处理烤烟的可溶性总糖含量偏低，低于 19%。在 0 ～12 h，BC 的总糖含量增加速率最大（1.02% · h^{-1}），K3 的幅度最小。K3 烤烟在 24 h 总糖的峰值显著低于其他处理的，只有 19.41%。在 24 ～60 h，总糖含量下降，K1 和 K2 烤烟烟叶的总糖含量减少量最大，为 10.16%，相比 CK 的多 3.54%。在 72 h，不同处理间总糖含量差异不大，在 16.95% ～18.80% 之间，比中部叶下降约 7%。

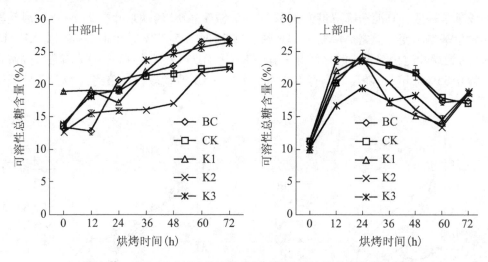

图6-8　2019年减氮追施液体菌肥对烟叶可溶性总糖含量的影响

6.3.4.5　基于水肥一体化的液体菌肥对烟叶可溶性还原糖含量的影响

图6-9为减氮追施液体菌肥对烟叶可溶性还原糖含量的影响。烘烤中部叶，在0 h，K1的还原糖含量最大，K2的最低，在3.82%～6.39%之间，差异较小。在0～36 h，各处理的还原糖含量逐渐增加，其中BC的含量最低。而K2的还原糖含量在12 h和36 h有双峰，在36 h，不减氮追施液体菌肥（K1）的还原糖含量峰值低于减氮10%（K2）和减氮20%（K3）的，其中K3的峰值最大（18.46%）。在48～72 h，还原糖含量变化幅度较小，最终在17.12%～18.9%之间。烘烤上部叶时，各处理烤

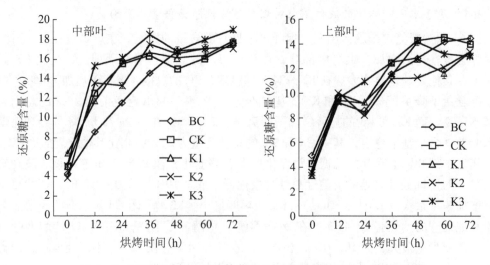

图6-9　2019年减氮追施液体菌肥对烟叶可溶性还原糖含量的影响

烟上部叶的还原糖含量曲线呈 N 型变化，在 12 h 和 24 h 有峰值和谷底，其中 12 h 的峰值小于 10%。在 12 ～ 36 h，相比 CK，其他处理有 "谷底"，先降后升。在 36 ～ 72 h，K1 和 K3 烤烟上部叶的还原糖含量波动较大，BC 和 K2 的则缓慢增加。相比中部叶，上部叶还原糖含量在 72 h 时还原糖含量较低，比中部叶还原糖含量下降约 4%。

6.3.5　基于水肥一体化的液体菌肥对烤后烟叶常规化学成分的影响

影响烤后烟叶吃味的主要因素是烟叶燃烧时热解呈酸性及碱性物质的平衡及协调。表 6-17 为 2018 年减氮追施液体菌肥对烤后烟叶常规化学成分的影响。在上部叶，与 CK 相比，追施液体菌肥的烤烟烟叶总糖含量偏低，在 14.33% ～ 17.15% 间波动，还原糖含量在 13.02% ～ 14.96% 间波动，其中 K2 和 K3 烤烟烟叶的两糖比均大于 90%。CK 的淀粉含量显著偏大（5.44%），并且随着减氮量增大，淀粉含量增加，减氮 20%（K3）的淀粉含量比不减氮（K1）的多 0.48%，差异显著。总氮含量在 1.72% ～ 2.05% 间波动，且 CK 显著偏低，其他处理烤烟总氮含量差异不显著。与 CK 相比，K1 和 K3 的烟碱含量显著偏低，分别只有 1.91% 和 1.84%。除了 BC，不同处理间糖碱比差异较小，在 7.08% ～ 7.83% 间波动，另外 CK 的氮碱比显著偏低，减氮 10%（K2）烤烟的氮碱比只有 0.90。追施液体菌肥能提高石油醚含量。在中部叶，与不减氮的 CK 和 K1 相比，减氮下 K2 和 K3 烤烟的两糖含量和淀粉含量显著偏低，两糖比较大。减氮 10%（K2）烤后烟叶的总氮和烟碱含量显著偏低，分别比 CK 低 6.52% 和 17.89%，而 K1 和 K3 间没有显著差异。除了 BC，糖碱比在 12.75% ～ 14.74% 波动，氮碱比在 1.45% ～ 1.70% 间波动，差异较小。相比中上部叶，下部叶的两糖比基本大于 90%，其中减氮 20%（K3）烤后烟叶的总糖、还原糖和淀粉含量显著偏低。K2 的烟碱含量显著偏低，只有 0.97%，糖碱比偏大。

表 6-18 为 2019 年减氮追施液体菌肥对烤后烟叶常规化学成分的影响。不同处理在不同叶位化学成分的差异显著。在上部叶，相比 CK，不减氮（K1）和减氮 20%（K3）烤烟烤后烟叶的总糖含量显著偏低，分别比 CK 小 7.66% 和 5.27%，两糖比在 81% 以上，而减氮 10%（K2）烤后烟叶的总糖含量较大（30.25%），两糖比显著偏低（70.18%）。不同处理间总氮含量没有显著性差异，在 1.64% ～ 1.84% 间波动。另外，不减氮（K1）的烟碱含量显著最低（1.35%），比减氮 10%（K2）小 0.60%。相比 CK，K2 的糖碱比和氮碱比显著偏低，分别为 10.86 和 0.91，而 K1 的糖碱比显著偏大。在中部叶，除了 BC，不同处理间烤烟烤后烟叶的总糖含量波动较小，在 26.58% ～ 27.91% 之间，但 K2 的还原糖含量显著偏高，相比 CK 提高了 2.99%，而 K1 的还原糖含量最小（18.85%），因此不减氮（K1）烤烟烤后烟叶的两糖比显著最低，减氮 10%（K2）烤烟烤后烟叶的两糖比显著偏高（81.31%）。追施液体菌肥后，总氮和烟碱含量有所提高，其中烟碱含量随着减氮量加大逐渐下降，从 1.72% 到 1.30%，同时糖碱比在逐渐上升，从 10.98 到 15.48。在下部叶，减氮 20%（K3）的总糖含量显著偏大，

表6-17 2018年减氮追施液体菌肥对烤后烟叶常规化学成分的影响

处理	部位	总糖含量(%)	还原糖含量(%)	两糖比(%)	淀粉含量(%)	总氮含量(%)	烟碱含量(%)	糖碱比	氮碱比	石油醚含量(%)
BC	上部叶	14.84±0.17c	10.85±0.14d	73.11d	2.63±0.10d	1.85±0.22a	0.87±0.01c	12.47a	2.13a	11.92±0.65a
CK		21.19±0.86a	18.33±0.14a	86.50c	5.44±0.03a	1.72±0.21b	2.52±0.25a	7.27c	0.68d	8.43±0.70c
K1		17.15±0.24b	14.96±0.05c	87.23c	3.67±0.08c	2.05±0.14a	1.91±0.34b	7.83b	1.07b	11.29±1.02a
K2		17.77±0.20b	16.70±0.26b	93.98a	3.91±0.01bc	1.98±0.09a	2.20±0.15a	7.59b	0.90c	11.59±0.89a
K3		14.33±0.09c	13.02±0.16c	90.86b	4.15±0.21b	1.97±0.10a	1.84±0.23b	7.08c	1.07b	10.96±0.67b
BC	中部叶	23.50±0.38a	13.98±0.04c	59.49d	2.28±0.08d	1.53±0.11d	0.45±0.01d	31.07a	3.40a	10.11±0.54b
CK		19.00±0.09b	17.17±0.02b	90.37b	3.91±0.01a	1.84±0.21ab	1.23±0.16ab	13.96b	1.50c	10.89±0.58b
K1		19.82±0.27b	17.41±0.19a	87.84c	3.99±0.05a	1.95±0.14a	1.34±0.14a	12.99d	1.45c	11.69±0.36a
K2		16.08±0.07d	14.89±0.13bc	92.60a	3.47±0.09b	1.72±0.16c	1.01±0.42c	14.74b	1.70b	9.93±0.55c
K3		17.47±0.08c	15.68±0.14b	89.75b	3.61±0.07c	1.85±0.22ab	1.23±0.26ab	12.75d	1.50c	10.83±0.69b
BC	下部叶	—	—	—	—	—	—	—	—	—
CK		18.75±0.05a	16.58±0.08a	88.43d	2.69±0.03ab	1.75±0.08b	1.04±0.25b	15.94a	1.68a	10.58±0.47a
K1		13.30±0.03b	12.03±0.04b	90.45c	2.62±0.01b	1.80±0.14b	1.25±0.22b	9.62c	1.44c	9.83±0.65b
K2		13.36±0.09b	12.65±0.35b	94.69a	2.74±0.03a	1.61±0.13c	0.97±0.12b	13.04b	1.66a	9.24±0.47c
K3		10.98±0.13c	10.27±0.02c	93.53b	1.99±0.05c	1.96±0.17a	1.23±0.26c	8.35d	1.59b	10.06±0.35d

注：表中数据的方差分析用邓肯氏新复极差法检验，同列数据中具有相同字母的两数据之间未达到5%的显著水平，具有不同字母的两数据之间达到5%的显著水平。

表 6-18　2019 年减氮追施液体菌肥对烤后烟叶常规化学成分的影响

处理	部位	总糖含量（%）	还原糖含量（%）	两糖比（%）	淀粉含量（%）	总氮含量（%）	烟碱含量（%）	糖碱比	氮碱比	石油醚含量（%）
BC	上部叶	29.82±0.49a	19.25±0.42b	64.56d	4.84±0.06d	1.64±0.10a	1.85±0.03b	10.41d	0.91d	14.00±0.05a
CK		30.73±1.09a	19.29±0.33b	62.78e	5.34±0.07c	1.84±0.08a	1.52±0.02d	12.66b	1.21b	11.19±0.89d
K1		23.07±1.08b	19.68±0.28b	85.30a	6.59±0.21a	1.81±0.12a	1.35±0.03e	14.52a	1.37a	11.44±0.12cd
K2		30.25±0.57a	21.23±0.17a	70.18c	6.08±0.08b	1.77±0.07a	1.95±0.01a	10.86c	0.91d	12.46±0.42b
K3		25.46±1.34b	20.80±0.31a	81.68b	5.53±0.13c	1.79±0.03a	1.67±0.03c	12.45b	1.07c	12.17±0.28bc
BC	中部叶	24.56±0.70b	19.47±0.09c	79.28b	7.18±0.10a	1.25±0.06c	0.81±0.01d	24.03a	1.55b	10.59±0.04c
CK		26.58±0.52a	19.71±0.44b	74.15c	4.77±0.08c	1.56±0.06b	1.29±0.02c	15.27b	1.17c	10.04±0.19d
K1		27.24±0.39a	18.85±0.02d	69.20e	4.88±0.20c	2.15±0.10a	1.72±0.01a	10.98d	1.22c	12.12±0.25a
K2		27.92±0.61a	22.70±0.09a	81.31a	5.67±0.19b	1.66±0.06b	1.57±0.05b	14.49c	1.02d	11.75±0.19b
K3		27.61±0.72a	20.16±0.13b	73.02d	5.20±0.16bc	2.17±0.10a	1.30±0.04c	15.48b	1.65a	11.81±0.18ab
BC	下部叶	27.86±1.29a	20.82±0.18a	74.74e	6.41±0.10a	1.23±0.05c	0.33±0.05d	62.47a	3.69a	10.15±0.09e
CK		24.44±0.63bc	20.68±0.12a	84.60a	4.34±0.08b	1.53±0.06b	0.87±0.01b	23.77c	1.73d	11.22±0.20c
K1		24.34±1.12bc	20.43±0.41a	83.94b	4.08±0.18b	1.68±0.05ab	0.83±0.03b	24.61c	1.94c	12.23±0.24b
K2		22.67±0.75c	18.81±0.24c	82.98c	3.15±0.04c	1.81±0.09a	1.05±0.02a	17.85d	1.66d	12.96±0.26a
K3		26.70±0.36ab	20.04±0.47ab	75.08d	3.39±0.03c	1.67±0.06ab	0.54±0.03c	37.35b	2.96b	10.86±0.07d

注：表中数据的方差分析用邓肯氏新复极差法检验，同列数据中具有相同字母的两数据之间未达到 5% 的显著水平，具有不同字母的两数据之间达到 5% 的显著水平。

两糖比偏小，而减氮 10% （K2）的两糖比及总糖含量均最小。减氮下 K2 和 K3 的淀粉含量下降，同时 BC 的淀粉含量为 6.41%，相比 CK 提高了 47.70%。总氮含量在 1.23% ～1.81% 间波动，差异较小，同时相比 CK，K2 的烟碱含量升高，K3 则显著下降。减氮 10% （K2）的糖碱比和氮碱比均最小。

可能受到种植环境和土壤背景影响，相比 2018 年，2019 年的烤后烟叶总糖和还原糖含量显著增加，淀粉含量升高。总氮含量均小于 2.5%，烟碱含量在 1.5% 左右，其中 2019 年烟碱含量基本小于 2018 年。2018 年上部叶的糖碱比在 7 左右，但 2019 年均大于 10。两年试验中减氮 10% （K2）的上部叶氮碱比均小于 1。在不同叶位，追施液体菌肥后石油醚含量基本都升高。

6.3.6 基于水肥一体化的液体菌肥对烤烟经济性状的影响

产量、产值、均价、上等烟比例和中上等烟比例是烤烟的主要经济性状，它们综合反映了烟叶的质量和经济效益。表 6－19 为 2018 年减氮追施液体菌肥对烤烟经济性状的影响，BC 的产量和产值显著最低，但上等烟比例较高。与 CK 相比，追施液体肥的处理的产量将显著提高，其中减氮 10% （K2）和减氮 20% （K3）分别提高了 14.94% 和 19.90%，不减氮（K1）的产值和均价都比 CK 低。K3 的产量显著最大，但均价和上等烟比例都最低。K2 的均价和上等烟比例都显著最大，相比 CK 每公斤提高了 0.82 元和 8.36%。总的来说，K2 的经济性状最优，而 K3 由于上部烟叶的高产低质，导致产值下降。

表 6－20 为 2019 年减氮追施液体菌肥对烤烟经济性状的影响，BC 的烤后烟叶没有上等烟，产量只有 CK 的 28.51% 左右。相比 CK，K2 的产量、产值、均价分别提高了 7.80%、26.22%、17.09%，上等烟比例显著增大，经济性状最佳。K1 的产量有所下降，表现为上等烟比例显著偏低。减氮 20% 下 K3 的产量没有下降，均价有所提高。

综合两年不同处理表现，K1 的经济性状最优，产量和均价均提高，达到增产增质的效果，而 K3 在 2018 年表现异常，上等烟比例显著偏低，出现增产降质，在 2019 年表现为降产增质。可能由于连州地区土壤较贫瘠，前期减氮下扰乱烟株的生长发育规律，导致上部叶片过度旺长。K1 相比 K2 的产量和均价偏低，说明多次追肥不能有效提高烟株吸收肥料促进发育。

表 6－19　2018 年减氮追施液体菌肥对烤烟经济性状的影响

处理	产量 (kg·hm⁻²)	产值 (元/hm²)	均价 (元/kg)	上等烟比例 (%)	中上等烟比例 (%)
BC	1338.12e	23161.35e	17.31e	55.45a	89.46d
CK	2024.64d	49587.44d	24.49b	48.42c	97.74b

续上表

处理	产量 （kg·hm⁻²）	产值 （元/hm²）	均价 （元/kg）	上等烟比例 （%）	中上等烟比例 （%）
K1	2105. 56c	49795. 72c	23. 65c	50. 50b	95. 94c
K2	2327. 08b	56208. 44a	25. 31a	56. 78a	98. 28a
K3	2427. 60a	55539. 04b	22. 94d	36. 51d	97. 75b

注：表中数据的方差分析用邓肯氏新复极差法检验，同列数据中具有相同字母的两数据之间未达到5%的显著水平，具有不同字母的两数据之间达到5%的显著水平。

表 6 - 20　2019 年减氮追施液体菌肥对烤烟经济性状的影响

处理	产量 （kg·hm⁻²）	产值 （元/hm²）	均价 （元/kg）	上等烟比例 （%）	中上等烟比例 （%）
BC	637. 36e	7963. 04e	12. 49e	0. 00d	66. 51c
CK	2234. 23b	51110. 09c	22. 88c	52. 71b	96. 81b
K1	2117. 85cd	48003. 16d	22. 67c	34. 31c	96. 53b
K2	2408. 45a	64514. 56a	26. 79a	69. 23a	97. 63a
K3	2270. 21b	56575. 03b	24. 92b	51. 53b	96. 86b

注：表中数据的方差分析用邓肯氏新复极差法检验，同列数据中具有相同字母的两数据之间未达到5%的显著水平，具有不同字母的两数据之间达到5%的显著水平。

6.3.5.2　基于水肥一体化的液体菌肥对烤烟氮肥利用率的影响

表 6 - 21 为 2018 年减氮追施液体菌肥对烤烟氮肥利用率的影响。相比 CK，追施液体菌肥后减氮 10% （K2）和减氮 20% （K3）的氮肥吸收利用率分别提高了 2.58% 和 19.10%，农学肥料利用率相比 CK 提高了 3.05 kg·kg⁻¹ 和 5.00 kg·kg⁻¹，氮肥偏生产力提高了 4.15 kg·kg⁻¹ 和 7.48 kg·kg⁻¹，有显著性差异。而不减氮（K1）的对氮肥的吸收利用，和 CK 没有显著性差异。2019 年的试验结果和 2018 年基本一致，整体上不同处理对氮肥的吸收利用率更高，农学肥料利用率明显增大。相比 CK，K2 和 K3 的氮肥吸收利用率分别提高了 9.95% 和 13.66%，农学肥料利用率分别提高了 0.95 kg·kg⁻¹ 和 1.96 kg·kg⁻¹，氮肥吸收利用率进一步提高，但农学肥料利用率差异在减少。

表 6 – 21　2018 年减氮追施液体菌肥对烤烟氮肥利用率的影响

处理	氮肥吸收利用率（%）	农学肥料利用率（kg·kg^{-1}）	氮肥偏生产力（kg·kg^{-1}）
BC	—		—
CK	28.84c	5.09d	15.00d
K1	28.74c	5.68c	15.60c
K2	31.42b	8.14b	19.15b
K3	47.94a	10.09a	22.48a

注：表中数据的方差分析用邓肯氏新复极差法检验，同列数据中具有相同字母的两数据之间未达到 5% 的显著水平，具有不同字母的两数据之间达到 5% 的显著水平。

表 6 – 22　2019 年减氮追施液体菌肥对烤烟氮肥利用率的影响

处理	氮肥吸收利用率（%）	农学肥料利用率（kg·kg^{-1}）	氮肥偏生产力（kg·kg^{-1}）
BC	—		—
CK	38.90d	12.09c	16.98c
K1	41.56c	10.84d	15.73d
K2	48.85b	13.04b	18.47b
K3	52.56a	14.05a	20.16a

注：表中数据的方差分析用邓肯氏新复极差法检验，同列数据中具有相同字母的两数据之间未达到 5% 的显著水平，具有不同字母的两数据之间达到 5% 的显著水平。

6.4　研究结论

当下水肥一体化和施用液体肥料作为农业领域的热门种植技术，两者间的耦合效应必将改变粤北烟区的困境，通过研究成果改进栽培模式，从而找到最适宜的种植推广方案。本试验通过水肥一体化系统研究减氮追施液体菌肥对坡地烟的影响，通过上述分析讨论并结合烤后烟叶的经济性状，得出以下主要结论：

（1）本试验通过优化调配营养供应，不同的减氮水平下烟株生长发育出现一定的差异性，基于水肥一体化的滴灌系统、施用液体菌肥能提高肥料利用率，减少对土壤基础肥力的消耗。减氮 10% 追施液体菌肥能显著提高烟株的单株叶面积，同时呈现营养优化供应中上部叶的趋势，干物质积累总量更多。减氮 20% 下烟株未见明显的发育不良，但成熟期硝酸还原酶和淀粉酶活性偏高，根系指标显著偏大，顶叶开片过大，叶片贪青晚熟，存在"高氮假象"。不减氮追施液体菌肥（K1）的整体表现与 CK 较一致。

（2）追施液体菌肥对烟株的荧光参数没有显著影响，同时发现减氮追肥不影响叶片的最大光合潜力。追施液体菌肥能提高光化学淬灭和非光化学淬灭系数，提高烤烟光合活性和光保护能力。K1 和 K3 的上部叶气孔导度显著偏低，胞间 CO_2 浓度偏低，说明是气孔因素引起净光合速率下降，反映其叶片内结构失衡。整体上 K2 的光合参数和荧光参数更协调，说明其叶片内在特性更偏于适时成熟。

（3）K1 和 K3 在烘烤过程中失水速率不稳定，失水量偏多，淀粉酶活性波动过大，淀粉降解量前期偏大，叶片易烤不耐烤。K2 烘烤过程中失水率和酶活性较稳定，糖代谢速率较稳定，烘烤特性优异。

（4）通过追施液体菌肥，K1 的上等烟比例偏低，且产量有所下降。K3 的产量没有显著下降，但产值偏低。在减氮作用下，氮肥利用率得到提高，氮肥吸收利用率、农学肥料利用率和氮肥偏生产力均随减氮量的增加而提高，其中过量减氮 20% 时肥料吸收利用率接近 50%。减氮 10% 追施液体菌肥（K2）的经济性状表现最佳，烤后烟叶的化学成分较协调，彰显浓香型风格。

本研究为广东坡地烟叶运用水肥一体化系统追施液体肥料提供理论依据和栽培模式，但不同地区的土壤背景和水资源各不相同，需要因地制宜地探究特色栽培模式。总的来说，基于水肥一体化系统追施液体菌肥，在减氮 10% 时能增产提质，烤后烟叶的化学成分较协调，能提高氮肥利用率和经济效益。

参考文献

[1] 邝龙飞，苏红波，邵全琴，等. 近30年来中国陆地蒸散量和土壤水分变化特征分析 [J]. 地球信息科学学报，2012，14（1）：1 – 13.

[2] 卜令铎，李江舟，张立猛，等. 不同外源物质（灌根）对烤烟根系及烟叶养分吸收的影响 [J]. 南方农业学报，2017，(05)：58 – 65.

[3] 崔志燕，阮志，陈富彩，等. 氮用量对陕南烟叶氮钾含量、光合特性和碳氮代谢酶活性及产质量的影响 [J]. 西南农业学报，2016，29（03）：628 – 634.

[4] 戴勋，王毅，刘彦中，等. 不同施氮量下云烟85不同成熟度烟叶的烘烤特性 [J]. 湖北农业科学，2007，(04)：552 – 555.

[5] 邓兰生，涂攀峰，张承林，等. 水肥一体化技术在丘陵地区的应用模式探析 [J]. 广东农业科学，2012，(09)：67 – 69.

[6] 邓兆权，祖庆学，林松，等. 有机菌肥与水溶性肥料配施对植烟土壤及烤烟品质的影响 [J]. 江西农业学报，2018，30（07）：56 – 61.

[7] 杜传印，王德权，夏磊，等. 水肥一体化条件下减施氮肥对烤烟生长及生理特性的影响 [J]. 中国烟草科学，2018，39（06）：29 – 35.

[8] 杜志勇，史衍玺. 包膜控释钾肥对烤烟钾营养状况的影响 [J]. 山东农业大学学报（自然科学版），2004，(02)：201 – 204.

[9] 范国灿. 不同缓控释肥料对水稻秀水 134 产量和效益的影响 [J]. 浙江农业科学, 2018, 59 (10): 1785 – 1787.

[10] 宫长荣. 烟草调制学 [M]. 2 版. 北京: 中国农业出版社, 2011: 102 – 126.

[11] 韩锦峰, 郭培国. 氮素用量、形态、种类对烤烟生长发育及产量品质影响的研究 [J]. 河南农业大学学报, 1999, (3): 5 – 8.

[12] 黄锦文, 唐莉娜, 曾文龙, 等. 不同土壤处理对烤烟根际土壤生物学特性的影响 [J]. 中国烟草学报, 2016, 22 (2): 75.

[13] 黄勇, 周冀衡, 杨虹琦, 等. 烤烟成熟过程中叶片和叶绿体的细胞学观察 [J]. 作物学报, 2006, 32 (11): 1767 – 1770.

[14] 黄宗楚, 郑祥民, 姚春霞. 上海旱地农田氮磷随地表径流流失研究 [J]. 云南地理环境研究, 2007, 19 (1): 6 – 10.

[15] 胡近近, 钟俊周, 陈君豪, 等. 不同供氮形态对烤烟烘烤特性的影响 [J]. 华北农学报, 2017, 32 (03): 174 – 181.

[16] 何永秋, 刘国顺, 高传奇, 等. 缓/控释肥在烟草上的应用与展望 [J]. 中国农学通报, 2012, 28 (28): 109 – 113.

[17] 计玉, 石屹, 吕国新, 等. 硫酸钾改型造粒对烟叶品质的影响研究 [J]. 中国烟草科学, 2003, (02): 36 – 38.

[18] 姜俊红, 汪军, 劳同浩, 等. 水分亏缺对粤北烤烟品质及水分利用的影响 [J]. 灌溉排水学报, 2015, 34 (10): 81 – 87.

[19] 焦玉生, 张吉立, 孙海人, 等. 腐殖酸对烤烟烟碱积累与产量产值的影响 [J]. 青岛农业大学学报 (自然科学版), 2014, 31 (03): 209 – 216.

[20] 巨晓棠, 谷保静. 我国农田氮肥施用现状、问题及趋势 [J]. 植物营养与肥料学报, 2014, 20 (04): 783 – 795.

[21] 金文华, 刘金海, 鲁家鑫, 等. 烤烟节水灌溉试验与示范 [J]. 烟草科技, 2002, (11): 39 – 41.

[22] 李丹丹, 文俊, 叶为民, 等. 广东浓香型烤烟主要化学成分的变异分析 [J]. 郑州轻工业学院学报 (自然科学版), 2011, 26 (01): 17 – 21.

[23] 李杰. 两种新型液体肥对烤烟生理特性及产质量的影响 [C]. 云南省科学技术协会、中共楚雄州委、楚雄州人民政府. 第八届云南省科协学术年会论文集——专题二: 农业 [M]. 云南省科学技术协会、中共楚雄州委、楚雄州人民政府: 云南省机械工程学会, 2018: 13.

[24] 李文卿, 陈顺辉, 江荣风, 等. 不同施氮量对烤烟总氮和烟碱积累的影响 [J]. 中国烟草学报, 2007, (04): 31 – 35.

[25] 刘国顺, 肖庆礼, 王艳丽. 不同供磷能力的土壤施磷对烤烟根体积和根冠比以及根系伤流组分的影响 [J]. 中国烟草学报, 2009, 15 (02): 28 – 40.

[26] 刘鹏, 刘训理. 中国微生物肥料的研究现状及前景展望 [J]. 农学学报, 2013, 3 (03): 26 – 31.

[27] 刘晓倩, 杜杏蓉, 谭玉娇, 等. 增施不同配比解磷菌、解钾菌生物菌肥对烤烟生长发育和根际土壤酶活性的影响 [J]. 云南农业大学学报 (自然科学), 2019, 34 (05): 845 – 851.

[28] 刘晓燕. 我国农田土壤肥力和养分平衡状况研究 [R]. 北京: 中国农业科学院农业资源与农业

区划研究所，2008.

[29] 林继雄，林葆，艾卫. 磷肥后效与利用率的定位试验 [J]. 土壤肥料，1995，(06)：1－5.

[30] 鲁黎明，曾孝敏，张永辉，等. 施氮量对烤烟糖代谢关键酶活性及其基因表达的影响 [J]. 中国烟草科学，2017，38 (06)：84－90.

[31] 吕静. 微生物肥料在我国烟草生产中的应用与创新 [J]. 中国烟草科学，1999，(03)：50－52.

[32] 牛德新，连文力，崔红，等. 施氮量对烤烟成熟期中部烟叶碳氮代谢及相关基因表达的影响 [J]. 烟草科技，2017，50 (08)：10－15.

[33] 乔学义，王兵，熊斌，等. 全国烤烟烟叶特征香韵地理分布及变化 [J]. 烟草科技，2017，50 (05)：66－72.

[34] 邵红英，李健铭，姚德贵，等. 水肥耦合对烤烟干物质积累、磷吸收和分配的影响 [J]. 黑龙江八一农垦大学学报，2020，32 (02)：10－26.

[35] 邵瑞鑫，李蕾蕾，郑会芳，等. 外源一氧化氮对干旱胁迫下玉米幼苗光合作用的影响 [J]. 中国农业科学，2016，49 (02)：251－259.

[36] 秦艳青，李春俭，赵正雄，等. 不同供氮方式和供氮量对烤烟生长和氮素吸收的影响 [J]. 植物营养与肥料学报，2007，13 (3)：436－442.

[37] 田俊岭，贺广生，王军，等. 生物菌肥对盆栽烟草品质的影响 [J]. 广东农业科学，2016，43 (07)：11－17.

[38] 王连祥. 高养分液体复合肥料的生产工艺 [J]. 磷肥与复肥，2007，(04)：54－55.

[39] 王德勋，潘杰，王新中，等. NPSAN 有机水溶肥对烤烟生长发育和产质量影响的研究 [J]. 昆明学院学报，2013，35 (03)：25－27.

[40] 王连祥. 高养分液体复合肥料的生产工艺 [J]. 磷肥与复肥，2007，(04)：54－55.

[41] 王鹏，李玉宝，凌爱芬，等. 微生物菌肥对云烟 87 烤烟生长发育及烟叶化学成分的影响 [J]. 安徽农业科学，2020，48 (01)：157－159.

[42] 王晓宾，王军，刘兰，等. 广东烟区烤烟主要化学成分可用性评价 [J]. 中国烟草科学，2019，40 (02)：64－72.

[43] 王勇乾，胡瑞文，周清明，等. 解磷细菌肥对烤烟磷素吸收和磷肥利用率的影响 [J/OL]. 中国烟草科学，2020，(5)：1－7.

[44] 王云霞. 液体肥料的应用现状与发展趋势 [J]. 化肥设计，2003，(04)：3－13.

[45] 时向东，汪文杰，王卫武，等. 遮阴下氮肥用量对雪茄外包皮烟叶光合特性的调控效应 [J]. 植物营养与肥料学报，2007，(02)：299－304.

[46] 席奇亮，杨铁钊，周方，等. 水肥一体化条件下烤烟氮素营养高效利用研究 [J]. 中国烟草学报，2018，24 (02)：74－83.

[47] 席奇亮，杨铁钊，周方，等. 烟草专用液体肥添加黄腐酸对烤烟西柏三烯二醇代谢水平的影响 [J]. 植物营养与肥料学报，2018，24 (04)：981－991.

[48] 席元肖，魏春阳，宋纪真，等. 不同香型烤烟化学成分含量的差异 [J]. 烟草科技，2011，(05)：29－65.

[49] 夏昊，刘青丽，张云贵，等. 水溶肥替代常规追肥对黔西南烤烟产量和质量的影响 [J]. 中国土壤与肥料，2018，(01)：64－69.

［50］夏孝勤. UAN 溶液在水稻生产上的应用效果研究［J］. 现代农业科技，2018，（05）：9－10.

［51］许春平，贾可，毛多斌. "仟禾福"水溶肥对烤烟质体色素及其降解产物的影响［J］. 河南农业科学，2013，42（05）：64－67.

［52］徐同庆，陶健，王程栋，等. 我国不同生态区烟田水分利用效率的格局与影响因素［J］. 江苏农业科学，2018，46（14）：1－14.

［53］叶子飘，于强. 光合作用对胞间和大气 CO_2 响应曲线的比较［J］. 生态学杂志，2009，28（11）：2233－2238.

［54］岳红宾. 不同氮素水平对烟草碳氮代谢关键酶活性的影响［J］. 中国烟草科学，2007，（01）：18－24.

［55］云菲，刘国顺，史宏志，等. 光氮互作对烤烟光合作用及叶绿素荧光特性的影响［J］. 中国农业科学，2010，43（05）：932－941.

［56］朱兆良，金继运. 保障我国粮食安全的肥料问题［J］. 植物营养与肥料学报，2013，19（02）：259－273.

［57］刘兆辉，吴小宾，谭德水，等. 一次性施肥在我国主要粮食作物中的应用与环境效应［J］. 中国农业科学，2018，51（20）：3827－3839.

［58］张宏建，王发勇，罗静，等. 不同生态亚区土壤和气候对浓香型烤烟光合特性和化学成分的影响［J］. 华南农业大学学报，2019，40（01）：23－31.

［59］张金霖，何光兰，林雄文，等. 广东不同烟区烤烟化学成分与地理生态特点的关系［J］. 中国农学通报，2009，25（22）：267－269.

［60］张林森，李雪薇，王晓琳，等. 根际注射施肥对黄土高原苹果氮素吸收利用及产量和品质的影响［J］. 植物营养与肥料学报，2015，1（2）：421－430.

［61］赵世杰，刘华山，董新纯. 植物生理学实验指导［M］. 北京：中国农业科技出版社，1998.

［62］周芳芳，钱正强，赵剑华，等. 不同种类液态有机肥对土壤理化性状及烟叶品质的影响［J］. 贵州农业科学，2016，44（05）：36－42.

［63］赵思远，王松禄，郑西来，等. 缓/控释肥料对冬小麦产量、氮素利用及土壤硝态氮分布的影响［J］. 安徽农学通报，2017，23（10）：78－90.

［64］赵宪凤，刘卫群，王树会. 氮、磷、钾对烤烟碳氮代谢关键酶活性及其经济效益的影响［J］. 华北农学报，2012，27（04）：181－185.

［65］钟楚，朱勇. 烟草气孔导度对光强的响应［J］. 中国生态农业学报，2013，21（08）：966－972.

［66］邹勇，叶晓青，余志虹，等. 始兴烟区旱地烤烟氮素利用及生态经济适宜施氮量［J］. 中国烟草科学，2015，36（04）：29－33.

［67］周方，席奇亮，张思琦，等. 豫中烟区水肥一体化条件下烤烟临界氮浓度稀释曲线与氮素营养诊断研究［J］. 中国烟草学报，2019，25（01）：58－66.

［68］周振超. 不同移栽期对浓香型烟叶烘烤特性的影响研究［D］. 广州：华南农业大学，2016.

［69］朱广廉. 植物生理学实验［M］. 北京：北京大学出版社，1988.

［70］朱兆良，文启孝. 中国土壤氮素［D］. 南京：江苏科学技术出版社，1992.

［71］Dobermann A. Nutrient use efficiency-measurement and management［R］. Brussels, Belgium：IFA

International Workshop on Fertilizer Best Management Practices, 2007.

[72] Haiyan Helen Yu, Mike Edmunds, Anna Lora-Wainwright, et al. Governance of the irrigation commons under integrate water resources management a comparative study in contemporary rural China [J]. Environmental Science & Policy, 2016, 55: 65 – 74.

[73] Ju X T, Xing G X, Chen X P, et al. Reducing environmental risk by improving N management in intensive Chinese agricultural systems [J]. Proceedings of the National Academy of Sciences of USA, 2009, 106: 3041 – 3046.

[74] Liu M X, Yang J S, Li X M, et al. Effects of Irrigation Water Quality and Drip Tape Arrangement on Soil Salinity, Soil Moisture Distribution, and Cotton Yield (Gossypium hirsutum L.) Under Mulched Drip Irrigation in Xinjiang, China [J]. Journal of Integrative Agriculture, 2012, 11 (03): 502 – 511.

[75] Novotny V. Diffuse pollution from agriculture a worldwide outlook [J]. Water Science and Technology, 1999, 39 (3): 1 – 13.

[76] Sharma S, Patra S K, Ray R. Effect of drip fertigation on growth and yield of Guava cv. Khaja [J]. Environment and Ecology, 2011, 29 (1): 34 – 38.

第7章 基于光谱特征的烤烟生化组分分布及其氮素利用研究

7.1 前言

烟草是我国的重要经济作物之一，无论是种植面积还是产量都居世界首位。目前，我国烟叶主要集中在适宜种植的西南烟区和南方烟区，包括云南、贵州、四川、重庆、福建、湖南、广东等省市，常年烟叶产量保持在110万吨左右，约占全国总产量的三分之二（聂和平，2004）。但与先进生产国烟叶相比，我国烟叶品质还有一定差距。在栽培上，合理施肥则是决定烟叶产量、产值的第一因子，其贡献率分别达39%和47%，对烟叶香吃味的贡献仅次于品种，达到25%。因此，在一定的环境和品种条件下，施肥措施是调控烟叶产量和质量的核心技术（李天福，2001），其中施氮量对烟株生长和烟叶中烟碱的积累影响最大（左天觉，1993）。由于烟叶产量、品质的形成是烟株体内一系列生理生化代谢的结果，与养分的供应状况密切相关，氮素供应量过高或过低都不利于烤烟产量、质量的形成，随时对土壤、植株养分状况进行监控就显得尤为必要。

目前，判定作物氮素营养亏缺的方法主要有两种：一种根据作物的生长基质，另一种根据作物自身的理化参数指标（Tremblay，2004）。通过收集测定土壤肥力，将其与目标值进行比较分析的方法最早被用于作物氮素营养诊断，但这种方法存在很大局限性。首先，土壤养分的释放、作物对养分的吸收受气候、土壤属性、作物管理措施等综合因素的影响，通过收集土壤样品测定的肥力到底有多少能够释放并被作物吸收利用难于估算（Raun et al，2002）；其次，土壤氮素的空间变异往往很大，需要进行密集采样，耗费大量人力、物力（Schroder et al，2000）。与正常植株相比，作物氮素营养缺乏时，其自身生理、生化参数发生一系列改变，研究表明，这些参数可用于准确指示作物氮素营养状况（Plenet，2000；Tremblay，2004）。常见的用于指示作物氮素营养状况的指标有氮素/叶绿素浓度（单位干物质含氮、叶绿素量）、氮素/叶绿素积累量（单位土地面积含氮、叶绿素总量）、生物量、叶面积指数、密度等。这些指标均可通过实验室化学分析的手段获取，但是田间样品收集、测定同样需要耗费大量的时间、人力、物力，不利于及时对作物生长进行调控。作物发生氮素亏缺会引起叶片颜色、厚度、形态结构等发生一系列变化，从而引起光谱反射特性的变化（王纪华等，2003a）。基于光谱学的无损检测技术具有快速、经济、简便、大面积、无破坏、客观等优点，已经在小麦、水稻、甜菜等作物的品质监测方面取得了成功应用（Straehan，2002；王纪华等，2003b）。运用高光谱技术对烟草进行研究的相关报道很少。国外

Thomas 等（1987）研究了七种植物（甜瓜、玉米、黄瓜、葛苣、高粱、棉花、烟草）在不同氮素营养水平下的叶片光谱特性，发现所有植物在缺氮时其可见光波段的反射率增加，但不同植物增加程度不一。国内近几年也开展了烤烟活体光谱监测方面的研究，但研究主要集中在烤烟成熟度（李佛林等，2006），以及叶绿素（刘大双等，2009；王建伟等，2010）、地上生物量、叶面积指数（刘国顺等，2007）监测上，关于烤烟氮素积累量尤其是生化组分垂直分布的光谱响应规律则未见报道。本试验旨在研究不同施氮水平下旱地烤烟生理生化指标垂直分布及其光谱响应规律，以期为精确诊断烤烟氮素状况及烤烟生化指标实时监控提供理论依据。

7.1.1　烤烟氮素研究进展

7.1.1.1　施氮水平对烤烟生长发育的影响

烟草对氮素营养非常敏感。烟草要正常生长，前期必须有足够的氮素，而后期烟株叶片达到最大叶面积时土壤的氮素应全部消耗才能保证烟叶适时成熟落黄（Mackown，1999）。在烟草生长过程中，如果氮素供应不足，虽对烟株生长的总叶数影响不大，但由于烟株营养不良，茎秆细弱，不能正常开节开片，叶色较淡，影响烤后烟叶的品质。烟株严重缺乏氮素时，下部叶呈淡棕色似火烧状，并逐渐干枯而死。调制后的叶片薄而轻，烟叶颜色淡或呈灰色，光滑并缺少理想的组织结构。如果氮肥供应过量，会造成叶片体细胞肥大，细胞壁变薄，容易遭受病害的侵染。过量的氮素还能延长烟株体内蛋白质的代谢过程，使烟株的营养生长期拖长，叶片落黄迟，贪青晚熟，形成通常所说的"黑暴烟"。

由于氮素供应状况对烟株的生长发育影响较大，烟株对氮肥的反应也成为研究的重要内容。已有的研究结果指出，氮素对烟叶叶面积影响最大及最关键的阶段是在叶片长出之前，包括活跃的细胞分裂期。为了获得理想的最终烟叶叶面积，在叶片长出之前的细胞分裂期就必须要有充足的氮素供应，而在形成最终的叶片叶面积之前仍需要有适量的氮素供应，但在达到最大叶面积后，过多的氮素供应可能会产生叶片较厚的不利后果（左天觉，1993）。刘贯山等（1997）研究指出，随生长发育进展，不同氮素水平间烤烟叶片生长差异在进入旺长期以后才逐渐显著，旺长期是氮素作用的重要时期；同时，氮素用量对烟株的早发性能没有影响，氮素过量反而会抑制烟株早发。氮素过量造成叶片过度生长主要是从旺长后期开始的，生产上应保证和加强烤烟旺长前期和中期的水分供应，促使适量氮素在旺长前期和中期充分发挥作用以及过量氮素的淋溶，防止氮素过量造成的不利影响。

干物质积累情况可以说明植株生长和发育的动态，氮素往往对烟株干物质积累有较大影响。在烟草生产中，由于烟株对氮素的吸收及分配规律是确定如何施肥的重要依据，所以在研究烤烟氮素营养时，干物质积累和氮素的吸收分配规律就成为重点关注的对象。谢会雅等（2007）通过试验表明，随氮肥用量的增加，烟株干物质积累量增大，各生长发育期施氮处理烟株干重与不施氮的相比，差异十分明显，说明氮素对烟株生长和干物质积累具有显著作用。苏德成（1999）认为，烟株吸收氮素高峰出现的时间与烟叶成熟状态有直接关系。在砂质壤土和水分较好的条件下，烟株吸氮高峰期在移栽后 35 d 到 56 d；黏壤土和水分处在干湿交替缺水条件下，烟株吸氮高峰期推迟到 40 d 到 80 d。但是，从总体上来看，烤烟干物质的累积呈 S 形曲线，氮的吸收高峰在旺长期，40% ～50% 的氮素是在烟株移栽后 7 ～9 周吸收的（窦逢科，1994）。刘齐元（1995）的研究认为，烤烟干物质积累特征在不施肥时表现为极慢—慢—较快；在 N、P、K 配合时表现为慢—快—慢，以旺长前期最快。烤烟体内氮素的分布规律是叶位由下向上浓度逐渐升高，而且氮在烤烟体内可循环流动（Tso，1990）。这些研究说明，烟株的干物质积累和对氮素的吸收具有在烟株生长发育的某一时期急剧增加的特性，不同生态条件和施氮水平对烟株的干物质积累过程和营养元素吸收量的大小可能有所影响。

7.1.1.2 施氮水平对烤烟品质的影响

在烤烟生产中，氮素是影响烟叶产量和品质最为重要的营养元素（Collins et al，1994）。施氮量对烤烟烟叶内的全氮、烟碱、总糖、还原糖、钾等化学物质的含量有显著的影响，在不同研究中，施氮量对烟叶化学成分的影响结果并不完全一致。在众多的研究中，一般认为，随着施氮量的增加，叶片的总氮、钾、氯和烟碱浓度增加，还原糖的浓度减少，燃烧性下降（Chari et al，1994；Gondola，1994；Sreeramamurthy et al，1996；Malan et al，1998；Rideout et al，1998；Prasad et al，1998；Sriramamurthy and Krishamurthy，1999；邓云龙等，2001）。在烤烟叶片中，烟碱浓度与总氮浓度呈正相关，还原糖浓度与总氮浓度呈负相关（肖协忠等，1997），总氮、烟碱和还原糖浓度随施氮量变化而变化的相反趋势正好反映了它们之间的负相关关系。在总氮浓度、烟碱浓度与施氮水平之间则有明显的正相关关系，上部叶、中部叶、下部叶中烟碱浓度与施氮量的相关系数分别为 0.912、0.915、0.952（周冀衡等，1996），这说明叶片烟碱浓度受施氮水平的明显影响，尤其是下部叶的烟碱浓度受施氮量的影响更为明显。不仅如此，董志坚等（2000）指出，氮肥用量也是影响烟叶安全性的一个主要因素，因为施氮量和生物碱浓度与 TSNA（烟草中特有亚硝胺）之间存在一定的正相关性。然而，施氮量对烟草化学成分的影响在不同研究中结果并不完全一致。如 Sreeramamuthy 等（1994）的研究结果显示，虽然总氮、蛋白质、可溶性氮、还原糖浓度没有受到施氮水平的影响，但烟碱浓度却随着施氮水平的增加而增加。而 Mumba 和 Banda（1990）的结果则指出，施氮水平对叶片中烟碱浓度并没有影响。还有报道指出，烟碱浓度趋向于随着施氮量的增加而增加，但还原糖浓度和施氮总量却没有关系（tang et al，1994）。这些结果说明，在不同的生态条件和不同的施氮水平下，总氮浓度、烟碱浓度、还原糖浓度随施氮水平的变化不一定表现出相同的变化趋势，施氮水平对这三种化学成分的影响还取决于其他因素的变化。因此，研究特定生态条件下不同施氮量对烟草品质的影响也就显得尤为必要。

7.1.1.3　施氮水平对烤烟氮素吸收及氮素利用率的影响

人们在研究新的施肥法以及改变氮肥形态来降低氮素损失方面取得了重大进展。另一重要的研究领域是关于最适施肥时期和采用最佳施氮量的研究，研究目标是促进作物对氮肥的吸收利用。

影响肥料氮素利用率的因素很多，除氮肥本身的形态、品种及作物、土壤气候条件等因素外，施肥方法（包括施肥量、施肥时期、施肥次数及施用位置等）及栽培管理措施等均影响作物的肥料利用率（Loginow et al，1987；Blair et al，1995；Whitbread et al，1998）。

我国烟草氮肥利用率较低，南方一些省份氮肥利用率仅 20% 左右（肖自添，2007；谢伟等，2007），施入的肥料氮有相当数量在土壤中残留或损失。烟田氮肥损失的主要途径是硝酸根的淋失和氮的挥发（杨宏敏，1991）。随施氮量增加，所施的氮向深层土壤移动增加，灌水会增加氮的淋失（Chandrasekhararao et al，1998）。据郭培国等（1998）和韩锦峰等（1992）在盆栽条件下对烤烟氮肥利用率研究的结果，当施氮量为 $67.5 \ kg \cdot hm^{-2}$ 时，氮肥利用率可达 52.3%，明显高于通常我国大田试验的肥料利用率。杨宏敏等（1988，1991）研究表明，硝酸铵施入土坡后的利用率为 17% ～26%，土壤残留为 24% ～36%，亏损率大于 40%，肥料利用率较低。陆引正等（1990）研究发现，硝酸铵深施于烟田后，约 24% ～29% 被烟株吸收，38% ～40% 渗漏逸失，32% ～35% 残存于土壤中。而残存于土壤中的硝酸铵，94% ～96% 集中在土壤 0 ～40 cm 土层中。而裘宗海（1990）指出，烟草移栽 20 天，烟株来自肥料氮的百分数为 50.7% ～70.7%，收获期降至 27.1% ～59.7%，氮肥利用率为 38.7% ～43.5%。还有报道指出，在不同土壤上烟田氮素的损失约占施氮量的 1/2 以上，土壤残留不超过 1/5（陈魁卿等，1982；唐年鑫等，1994；程岩，1999）。胡国松等（2000）认为，由于烟草为起垄栽培，易发生地表径流，特别是多雨烟区，一次降雨水量较大，极易产生地表径流而导致氮素大量损失，这是造成氮肥利用率低的主要原因。因此，如何提高烟草对氮肥的利用率，更好地发挥其肥效，是烟叶生产提高效益的关键。

7.1.2　作物氮素光谱诊断研究进展

7.1.2.1　作物氮素光谱诊断的基础

近红外光谱是指波长在 780 ～2526 nm 范围内的电磁波，是人们认识最早的非可见光区域。习惯上又将近红外光谱划分为近红外短波（780 ～1100 nm）和长波（1100 ～2526 nm）两个区域（徐广通等，2000）。近红外光谱主要记录分子中含氢基团（C—

H，O—H，N—H，S—H）伸缩与弯曲振动的基频振动的倍频和合频信息（吴瑾光，1994），其中包含了大多数类型有机化合物的组成和分子结构的信息。由于不同的有机物含有不同的基团，不同的基团有不同的能级，不同的基团和同一基团在不同物理化学环境中对近红外光的吸收波长都有明显差别，且吸收系数小，发热少，因此近红外光谱可作为获取信息的一种有效载体。近红外光照射时，频率相同的光线和基团将发生共振现象，光的能量通过分子偶极矩的变化传递给分子；而近红外光的频率和样品的振动频率不相同，该频率的红外光就不会被吸收。因此，选用连续改变频率的近红外光照射某样品时，由于试样对不同频率近红外光的选择性吸收，通过试样后的近红外光线在某些波长范围内会变弱，透射出来的红外光线就携带了有机物组分和结构的信息。通过检测器分析透射或反射光线的光密度，就可以确定该组分的含量。这就是近红外光谱分析方法可用于蛋白质、氨基酸、脂肪、淀粉、水分等组分快速分析的基础（Kovalenko et al，2006；Lu G Q et al，2006；Uddin et al，2006；Khodabux et al，2007；Liu F et al，2008）。

研究发现，植物的反射光谱曲线的显著特征是，在 490～600 nm 波段具有中等的反射率值，550 nm 附近是叶绿素的强反射峰；在 600～700 nm 波段，因叶绿素对这部分光的强烈吸收，多数植物在 680 或 670 nm 处的反射率最低；在 700～750 nm 波段，曲线陡而接近于直线，其斜率与叶绿素的含量有关；1360～1470 nm 波段和 1830～2080 nm 波段是水和二氧化碳的强吸收带。各种遥感传感器的光谱通道正是根据植物的这一反射光谱特征设计的。不同的植物以及同一种植物在不同的生长发育阶段，其反射光谱曲线形态和特征也不同，病虫害、灌溉、施肥等条件的不同也会引起植物反射光谱特性的变化，因此利用光谱的这一特征和遥感数据进行作物的长势监测成为可能。

7.1.2.2 作物氮素光谱诊断的应用

作物氮素是对作物生长、产量和品质影响最为显著的营养元素。植物在可见光波段的反射率主要受叶绿素的影响（Thomas et al，1977）。而叶绿素含量和植株的氮素含量密切相关（尤其是当植株缺氮时），故常用叶绿素含量间接地指示植物的氮素含量。研究发现 550 nm、675 nm 附近的反射率对叶绿素含量比较敏感（Thomas et al，1977；Filella et al，1995）。但单一波段的反射率易受生物量、背景等的影响（Munden et al，1994），用两波段的比值可以提高叶绿素光谱诊断的精度（Shibayama et al，1986）。日本已根据此原理研制出了叶绿素计（SPAD）来进行田间的作物氮素诊断及指导施肥（Chubachi et al，1986），并在某些作物的诊断中取得了较好的效果。但其在实际应用中往往受作物的品种、生长发育期、生长环境等的影响（Campbell et al，1990；Schepers et al，1992）精度不高，要精确地估测氮素营养水平还需建立校正曲线或改进计算方法（Shao bing Peng et al，1993），且仍需实验室分析配合，因此这种方法不再是一个快速、非破坏性的方法。

为了探索植物叶片氮素遥感诊断的可能性，20 世纪 70 年代以来有关科学家就进行了大量的基础研究，寻找氮素的敏感波段及其反射率在不同氮素水平下的表现。研究发现，许多植物在缺氮时无论是叶片还是植物冠层水平的可见光波段反射率都有所增加，对氮含量变化最敏感的波段在 530 ～ 560 nm 区域，通过光谱测定及其变量的运算如 IR/red 比值可以区分不同氮素营养水平 (Abbas et al, 1974; Walburg et al, 1982; Hinzman et al, 1986; Arne et al., 1990; 王人潮等, 1993; 周启发等, 1993; Tracy et al, 1994; Tracy et al., 1996; Wang Ke et al, 1998)。明确了植物的氮素敏感波段后，许多学者便通过各种统计方法来求取含氮量与光谱反射率或其演生量的关系，并建立模型来估算作物的氮素含量。Shibayama 等 (1986) 在水稻上的研究发现，单位土地面积上的叶片氮含量与 R620 和 R760 的线性组合以及与 R400、R620 和 R880 的线性组合均有较好的回归关系，预测值和实测值线性相关，且不受品种类型的影响。Thomas (1972) 等利用 550 nm 和 670 nm 这两个波段定量估算甜椒的氮素含量，精度达 90%。Fernandez 等 (1994) 发现用红 (660 nm) 和绿 (545 nm) 两波段的线性组合可以预估小麦的氮含量，不受氮肥处理的影响。Lee Tarpley 等 (2000) 分析了棉花叶片氮浓度与 190 个光谱比值指数的关系，并根据预测的精度和准确度进行聚类分析，结果表明，用红边位置与短波近红外波段的比值预测的精确度和准确度都比较高。

植物冠层光谱反射特征受到植株叶片水分含量、冠层几何结构、土壤覆盖度、大气对光谱的吸收等因素的影响。由于不同时空条件下这些影响因子不同，所建立的植物氮素光谱诊断模型不能用于建模以外的时空条件，这大大限制了利用遥感进行作物氮素诊断的可靠性和普及性 (Grossman et al, 1996)。为了建立通用的氮素诊断模型，Kokaly 和 Clark (1999) 用 7 个不同地点、不同植物研磨碎的干叶的反射率，通过光谱吸收特性的连续移除法、带深标准化分析和多元逐步线性回归方法获得了比较一致的、适用于多种物种、精度较高的氮素以及其他化学组分含量的预测方程，但外推到鲜叶和整个植被冠层时预测精度显著降低。究其原因在于植被冠层反射光谱还受土壤背景、传感器信噪比、大气吸收、冠层结构以及叶片水分含量等的影响，其中叶片水分含量对光谱的影响是最主要的，其覆盖了氮本身对光谱的影响。因此，消除其他因子尤其是水分的干扰将是建立通用且精准度都比较高的氮素诊断模型的关键。

已有的研究大多是围绕含氮量与光谱反射率关系的理论基础研究，真正用于指导生产的却很少。1996 年，Stone 等尝试用小麦的反射光谱指导变量施肥来纠正小麦当季的氮缺乏，结果表明，不论是定量施肥还是变量施肥都显著提高了产量，定量施肥和变量施肥之间的籽粒产量没有显著区别，但变量施肥每公顷节省了 32 ～ 57 kg 氮，明显地提高了总氮利用效率，减少了因过度施肥对环境造成的污染。这进一步表明，氮素光谱诊断模型的研究不仅必要，而且在生产中有着广阔的应用前景。

本研究以烤烟品种 K326 为材料，研究不同时空条件对烤烟冠层光谱特征的影响，以明确烤烟光谱测定最佳时空条件；研究不同施氮水平对烤烟冠层光谱特征及生化组分垂直分布的影响及其光谱响应规律，不同施氮水平对烤烟氮素吸收利用率、产量、产值的影响，从而筛选出烤烟氮素积累量及其生化组分垂直分布监测最佳光谱参数并确定始兴烟区旱地烤烟生态经济适宜施氮量，以期为烤烟氮素无损监测及旱地氮肥管理提供理论依据。

7.2　材料与方法

7.2.1　试验材料与试验设计

7.2.1.1　试验材料

试验于 2010—2011 年在广东省始兴县马市镇坊坪村进行。试验材料为烤烟品种 K326，试验地为旱坡地，前茬为花生，土壤类型为紫色土，基本农化性状为：pH 7.40，有机质 1.5%，全氮 0.098%，全磷 0.056%，全钾 2.59%，碱解氮 84 mg·kg^{-1}，速效磷 6.7 mg·kg^{-1}，速效钾 100 mg·kg^{-1}。

7.2.1.2　试验设计

采用随机区组试验设计，以氮素用量为试验因素，设置四个不同施氮量处理，分别为 0（N0）、105（N1）、150（N2）、195 kg·hm^{-2}（N3）。每处理重复 3 次，共 12 个小区。每小区种植烤烟 100 株，株行距为 0.6 m×1.2 m，周边设保护行。肥源为烟草专用复合肥（N:P$_2$O$_5$:K$_2$O 13.0%:9.0%:14.0%）、碳酸氢铵（N 17.1%）、过磷酸钙（P$_2$O$_5$ 12.0%）、硝酸钾（N:K$_2$O 13.5%:44.5%）、硫酸钾（K$_2$O 50.0%）。各处理氮肥基追比为 70%:30%，基肥用烟草专用复合肥和过磷酸钙，追肥用碳酸氢铵和硝酸钾，用过磷酸钙、K$_2$SO$_4$ 调至各处理总磷量、总钾量相同。追肥时将肥料溶解混配成 20% 的溶液，然后通过滴灌系统（1:100）施入。田间试验于每年 2—7 月进行，2 月 26 日移栽，4 月 26—5 月 1 日打顶，每株留叶数 20～22 片，5 月 7 日开始采收，7 月 4 日采收完毕。其他田间管理措施按照当地优质烤烟规范化生产要求进行。

7.2.2　测定项目与方法

7.2.2.1　光谱数据的测定

光谱数据测量采用美国 Cropscan 公司生产的 MSR-16R 型多光谱野外便携式辐射计。光谱仪的主要技术参数见表 7-1。于烤烟打顶定高后选择在晴朗无云或少云的天气进行，测量时间为 10：00—12：00（太阳高度角大于 45°）。

冠层光谱测量：测量时探头垂直向下，距冠层垂直高度约 1.5 m。每小区测定 10 株，每株重复测量 3 次，共计 30 组，取平均值作为该小区的光谱测量值。光谱测定同时，随即选取 3 株烟测定其总生物量、地上部分重、根重、总鲜叶重、总干叶重、总叶面积、计算叶面积指数、冠层氮积累量、冠层烟积累量、冠层总糖积累量、冠层还原糖积累量、冠层钾积累量。

表 7 - 1 MSR - 16 多光谱辐射仪中心波长和带宽（nm）

波段	460	510	560	610	660	680	710	760
中心波长	460.4	511.4	560.9	610.7	661.7	682.2	711.4	761.2
带宽	6.8	7.7	9.4	10.3	11.6	11.5	12.4	10.6
波段	810	870	950	1100	1220	1300	1500	1650
中心波长	812.6	871.6	951.2	1099.5	1222.8	1301.3	1500.2	1669.0
带宽	11.4	12.2	13.3	16.5	11.4	12.2	14.8	200.0

7.2.2.2 叶层的分层方法

根据烤烟株高将冠层平均分为 3 层，并自顶部向地表分别命名为上、中、下层，如图 7 - 1 所示。测定完光谱反射率后，用园艺剪分别剪下各层植株体，分开茎叶测定生化组分。

7.2.2.3 总氮含量的测定

将鲜叶叶片在 105℃ 下杀青，80℃ 下烘干至恒重并粉碎过 40 目筛制成杀青样品，以浓 H_2SO_4 消化，在 FOSS Kjeltec 2300 全自动凯氏定氮仪上测定叶片总氮含量。

打顶位置 ——1层 ——2层 ——3层

图 7 - 1 烤烟冠层分层方法

7.2.2.4 粗蛋白质含量及其积累量的测定

参照公式：

蛋白质含量（%）＝［总氮含量（%）－ 0.1728 × 烟碱含量（%）］× 6.25

计算出蛋白质的含量。

蛋白质积累量（g N·m^{-2}）＝蛋白质含量（%）× 干物重 LDW（g DW·m^{-2}）

7.2.2.5 干物质重及氮积累量的测定

于烟株移栽后 60、81、91 d 在各处理采样区分别取 3 棵烟株，将烟株分成叶片、茎和根。除根在 60℃ 温度下烘至恒重外，其他各部分分别在 105℃ 温度下杀青半个小时后于 70℃ 下烘干，称重，然后用粉碎机粉样，过 60 目筛，装入自封袋待测。根据各部分烟样的总氮含量和干物质重按以下公式计算不同生长发育阶段各部分的氮积累量。

叶片氮积累量 LNA（g N·m^{-2}）= 叶片氮含量 LNC（%）× 叶片干物重 LDW（g DW·m^{-2}）；

地上部植株氮积累量 PNA（g N·m^{-2}）= 地上部植株氮含量 PNC（%）× 地上部干物重 PDW（g DW·m^{-2}）。

7.2.2.6　植物学性状与经济性状的测定

打顶后 30 d 测量各处理的烟株植物学性状（株高、有效叶数、叶面积、茎围、节距等）；每个小区选取 5 株用于计产，产量按种植密度 13500 株/hm^2 折算。烟叶采收烘烤时，按小区单收，分开挂竿烘烤，烤后烟叶按照国家烤烟分级标准进行分级，各级别烟叶价格参照当地烟叶收购价格：B1F，20.4 元/kg；B2F，17.6 元/kg；B3F，14.8 元/kg；B4F，11.8 元/kg；C1F，24.4 元/kg；C2F，22.2 元/kg；C3F，19.8 元/kg；C4F，17.6 元/kg；C1L，22.4 元/kg；C2L，20.2 元/kg；C3L，18.0 元/kg；X1F，18.4 元/kg；X2F，15.8 元/kg；X3F，13.0 元/kg；X4F，10 元/kg。烟叶产量、产值由各小区（10 株）产量、产值折算而来，取烤后烟叶 B2F、C3F、X2F 测定其化学成分。

7.2.2.7　肥料利用率的测定及计算

各处理随机取 5 株烟，按生长发育进程采集根、茎、叶、顶和腋芽等进行杀青、烘干、称重，测定其总氮含量，用差减法测算其肥料利用率。氮积累总量（kg·hm^{-2}）= 单位面积植株地上部分（叶、茎和腋芽）氮素积累量的总和；氮收获指数 = 烟叶吸氮量/烟株吸氮总量；氮肥烟叶生产率（kg leaf yield·kg^{-1}）= 单位面积烟叶产量/单位面积植株氮素积累总量；氮肥偏生产力（kg leaf yield·kg^{-1}）= 施氮区产量/氮肥用量；氮肥生理利用率（kg leaf yield·kg^{-1}）=（施氮区产量 – 空白区产量）/（施氮区地上部分总氮含量 – 空白区地上部分总氮含量）；氮肥吸收利用率（%）=（施氮区地上部分总氮含量 – 空白区地上部分总氮含量）/氮肥用量×100%；氮肥农学利用率（kg leaf yield·kg^{-1}）=（施氮区产量 – 空白区产量）/氮肥用量。

7.2.2.8　烟碱含量及其积累量的测定

参照王瑞新（2003）的方法。称取样品 0.5 g 置于 500 mL 凯氏瓶中，加入 NaCl 25 g，NaOH 3 g，蒸馏水约 25 mL。将凯氏瓶连接于蒸汽蒸馏装置，用装有 10 mL 1:4 盐酸溶液的 250 mL 三角瓶收集 220～230 mL 馏出液。将馏出液转移到 250 mL 容量瓶中定容。吸取 1.5 mL 于试管，稀释到 6 mL，用 0.05 mol·L^{-1} 盐酸溶液作参比液，紫外分光光度计在 259 nm、236 nm、282 nm 波长处测定待测液的吸光度，计算烟碱含量。

烟碱积累量（g N·m^{-2}）= 烟碱含量（%）× 干物重 LDW（g DW·m^{-2}）

7.2.2.9　可溶性糖含量的测定

采用邹琦（1995）的方法。称取剪碎叶片 0.1 g 共 3 份，分别放入 3 支试管。加

5～10 mL 蒸馏水，加盖封口，沸水中提取 30 min，提取 2 次，提取液过滤入 25 mL 容量瓶中，定容至刻度。吸取 0.2 mL 样品液于试管中，加蒸馏水 1.8 mL 稀释。加入 0.5 mL 蒽酮乙酸乙酯，再加入 5 mL 浓硫酸，立刻将试管放入沸水中准确保温 1 min，取出自然冷却至室温。630 nm 比色，查蔗糖标准曲线，计算可溶性糖含量。

7.2.2.10 钾含量及其积累量的测定

参考国家标准 GB/T 11064.4—89。精确称取 40℃烘干并粉碎过 0.45 mm 筛的样品 0.1 g 置于 50 mL 三角瓶中，加 1mol·L^{-1} 乙酸铵 40 mL，塞上橡皮塞，在摇床或振荡器上振荡萃取 30 min（25℃，120 转/分钟），用定性滤纸过滤（去前液）。吸取滤液 1 mL 于 50.0 mL 容量瓶用乙酸铵定容至刻度，用原子吸收光谱仪测定 K，同时做空白溶液。

钾积累量（g N·m^{-2}）= 钾含量（%）× 干物重 LDW（g DW·m^{-2}）

7.2.2.1 1 叶片碳氮比的计算

叶片碳氮比 = 叶片可溶性总糖含量（%）/ 叶片全氮含量（%）

7.2.3 统计分析方法

计算可见光至近红外范围内的 16 个波段中所有两波段的比值植被指数（RVI）、差值植被指数（DVI）和归一化植被指数（NDVI）；加强植被指数 EVI 中 RNIR 的取值为近红外光区的 10 个波段（710、760、810、860、950、1100、1220、1300、1500、1650 nm）；具体计算方法见表 7 - 2。

表 7 - 2 多光谱参数计算方法及出处

光谱参数	缩写	计算公式	参考文献
比值植被指数	RVI（λ1，λ2）	$R_{\lambda_1}/R_{\lambda_2}$	Pearson et al (1972)
差值植被指数	DVI（λ1，λ2）	$R_{\lambda_1}-R_{\lambda_2}$	Richardson et al (1977)
归一化植被指数	NDVI（λ1，λ2）	$\dfrac{R_{\lambda_1}-R_{\lambda_2}}{R_{\lambda_1}+R_{\lambda_2}}$	Rouse et al (1974)
加强植被指数	EVI	$\dfrac{2.5(R_{NIR}-R_{680})}{(1+R_{NIR}+6R_{680}-7.5R_{460})}$	Justice et al (1998)
红边位置波长	λ rep	$710+50\times\left\{\dfrac{1/2(R_{810}+R_{660})-R_{710}}{R_{760}-R_{710}}\right\}$	Guyot et al (1988)
土壤调整植被指数	SAVI	$\dfrac{1.5(R_{870}-R_{680})}{R_{870}+R_{680}+0.5}$	Huete et al (1988)
优化土壤调节植被指数	OSAVI	$\dfrac{(1+0.16)(R_{810}-R_{680})}{(R_{810}-R_{680}+0.16)}$	Rondeaux et al (1996)

利用 MATLAB、EXCEL 和 SPSS 对数据进行统计分析。

7.3 结果

7.3.1 不同施氮水平下的烤烟氮素状况及其光谱特性

7.3.1.1 不同施氮水平下的烤烟氮素积累状况

氮素对烤烟器官形成有重要影响，氮积累量是反映烤烟氮素状况的重要指标之一。由表 7-3 可以看出，同一施氮水平下，烤烟各器官氮素积累量均随生长发育时期推移呈现先增加后降低的趋势，且烤烟器官间氮素积累量从大到小为叶、茎、根。

表 7-3 不同施氮水平下烤烟各器官氮积累量的变化（g·m^{-2}）

项目	处理	生长发育期				
		4-28	5-17	5-29	6-6	6-20
茎	N0	0.19d	0.23d	0.27d	0.33d	0.28c
	N1	0.41c	0.86c	1.25c	1.04c	1.09b
	N2	0.78a	1.32a	1.38b	1.63b	1.69a
	N3	0.49b	1.22b	1.48a	2.11a	1.68a
叶	N0	0.92d	0.93c	0.62d	0.55d	0.30d
	N1	2.37c	3.61b	2.81c	2.07c	1.74c
	N2	3.34a	4.86a	3.06b	2.53b	1.89b
	N3	2.60b	4.82a	4.52a	3.62a	2.85a
根	N0	0.09d	0.24d	0.24d	—	—
	N1	0.27c	0.70c	0.78c	—	—
	N2	0.45a	1.04a	0.97b	—	—
	N3	0.37b	0.92b	1.06a	—	—
地上部	N0	1.11d	1.16d	0.89d	0.88d	0.58d
	N1	2.78c	4.46c	4.07c	3.11c	2.83c
	N2	4.12a	6.19a	4.44b	4.15b	3.57b
	N3	3.09b	6.04b	6.01a	5.73a	4.52a

邓肯氏新复极差法，不同字母表示处理间在 0.05 水平上差异显著。

不同施氮水平对烤烟叶、茎和地上部分氮素积累均有显著影响。在 5 月 17 日以前，始兴烟区因前期干旱（数据未列出）烤烟叶、茎和地上部氮素积累量从大到小为 N2、N3、N1、N0，表明施氮量过高或过低的烤烟氮素积累受到干旱影响比正常施氮量的要大；5 月 17 日之后，烤烟氮素积累量随着施氮水平的提高而增加，从大到小为 N3、N2、N1、N0。同时，可以看出，氮素在不同器官积累转移也有较大差异，茎氮素积累量在 6 月 6 日左右达到最大值而后降低，根氮素积累量在 5 月 29 日达到最大值，而叶氮素积累量在 5 月 17 日即达到最大值而后降低。说明随着生长发育时期的延长，烤烟氮素在各器官间出现转移，氮素由叶片转移至茎和根。

7.3.1.2　不同施氮水平下烤烟冠层原始光谱变化

从图 7 - 2 可以看出烤烟冠层反射光谱的基本特征，在可见光区的光谱特征受色素主要是叶绿素（还有类胡萝卜素等）的控制，而叶绿素在可见光区有很强的吸光能力，主要吸收蓝光和红光，因此在 680 nm 附近的红光区域和 460 nm 的蓝光区有吸收谷，在位于蓝光和红光之间的 560 nm 左右有反射峰存在。在近红外区域由于受叶片结构的影响，使得 810—1100 nm 波段出现一个较高的反射平台。不同施氮水平对烤烟冠层光谱反射率有较大影响。随施氮水平的增加，烤烟冠层反射率在可见光区（460—710 nm）有所降低，而在近红外波段（760—1220 nm）明显升高。

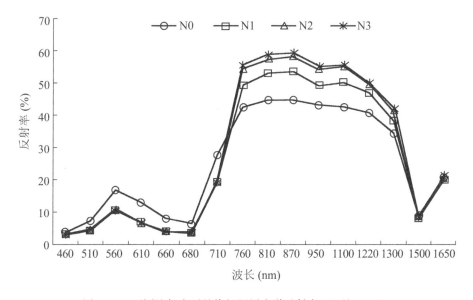

图 7 - 2　不同施氮水平的烤烟冠层光谱反射率（5 月 29 日）

对各个生长发育时期的光谱反射率（图 7 - 3）分析结果表明，随着烟株的成熟烤烟冠层反射率在可见光区域表现为升高，在近红外区域表现为随生长发育时期的推进烤烟冠层反射率降低。

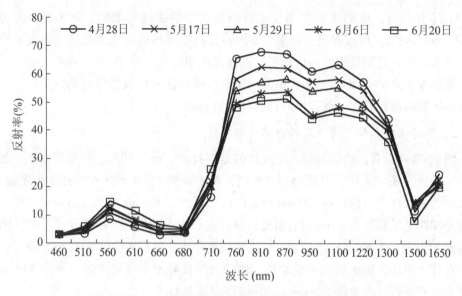

图 7 - 3　不同时期 N2 处理烤烟冠层光谱反射率

7.3.1.3　地上部氮素积累量与冠层光谱反射率的关系

由图 7 - 4 可以看出，叶片氮素积累量与地上部氮素积累量达到极显著正相关，回归方程为 $y = 1.2674x + 0.2992$，$R^2 = 0.9386$。即叶片氮素积累量可以基本反映植株地上部分氮素积累量。由图 7 - 5 可以看出，地上部氮素积累量和叶氮素积累量与冠层光谱反射率相关规律基本一致，而茎氮素积累量与冠层光谱反射率相关规律与上述两者存在较大差异。因此采用叶氮素积累量作为植株地上部分氮素积累量的监测指标。由图7 - 5 可以看出，叶氮素积累量在可见光波段（460—710 nm）与植株冠层光谱反射率呈极显著负相关，近红外波段（760—1300 nm）与植株冠层光谱反射率呈极显著正相关。

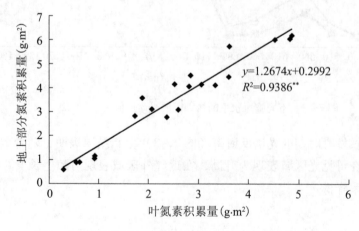

图 7 - 4　叶氮素积累量与地上部氮素积累量的相关性分析

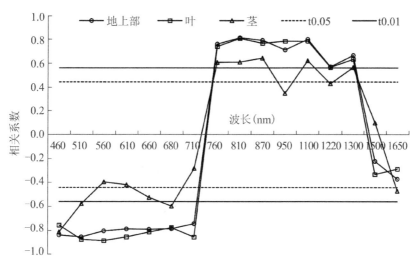

图7-5 地上部氮素积累量与冠层光谱反射率的相关分析

7.3.1.4 地上部氮素积累量与冠层反射光谱指数的关系

用5个生长发育时期4个氮素水平共100组数据分析了烤烟植株地上部氮素积累量与冠层反射光谱的相关关系。为了便于对比分析，所有植被指数（指数构建方法见表7-2）都采用680 nm和810 nm波段光谱反射率来构建。由图7-6、图7-7、图7-8、图7-9、图7-10、图7-11可以看出，采用比值植被指数RVI、差值植被指数DVI、归一化植被指数NDVI、加强植被指数EVI、土壤调整植被指数SAVI及优化土壤调节植被指数OSAVI都能建立较好的氮素积累量回归模型。各植被指数SAVI、EVI_{810}与烤烟植株叶氮素积累量的拟合方程为多项式关系，其他植被指数与叶氮素积累量呈指数关系。其中基于OSAVI的回归模型确定系数值R^2最大为0.9119，其次为RVI R^2=0.9022，R^2值最小的是EVI。经过对回归方程的检验发现EVI_{810}、OSAVI实测数据和模型预测数据有较好的拟合效果，明显改善了反演精度。总体而言，经改进的植被指数建立的回归模型精度略优于RVI、SAVI和NDVI建立的回归模型。

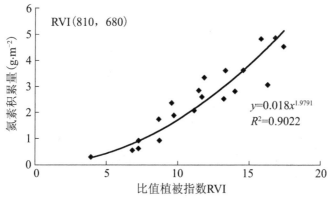

图7-6 叶氮素积累量与比值植被指数的相关分析

271

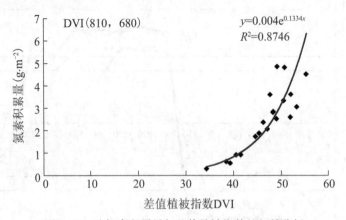

图7-7 叶氮素积累量与差值植被指数的相关分析

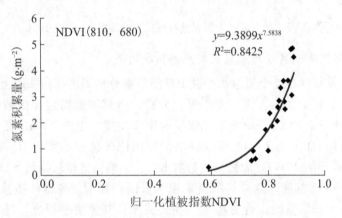

图7-8 叶氮素积累量与归一化植被指数的相关分析

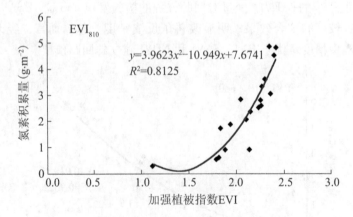

图7-9 叶氮素积累量与加强植被指数的相关分析

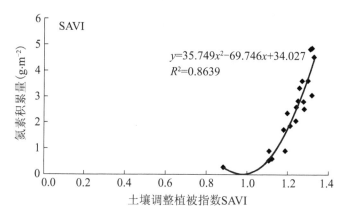

图 7 - 10 叶氮素积累量与土壤调节植被指数的相关分析

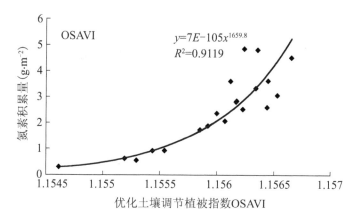

图 7 - 11 叶氮素积累量与优化土壤调节植被指数的相关分析

表 7 - 4 基于 6 种植被指数建立的烤烟叶氮素积累量回归模型及其验证

植被指数	模型建立		模型验证	
	回归模型	确定系数 R^2	确定系数 R^2	回归剩余残差
RVI	$y = 0.018x^{1.9791}$	0.9022^{**}	0.901^{**}	0.264
DVI	$y = 0.004e^{0.1334x}$	0.8746^{**}	0.792^{**}	0.245
NDVI	$y = 9.3899x^{7.5838}$	0.8425^{**}	0.839^{**}	0.193
EVI_{810}	$y = 3.9623x^2 - 10.949x + 7.6741$	0.8125^{**}	0.929^{**}	0.188
SAVI	$y = 35.749x^2 - 69.746x + 34.027$	0.8639^{**}	0.921^{**}	0.202
OSAVI	$y = 7E - 105x^{1659.8}$	0.9119^{**}	0.930^{**}	0.260

7.3.1.5 不同施氮水平下烤烟冠层一阶微分光谱及红边参数分析

植物冠层光谱是混合光谱，其中混入了土壤等环境背景低频噪音，影响了敏感波段的差异显著性。进行一阶微分可以部分地消除低频光谱成分的影响，保留植物冠层光谱信息。如图 7 - 12 所示，经一阶微分处理后的光谱出现了明显的起伏，形成了峰和谷，在 710 nm、760 nm、1100 nm、1500 nm 等波段处可明显地区分烤烟不同施氮水平。其中 710 nm、760 nm 波段冠层一阶微分光谱随着氮素水平的提高而增大，1100 nm、1500 nm 波段则与之相反。

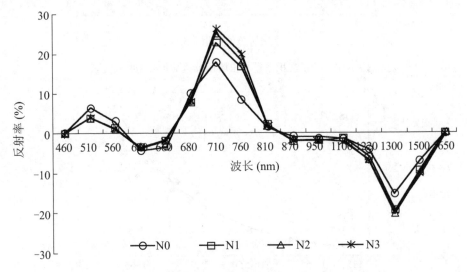

图 7 - 12 不同施氮水平的烤烟冠层反射率光谱一阶微分（5 月 29 日）

红边是植被地物的最重要光谱特征。红边是由于植被在红边波段强烈的吸收与在近红外波段强烈的反射造成的，通常采用"红边位置"和"红边振幅"来描述红边特征。"红边位置"采用表 7 - 2 中红边位置波长计算公式计算，通过计算可得 N0 处理 λ_{rep} = 705.2 nm；N1 处理 λ_{rep} = 724.2 nm；N2 处理 λ_{rep} = 725.3 nm；N3 处理 λ_{rep} = 726.7 nm。即随着施氮水平的提高，烤烟的"红边"向红外方向偏移——常称为"红移"。红边振幅是指红光范围内一阶导数光谱最大值，对于不连续的光谱。通常采用差分的方法计算一阶导数光谱。由图 7 - 12 可以看出，710—760 nm 处光谱反射率斜率最大。本文的红边振幅如下计算：$D\lambda_{Red}$ = $(R_{760} - R_{710})$ /50 nm。通过计算发现 N0 红边振幅为 0.29 nm^{-1}，N1 处理红边振幅为 0.56 nm^{-1}，N2 处理红边振幅为 0.67 nm^{-1}，N3 处理红边振幅为 0.72 nm^{-1}，即随着施氮水平的增加植株冠层红边振幅增大，但这种增大趋势随着施氮水平的增加而减小（如图 7 - 13 所示）。

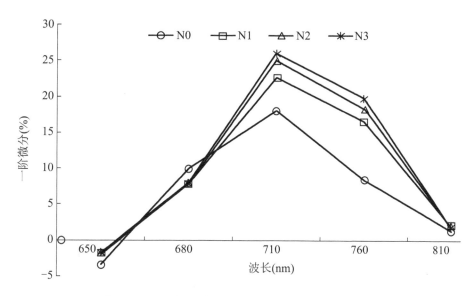

图 7 - 13　不同施氮水平烤烟冠层光谱的"红边"变化

　　烤烟成熟期红边位置随生长发育时期的推进也发生了较大变化，由表 7 - 2 中公式可得，在 4 月 28 日烤烟冠层 λ_{rep} = 729.2 nm；5 月 17 日 λ_{rep} = 727.9 nm；5 月 29 日 λ_{rep} = 725.3 nm；6 月 6 日 λ_{rep} = 722.5 nm；6 月 20 日 λ_{rep} = 714.9 nm。即随着成熟期烤烟生长发育时期的推进烤烟冠层叶绿素含量降低，"红边"位置向蓝光方向偏移——称为"蓝移"。通过计算发现 N2 处理红边振幅随着生长发育时期的推进呈逐渐减小的趋势，成熟初期基本保持不变，成熟中后期急剧减小（如图 7 - 14 所示）。

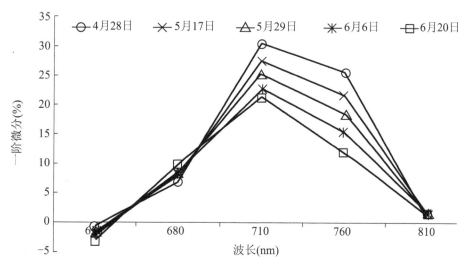

图 7 - 14　N2 处理烤烟冠层光谱的"红边"变化

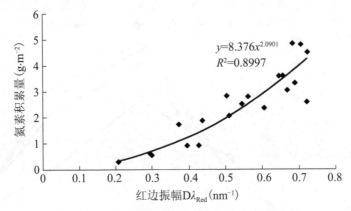

图 7 - 15　叶氮素积累量与红边振幅的相关分析

　　用 5 个生长发育时期 4 个氮素水平共 100 组数据分析了烤烟植株地上部氮素积累量与红边振幅的相关关系，如图 7 - 15 所示，其回归方程为 $y = 8.376x^{2.0901}$，回归模型确定系数 $R^2 = 0.8997$，经检验分析的 RMSE 为 0.197，相关系数为 0.898。

7.3.2　不同施氮水平对烤烟生化组分垂直分布的影响

7.3.2.1　对烤烟叶面积指数垂直分布的影响

　　叶面积指数（leaf area index，LAI）不仅是进行生物量估算的一个重要参数，而且也是定量分析地球生态系统能量交换特性的重要参数。估算农作物的 LAI 对作物的生长状况与病虫害监测、产量估算以及田间管理具有重要意义（Haboudane D et al，2004）。由图 7 - 16 可以看出，烤烟植株总叶面积指数在成熟期均呈先增加后减小的趋

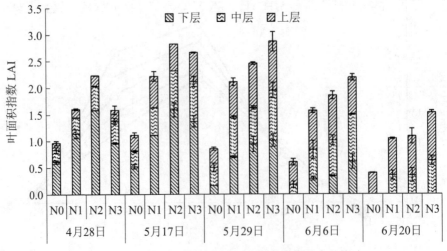

图 7 - 16　施氮水平对烤烟叶面积指数垂直分布的影响

势，其中低氮处理（N0、N1、N2）叶面积指数在 5 月 17 日出现拐点，而后叶面积指数减小；而高氮处理（N3）则在 5 月 29 日才出现拐点而后叶面积指数才减小。烤烟各层叶面积指数随生长发育时期的推进也存在较大差异，成熟前期（5 月 17 日之前）下层烟叶叶面积指数作为植株叶面积指数的主导叶层（占 60% 以上），进入成熟中后期烤烟中上层逐渐取代下层成为植株叶面积指数的主导叶层。

施氮水平对烤烟植株叶面积指数变化有较大影响，成熟前期烤烟叶面积指数整体呈现出随施氮水平提高而增加的现象（N3 处理除外），表现为 N2 > N3 > N1 > N0；进入成熟中后期（5 月 29 日开始）随着氮肥效益的出现，N3 处理叶面积指数呈现出增加趋势，而此时各低氮处理叶片逐渐衰老，叶面积指数逐渐减小，5 月 29 日之后各处理叶面积指数随施氮水平的提高而增加。不同施氮水平对烤烟各层叶面积指数变化存在较大影响，低氮（N0、N1、N2）处理进入成熟期后下层叶面积指数呈现出减小趋势，中上层则呈现出先增加而后保持不变的规律；高氮（N3）处理下层烟叶叶面积指数则呈现出先增加后减小的趋势，而中上层叶面积指数变化规律与低氮处理一致。

7.3.2.2　对烤烟地上部干物质积累量垂直分布的影响

由图 7 - 17 可以看出烤烟茎干物质积累量随生长发育时期的推进呈逐渐增加的趋势，且整个成熟期烤烟下层茎干物质积累占植株总茎干物质积累的主要部分，茎干物质积累量表现为下层 > 中层 > 上层；只是成熟前期（5 月 17 日前）这种主导作用更加明显，随着成熟期的推进，下层茎干物质积累的主导作用逐渐减弱。

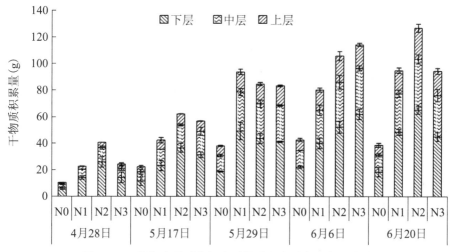

图 7 - 17　施氮水平对烤烟茎干物质积累垂直分布的影响

不同施氮水平对烤烟茎干物质积累量有较大影响，在 5 月 29 日之前，由于前期干旱少雨高氮的效应没有显现，出现 N3 处理烟株茎干物质积累低于 N2 处理的现象，之后随着降雨量的增加（未列出）高氮效应出现，N3 处理茎干物质积累量急剧增加，而后各处理茎干物质积累量呈现出随施氮水平的增加而增加的规律。烟株不同层次茎干物质积累量也随氮素水平的变化呈现出一定的规律，表现为下层茎干物质积累与植株茎总干物质积累规律一致，均受到氮素效应推迟影响，前期 N3 处理干物质积累量低于 N2 处理，而中上层茎干物质积累量变化规律并没有受到氮素效应推迟的影响，整个成熟期均呈现出随氮素水平的增加干物质积累量增加的趋势。

植株叶干物质积累量的变化规律如图 7 - 18 所示，表现为各处理叶干物质积累量呈先升高后降低的规律，重度缺氮（N0）处理在 5 月 17 日开始出现拐点，烟叶总干物质积累量开始减少，而其他处理均在 5 月 29 日才开始显现出叶干物质积累量减少的趋势。烟株各叶层间干物质积累主导层次变化并没有受施氮水平的影响，在整个成熟期烟叶干物质积累均呈现出成熟前期下部叶干物质积累主导整个植株叶干物质积累，而进入成熟中后期（5 月 29 日）中、上层尤其是上层烟叶干物质积累的主导地位逐渐显现；在 5 月 29 日之前，各层叶干物质积累量下层 > 中层 > 上层，之后上层 > 中层 > 下层。

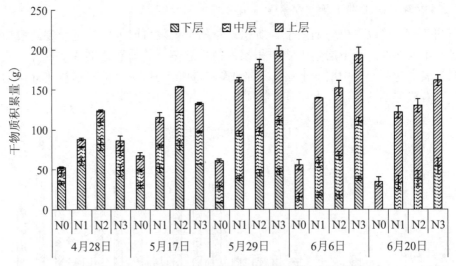

图 7 - 18　施氮水平对烤烟叶干物质积累垂直分布的影响

不同施氮水平对烤烟叶干物质积累量的影响表现为，中、上层叶干物质积累量随施氮水平的增加呈增加趋势，而下层烟叶干物质积累量因受氮素效应推迟的影响，5 月 29 日之前高氮的氮素效应并没有显现，使得 5 月 29 日之前烟株叶干物质积累量 N2 > N3 > N1 > N0，而后随着降雨量的增加（未列出）N3 处理氮素效应显现，烟株叶干物质积累量 N3 > N2 > N1 > N0。说明中上层烟叶干物质积累量更能反映氮素供应状态。

烤烟地上部干物质积累量变化能够反映烟株生长发育情况。由图 7 - 19 可以看出，不同施氮水平下烤烟地上部干物质积累量变化规律与烤烟烟叶干物质积累量变化规律基本一致，即烤烟烟叶干物质积累量及其变化规律可以反映烤烟植株地上部干物质积累量及其变化规律。

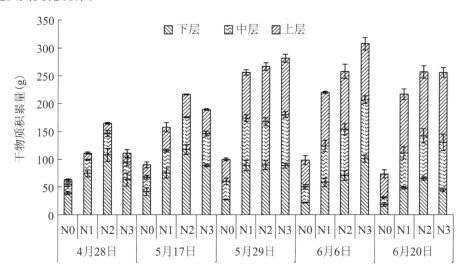

图 7 - 19　施氮水平对烤烟地上部干物质积累垂直分布的影响

7.3.2.3　对烤烟氮积累量垂直分布的影响

由图 7 - 20、图 7 - 21 可以看出，各处理烤烟茎氮素、叶氮素的积累量按上、中、下层的顺序呈明显上升的梯度，成熟初期下层茎氮素、叶氮素的积累量占上中下三层茎、叶总氮素积累量的大部分，处于烤烟茎氮素、叶氮素积累量的主导地位，而后随着

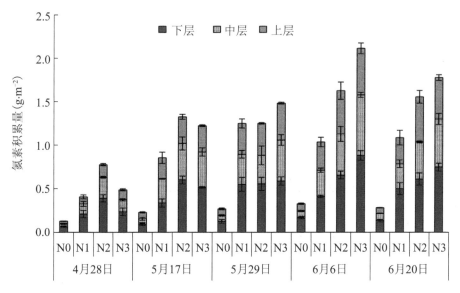

图 7 - 20　施氮水平对烤烟茎氮素积累量垂直分布的影响

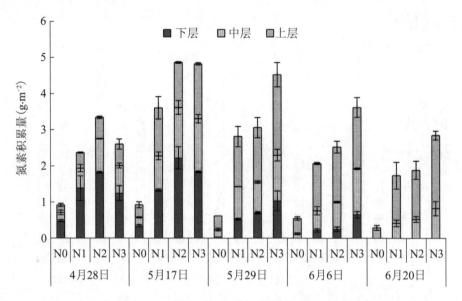

图 7-21　施氮水平对烤烟叶氮素积累量垂直分布的影响

生长发育时期的推进，烤烟中、上层茎氮素、叶氮素的积累量急剧增加，并逐渐取代下层茎、叶成为植株茎氮素积累量的主导部位。各层茎氮素、叶氮素的积累量均随生长发育时期的推进呈先增加后减少的趋势，各层茎氮素积累量最大值均出现在 6 月 6 日，而后减小；各层叶氮素积累量最大值出现在 5 月 17 日，明显早于茎氮素积累量最大值出现的时间。说明随着烟株成熟进程的推进，烤烟叶片氮素首先被转移，积累量先减小，而后茎的氮素积累量才减小。同时可以看出，烤烟中、上层茎氮素、叶氮素的积累量增加速度高于下层，而氮素积累量减少的速度却缓于下层，这与普遍认为的氮素优先供应生长旺盛部位的结果相符。

　　不同氮素水平条件下烤烟茎氮素、叶氮素的积累量在成熟中后期表现出随施氮水平的提高而增加的趋势，表现为 N3 > N2 > N1 > N0；成熟前期由于氮素效应的推迟，N3 处理茎氮素、叶氮素的积累量小于 N2 处理，表现为 N2 > N3 > N1 > N0，这与叶面积指数及干物质积累量规律一致。

　　由图 7-22 可以看出，烤烟地上部氮素积累量随生长发育时期及氮素水平变化规律与茎氮素、叶氮素的积累量变化规律基本一致。均随生长发育时期的推进氮素积累量先增加后减小。不同氮素水平烤烟地上部氮素积累量最大值出现的时间不一致，氮素水平越低地上部氮素积累量最高值出现得越早，N0 处理在 4 月 28 日达最大值，N1、N2 处理则在 5 月 17 日出现，N3 处理由于氮素持续供应，在 5 月 17 日至成熟采收时氮素积累量均维持在较高水平。地上部氮素积累量不同层次间的变化速度与茎、叶变化规律基本一致，地上部中、上层氮素积累速度高于下层，转移速度低于下层。

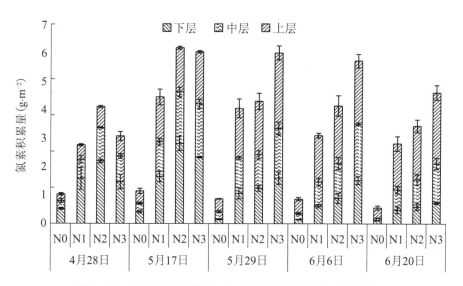

图 7 - 22 施氮水平对烤烟地上部氮素积累量垂直分布的影响

7.3.2.4 对烤烟烟碱积累量垂直分布的影响

由图 7 - 23 可以看出,各处理烟株烟碱积累总量随生长发育时期的推进均呈递增趋势,其中中、上层烟叶烟碱积累量在整个成熟期均呈上升趋势,而下层烟叶烟碱积累量呈先增加后减少趋势,且中、上层烟叶烟碱积累速度要明显快于下层烟叶。说明随着烟叶成熟过程的推进,烟株下层氮素向上转移,以保证中上层烟叶有足够的氮素

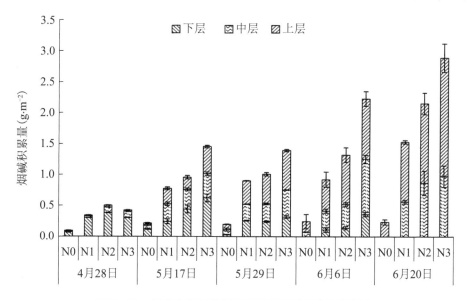

图 7 - 23 施氮水平对烤烟烟碱积累量垂直分布的影响

供应。各处理烟碱积累量在不同部位间的分布均呈现出，成熟初期下层烟叶烟碱积累量最高，而后随着生长发育时期的推进，上层烟叶烟碱积累量逐渐超过下层烟叶烟碱积累量成为整株烟株烟碱积累量的主导部位。

不同施氮水平对烟株烟碱积累量影响在成熟中后期主要是通过影响上层烟叶烟碱积累量来实现的，5月17日之后各处理间烟碱积累量的差异主要表现在上层叶中的烟碱积累量。同时发现，在5月17日之后各处理烟碱积累量随施氮水平的提高呈增加趋势，这种规律的出现要早于叶面积指数、干物质积累量、氮素积累量，说明氮素效应的推迟对烟碱积累量的影响小于上述指标，即当氮素供应缺乏或受阻时，氮素供应优先满足烟碱合成的需要。

7.3.2.5 对烤烟蛋白质积累量垂直分布的影响

由图7-24可以看出，各处理烤烟叶蛋白质积累量在整个成熟期均呈先增加后减少的趋势。烟株各叶层间蛋白质积累量主导层次变化并没有受施氮水平的影响，在整个成熟期烟叶蛋白质积累量均呈现出成熟前期下部叶干物质积累量占植株烟叶蛋白质积累量大部分，而进入成熟中期（5月17日）中、上层尤其是上层烟叶蛋白质急剧增加，且积累速度上层大于中层，中层大于下层；成熟后期（5月29日）各层烟叶蛋白质积累量均出现减少趋势，但下层烟叶蛋白质积累量降低速度快于中层，中层烟叶快于上层。5月17日之前，各叶层烟叶蛋白质积累量下层＞中层＞上层，之后上层＞中层＞下层。

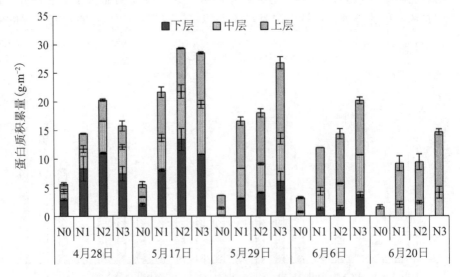

图7-24 施氮水平对烤烟蛋白质积累量垂直分布的影响

不同施氮水平对烤烟各叶层蛋白质积累量变化有较大影响。其中缺氮（N0）处理下层叶蛋白质积累量在成熟初期（4月28日）处于最高水平，中层烟叶蛋白质积累量则在 5 月 29 日达到最大值，上层烟叶蛋白质积累量在 6 月 6 日达到最大值。其他各处理中下层烟叶蛋白质积累量在 5 月 17 日达到最大值，而上层烟叶蛋白质积累量在 5 月 29 日达最高值。说明当氮素缺乏或者供应不足时，烤烟下层烟叶氮素优先持续转移至上层烟叶，以保障上层烟叶蛋白质积累的需要。

7.3.2.6 对烤烟钾积累量垂直分布的影响

由图 7－25 可以看出，各处理烟株烟叶钾含量均随生长发育时期的推进呈先增加后减少的规律。其中下层钾积累量在成熟期一直减少；而中、上层钾积累量在成熟初期一直增加，至 5 月 29 日才开始减少，而且钾积累量减少速率下层明显快于中、上层。成熟前期各层钾积累量随叶层的下移呈递增趋势，而后随着生长发育时期的推进，中、上层钾积累量急剧增加，5 月 29 日之后，各层钾积累量随叶层的下移呈现出依次递减的规律。

不同施氮水平对烟叶钾积累量有较大影响，成熟初期，各氮素水平钾积累量表现为 N2 > N3 > N1 > N0；成熟中后期（5 月 29 日之后）烟叶钾积累量随施氮水平的提高而增加。杨志新等研究表明，随着氮素水平的提高，烟叶中的钾含量呈升高趋势。成熟前期出现 N3 处理钾积累量小于 N2 处理，可能跟始兴烟区前期干旱导致氮素效应推迟有关。

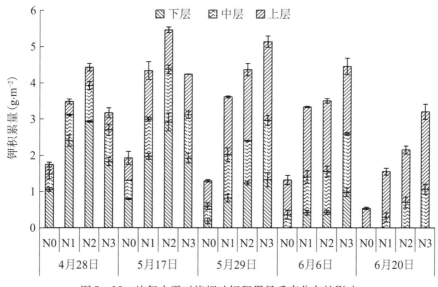

图 7－25 施氮水平对烤烟叶钾积累量垂直分布的影响

7.3.2.7 对烤烟糖氮比垂直分布的影响

植物碳氮比是指植物体内碳、氮两大营养要素含量的比值，它不仅体现了植物营养利用效率（NUE），而且也是监测植物生长发育平衡与否的重要标志，对研究植物的生长和在精细农业领域都具有重要作用（施润和等，2003）。烟叶碳氮比是衡量叶片光合产物分配方向的重要指标，也是烟叶碳、氮代谢相对强度和协调程度的反映和体现，因此对构成烟叶产量和品质各种化学成分的形成和组合比例有一定影响（韩锦峰等，1996）。当碳氮比过高时，烟株营养不良，难以建成足够的群体；过低时，表明烟株群体过大或者施氮过多引起徒长纤弱。可溶性糖与全氮含量的比值，即糖氮比，能够较好地反映作物碳氮代谢及其变化。研究表明，糖氮比较全面地反映了烟株体内应用状态，与实际苗青一致性好。

由图 7-26 可以看出，各处理地上部碳氮比除 N0 处理随生长发育时期的推进呈递增趋势外，其他施氮处理成熟期碳氮比先降低后升高。但成熟中后期各处理碳氮比均呈递增趋势，且随施氮水平的降低，这种增高趋势更为明显。烟株各层间碳氮比在整个生长发育时期均表现为下层 > 中层 > 上层。不同施氮水平对烤烟地上部碳氮比也有较大影响，成熟前期缺氮（N0）处理烟株碳氮比显著高于其他氮肥处理烟株，而其他处理间差异不显著。成熟中后期烟株碳氮比均随施氮水平的升高而降低，说明成熟初期 N0 处理烟株营养不良，尤其是烟株下层及中层，而其他处理成熟初期烟株营养状况基本一致，同时可知，各施氮处理在 4 月 28 日至 5 月 17 日期间烟株营养供应状况有所改善，但随着成熟期的推进，5 月 29 日之后各处理营养状况开始变差。而且施氮水平越低，烟株碳氮比增加更快，营养状况更差，各处理分层营养状况均表现为上层优于中层，中层优于下层，氮素优先供应烟株上层，即氮素优先供应生长旺盛部位。

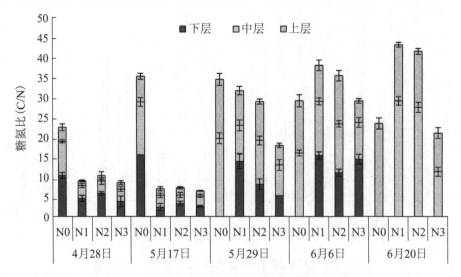

图 7-26　施氮水平对烤烟叶糖氮比垂直分布的影响

7.3.3　烤烟生化组分垂直分布与光谱反射率的相关性

为进一步分析不同叶层生化组分的垂直分布差异对冠层光谱反射率的影响，将不同叶层生化组分进行多种组合：①上层；②中层；③下层；④上层＋中层；⑤中层＋下层；⑥上层＋中层＋下层，并对不同生长发育时期各施氮水平烤烟不同叶层生化组分与光谱反射率进行了相关分析。

如图 7 - 27 所示，可以看出不同叶层及其组合叶面积指数与光谱反射率相关性在可见光区域（460—760 nm）和近红外区域（760—1650 nm）差异较大，但除个别波段外均表现为上层叶面积系数与光谱反射率相关性总体低于下层，下层低于中层。不同叶层组合间也呈现出一定规律，表现为：上层叶面积系数与光谱反射率相关性规律和上＋中层组合叶面积系数基本一致，但上层叶面积指数除在少数几个波段（460 nm、1100 nm、1300 nm）与光谱反射率显著相关外其余波段与光谱反射率相关性不明显；而上＋中层叶面积指数却与之相反，除少数波段（560 nm、1220 nm、1500 nm）外均与光谱反射率呈显著的相关关系。其余各叶层及组合（中层、下层、中＋下层、上＋中＋下层）规律基本一致，均随波长的增加相关系数先减小而后急剧增加并保持稳定，而后减小。综合分析可以看出，中层、中＋下层、上＋中＋下层叶面积指数与光谱反射率相关性规律基本一致，均在可见光区域与光谱反射率呈显著负相关，而在 760—1300 nm 波段呈显著正相关。即烤烟各叶层中中层叶面积指数与光谱反射率的相关关系能较好地反映整株烟株叶面积指数与冠层光谱反射率的关系。

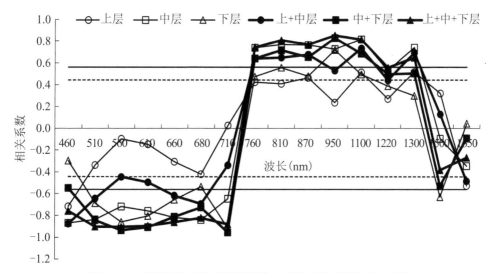

图 7 - 27　烤烟不同叶层叶面积指数与冠层光谱反射率的相关性

如图 7 - 28 所示，烤烟不同叶层干物质积累量与冠层光谱反射率的相关性分析结果可以看出，除下层烟叶干物质积累量外，其余各叶层及其组合与冠层反射率的相关性趋势基本一致，但不同叶层及其组合干物质积累量与冠层光谱反射率相关关系的显著性不一致，其中上层和上＋中层、中层和上＋中＋下层、下层和中＋下层干物质积累量与冠层光谱反射率的相关关系基本一致。其中中层和上＋中＋下层干物质积累量与冠层光谱反射率的相关关系表现为：可见光波段（除 560 nm、610 nm）呈显著负相关，近红外波段（除1500 nm）呈显著正相关。即中层干物质积累量与光谱反射率的相关关系能较好地反映整株烟株干物质积累量与冠层光谱反射率的关系。

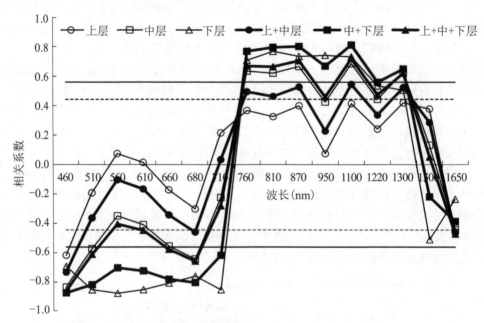

图 7 - 28　烤烟不同叶层干物质积累量与冠层光谱反射率的相关性

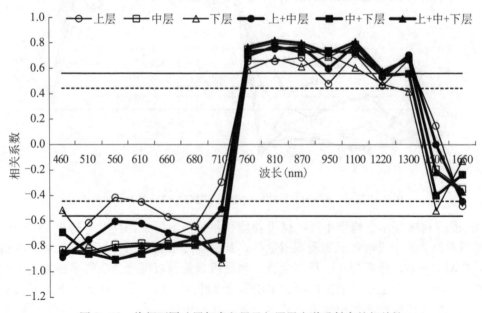

图 7 - 29　烤烟不同叶层氮素积累量与冠层光谱反射率的相关性

　　图 7 - 29 所示为不同叶层氮素积累量与冠层光谱反射率的相关性分析。由图可知，上层、上 + 中层氮素积累量与冠层光谱反射率相关关系变化规律基本一致，其余各叶层及其组合规律相一致。其中中层氮素积累量和上 + 中 + 下层氮素积累量与冠层光谱反射率相关关系相似度非常高，均在可见光波段与冠层光谱反射率呈显著负相关关系，在近红外波段呈显著正相关关系而且相关系数基本一样。而且除 510 nm、1500 nm、1650 nm 波段外，各层及其组合氮素积累量均与冠层光谱反射率显著相关，说明冠层光谱反射率与各叶层氮素积累量均呈显著相关（个别波段除外），其中中层氮素积累量能很大程度地反映植株氮素积累总量。

　　由图 7 - 30 可以看出，上层、上 + 中层、中层、上 + 中 + 下层烟碱积累量与光谱反射率相关关系规律一致，在各波段与光谱反射率相关系数均较小，仅在 460 nm 波段烤烟各叶层及其组合烟碱积累量与光谱反射率呈显著相关关系，即 460 nm 为烟碱监测敏感波段。同时，中层烟碱积累量与光谱反射率的相关关系最能反映烟株烟碱积累量与光谱反射率的相关关系。

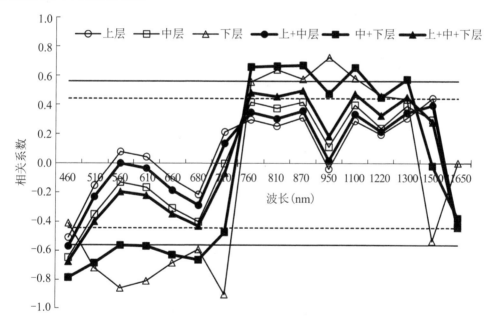

图 7 - 30　烤烟不同叶层烟碱积累量与冠层光谱反射率的相关性

　　由图 7 - 31 可以看出，中层、下层、中 + 下层、上 + 中 + 下层蛋白质积累量与光谱反射率相关关系规律基本一致，而上层与上 + 中层规律基本一致。其中中层与上 + 中 + 下层蛋白质积累量与冠层光谱反射率相关性指数相似度最高，且各层及其组合蛋白质积累量除在少数个别波段（1500 nm、1650 nm）与冠层光谱反射率相关关系不显著外，其他波段均呈显著关系，其中可见光波段呈显著负相关，近红外波段呈显著正相关，说明中层蛋白质积累量对冠层光谱反射率贡献最大，其次是上层，最小为上层，即中层蛋白质积累量与冠层光谱反射率的关系基本能反映烟株蛋白质积累量与光谱反射率的相关关系。

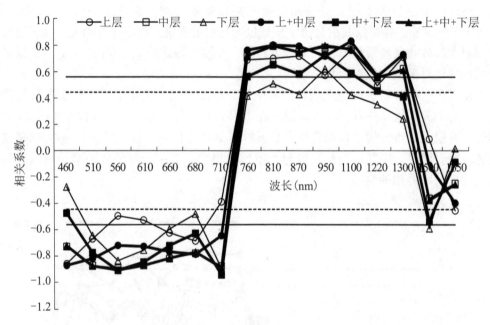

图 7 – 31　烤烟不同叶层蛋白质积累量与冠层光谱反射率的相关性

由图 7 – 32 可以看出，各叶层钾积累量与光谱反射率相关关系差异较大，上层钾积累量除少数波段与光谱反射率相关外，大部分波段两者不相关；而中下层钾积累量与大部分波段光谱反射率呈显著相关关系。其中在可见光波段中下层钾积累量与光谱反射率呈显著负相关，近红外波段呈显著正相关；其中中层钾积累量与光谱反射率的相关关系和烟株钾积累量与光谱反射率相关关系相似度最高，即中层钾积累量能基本反映烟株钾积累量与光谱反射率的相关关系。

由图 7 – 33 可以看出，各叶层碳氮比与冠层光谱反射率的相关关系差异较大，其中下层碳氮比与烟株冠层光谱反射率全波段不相关；中层碳氮比仅在 560 nm、710 nm 波段与冠层光谱反射率呈显著正相关关系，其余波段不相关；上层碳氮比与植株冠层光谱反射率除少数波段（460 nm、1500 nm、1650 nm）外均呈显著相关关系，其中在可见光波段呈显著正相关，近红外波段呈显著负相关。同时可以看出上层、上＋中层、上＋中＋下层碳氮比与光谱反射率相关关系基本一致，而中层、中＋下层两者与光谱反射率的相关关系也基本一致。这说明，上层碳氮比与光谱反射率的相关关系最能反映植株总碳氮比与冠层光谱反射率的相关关系。

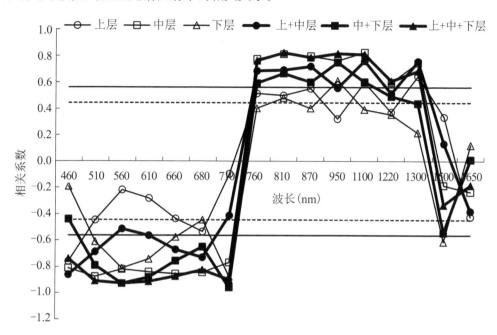

图 7 - 32　烤烟不同叶层钾积累量与冠层光谱反射率的相关性

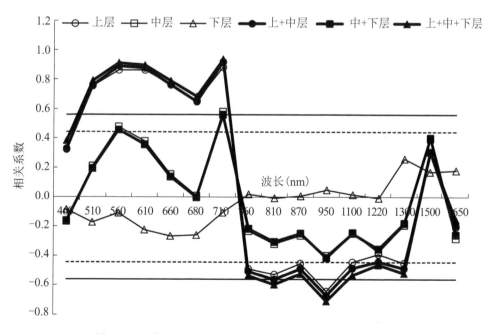

图 7 - 33　烤烟不同叶层碳氮比与冠层光谱反射率的相关性

7.3.4　光谱指数、红边参数与烤烟生化组分垂直分布的相关性

为便于分析，各植被指数均采用 680 nm 和 810 nm 波段光谱反射率来构建。由表 7 – 5 可以看出，烟株（上 + 中 + 下层）叶面积系数、氮素积累量、蛋白质积累量、钾积累量、碳氮比与 6 个光谱指数及红边振幅均达到显著相关水平；干物质积累量与植被指数 RVI（810，680）、DVI（810，680）、NDVI（810，680）、SAVI、OSAVI 达到显著相关水平，与 EVI_{810}、红边振幅相关关系不明显；烟碱积累量与 6 个植被指数及红边振幅相关关系均不显著。且不同叶层叶面积系数、干物质积累量、氮素积累量、蛋白质积累量、钾积累量与比值植被指数 RVI（810，680）相关性最高，且都达到极显著相关水平。同时可以看出，中层叶面积指数、干物质积累量、氮素积累量对冠层光谱指数贡献最大，其次是下层，最小为上层；而蛋白质积累量、钾积累量对冠层光谱指数贡献上层大于下层。

7.3.5　不同施氮水平对烤烟氮素吸收及利用率的影响

由表 7 – 6 可以看出，不同施氮水平对烤烟氮肥吸收利用率具有较大影响。各施氮处理氮素积累总量（TNA）较不施氮处理均有显著提高，且随着施氮水平的增加，烤烟 TNA 显著增加。氮素收获指数（NHI）随施氮水平的增加而增加，但当施氮水平达到 N2 以后，氮素收获指数保持不变，这说明此时增施氮肥对烟叶产量没有显著的增产效果，氮素被浪费。同时，随着施氮水平的增加烤烟氮肥烟叶生产效率（NTPE）、氮肥生理利用率（NPE）、氮肥农学利用率（NAE）呈先增加后减小的规律，当施氮水平为 N2 时，烤烟 NTPE、NPE、NAE 最大；而烤烟氮肥偏生产力（NPFP）、氮肥吸收利用率（NRE）随施氮水平的增加逐渐减小。综合 NHI、NTPE、NPFP、NAE、NRE、NPE 等氮素利用率指标可以看出，当施氮水平为 N2 时，烤烟氮肥吸收利用率为最高之一，对烟叶增产作用较为明显。通过氮肥未吸收量（损失量）与施氮水平构建回归模型，得到施氮水平与氮肥损失量回归方程为：

$$y_1 = 0.0007x^2 + 0.4989x + 0.2131$$

7.3.6　不同施氮水平对烤烟经济性状的影响

由表 7 – 7 分析可得，随着施氮水平的增加，烤烟产量呈显著增加趋势，但产值、均价、上等烟比例、中上等烟比例随施氮水平的增加呈先增加后减小的趋势，当施氮水平为 N2 时，烤烟产值、均价、上等烟比例、中上等烟比例最高，烤烟经济效益最高。通过产量与施氮水平构建得回归方程为：

$$y_2 = -0.0347x^2 + 18.223x + 544.42$$

通过产值与施氮水平的回归分析得回归方程为：

$$y_3 = -1.1615x^2 + 404.62x + 5956.6$$

表 7-5　烤烟不同叶层生化与冠层光谱指数、红边位置的相关性

生化组分	叶层	比值指数 RVI (810, 680)	差值指数 DVI (810, 680)	归一化植被指数 NDVI (810, 680)	加强植被指数 EVI_{810}	土壤调节植被指数 SAVI	改进土壤调节植被指数 OSAVI	红边振幅 DA_{Red}
叶面积系数 LAI	上层	0.51	0.45	0.44	0.25	0.46	0.43	0.17
	中层	0.94	0.86	0.87	0.80	0.87	0.84	0.76
	下层	0.65	0.60	0.57	0.70	0.56	0.58	0.82
	上+中层	0.80	0.72	0.72	0.57	0.73	0.70	0.51
	中+下层	0.85	0.78	0.77	0.84	0.76	0.77	0.92
	上+中+下层	0.97	0.88	0.87	0.87	0.87	0.86	0.91
干物质积累量	上层	0.33	0.34	0.32	0.10	0.34	0.34	—
	中层	0.69	0.68	0.67	0.50	0.68	0.68	0.43
	下层	0.87	0.83	0.81	0.81	0.81	0.83	0.88
	上+中层	0.49	0.50	0.48	0.28	0.50	0.50	0.20
	中+下层	0.89	0.86	0.85	0.75	0.85	0.86	0.75
	上+中+下层	0.73	0.72	0.70	0.52	0.71	0.71	0.49
氮素积累量	上层	0.73	0.70	0.68	0.51	0.69	0.70	0.49
	中层	0.92	0.86	0.83	0.76	0.83	0.85	0.82
	下层	0.77	0.72	0.69	0.74	0.68	0.71	0.88
	上+中层	0.85	0.81	0.78	0.65	0.79	0.80	0.66
	中+下层	0.89	0.82	0.79	0.79	0.79	0.82	0.90
	上+中+下层	0.93	0.88	0.85	0.77	0.85	0.87	0.84

生化组分	项目 叶层	比值指数 RVI (810, 680)	差值指数 DVI (810, 680)	归一化植被指数 NDVI (810, 680)	加强植被指数 EVI_{810}	土壤调节植被指数 SAVI	改进土壤调节植被指数 OSAVI	红边振幅 DA_{Red}
烟碱积累量	上层	0.19	0.26	0.24	0.02	0.25	0.28	—
	中层	0.37	0.42	0.42	0.23	0.43	0.44	0.19
	下层	0.74	0.68	0.64	0.73	0.63	0.66	0.84
	上＋中层	0.26	0.32	0.31	0.10	0.32	0.34	—
	中＋下层	0.71	0.72	0.71	0.58	0.71	0.73	0.61
	上＋中＋下层	0.43	0.49	0.47	0.27	0.48	0.50	—
蛋白质积累量	上层	0.80	0.75	0.73	0.58	0.74	0.74	0.57
	中层	0.93	0.85	0.83	0.82	0.83	0.84	0.90
	下层	0.60	0.54	0.52	0.63	0.51	0.53	0.78
	上＋中层	0.93	0.86	0.83	0.74	0.84	0.85	0.77
	中＋下层	0.77	0.70	0.67	0.75	0.67	0.69	0.88
	上＋中＋下层	0.93	0.85	0.82	0.82	0.82	0.84	0.91
钾积累量	上层	0.60	0.55	0.56	0.38	0.57	0.54	0.29
	中层	0.95	0.89	0.88	0.85	0.88	0.88	0.86
	下层	0.52	0.51	0.48	0.62	0.47	0.51	0.76
	上＋中层	0.82	0.76	0.76	0.63	0.77	0.75	0.58
	中＋下层	0.75	0.72	0.69	0.78	0.68	0.71	0.90
	上＋中＋下层	0.94	0.89	0.87	0.87	0.87	0.88	0.94

续上表

项目 生化组分		比值指数 RVI (810, 680)	差值指数 DVI (810, 680)	归一化植被指数 NDVI (810, 680)	加强植被指数 EVI_810	土壤调节植被指数 SAVI	改进土壤调节植被指数 OSAVI	红边振幅 $D\lambda_{Red}$
叶层	上层	0.58	0.62	0.67	0.80	0.66	0.65	0.80
	中层	0.29	0.24	—	0.23	—	0.18	0.49
	下层	0.21	0.18	0.28	0.35	0.28	0.20	0.18
碳氮比 C/N	上+中层	0.62	0.64	0.67	0.80	0.66	0.66	0.84
	中+下层	0.30	0.22	—	0.22	—	0.16	0.47
	上+中+下层	0.67	0.68	0.70	0.82	0.69	0.70	0.86

表 7-6 不同施氮水平对烤烟氮肥吸收与利用效率的影响

处理	氮积累总量 TNA (kg·hm^{-2})	氮素收获指数 NHI	氮肥烟叶生产效率 NTPE (kg leaf yield·kg^{-1})	氮肥偏生产力 NPFP (kg leaf yield·kg^{-1})	氮肥生理利用率 NPE (kg leaf yield·kg^{-1})	氮肥吸收利用率 NRE (%)	氮肥农学利用率 NAE (kg leaf yield·kg^{-1})
N0	15.25±0.44d	0.55c	55.33±0.49a	—	—	—	—
N1	65.46±0.51c	0.58b	44.58±0.36c	18.53±0.16a	32.26±0.28b	40.82±0.54a	13.17±0.21b
N2	85.91±0.46b	0.64a	46.77±0.28b	17.86±0.21b	34.82±0.42a	40.52±0.52a	14.11±0.15a
N3	95.35±0.57a	0.64a	42.60±0.21d	13.89±0.31c	31.06±0.34c	30.42±0.46b	11.00±0.13c

表 7-7 不同施氮水平对烤烟经济性状的影响

处理	产量 (kg·hm^{-2})	产值 (yuan·hm^{-2})	均价 (yuan·kg^{-1})	上等烟比例 (%)	中上等烟比例 (%)
N0	562.4±10.2c	6023.8±26.1d	11.6±0.4c	10.2±0.4c	37.0±1.2d
N1	2245.2±27.4b	37150.6±118.3c	15.5±0.3b	48.5±0.5b	79.8±0.2c
N2	2678.5±43.6a	41195.3±124.6a	16.5±0.2a	51.5±0.9a	86.8±1.0a
N3	2707.8±44.9a	40429.3±429.5b	15.3±0.4b	49.2±1.0b	82.4±0.4b

7.4　研究结论

7.4.1　讨论

7.4.1.1　施氮水平对烤烟氮素积累量含量和光谱参数的影响

烟株氮素积累量为烟株含氮率和干物质积累量的乘积，既反映了烟株氮素营养状况，又反映了烟株的长势信息，同时所获取的冠层反射光谱也是群体信息的表征（Bai J H et al，2007；Darvishzadeh R et al，2008；Fitzgerald G et al，2010），因此利用冠层反射光谱监测烤烟烟株氮素积累量具有一定的理论意义和应用价值。本研究发现，烤烟地上部叶氮素积累量与地上部氮素积累量显著相关，地上部氮素积累量在可见光波段（460～710 nm）与烟株冠层光谱反射率呈极显著负相关，近红外波段（760～1300 nm）与烟株冠层光谱反射率呈极显著正相关。同时发现采用比值植被指数 RVI（680，810）、差值植被指数 DVI（680，810）、归一化植被指数 NDVI（680，810）、加强植被指数 EVI810、土壤调节植被指数 SAVI（680，810）及优化土壤调节植被指数 OSAVI（680，810）都能建立较好的氮素积累量回归模型。经检验发现 EVI810、OSAVI（680，810）实测数据和模型预测数据有较好的拟合效果，明显改善了反演精度。

绿色植被一般在 800 nm 附近的反射率基本代表近红外波段的反射率水平，而 680 nm、635 nm 和 470 nm 处则分别是 Chla、Chlb 和 Car 强吸收波段。Blackburn 等（1998a，1998b）据此构造了光谱指数 PSSR 和 PSND 系列。因此本文采用 EVI810、OSAVI（680，810）对烤烟烟株地上部氮素积累量可以进行定量反演。已有研究揭示，利用光谱微分技术可以对红边和蓝边区域进行信息提取构造光谱参数 SDr、SDb、Dr 及 Db 等（Gong P et al，2002；王秀珍等，2003）；红光波段与蓝光波段在评价植被长势和氮素状况均十分有用（Pefiuelas J et al，1993；Penuelas J et al，1994；Hansen P M et al，2003）。本研究利用红边振幅与烤烟烟株地上部氮素积累量进行相关关系分析，得到回归方程为 $y = 8.376 x^{2.0901}$，回归模型确定系数 $R^2 = 0.8997$。经检验分析的 RMSE 为 0.197，具有较好的反演效果。

本研究结果仅仅在单一品种、同一生态环境条件下展开，对于不同生态环境的差异引起的差异性缺乏系统研究，且研究选取的品种类型较少，由于不同品种之间存在不同的 C/N 代谢特征，本研究的结论还需要进一步在不同生态条件和不同类型品种中进行验证。同时烤烟在生长的不同时期其氮素需求量不同，本文筛选出的烤烟氮素积累量反演的最佳光谱参数有利于实时监测烤烟氮素积累状况，通过与特定生长发育时期氮素需求比对，可确定是否实施氮素调控。

7.4.1.2　施氮水平对烤烟生化组分垂直分布及其光谱响应的影响

由于氮素是一个易运转的元素（Charles Edwards D A et al，1987；Hikosaka K et

al，1994；Anten N P R et al，1995），氮素缺乏时，冠层顶部叶片总是利用从下部茎叶中转移来的氮素（Vouillot M O et al，1999），氮素垂直梯度在很多作物上普遍存在（Field C et al，1983；Lemaire G et al，1991；Shiraiwa T et al，1993；Connor D J et al，1995）。由于烤烟属于多叶型植物，并具有一定的叶位空间垂直结构，探讨生化组分尤其是氮素随冠层高度的垂直分布及其光谱响应的实践意义在于，由于氮素的易运转特性，缺氮时老叶中的氮素会向新叶转移，作物缺氮的显著特征是烟株下部叶片首先褪绿黄化，然后逐渐向上部叶片扩展（陆景陵等，1994）。在缺肥初期即轻度氮素胁迫时，下层叶片因缺氮而早衰；在持续缺肥即中度胁迫时，中、下层叶片均明显衰老，田间条件下肉眼可见中、下层叶片由深绿变浅绿或变黄，但此时上层叶片很少发生变化。如果烤烟中下层的生长状态能够及早发现，无疑可以及早实施管理。张仁华（1996）研究指出，在可见光波段的蓝光区和红光区由于叶绿素的强烈吸收反射率非常低，只有少量透过叶片，而在近红外波段，单个叶片的反射率和透过率都很高，吸收很少，且在多层叶片的情况下会造成多次透射和反射，因此根据近红外波段在光学原理上反射率和透射率上的特点，利用包含近红外波段信息的植被指数诊断冠层中下部氮素状况是可以实现的。王纪华等（2004）和 Wang 等（2004）通过进一步深入分层光谱分析，建立了利用作物垂直冠层光谱匹配方法初步实现了作物中下层叶绿素和氮素的遥感反演。

本文主要研究基于光谱信息的烤烟叶面积指数、干物质积累量、氮素积累量、烟碱积累量、蛋白质积累量、钾积累量及碳氮比的垂直分布反演方法。研究结果表明，烤烟烟株不同叶层及其组合叶面积系数、氮素积累量、蛋白质积累量、钾积累量、碳氮比与 6 个光谱指数及红边振幅均达到显著相关水平；干物质积累量与植被指数 RVI（810，680）、DVI（810，680）、NDVI（810，680）、SAVI、OSAVI 达到显著相关水平，与 EVI810、红边振幅相关关系不明显；烟碱积累量与 6 个植被指数及红边振幅相关关系均不显著。不同叶层叶面积系数、干物质积累量、氮素积累量、蛋白质积累量、钾积累量与比值植被指数 RVI（810，680）相关性最高，且都达到极显著相关水平，可以利用 RVI（810，680）对各叶层及其组合进行有效反演。

基于光谱信息的作物生化组分垂直分布的遥感反演，对于生产上迫切需要对作物中、下层叶片氮素或叶绿素状况进行监测来指导适时和适量施肥，保证获得既定的作物产量和品质目标，提高肥料利用效率，避免化肥对环境、水源等的污染，确保粮食和环境安全等具有十分重要的意义。本文研究结果仅仅在单一年份、同一生态环境条件下展开，对于不同生态环境的差异引起的差异性缺乏系统研究，且对于作物生化组分垂直分布估算的研究，选取的品种类型较少，由于不同品种之间存在不同的 C/N 代谢特征，本研究的结论还需要进一步在不同生态条件和不同类型品种中进行验证。

7.4.1.3　始兴烟区烤烟生态经济适宜施氮量的确定

氮素是烤烟生长发育过程中不可缺少的营养元素，适宜的供氮量对优质烟叶的生产起着举足轻重的作用。过去我国大部分学者对氮素用量的研究只侧重从产量和产值（经济效益）两方面着手研究了烤烟生长的最佳产量施氮量和最佳经济效益施氮量（刘诚，2005；王毅，2007；何欢辉，2008），而忽略了氮素用量对生态环境的影响研究。近年来，有学者（崔玉亭等，2000；傅庆林等，2003；黄进宝等，2007；郭天财等，2008；王米等，2009）采用环境经济学 Coase 原理及农业技术经济学的边际收益分析原理对水稻、小麦生态经济适宜施氮量进行了研究，取得了较好的结果。氮素边际产量指增加单位氮素肥料所引起的产量增量。根据烤烟产量与氮素用量关系 $y_2 = -0.0589x^2 + 22.629x + 557.13$，可求其导数得氮素边际产量与氮素施用量的关系 $Y_2 = -0.1178x + 22.629$。氮素边际损失量指增加单位氮素肥料所引起氮素损失量的增加量。根据施氮量与损失量关系 $y_1 = 0.0014x^2 + 0.4094x + 0.4354$，求其导数得出氮素边际损失量与氮素施用量的关系 $Y_1 = 0.0028x + 0.4094$。随着施氮量增加，氮肥的边际产量迅速下降，而氮素的边际损失量却迅速上升。根据环境经济学 Coase 原理，边际产量线与边际损失量线相交点，即为生产上合理施肥点（程序，1997），此施肥量所对应的产量为合理产量。若超过此施肥量，会造成环境污染加重；若低于此施肥量，则不能充分发挥肥料和作物的增产潜力。由 $Y_1 = Y_2$ 可求得烤烟产量、生态效益兼顾施氮量为 184.24 kg·hm^{-2}，其相应产量为 2726.97 kg·hm^{-2}。根据施氮量与烤烟生产收入（产值）的关系 $y_3 = -1.3231x^2 + 434x + 6041.3$，求其导数得出边际收益生产函数为 $Y_3 = -2.6462x + 434$。同时参考当年尿素价格为 2.2 元·kg^{-1}，则纯氮价格为 4.78 元·kg^{-1}，求得边际成本为 4.78 元。根据边际收益分析原理即当边际收益和边际成本相等时经济效益最高，得出 $Y_3 = 4.78$，求得烤烟经济效益最佳施氮量为 162.20 kg·hm^{-2}，其相应产量为 2677.96 kg·hm^{-2}。当前生产条件和技术条件下始兴烟区旱地烤烟生产、生态和经济效益兼顾的适宜氮肥用量为 162.20 ~ 184.24 kg·hm^{-2}，相应的产量为 2677.96 ~ 2726.97 kg·hm^{-2}。本试验条件下烤烟适宜施氮量与贺广生等（2010）研究认为始兴烟区适宜施氮量为 75 ~ 110 kg·hm^{-2} 能获得较高的烟叶产量、产值和氮肥利用率相对偏高，这与本试验基于旱地烤烟开展有关。宋海星等（2004）研究认为，水田的土壤含水量相对较旱地高，能促进植物氮素的吸收。因此可选择 162.20 ~ 184.24 kg·hm^{-2} 的下限为目前烤烟生产、生态和经济效益兼顾的适宜氮肥用量。这和李伟波等（1997）、张绍林等（1988）的研究结果相似。当然，试验基于氮素因素对旱地烤烟适宜施氮量进行研究，而没有进行水分及其水氮耦合对旱地烤烟生长及氮肥利用率的影响研究，同时，三效益兼顾的适宜施肥量也不是固定的，它会随着生产条件和技术条件的改变而发生变化；或受市场价格的影响，即随着化肥价格的升高，两线交点将向左移，即合理施肥量应减少；否则，交点将向右移，即合理施肥量应增加。

7.4.2　结论

7.4.2.1　烤烟氮素积累量监测的光谱参数

在比较不同氮素水平下烤烟冠层光谱反射率的变化模式下，提出了烤烟氮素营养指标的敏感光谱特征，这就是在 680 nm 和 460 nm 附近有吸收谷，在 560 nm 左右有反射峰，在 810～1100 nm 的近红外区域出现一个较高的反射平台。不同施氮水平对烤烟冠层光谱反射率有较大影响，随施氮水平的增加，烤烟冠层反射率在可见光区（460～710 nm）有所降低，而在近红外波段（760～1220 nm）明显升高。通过分析不同形式光谱参数对烤烟地上部氮素积累量的估测能力，发现比值植被指数 RVI（680，810）、差值植被指数 DVI（680，810）、归一化植被指数 NDVI（680，810）、加强植被指数 EVI810、土壤调节植被指数 SAVI（680，810）及优化土壤调节植被指数 OSAVI（680，810）都能建立较好的氮素积累量回归模型。经过对回归方程的检验发现 EVI810、OSAVI（680，810）实测数据和模型预测数据有较好的拟合效果，明显改善了反演精度；基于红边特征参数分析，构造红边振幅与烤烟烟株地上部氮素积累量的回归方程 $y = 8.376x^{2.0901}$，经检验分析的 RMSE 为 0.197，具有较好的反演效果。

7.4.2.2　烤烟生化组分垂直分布监测的最佳光谱参数

通过研究不同施氮水平对烤烟叶面积指数、干物质积累量、氮素积累量、烟碱积累量、蛋白质积累量、钾积累量及碳氮比的影响，并对不同叶层及其组合上述理化指标进行光谱分析，发现烤烟烟株不同叶层及其组合叶面积系数、氮素积累量、蛋白质积累量、钾积累量、碳氮比与 6 个光谱指数及红边振幅均达到显著相关水平；干物质积累量与植被指数 RVI（810，680）、DVI（810，680）、NDVI（810，680）、SAVI、OSAVI 达到显著相关水平，与 EVI810、红边振幅相关关系不明显；烟碱积累量与 6 个植被指数及红边振幅相关关系均不显著。不同叶层叶面积系数、干物质积累量、氮素积累量、蛋白质积累量、钾积累量与比值植被指数 RVI（810，680）相关性最高，且都达到极显著相关水平，可以利用 RVI（810，680）对各叶层及其组合进行有效反演。

7.4.2.3　始兴烟区烤烟生态经济适宜施氮量

通过分析施氮水平对烤烟氮素积累量、部分氮肥利用率指标及产量产值的影响，得出适当增施氮肥有利于提高烤烟产量及产值，随着氮肥用量的增加，烤烟氮肥偏生产力、氮肥吸收利用率逐渐减小，烟叶生产效率、氮肥生理利用率、氮肥农学利用率呈先增加后减小，过量施用氮素会导致氮素利用率下降，引起氮素损失和环境污染。本试验条件下始兴烟区以 195 kg·hm⁻² 处理产量最高，150 kg·hm⁻² 处理产值最大，施氮水平为 150 kg·hm⁻² 时，烤烟氮肥利用率最高，对烟叶增产作用较为明显。采用环境经济学 Coase 原理及农业技术经济学的边际收益分析原理，从协调作物高产、优质、高效、生态、安全的目标出发，得出当前生产条件和技术条件下始兴烟区旱地烤烟生产、生态和经济效益兼顾的适宜氮肥用量为 115.10 ～162.13 kg·hm^{-2}，相应的产量为 2381.42 ～2677.72 kg·hm^{-2}。

参考文献

[1] 程序. 持续农业导论 [M]. 北京：中国农业出版社，1997：235 – 263.

[2] 崔玉亭，程序，韩纯儒，等. 苏南太湖流域水稻经济生态适宜施氮量研究 [J]. 生态学报，2000，20（4）：659 – 662.

[3] 邓云龙，孔光辉，武锦坤. 云南烤烟中上部叶片含氮化合物代谢规律研究 [J]. 云南大学学报（自然科学版），2001，23（1）：65 – 70.

[4] 董志坚，朱大恒，周御风. 栽培措施对烟叶安全性的影响 [J]. 中国烟草科学，2000，（1）：42 – 45.

[5] 窦逢科，张景略. 烟草肥料学 [M]. 郑州：河南科学技术出版社，1994.

[6] 傅庆林，陈英旭，俞劲炎. 浙中水稻生长适宜施氮量研究 [J]. 土壤学报，2003，40（5）：787 – 790.

[7] 宫长荣，王能如，汪耀富，等. 烟叶烘烤原理 [M]. 北京：科学出版社，1994.

[8] 宫长荣，杨焕文，王能如，等. 烟草调制学 [M]. 北京：中国农业出版社，2003.

[9] 郭培国，陈建军，郑燕玲. 应用 ^{15}N 示踪法研究烤烟的氮素营养 [J]. 中国烟草学报，1998，4（2）：64 – 68.

[10] 郭天财，宋晓，冯伟，等. 高产麦田氮素利用、氮平衡及适宜施氮量 [J]. 作物学报，2008，34（5）：886 – 892.

[11] 韩锦峰. 烟草栽培生理 [M]. 北京：中国农业出版社，2003：226 – 245.

[12] 韩锦峰，郭培国，黄元炯，等. 应用 ^{15}N 示踪法探讨烟草对氮素利用的研究 [J]. 河南农业大学学报，1992，26（3）：224 – 227.

[13] 韩锦峰，史宏志，官春云，等. 不同施氮水平和氮素来源烟叶碳氮比及其与碳氮代谢的关系 [J]. 中国烟草学报，1998，4（2）：64 – 68.

[14] 贺广生，文俊，叶为民，等. 基于 SPAD 值的田间氮肥管理模式对烤烟产质量及氮肥利用率的影响 [J]. 烟草科技，2010，（3）：51 – 55.

[15] 何欢辉，王峰吉，高文霞，等. 不同施氮量对烤烟品系 F1 – 35 产量和品质的影响 [J]. 安徽农业科学，2008，36（12）：5028 – 5030.

[16] 胡国松，郑伟，王展东，等. 烤烟营养原理 [M]. 北京：科学出版社，2000.

[17] 黄进宝，范晓晖，张绍林，等. 太湖地区黄泥土壤水稻氮素利用与经济生态适宜施氮量 [J]. 生态学报，2007，27（2）：588 – 595.

[18] 李伟波，吴留松，廖海秋. 太湖地区高产稻田氮肥使用与作物吸收利用的研究 [J]. 土壤学报，1997，34（1）：67 – 72.

[19] 李天福. 云南烟草施肥现状问题与对策 [J]. 云南烟草，2001，（4）：25 – 26.

[20] 刘诚，王振飞. 烤烟适宜施氮量试验初报 [J]. 江西农业学报，2005，17（3）：95 – 96.

[21] 刘大双，刘国顺，李向阳，等. TMV 侵染后烤烟叶片色素含量高光谱估算模型研究 [J]. 中国烟草学报，2009，15（2）：60 – 65.

[22] 刘贯山，李章海，姚军，等．不同氮素水平对烤烟生长发育的影响[J]．烟草科技，1997，(2)：37－39.

[23] 刘齐元．烤烟干物质积累及养分吸收动态与产量形成关系的研究[J]．江西农业大学学报，1995，17（3）：250－257.

[24] 陆景陵．植物营养学（上册）[M]．北京：北京农业大学出版社，1994：26－40.

[25] 陆引正，杨宏敏，魏成熙，等．硝酸铵施入烟草土壤中的去向[J]．烟草科技，1990，(2)：39－40.

[26] 裘宗海，黎文文，王文松．氮、钾对烤烟营养元素吸收规律及产质影响的研究[J]．土壤通报，1990，(2)：65－70.

[27] 乔欣，马旭．冠层光谱植被指数评价大豆叶绿素和氮含量的优化研究[C]．中国农业工程学会2005年学术年会论文集，135－139.

[28] 施润和，牛铮，庄大方．利用高光谱数据估测植物叶片碳氮比的可行性研究[J]．遥感技术与应用，2003，18（2）：76－79.

[29] 宋海星，李生秀．水、氮供应对玉米伤流及其养分含量的影响[J]．植物营养与肥料学报，2004，10（6）：574－578.

[30] 苏德成．烟草生长发育过程的氮[A]//国家烟草专卖局科技教育司编．跨世纪烟草农业科技展望和持续发展战略研讨会论文集[C]．北京：中国商业出版社，1999：80－84.

[31] 唐年鑫，沈金雄．应用^{36}CL、^{15}N示踪研究烟草对氯化铵养分的吸收与分布[J]．中国烟草，1994，(4)：34－37.

[32] 王纪华，黄文江，赵春江，等．利用光谱反射率估算叶片和籽粒品质指标研究[J]，遥感学报，2003，7（4）：277，284.

[33] 王纪华，王之杰，黄文江，等．冬小麦冠层氮素的垂直分布及其光谱响应[J]．遥感学报，2004，8（3）：36－43.

[34] 王纪华，赵春江，刘良云，等．作物水分和氮素的遥感监测[M]．北京：中国农业大学出版社，2003.

[35] 王建伟，李树人，周汉平，等．不同施氮量条件下烤烟叶面积系数与冠层光谱参数的相关性[J]．烟草科技，2011，(3)：77－80.

[36] 王建伟，薛超群，张艳玲，等．烤烟叶面积系数与冠层反射光谱指数的定量关系[J]．烟草科技，2008，(4)：49－52.

[37] 王建伟，薛超群，周汉平，等．烤烟冠层光谱参数与叶片叶绿素含量的相关分析[J]．生态学杂志，2010，29（5）：876－880.

[38] 王珂，沈掌泉，王人潮．水稻氮素营养对叶片及冠层反射光谱特性的影响[J]．浙江农业大学学报，1998，24（1）：93－97.

[39] 王米，杨京平，徐伟分，等．分次施氮对单季稻氮素利用率及生态经济适宜施氮量的影响[J]．浙江大学学报（农业与生命科学版），2009，35（1）：71－76.

[40] 王人潮，陈铭臻，蒋亨显．水稻遥感估产的农学机理研究．I. 不同氮素水平的水稻光谱特征及其敏感波段的选择[J]．浙江农业大学学报，1993，19（增刊）：7－14.

[41] 王秀珍，黄敬峰，李云梅，等．水稻地上鲜生物量的高光谱遥感估算模型研究[J]．作物学

报，2003，29（6）：815－821.

[42] 王毅．戴勋，刘彦中，等．施氮量对烤烟云烟85生长发育及产量的效应［J］．湖北农业科学，2007，（6）：913－914.

[43] 吴瑾光．近代傅里叶变换红外光谱分析技术及应用［M］．北京：科学技术文献出版社，1994.

[44] 肖协忠，李德臣，郭承芳，等．烟草化学［M］．北京：中国农业科技出版社，1997：44－194.

[45] 肖自添．作物水肥耦合效应研究进展［J］．作物杂志，2007，（6）：18－22.

[46] 谢会雅，朱列书，赵松义．不同施氮量对烤烟干物质积累的影响［J］．作物研究，2007，（1）：22－24.

[47] 谢伟，黄瑛，沈建凯．植物水肥耦合研究进展［J］．作物研究，2007，21（5）：541－546.

[48] 徐广通，袁洪福，陆婉珍．现代近红外光谱技术及应用进展［J］．光谱学与光谱分析，2000，20（2）：134－142.

[49] 薛利红，曹卫星，罗卫红，等．基于冠层反射光谱的水稻群体叶片氮素状况监测［J］．中国农业科学，2003，36（7）：807－812.

[50] 杨宏敏．烟草吸收肥料氮研究初报［J］，贵州农学院学报，1988，（2）：102－103.

[51] 杨宏敏，王伟，陆引正，等．应用同位素^{15}N研究肥料氮施入烤烟土壤中的去向［J］．土壤农化通报，1991，6（12）：123－126.

[52] 聂和平．走向市场化的中国烟叶［J］．中国烟草科学，2004，（4）：5－7.

[53] 张俊华，张佳宝，李卫民．基于夏玉米光谱特征的叶绿素和氮素水平及氮肥吸收利用研究［J］．土壤，2008，40（4）：540－547.

[54] 张仁华．实验遥感模型及地面基础［M］．北京：科学出版社，1996：45－47.

[55] 张绍林，朱兆良，徐银华．关于太湖地区稻、麦上氮肥的适宜用量［J］．土壤，1988，（1）：5－9.

[56] 周冬琴，朱艳，田永超，等．以冠层反射光谱监测水稻叶片氮素积累量的研究［J］．作物学报，2006，32（9）：1316－1322.

[57] 周冀衡，朱小平，王彦亭，等．烟草生理与生物化学［M］．北京：中国科学技术大学出版社，1996：188－228.

[58] 周启发，王人潮．水稻氮素营养水平与光谱特征的关系［J］．浙江农业大学学报，1993，19（增刊）：40－46.

[59] 左天觉．烟草的生产、生理和生物化学［M］．朱尊权；译．上海：远东出版社，1993：1－313.

[60] Al Abbas, Barr R A H, Hall S D, et al. Spectra of normal and nutrient deficient maize leaves［J］. Agronomy Journal, 1974, 66：16－20.

[61] Anten N P R, Schieving F, Werger M J A. Pattern s of light and nitrogen distribution in relation to whole canopy carbon gain in C_3 and C_4 mono-and dicotyledonous species［J］. Oecologia, 1995, 101：504－513.

[62] Arne Jensen, Bent Lorenzen. Radiometric estimation of biomass and nitrogen content of barley grown at different nitrogen levels［J］. International Journal of Remote Sensing, 1990, 11（10）：1809－1820.

[63] Bai J H, Li S K, Wang K R, et al. Estimating aboveground fresh biomass of different cotton canopy types with homogeneity models based on hyper spectrum parameters [J]. Agricultural Sciences in China, 2007, 6 (4): 437 – 445.

[64] Blackburn G A. Spectral indices for estimating photosynthetic pigment concentrations : a test using senescent tree leaves [J]. International Journal of Remotesensing, 1998, 19 (4): 657 – 675.

[65] Blackburn G A. Quantifying chlorophylls and carotenoids at leaf and canopy scales: an evaluation of some hyperspectral approaches [J]. Rmote Sensing of Environment, 1998, 66: 273 – 285.

[66] Blair G J, Lefroy R D B, Lisle L. Soil carbon fractions based on their degree of oxidation and the development of a carbon management index for agricultural systems [J]. Australian Journal of Agricultural Research, 1995, 46 (7) : 1459 – 1466.

[67] Bonoan R R, J V Raquel, R J Raganit, et al. Rapid plant test to indicate nitrogen status of tobacco (*Nicotiana tabacum* L.) [J]. Crop Science (Philippines), 1996, 21 (supplement no. l): 72 – 78.

[68] Campbell R J, Mobley K N, Marini R P. Growing conditions alter the relationship between SPAD 501 values and apple leaf chlorophyll [J]. Horticulture Science, 1990, 25: 330 – 331.

[69] Chandrasekhararao C, Reddy P R. Effect of leaching losses of nutrients on yield and quality of flue-cured tobacco in northern light soils of Andhra Pradesh [J]. Tobacco Research, 1998, 23 (1): 27 – 35.

[70] Chari M S, Rao J, Reddy P R, et al. Nitrogen requirement of FCV tobacco in northern light soils of Andhra Pradesh [J]. Tobacco Research, 1994, 20 (1): 53 – 57.

[71] Charles Edwards D A, Stutzel H, Ferraris R, et al. An analysis of spatial variation in the nitrogen content of leaves from different horizons within a canopy [J]. Ann Bot, 1987, 60: 421 – 426.

[72] Chubachi N R, Asanol Oikava T. The diagnosis of nitrogen of rice plants using chlorophyll meter [J]. Japanese Journal of Soil Science and Plant N utrition, 1986, 57: 109 – 193.

[73] Collins W K, Hawks S N Jr. Principles of flue – cured tobacco production [M]. Raleigh NC: North Carolina State University, 1994.

[74] Connor D J, Sadras V O, Hall A J. Canopy N distribution and the photosynthetic performance of sunflower crops during grain filling-a quantitative analysis [J]. Oecologia, 1995, 101: 274 – 281.

[75] Darvishzadeh R, Skidmore A, Schlerf M, et al. LAI and chlorophyll estimation for a heterogeneous grassland using hyperspectral measurements [J]. ISPRS Journal of Photogrammetry and Remote Sensing, 2008, 63 (4): 409 – 426.

[76] Dreccer M F, Van Oijen M, Schapeendonk H C M, et al. Dynamics of vertical leaf nitrogen distribution in a vegetative wheat canopy impact on canopy photosynthesis [J]. Annals of Botany, 2000, 86: 821 – 831.

[77] Driss Haboudane, John R Miller, Elizabeth Pattey. Hyperspectral vegetation indices and novel algorithms for predicting green LAI of crop canopies: Modeling and validation in the context of precision agriculture [J]. Remote Sensing of Environment, 2004, 90 (3): 337 – 352.

[78] Fernandez S, Vidal D, Simon E, et al. Radiometric characteristics of triticum aestivum cv. astral under water and nitrogen stress [J]. International Journal of Remote Sensing, 1994, 15 (9): 1867

– 1884.

[79] Field C. Allocating leaf nitrogen for the maximization of carbon gain: leaf age as a control of the allocation program [J]. Oecologia, 1983, 56: 341 – 347.

[80] Filella I, Serrano L, Serra J, et al. Evaluating wheat nitrogen status with canopy reflectance indices and discriminant analysis [J]. Crop Science, 1995, 35: 1400 – 1405.

[81] Fitzgerald G, Rodriguez D, O'Leary G. Measuring and predicting canopy nitrogen nutrition in wheat using a spectral index-The canopy chlorophyll content index (CCCI) [J]. Field Crops Research, 2010, 116 (3): 318 – 324.

[82] Gondolal I. Interactions of crop year, cultivar and nitrogen fertilizer application on irrigated Virginia tobacco [J]. Novenytermeles, 1994, 43: 3, 229 – 241.

[83] Gong P, Pu R L, Heald R C. Analysis of in situ hyperspectral data for nutrient estimation of giant sequoia [J]. International Journal of Remote Sensing, 2002, 23 (9): 1827 – 1850.

[84] Grossman Y L, Ustin S L, Jacquemoud S, et al. Critique of stepwise multiple linear regression for the extraction of leaf reflectance data [J]. Remote Sensing of Environment, 1996, 56: 182 – 193.

[85] Haboudane D, Miller J R, Pattey E, et al. Hyperspectral vegetation indices and novel algorithms for predicting green LAI of crop canopies: Modeling and validation in the context of precision agriculture [J]. Remote Sensing of Environment, 2004, 90 (3): 337 – 352.

[86] Hansen P M, Schjoerring J K. Reflectance measurement of canopy biomass and nitrogen status in wheat crops using normalized difference vegetation indices and partial least squares regression [J]. Remote Sensing of Environment, 2003, 86: 542 – 553.

[87] Hikosaka K, Terashima I, Katoh S. Effects of leaf age, nitrogen nutrition and photo flux density on the distribution of nitrogen among leaves of a vine (Ipomoea tricolor Cav.) grown horizontally to avoid mutual shading of leaves [J]. Oecologia, 1994, 97: 451 – 457.

[89] Hirose T, Werger M J A. Maximising daily canopy photosynthesis with respect to the leaf nitrogen allocation pattern in a canopy [J]. Oecologia, 1987, 72: 520 – 526.

[90] Hinzman L D, Bauer M E, Daughtry C S T. Effects of nitrogen fertilization on growth and reflectance characteristics of winter Wheat [J]. Remote Sensing of Environment, 1986, 19: 47 – 61.

[91] Khodabux K, Sophia M, L'Omelette S, et al. Chemical and near-Infrared determination of moisture, fat and protein in tuna fishes [J]. Food Chem, 2007, 102 : 66 – 675.

[92] Kovalenko I V, Rippke G R, Hurburgh C R. Determination of amino acid composition of soybeans (Glycine max) by near-Infrared spectroscopy [J]. Agric Food Chem, 2006, 54: 3485 – 3491.

[93] Lee Tarpley, Raia K Reddy, Gretchen F Sassenrath Cole. Reflectance indices with precision and accuracy in predicting cotton leaf nitrogen concentration [J]. Crop Science, 2000, 40: 1814 – 1819.

[94] Lemaire G, Onillon B, Gosse G, et al. Nitrogen distribution within a lucerne canopy during regrowth: relation with light distribution [J]. Annals of Botany, 1991, 68: 483 – 488.

[95] Liu F, Zhang F, Jin Z L, et al. Determination of acetolactate syntheses activity and protein content of oilseed rape (Brasses napes L.) leaves using visible/near-infrared spectroscopy [J]. Anal Chim Acta, 2008, 629: 56 – 65.

[96] Loginow W, Wisniewski W, Gonet S S, et al. Fractionation of organic carbon based on susceptibility to oxidation [J]. Pol. J. Soil Sci, 1987, 20：47 – 52.

[97] Lotscher M, Stroh K, Schnyder H. Vertical leaf nitrogen distribution in relation to nitrogen status in grassland plants [J]. Annals of Botany, 2003, 92：679 – 688.

[98] Lu G Q, Huang H H, Zhang D P. Prediction of sweet potato starch physiochemical quality and pasting properties using near-infrared reflectance spectroscopy [J]. Food Chem, 2006, 94：632 – 639.

[99] Mackown C T, Crafts S J, Sutton T G. Relationships among soil nitrate, leaf yield of burley tobacco： effects of nitrogen management [J]. Agronomy, 1999, 94（4）：613 – 621.

[100] Malan G J, Hammes P S, Dippenaar M C. The effect of cultivar, nitrogen fertilization and topping height on the quality of flue-cured tobacco. Ⅱ. Chemical quality [J]. Plant and soil (South African), 1998, 15（1）：28 – 38.

[101] Milroy S P, Bange M P, Sadras V O. Profiles of leaf nitrogen and light in reproductive canopies of cotton (Gossypium hirsutum) [J]. Annals of Botany, 2001, 87：325 – 333.

[102] Mumba P P, Banda H L. Nicotine content of flue tobacco (Nicotiana tabacum L.) at different stages of growth [J]. Tropical Seience, 1990, 30（2）：179 – 183.

[103] Munden R, Curran P J, Catt J A. The relationship between the red edge and chlorophyll concentration in the broadbalk winter wheat experiment at Rothamsted [J]. International Journal of Remote Sensing, 1994, 15：705 – 709.

[104] NOLTE C R. Test tobacco leaf maturity by electronic conduction [C]. CORESTA, 1995.

[105] Pefiuelas J, Gamon J A, Griffin K L, et al. Assessing community type, plant biomass, pigment composition and photosyntlietic efficiency of aquatic vegetation from spectral reflectance [J]. Remote Sensing of Environment, 1993, 46：110 – 118.

[106] Penuelas J, Gamon J A, Fredeen A L, et al. Reflectance indices associated with physiological changes in nitrogen and water-limited sunflower leaves [J]. Remote Sensing of Environment, 1994, 48：135 – 146.

[107] Plenet D, Lemaire G. Relationships between dynamics of nitrogen uptake and dry matter accumulation in maize crops. determination of critical N concentration [J]. Plant Soil, 2000, 216：65 – 82.

[108] Raun W R, Solie J B, Johnson G V, et al. Improving nitrogen use efficiency in cereal grain production with optical sensing and variable rate application [J]. Agron J, 2002, 94：815 – 820.

[109] Raymond F Kokaly, Roger N Clark. Spectroscopic determination of leaf biochemistry using band depth analysis of absorption features and stepwise multiple linear regression [J]. Remote Sensing of Environment, 1999, 67：267 – 287.

[110] Rideout J. Gooden W D T, B A Fortnum. Influence of nitrogen application rate and method on yield and leaf chemistry of tobacco grown with drip irrigation and plastic mulch [J]. Tobacco Scienee, 1998 (42)：46 – 51.

[111] Rousseaux M C, Hall A J, Sanchez R A. Light environment, nitrogen content and carbon balance of basal leaves of sunflower canopies [J]. Crop Sci., 1999, 39：1093 – 1100.

[112] Schepers J S, Francis D D, Vigil M, et al. Comparison of corn leaf nitrogen concentration and chloro-

phyll meter readings [J]. Communication of Soil Science and Plant Analysis, 1992: 2173 – 2187.

[113] Schroder J J, Neeteson J J, Oenema O, et al. Does the crop or the soil indicate how to save nitrogen in maize production, Reviewing the state of the art [J], Field Crops Res, 2000, 66: 151 – 164.

[114] Shao bing Peng, Garcia F V, Laza RC, et al. Adjustment for specific leaf weight improves chlorophyll meters estimation of rice leaf nitrogen concentration [J]. Agronomy Journal, 1993, 85: 987 – 990.

[115] Shibayama M, Akiyama T A. Spectro radiometer for Field Use. Ⅶ. Radiometric estimation of nitrogen levels in field rice canopies [J]. Japanese Journal of Crop Science, 1986, 55 (4): 439 – 445.

[116] Shirawa T, Sinclair T R. Distribution of nitrogen among leaves in soybean canopies [J]. Crop Sci., 1993, 33: 804 – 808.

[117] Stone M L, Solie J B, Raun W R, et al. Use of spectral radiance for correcting in season fertilizer nitrogen deficiencies in winter wheat [J]. Transaction of the ASAE, 1996, 39 (5): 1623 – 1631.

[118] Straehan I B, Pattey E, Boisveit J B. Impact of nitrogen and environmental conditions on corn as detected by hyperspectral reflectance [J]. Remote sens Environ, 2002, 80 (3): 213 – 224.

[119] Sreeramamuthy M C, PH Kumar CRNRao, BVVS Muthy. Yield and quality characteristics of FCV tobacco as influenced by levels of nitrogen under rainfed conditions in Vertisols [J]. Tobacco Research,1994, 20 (2): 131 – 133.

[120] Sreeramamurthy C H, Arishukumar P H, Nageswararao C R. Change in concentration of nitrogenous constituents in flue – cured tobacco leaf as affected by nitrogen fertilization in Vertisols [J]. Tobacco Researeh, 1996, 22 (1): 22 – 25.

[121] Sriramamurthy C, V Krishnamurthy. Influence of N and K fertilization on quality characteristies of irrigated nature tobacco in Alfisols [J]. TobaccoReseareh, 1999, 251: 44 – 47.

[122] Tanaka A, Yamaguchi J, Miura S. Comparison of fertilizer nitrogen efficiency among field crops [J]. Soil Sci. Plant Nutr., 1984, 30 (2): 199 – 208.

[123] Thomas J R, Gausman H W. Leaf reflectance vs. leaf chlorophyll and carotenoid concentration for eight crops [J]. Agronomy Journal, 1977, 69: 799 – 802.

[124] Thomas J R, Oerther G F. Estimating nitrogen content of sweet pepper leaves by reflectance measurements [J]. Agronomy Journal, 1972, 64: 11 – 13.

[125] Tracy M Blackmer, James SS, Gary E v, et al. Nitrogen deficiency detection using reflected short wave radiation from irrigated corn canopies [J]. Agronomy Journal, 1996, 88: 1 – 5.

[126] Tracy M Blackmer, James S Schepers, Gary E. Varvel Light reflectance compared with other nitrogen stress measurements in corn leaves [J]. Agronomy Journal, 1994, 86: 934 – 938.

[127] Tremblay N. Determining nitrogen requirements from crops characteristics. benefits and challenges. In: Pandalai S G, ed. Recent Research Development in Agronomy and Horticulture [J]. Vol. 1. Kerala: Research Signpost, 2004: 157 – 182.

[128] Tso T C. Production physiology and biochemistry of tobacco plant. Beltsville, MD, USA: Ideals Incorporated, 1990: 18 – 214.

[129] Uddin M, Okazaki E, Fukushima H, et al. Nondestructive determination of water and protein in surimi by near-infrared spectroscopy [J]. Food Chem, 2006, 96: 491 – 495.

[130] Vouillot M O, Devienne-Barret F. Accumulation and remobilization of nitrogen in avegetative winter wheat crop during or following nitrogen deficiency [J]. Ann Bot, 1999, 83: 569 – 575.

[131] Walburg G, Bauer Me, Daughtry C S T, et al. Effect of nitrogen nutrition on growth, yield and reflectance characteristics of corn canopies [J]. Agronomy Journal, 1982, 74: 677 – 683.

[132] Walker E K. Some chemical characteristics of the cured leaves of flue – cured tobacco relative to time of harvest, stalk position and chlorophyll content of the green leaves [J]. Tobacco Science, 1968, 12: 58 – 65.

[133] Wang Z J, Wang J H, Liu L Y, et al. Prediction of grain protein content in winter wheat (Triticum aestivum L.) using plant pigment ratio (PPR) [J]. Field Crops Research, 2004, 90 (2 – 3): 311 – 321.

[134] Whitbread A M, Lefroy R D B, Blair G J. A survey of the impact of cropping on soil physical and chemical properties in north-western New South Wales [J]. Aust J Soil Res, 1998, 36: 669 – 681.

第8章　减氮配施聚天门冬氨酸对烤烟氮素代谢及吸收利用的影响

8.1　前言

如果把肥料比作农作物的"粮食"（朱兆良等，2013），那么氮肥就是"粮食中的主食"，氮肥的重要性不言而喻。20世纪80年代，联合国粮农组织在亚太地区的31个国家通过大量的田间试验得出结论：施肥可以提高55%单位面积粮食产量及30%总产量。著名育种学家Norman E. Borlaug在1994年指出："20世纪全世界所增加的作物产量中的一半是施用化肥的结果。"随着我国工业体系的完善，化肥逐渐普及到农业生产中并且很快有了成效，全国化肥试验网在20世纪80年代进行的5000多个肥效试验结果证明，在水稻、小麦和玉米等粮食作物上合理施用化肥比不施用化肥平均增产48%（中国农业科学院土壤肥料研究所，1986）。由此可见，合理施用化肥是作物增产增收最基本的物质保障（张福锁等，2008）。

烟草是我国重要的经济作物，兼具广泛适应性和对环境条件敏感性（刘国顺，2017），氮素是烟草在生长发育过程中不可或缺的营养元素之一（王萝萍等，2004；王红丽等，2014；李淮源，2019）。烟叶生产上往往通过大量肥料投入来保障产量与收益，但是长期过量施肥给烟叶生产带来诸多问题，如烟叶品质下降、植烟土壤退化、烟区水体及大气污染等，严重阻碍了烟草行业的可持续发展。因此探讨合理减氮对烟叶生产的影响以及如何提高氮肥利用率对指导烟叶生产、提高烟叶品质有着重要意义。

8.1.1　氮肥施用过量的危害

8.1.1.1　氮肥施用过量对作物的危害

张卫峰等（2008）对全国17个省份14000个小麦种植农户进行调查发现，75%的农户化肥施用量超过推荐施肥量，表明农户未能认识到高施氮量的危害，认为高施肥量就能得到高产量。但事实并非如此。研究表明：水稻氮肥施用过量时，叶片肥厚宽大，通风透光不良，易诱发病虫害、发生倒伏（何小亮等，2013），稻田的施氮量超过150 kg·hm^{-2}，会加剧氮素淋失现象（王家玉等，1996）；氮素水平过高会降低小麦营养器官中同化物质的转运效率，从而导致小麦产量下降（王月福等，2003）；赵营等（2006）研究发现，随着施氮量的增加，玉米中氮素的转运量、转运效率及其在籽粒中的比例都降低。磷的转运与氮表现出类似的趋势，对玉米产量、品质的形成都有不利影响。

我国主要的经济作物也都存在施用氮肥过量的问题。孙红春等（2005）研究发现，棉花施氮 375 kg·hm^{-2}会抑制主茎功能叶碳水化合物的积累，导致产量要低于 187.5 kg·hm^{-2}的中氮处理，而且在高氮环境会加速棉花下部叶片的衰老（刘连涛等，2007）；增加 75%的施氮量未对甘蔗的产量产生显著影响（杨文亭等，2011）；高氮会导致橙子的株高、冠幅、地径、干物质质量和叶绿素质量分数降低，影响橙树的生长发育（佟静等，2017）。由此可见，无论是粮食作物还是经济作物，过量施用氮肥都会对其生长发育和产质量产生一定负面影响。

8.1.1.2　氮肥施用过量对环境的危害

滥用化肥所造成的环境问题也日益严重（栾江等，2018）。研究人员发现，施氮量过高直接影响土壤中的微生物，当施氮量大于 150 kg·亩$^{-1}$时，放线菌生长就会受到抑制，土壤中放线菌比例不断下降，而有害真菌所占比例快速上升。若有害真菌成为优势菌群，轻则导致植株生长发育受阻，重则致植株大片死亡，作物颗粒无收（姜晶晶，2017）。过量施肥对土壤的危害不仅仅体现在微生物方面，它也是南方河流总氮含量上升的主要原因，同样也导致华北平原土壤和地下水硝酸盐含量显著提高（Ju et al.，2004；Zhao，2006）。肥料施用过量，未被作物吸收的肥料向周围水体转移，形成农业面源污染，造成水体污染，水体富营养化（李顺伟，2013）。

8.1.1.3　氮肥施用过量对烟草的危害

化肥投入对作物增产的效果立竿见影，但是在生产中农民由于过于重视产量所带来的经济效益而忽视了作物的质量以及过量施肥所造成的环境问题，导致化肥的施用量逐年递增，达到过量状态，研究显示我国部分地区的氮肥过剩率高达 67%（马立珩等，2011；张锋，2011；朱经伟等，2016；曹寒冰等，2017；Zhang et al.，2014）。

在烤烟生产中氮肥施用过量的现象更为严重，这对烤烟的生长发育及烟叶的品质产生了重大不利影响。在苗床期，高氮会对烟草幼苗的生长发育造成一定程度的胁迫，导致烟苗矮小，叶片发黄（王菲等，2019）；移栽到大田之后，高氮带来的危害进一步放大，高施氮量会推迟烟草的团棵期、旺长期及成熟期的到来，使烟草全生长发育期延长，并且影响下茬农作物的移栽（裴晓东等，2014）。智磊等（2012）研究发现，烤烟氮素供给过高会推迟烟草叶片细胞的发育，在烟草生长发育后期仍然有大量的光合产物积累，不利于叶片细胞内叶绿体内含物的降解，影响烟草的生长发育，导致烟叶贪青。高施氮量对烤烟烟叶的致香物质含量也有影响，李文卿等（2010）研究发现，随着施氮量的增加，烤烟中的 50 种中性致香物质含量都有一定程度的上升，影响烟叶的本香。大量研究表明，盲目增施氮肥，的确会使烟叶产量增加，但却会影响烤烟的生长发育，破坏烟叶的品质。

8.1.2 减量施氮在农业上的研究进展

8.1.2.1 减量施氮在粮食作物上的研究进展

2015 年，农业部在《到 2020 年化肥使用量零增长行动方案》中指出，我国农业生产中普遍存在过量施肥、盲目施肥的现象，导致成本增加、资源浪费和环境污染问题。当前亟须改进施肥方式，提高肥料利用率，减少不合理投入，促进农业可持续发展。氮素是粮食作物产量形成的重要因素之一（曹强等，2020），对粮食增产的贡献率达到 30%～50%（Erisman et al.，2008），因此研究粮食作物合理减少氮肥施用成为肥料减量研究的重中之重。

有研究发现，在我国水稻营养生长阶段减少 30% 氮肥施用量不仅不会降低产量，反而略有增产，并使氮肥农学利用率翻倍（Peng et al.，2006）；王文玉等（2019）发现减氮配施有机肥条件下，水稻的产量以及食味均有一定程度提高；马贤超等（2019）将上一季的秸秆还田配合激发剂增加土壤中的有机质和腐殖质的含量，在减氮的前提下能保证双季稻不减产并提高肥料利用率；施用硫包膜尿素和树脂包膜尿素能有效提高氮肥的利用率，即便减氮 30% 早稻产量仍能增加（鲁艳红等，2016）。

在其他粮食作物上开展的减氮研究也取得了不少研究成果。对冬小麦减施氮肥不仅能提高叶片光合速率（马静丽等，2019），还能保证处理间冬小麦产量差异不显著，提高氮肥利用率（查婷，2016）。吴美玲（2014）研究发现，在常规施氮量基础上减少 40%，玉米的产量只减少了 7.2%。使用聚合物包膜尿素同时减少氮肥施用，对玉米产量无显著影响。于显枫等（2019）研究表明，化肥减量追施或有机肥替代均可显著促进马铃薯花后耗水，提高叶面积指数。大量研究证明，直接减氮或者配合其他新技术减氮都能使粮食作物在不减产的情况下正常生长发育。

8.1.2.2 减量施氮在经济作物上的研究进展

近些年，减施氮肥的研究也延伸到了经济作物领域。颜明娟等（2014）在茶农习惯施氮量的基础上减氮 20% 配施有机肥提高了茶叶产量和品质。王士红等（2019）在棉花减氮增密试验中发现，种植密度和施氮量的互作效应对棉花产量的影响显著，增密减氮可以获得高产。郭子荣等（1992）发现，油菜在减少 25% 施氮量的情况下，增加种植密度每亩可增收 14 kg 菜籽。

除大田作物外，园艺作物及设施农业方面也进行了减施氮肥的研究。张洋等（2017）研究发现，减施氮肥不仅能够保证黄瓜的产量、改善果实的品质，还能提高经济效益。在宁夏沙质土条件下减氮 50%，温室番茄的产量、品质并无显著变化（张玲丽等，2018）。减少 10% 氮肥施用量配合水肥一体化技术使温室大棚豇豆减少 5.89% 产量，节本增收（董园园等，2016）。利用肥料增效剂，或者使用生物炭或稻草对土壤进行改良能降低 20% 氮素的淋失速率（Wang et al.，2019）。

8.1.2.3　减量施氮在烟草生产中的研究进展

烟草是对肥料极其敏感的作物，为了达到优质高产，首先要保证氮肥供应的充足（赵宪凤等，2012）。施氮量的差异对植株发病率也有影响，谭炳昱等（2015）发现施氮量过高或过低都会增加田间病害发生的概率，降低产值效益。减少施氮量对烟草主要化学成分含量影响较大，主要表现为提高中、上部位叶的烟碱含量，降低下部叶总氮含量和中部叶总氮、还原糖、总糖含量，降低氮碱比和糖碱比，提高钾氯比，有利于烤烟香气质的形成（宋文博，2016）。危月辉等（2016）发现，减氮可以促进上部叶色素降解，提高上部叶的可用性。马兴华等（2015）将施氮量从 90 kg·hm^{-2}减少至 60 kg·hm^{-2}产量、产值无显著影响。韩小斌（2014）在当地农户施氮量基础上减少15%施氮量，产量和产值分别提高5%和6.2%。

早在1997年，刘添毅等（1997）就开展了地膜覆盖一次性施肥量对烟草生长发育及经济效益的研究，发现在地膜覆盖条件下，采用一次性施肥措施，并将施肥量减少12%，产值和上等烟比例均明显增加。在减量施氮的同时增加种植密度有利于协调各部位烟叶净光合速率，优化烟叶结构，提高烟叶可用性（叶卫国等，2018）。任梦娟等（2018）研究发现，减氮条件下喷施壳寡糖能有效提高烤烟的氮肥利用率，显著改善烟叶品质。梁志雄等（2019）结合水肥一体化技术发现，在减少20%施氮量的水肥模式下，烟株的生长发育情况以及全生长发育期的干物质积累量仍比常规施肥模式下的对照高。施肥机器配合变量施肥技术在节省4.6%肥料的条件下，提高了中上等烟比例，使农户增收4310.65元·hm^{-2}，提高了肥料资源效率（张云贵等，2014）。大量研究表明，虽然烟草对氮素极为敏感，但是配合各种技术减少一部分氮肥并不会对烟草生长产生负面影响，应用得当还能达到烟叶增产增收的目的。

8.1.3　聚天门冬氨酸的研究进展

8.1.3.1　聚天门冬氨酸的功能

聚天门冬氨酸（polyaspartic acid，PASP）是一种氨基酸聚合物，天然存在于软体动物和蜗牛类的壳中（方莉等，2001；成大明等，2002），在环境中易降解为 CO_2 和 H_2O，无毒、无害、无污染，属环境友好型高分子材料（俞巧钢等，2019）。于1850年首次人工成功合成之后，聚天门冬氨酸逐渐受到世界各大化学公司关注，人们逐渐发现 PASP 不仅具有水溶性羧酸的性状，还具有可生物降解特性，可以取代很多对环境有污染的化学品（方莉等，2001；柳建良等，2008）。

聚天门冬氨酸的合成路径已十分成熟，且已经能工业化生产。聚天门冬氨酸可以螯合金属离子，尤其是可以改变钙盐的晶体结构，形成软垢，因而可用作缓蚀剂及阻垢剂，目前大量用于工业用水的处理。加入聚天门冬氨酸后能有效缓解工业用水对锅炉、水冷系统的腐蚀，还能清洁已污染的工业用水（方莉等，2001；柳建良等，

2008）。高分子量的聚天门冬氨酸还具有较强的吸收性能，经特殊处理后的聚天门冬氨酸吸水倍率高达1480倍，既可做农业保水剂，也可用于制作日用品。

8.1.3.2 聚天门冬氨酸在农业生产上的研究进展

PASP 本身具有极强的吸附作用，能螯合金属离子，把 N、P、K 及微量元素富集在作物根系附近（杨晋辉等，2018），起到缓释、促进作物吸收、提高肥料利用效率的作用（杨玉华等，2013；Deng et al.，2014），并减少因养分流失造成的农田污染（孙克刚等，2015；陈秉翼，2016；Deng et al.，2019），近年来作为肥料增效剂在农业生产上进行了广泛探索。研究表明，适宜浓度的聚天门冬氨酸可增加小麦幼苗氮钾养分的积累（郜峰等，2018），提高油菜叶绿素和 VC 含量、降低硝酸盐含量（张琳等，2013），促进紫花苜蓿生长、提高干草产量（张小燕等，2010）。根施 PASP 使温室黄瓜的叶绿素含量、光合速率、根系活力明显提高，氮磷钾吸收量增加（黄毅等，2018），与尿素配施能减缓铵态氮的释放速率，促进蕹菜根系生长及对氮素的吸收（侯晓娜，2013）。向土壤中施用聚天门冬氨酸肥料增效剂后，土壤中的有机质提高了10.43%，全氮提高了6.87%，速效磷提高了1.76%，速效钾提高了25.52%（雷全奎等，2007）。此外，使用聚天门冬氨酸包裹肥料能有效减少肥料的浪费，提高肥料利用率（黄启亮等，2015）。聚天门冬氨酸还能与农药混合施用，加速农药的分散和渗透，使农药充分发挥药效。喷施 PASP 可以提高玉米净光合速率、抗氧化酶活性，降低丙二醛含量（翟大帅，2019），并增加玉米干物质积累量和氮磷钾养分积累，促进玉米增产（程凤娴等，2015），还能在铜镉复合胁迫下促进番茄幼苗生长和矿质元素吸收（Han et al.，2019）。

Deng 等（2009）研究发现，将聚天门冬氨酸应用到水稻种植当中能有效提高籽粒的氮含量和产量。郜峰等（2018）对小麦幼苗施用聚天门冬氨酸发现，小麦幼苗的农艺性状、干物质积累量、氮钾吸收量均有一定程度提高，有利于小麦幼苗的生长发育。随着 PASP 应用的深入，其在肥料减量条件下的作用也得到更多研究。已有报道，氮肥减量 1/3 通过 PASP 螯合氮素可促进玉米氮素代谢、增大叶面积指数、提高氮肥利用效率（唐会会等，2019）；水稻减氮 15% 配施 PASP 增加了花后物质转运量和穗数而提高籽粒产量（Deng et al.，2015）；小麦减氮 20% 添加 PASP 比对照增产 101.5 kg·hm^{-2}（孙克刚等，2015），在减氮 20% ～30% 基础上施用 PASP 可改善烤烟根系和叶片生理，促进氮素吸收，降低氮肥损失（曹本福等，2019；2018），减钾 50% 配施 PASP 改善了葡萄品质，提高了钾素利用率（韩真等，2019）。唐会会等（2018）在玉米方面的研究表明，在减氮 1/3 配合聚天门冬氨酸一起施用对玉米生长发育并无负面影响，与对照相比产量提高了 33.8 kg·hm^{-2}，肥料利用率也有一定程度的提高。

8.1.4 研究目的与意义

烟草是我国重要的经济作物，氮肥不仅影响其产量形成，还与烟叶中化学成分含量有关（宋文博，2016）。烟草生产上，烟农往往通过增加肥料尤其是氮肥投入来保障产量，导致烟草的氮肥利用率普遍低于其他作物（曹本福等，2019），造成中上部烟叶成熟落黄慢、色素降解不充分、烟叶工业可用性低（任梦娟等，2018）及资源浪费、环境污染等一系列问题。烟草"十三五"规划报告明确提出，要坚持创新发展战略，着力解决以肥代管问题，降低化肥用量，提高肥料利用率。因此，合理减少烤烟生产氮肥施用量、提高氮肥利用率势在必行。

目前已有不少研究结果证实了减量施肥条件下聚天门冬氨酸作为肥料吸收促进剂的效果，但目前在烟草上的研究还较少，尚未见施用 PASP 对烟草氮素代谢及其吸收利用影响的报道。因此，本试验即以氮肥减量与配施 PASP 相结合，研究不同用量 PASP 对减氮条件下烤烟的农艺性状、氮代谢相关酶活性、SPAD 值、光合特性、干物质积累、氮钾吸收、烟叶化学指标、经济性状、氮肥利用率及氮素平衡的影响，以期为聚天门冬氨酸在烟草减氮生产中的应用提供理论依据和参考。

8.2 材料与方法

8.2.1 试验材料与试验设计

8.2.1.1 试验材料与土壤背景

供试烤烟品种为云烟87，试验于2018年12月至2019年7月在湖南省新田县新圩镇祖亭下村进行。所用肥料为当地常规烟草专用肥，基肥配方中 $N : P_2O_5 : K_2O = 8 : 10 : 11$，提苗肥配方中 $N : P_2O_5 : K_2O = 20 : 9 : 0$，每亩地基肥用量 65 kg，含氮 5.2 kg；提苗肥用量 7.5 kg，含氮 1.5 kg；剩余的饼肥，追肥中含氮 2.8 kg。

聚天门冬氨酸由广州市缘昌贸易有限公司提供。

其分子式：$C_4H_6NO_3$（$C_4H_5NO_3$）$C_4H_6NO_4$，相对分子质量：1000～5000。

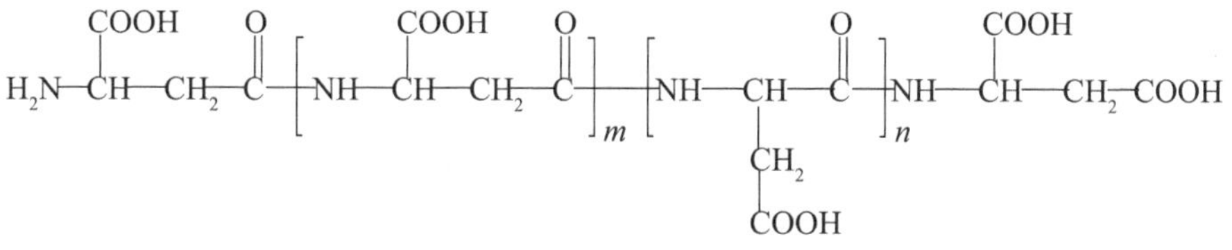

图 8-1 聚天门冬氨酸的结构式

土壤基本理化性质为：pH 7.33，有机质含量 52.74 $g \cdot kg^{-1}$，全氮含量 2.89 $g \cdot kg^{-1}$，全磷含量 1.40 $g \cdot kg^{-1}$，全钾含量 8.45 $g \cdot kg^{-1}$，碱解氮含量 166.35 $mg \cdot kg^{-1}$，速效磷含量 62.87 $mg \cdot kg^{-1}$，速效钾含量 384.19 $mg \cdot kg^{-1}$。

8.2.1.2 试验设计

试验以新田当地常规氮肥施用量为对照，在减氮 10% 的条件下配施不同用量的 PASP，共 6 个处理，详见表 8-1。

表 8-1 试验设计

处理	施氮量（kg·hm⁻²）	PASP 用量（kg·hm⁻²）
NF	—	—
CK	142.5（当地常规施氮量）	—
NP0	128.25（减氮 10%）	—
NP1	128.25（减氮 10%）	3.21（氮用量的 2.5%）
NP2	128.25（减氮 10%）	6.41（氮用量的 5%）
NP3	128.25（减氮 10%）	9.62（氮用量的 7.5%）

注：NF 处理不施用任何肥料，用于计算肥料利用率；常规施氮量根据《2017 年度永州市烤烟生产标准化技术方案》计算，其他肥料用量不变。

田间采用随机区组试验设计，每处理重复 3 次，共 15 个小区。每个小区种烟 60 株，周边设双行保护行。行株距 1.2 m×0.5 m，种植密度为 1100 株/667 m²。将化肥与 PASP 按试验设计的比例混合后施用。

8.2.2 测定项目与方法

8.2.2.1 气象资料及土壤理化性质分析

气象资料：烟叶生产季的气象资料由当地气象局提供。

取土样：采用梅花型取样法取土样 5 份，混匀，3 次重复。取样时间分别为移栽前、上部叶采收后。

土壤肥力指标测定：pH、全氮、全磷、全钾、碱解氮、速效磷、速效钾、有机质等。

8.2.2.2 烟叶生长发育时期、农艺性状调查

参照《烟草农艺性状调查测量方法 YC/T 142—2010》分别记录各处理烤烟生长的还苗期、伸根期、团棵期、旺长期、现蕾期、下部叶采收时间、中部叶采收时间、上部叶采收时间、留叶数。

在移栽后 45 d、60 d 及 75 d，在每个小区选择三个点，各处理选取 6 株长势良好均匀有代表性的烟株挂牌标记，调查上、中、下叶位烟叶的农艺性状（株高、节距、茎围、有效叶片数、最大叶叶长、叶宽、最大叶面积等）。

8.2.2.3 烟株氮素、钾素吸收量计算

分别在烤烟栽后 40 d、50 d、60 d、70 d、80 d（中部叶——从上往下数第 8—11

片叶；上部叶——从上往下数第 3—5 片叶）取样，杀青（105℃ 15 min），80℃后烘干，测植株干重。利用凯氏定氮仪（章平泉等，2011）测定烟株不同部位（烘干的根、茎和叶）的全氮量，计算烤烟氮素、钾素吸收量。

计算公式（张晶等，2020）：

氮（钾）素积累量（kg·hm^{-2}）＝烟株含氮（钾）量（％）×单株干重×小区密度（1）

8.2.2.4 氮代谢相关物质积累量测定

分别在各试验烤烟移栽后 40 d、50 d、60 d、70 d、80 d 取样，测量叶片蛋白质，测定方法为考马斯亮蓝染色法（李宁，2006）。

8.2.2.5 光合参数的测定

在成熟期（下部叶——从上往下数第 15—17 片叶），于晴朗天气 10：00—12：00，用 Li-6400 便携式光合仪进行叶片净光合速率（P_n）、蒸腾速率（T_r）、胞间 CO_2 浓度（C_i）、气孔导度（G_s）的测定。

8.2.2.6 烤后烟叶常规化学成分分析

分别取各处理烤后 B2F 和 C3F 烟叶作为样品，粉碎过 80 目筛，用于测定烤后烟叶主要化学成分含量。总糖和淀粉含量测定采用蒽酮比色法（邹琦，1997）；还原糖含量采用 3，5 – 二硝基水杨酸法比色法测定（邹琦，1997）；干物质中的全氮含量采用丹麦福斯 Kjeltec8400 凯氏定氮仪测定（章平泉等，2011）；全钾含量采用岛津 AA6300 原子吸收分光光度计测定（林鸾芳等，2016）；烟碱含量采用紫外分光光度法测定（刘锐，1998）。

8.2.2.7 烤后烟叶外观质量评价和经济性状分析

收获时各小区随机选取 20 株烟株进行计产。烤后烟叶按照国家烤烟分级标准（GB2635—92）进行分级，各级别烟叶价格按照当地烟叶收购标准，计算不同处理烟叶的上等烟、中等烟比例，统计 B2F 和 C3F 等级烟叶的均价及烟叶产量、产值。

8.2.3 统计分析方法

用 SPSS 21.0 软件进行数据统计及相关性分析，单因素方差分析（ANOVA）用于数据分析，Duncan's 多范围检验用于比较 5% 概率水平的均值。用 Excel 2016 软件进行图表生成。

8.3 结果

8.3.1 烤烟大田生长期的平均气温和降水量

新田县位于湖南省南部，地处亚热带大陆性季风气候区，气温较高，严寒期短，夏热期短多雨，春温多变，寒潮频繁，光照充足，四季分明。2019 年新田县的气象数据如表 8-2 所示，2019 年 3 月日均最高气温为 13.83℃，日均最低气温为 6.55℃。这说明 3 月的大部分时间气温都低于烤烟生长发育前期的适宜温度区间（13℃—18℃），这段时间烟苗正好处于还苗期和伸根期，低温会抑制烤烟生长发育，容易导致早花。但是四月到六月的温度均处于烟草生长的适宜温度范围内，有利于烟株正常生长发育。七月进入酷暑，日均最高气温达到 34.14℃。在进行大田移栽的三月份，降水量高达 253.44 mm，影响移栽的正常进行。此外 4—6 月份的降水量也均高于 200 mm，其中五月份降雨量最高，为 282.45 mm。由于试验田地势较高，并未出现渍水现象，此时烟株正处于旺长期到下部叶成熟期阶段，容易引起烟株发育不良，底烘。

表 8-2　烤烟大田生长期的平均气温和降水量

天气状况	三月	四月	五月	六月	七月
日均最高气温（℃）	13.83	22.86	27.44	30.8	34.14
日均最低气温（℃）	6.55	14.9	19.29	22.73	24.59
降水总量（mm）	253.44	204.3	282.45	201.64	119.76

8.3.2　烤烟生长发育期调查的结果

通过对烤烟大田生长发育期的调查发现（表 8-3），2019 年的移栽期相比于 2018 年推迟了 5 天，还苗期延长了 2 天，伸根期延长了 5 天，旺长期延长了 3 天，全生长发育期增加了 13 天。这是因为移栽前后雨水较多，光照不足且气温较低，不利于根系发育，导致还苗期和伸根期延长，推迟了团棵期的到来。

表 8-3　烤烟物候期和生长发育时期调查的结果

处理	移栽期（月-日）	还苗期（月-日）	团棵期（月-日）	现蕾期（月-日）	打顶期（月-日）	开始采收（月-日）	结束采收（月-日）	还苗期（d）	伸根期（d）	旺长期（d）	全生长发育期（d）
NF	3-15	—					—	—	—	—	—
CK	3-15	3-23	4-28	5-17	5-19	6-7	7-4	9	36	20	126
NP0	3-15	3-23	4-28	5-17	5-19	6-7	7-4	9	36	20	126
NP1	3-15	3-23	4-28	5-17	5-19	6-7	7-4	9	36	20	126
NP2	3-15	3-23	4-28	5-17	5-19	6-7	7-4	9	36	20	126
NP3	3-15	3-23	4-28	5-17	5-19	6-7	7-4	9	36	20	126

8.3.3　减氮配施 PASP 对烤烟农艺性状的影响

从表 8-4 可知，在移栽后 45 d，NP2 的株高及最大叶面积显著高于其他 4 个处理，分别比 CK 高出 12.16%、9.16%。此外处理间茎围、节距和叶片数间均无显著性差异。在移栽后 60 d，各处理农艺性状表现与移栽后 45 d 类似，NP2 的株高显著高于 CK、NP1 和 NP3，也高于 NP0 但差异不显著，最大叶面积比 CK 高出 4.72%，差异显著。在移栽后 75 d，NP2 与 CK 株高间的差值达到 10.17 cm，最大叶面积的差值达到 158.26 cm^2。

综合农艺性状表现，减氮 10% 对农艺性状的影响并不明显，配施 PASP 对烟株农艺性状的影响不一致，其中 5% PASP 能改善烟株的农艺性状，提升主要体现在株高与最大叶面积，各处理的茎围、节距和叶片数在各个时期均无显著性差异。

表 8 - 4　减氮配施 PASP 对烤烟农艺性状的影响

移栽后天数	处理	株高（cm）	茎围（cm）	节距（cm）	有效叶片数（片）	最大叶面积（cm^2）
45 d	CK	24.67 ± 1.42b	7.66 ± 0.54a	2.43 ± 0.07a	12.00 ± 0.58a	803.60 ± 73.92c
	NP0	25.00 ± 1.00ab	7.87 ± 0.38a	2.13 ± 0.33a	13.00 ± 0.00a	866.25 ± 46.07a
	NP1	23.67 ± 1.88b	7.37 ± 0.49a	2.27 ± 0.33a	12.67 ± 0.33a	826.28 ± 13.26c
	NP2	27.67 ± 0.33a	7.33 ± 0.33a	2.47 ± 0.03a	12.67 ± 0.67a	877.22 ± 17.83a
	NP3	23.67 ± 0.33b	7.07 ± 0.19a	2.00 ± 0.00a	12.67 ± 0.33a	852.10 ± 53.34b
60 d	CK	100.00 ± 0.00b	9.33 ± 0.17a	3.97 ± 0.17a	19.33 ± 0.33a	1453.87 ± 108.18b
	NP0	103.67 ± 2.73ab	9.90 ± 0.44a	3.60 ± 0.45a	18.00 ± 0.58a	1415.28 ± 97.12b
	NP1	100.17 ± 1.36b	9.37 ± 0.24a	4.30 ± 0.35a	19.67 ± 0.33a	1510.03 ± 61.36a
	NP2	107.00 ± 1.76a	9.73 ± 0.55a	4.20 ± 0.38a	18.67 ± 0.33a	1522.44 ± 70.48a
	NP3	100.33 ± 1.20b	9.77 ± 0.38a	4.43 ± 0.52a	19.00 ± 0.58a	1366.47 ± 55.75c
75 d	CK	96.33 ± 3.18b	10.67 ± 0.35a	4.90 ± 0.25a	17.33 ± 0.33a	1603.16 ± 122.01b
	NP0	106.00 ± 1.15ab	10.17 ± 0.27a	5.00 ± 0.15a	17.00 ± 0.58a	1623.26 ± 102.62b
	NP1	99.00 ± 2.08ab	10.23 ± 0.52a	5.33 ± 0.33a	17.67 ± 0.88a	1584.91 ± 105.08b
	NP2	106.50 ± 3.25a	11.10 ± 0.26a	5.00 ± 0.17a	17.67 ± 0.33a	1761.42 ± 70.85a
	NP3	104.33 ± 4.18ab	10.33 ± 0.03a	4.83 ± 0.20a	18.00 ± 0.58a	1502.93 ± 81.90c

注：表中同列数据后有不同字母表示在 0.05 水平上有显著差异。

8.3.4　减氮配施 PASP 对烤烟叶片 SPAD 值的影响

SPAD 值可以反映叶绿素的相对浓度（艾天成等，2000）。从表 8 - 5 可以看到，从移栽后 60 d 到移栽后 90 d，SPAD 值呈逐渐下降趋势。整体来看，减氮主要影响了上部叶与中部叶的 SPAD 值，对下部叶的影响不大。比较各个处理移栽后不同时间上部叶与中部叶的 SPAD 值发现，CK 始终高于其他处理。而在减氮的 4 个处理中，则是 NP2 处理的 SPAD 值最高，且与 CK 最接近。移栽后 60 d，不施用 PASP 的 NP0 处理上部叶 SPAD 值比 CK 低 10.94，差异显著，而配施 5% PASP 的 NP2 处理仅比 CK 低 1.37，NP1 和 NP3 的 SPAD 值也高于 NP0，但未达到显著差异；NP2 处理中部叶的 SPAD 值与 CK 相差更小，仅为 0.24，而 NP0 与 CK 的 SPAD 差值则达 5.5。移栽后 75 d，减氮处理间的上部叶 SPAD 值表现为 NP2 > NP3 > NP0 > NP1，而中部叶则为 NP2 > NP1 > NP3 > NP0，但包括 CK 在内的所有处理间均未显示出显著差异。移栽后 90 d，上部叶的 NP2 处理与 CK 仅相差 1.17，但与其他三个减氮处理差异显著，尤其与 NP0 的差异最大，比 NP0 高出 23.36%；中部叶则表现为 NP2 与 NP1 处理间差异不显著，但显著高于 NP3 和 NP0。由此说明，减氮条件下通过配施适宜用量的 PASP 可以有效提高烤烟叶片的叶绿素含量。

表 8 - 5　减氮配施 PASP 对烤烟叶片 SPAD 值的影响

时期	处理	上部叶	中部叶	下部叶
移栽后 60 d	CK	57.87 ± 4.98a	40.47 ± 1.87a	33.93 ± 1.27a
	NP0	46.93 ± 4.00b	34.97 ± 1.38b	31.57 ± 0.89a
	NP1	49.07 ± 3.21b	37.60 ± 1.44b	32.33 ± 0.90a
	NP2	56.50 ± 3.31a	40.23 ± 1.42a	32.37 ± 0.90a
	NP3	49.17 ± 3.80b	36.10 ± 1.38b	31.47 ± 0.26a
移栽后 75 d	CK	50.80 ± 4.04a	34.47 ± 2.04a	25.10 ± 1.25a
	NP0	46.13 ± 5.70a	29.17 ± 2.39a	24.60 ± 1.23a
	NP1	44.00 ± 3.51a	31.06 ± 2.89a	24.03 ± 1.66a
	NP2	49.90 ± 4.40a	32.07 ± 2.97a	24.73 ± 1.17a
	NP3	46.20 ± 5.87a	29.97 ± 2.28a	24.90 ± 2.72a
移栽后 90 d	CK	33.70 ± 1.33a	24.93 ± 0.20a	—
	NP0	26.37 ± 0.18 d	20.33 ± 0.12c	—
	NP1	30.70 ± 0.06bc	21.30 ± 0.06b	—
	NP2	32.53 ± 0.28ab	21.83 ± 0.60b	—
	NP3	30.10 ± 0.45c	20.10 ± 0.25c	—

注：表中同列数据后有不同字母表示在 0.05 水平上有显著差异。

8.3.5　减氮配施 PASP 对烤烟叶片光合特性日变化的影响

8.3.5.1　减氮配施 PASP 对净光合日变化的影响

净光合速率（P_n）是指植物在单位时间内积累的有机物的量（曹阳等，2019）。图 8 - 2 显示了减氮条件下配施 PASP 对上部叶和中部叶光合日变化的影响。从上部叶光合日变化可以看到，减氮普遍降低了上部叶各个时间点的净光合速率，P_n 表现为 CK > NP2 > NP1 > NP3 > NP0，尤其是减氮未配施 PASP 的 NP0 处理，比 CK 降低 14.40% ~ 28.14%，差异显著。说明减氮的确对烤烟叶片的光合作用不利，但添加 PASP 的 3 个处理，其净光合速率均比 NP0 有所提升，尤其是 NP2 处理，仅比 CK 低 0.79% ~ 7.71%，但却比 NP0 高出 15.90% ~ 28.43%，差异显著。NP1 和 NP3 处理的 P_n 也高于 NP0，表明配施 PASP 可以缓解减氮条件下净光合速率下降的幅度。

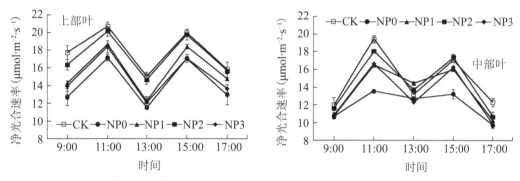

图 8 - 2 减氮配施 PASP 对烤烟叶片净光合速率日变化的影响

中部叶净光合速率总体趋势与上部叶基本一致，各个时间点仍然是 NP0 的 P_n 最低。上午 9:00 和 11:00，CK 处理的 P_n 高于各减氮处理，尤其 11:00 时 CK 与 NP0 之间相差 30.00%，达显著差异。NP1、NP3 与 CK 之间也差异显著，但 NP2 处理的 P_n 仅比 CK 低 6.92%，差异不显著。中午 13:00 和 15:00 时，NP2 和 NP1 处理的 P_n 甚至一度高于 CK，但到下午 17:00 时处理间的表现又与早上 9:00 时类似。总体来看，中部叶各处理仍然是配施 5% PASP 的 NP2 处理对减氮条件下 P_n 的提升效果最显著，在 11:00 与 15:00 时分别比 NP0 高出 32.93% 和 31.39%。

8.3.5.2 减氮配施 PASP 对气孔导度日变化的影响

气孔导度表示的是气孔张开的程度，它是影响植物光合作用、呼吸作用及蒸腾作用的主要因素。从图 8 - 3 可以看出，在 9:00 至 17:00 内，上部叶的气孔导度整体趋势是下降的。CK 和 NP2 的上部叶气孔导度变化呈现为单峰曲线，趋势为先升后降，峰值出现在 11:00；NP0、NP1 和 NP3 的变化趋势为先降后升，峰值出现在 9:00。5 个处理均在 17:00 达到最低值，区间为 50—100 mol·m^{-2}·s^{-1}。整体来看，在一天中 CK 的气孔导度基本维持在一个比较高的水平，在处理中 NP2 的上部叶气孔导度值与 CK 最为接近。

中部叶的气孔导度呈现为单峰曲线，NP1 的峰值出现在 11:00，其余 4 个处理的峰值出现在 13:00，CK 的峰值达 334.67 mol·m^{-2}·s^{-1} 最大值。中部叶的气孔导度值在一天内变化幅度较大，各处理整体上无明显差异。

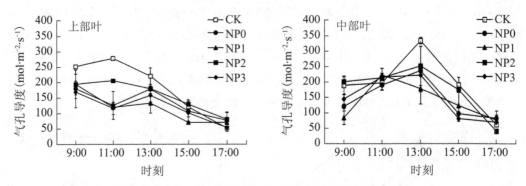

图 8-3　减氮配施 PASP 对烤烟叶片气孔导度日变化的影响

8.3.5.3　减氮配施 PASP 对胞间 CO_2 浓度日变化的影响

胞间 CO_2 浓度的变化方向是确定光合速率变化的主要原因和是否为气孔因素的必不可少的判断依据。如图 8-4 所示，上部叶胞间 CO_2 浓度的变化趋势基本一致，均表现为先降低后缓缓上升，呈明显的凹型曲线。就上部叶来看，CK、NP1 和 NP2 的最低值出现在 13:00，NP0 和 NP3 的最低值出现在 11:00。在观测时间内，CK 的胞间 CO_2 浓度始终高于其余 4 个处理，而 NP0 的胞间 CO_2 浓度在 5 个处理中均处于较低水平，在 270.03—301.00 $\mu mol \cdot mol^{-1}$ 内波动，显著低于 CK。这表明低施氮量会降低烟草上部叶叶片中的胞间 CO_2 浓度。施用 PASP 的 3 个处理的胞间 CO_2 浓度高于 NP0，其中施用 5% PASP 的 NP2 仅比 CK 低 0.03% ～5.72%，说明 PASP 能提高烟草上部叶叶片胞间 CO_2 浓度。中部叶的胞间 CO_2 浓度高于上部叶，变化较为频繁且无明显规律。可以看出的是，在观测日的 9:00—17:00 中，CK 的胞间 CO_2 浓度与其余 4 个处理相比处于较高水平且变化幅度较小。

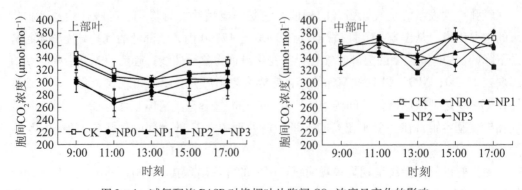

图 8-4　减氮配施 PASP 对烤烟叶片胞间 CO_2 浓度日变化的影响

8.3.5.4　减氮配施 PASP 对蒸腾速率日变化的影响

　　蒸腾速率是指植物在一定时间内单位叶面积蒸腾的水量。从图 8 - 5 可以看出，各处理间蒸腾速率日变化基本一致，呈现为先增高后降低的单峰曲线，且最大值均出现在 13∶00。在 9∶00—13∶00，CK 的上升速率要快于其他 4 个处理；在 13∶00—17∶00，CK 的下降速率也要高于其余 4 个处理。观察上部叶蒸腾速率日变化发现，CK 的叶片蒸腾速率在 5 个处理中处于较高水平，减氮 10% 的 4 个处理间变化幅度较大。在观测日的 13∶00，CK 的上部叶蒸腾速率为 4.82 μmol·mol^{-1}，其余 4 个处理中施用 5% PASP 的 NP2 与 CK 的差距最小，仅比 CK 低 12.03%，而 NP0 比 CK 低 25.09%。中部叶的蒸腾速率整体低于上部叶，与上部叶类似，上部叶蒸腾速率的最高点也出现在观测日的 13∶00，减氮 10% 的 4 个处理均低于 CK，CK 的蒸腾速率在 13∶00 达 3.63 μmol·mol^{-1}。

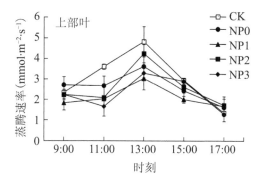
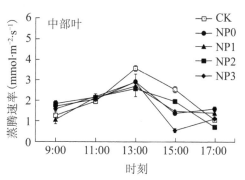

图 8 - 5　减氮配施 PASP 对烤烟叶片蒸腾速率日变化的影响

8.3.6　减氮配施 PASP 对烤烟干物质积累及氮、钾吸收的影响

8.3.6.1　减氮配施 PASP 对烟株含水量的影响

　　由表 8 - 6 可见，在移栽后的 40 ～ 60 d，烟株各部位的含水量逐步上升，在移栽 60 d 之后，全株含水量逐渐稳定在 85% 左右。对比同一处理中的不同部位，茎部的含水量高于叶部，根部最低。NF 处理虽然水分供给充足但是由于缺少肥料供应，导致烟株生长发育缓慢，需水量小，其含水量显著低于其他 5 个试验处理。移栽 70 d 后，烤烟进入成熟期，各处理间烟叶含水量相比，表现为 NP3 > NP1 > NP2 > CK > NP0 > NF，减氮 10% 的处理含水量低于 CK，施用 PASP 的处理含水量较高随着烤烟进一步成熟，在移栽后 80 d，烟株的含水量有 1% ～2% 的下降，但施用 PASP 的 NP1、NP2 及 NP3 处理的烟叶含水量仍然高于 CK 及 NP0，其中 NP1 处理的含水量最高，达 86.88%，比 NP0 高出 1.97 个百分点，比 CK 高出 2.28 个百分点。这表明，施用 PASP 处理的烟叶在生长发育期间的水分亏缺程度较低，在土壤水分供应与其自身蒸腾作用平衡性较好，保水能力较高（高娅北等，2019）。

表 8 - 6　减氮配施 PASP 对烟株含水量的影响

移栽后天数（d）	处理	含水量（%）			
		叶	茎	根	全株
40	NF	78.10 ± 5.97c	86.34 ± 12.90c	78.19 ± 6.98c	79.47 ± 6.52c
	CK	86.46 ± 12.60b	91.13 ± 6.78b	83.46 ± 12.33b	87.16 ± 10.11b
	NP0	85.86 ± 10.31b	92.86 ± 12.33a	84.12 ± 8.11b	87.07 ± 8.67b
	NP1	88.11 ± 9.71a	92.47 ± 11.40a	89.61 ± 7.50a	89.01 ± 6.81a
	NP2	88.37 ± 10.38a	92.79 ± 9.61a	85.72 ± 9.61b	89.05 ± 7.26a
	NP3	85.90 ± 10.55b	92.18 ± 8.41a	83.99 ± 10.31b	86.98 ± 9.21b
50	NF	85.79 ± 9.61b	90.07 ± 8.59b	92.42 ± 10.44a	87.87 ± 8.29b
	CK	91.96 ± 7.21a	92.30 ± 9.28a	80.94 ± 7.39c	90.48 ± 8.17a
	NP0	90.32 ± 6.89a	92.91 ± 4.63a	82.26 ± 7.77b	90.12 ± 7.55a
	NP1	90.56 ± 9.13a	91.74 ± 10.63a	83.24 ± 8.09b	89.83 ± 9.64a
	NP2	89.59 ± 9.66a	90.37 ± 10.53b	83.80 ± 8.67b	89.06 ± 10.51a
	NP3	90.32 ± 7.91a	92.47 ± 8.87a	82.96 ± 8.46b	90.10 ± 11.30a
60	NF	70.37 ± 6.55b	89.20 ± 10.77c	85.02 ± 6.77b	77.48 ± 6.94c
	CK	91.31 ± 11.59a	90.55 ± 3.92bc	79.79 ± 9.53c	89.39 ± 9.06b
	NP0	92.25 ± 7.11a	92.00 ± 8.71a	89.40 ± 9.77a	91.84 ± 10.31a
	NP1	90.49 ± 8.97a	91.17 ± 6.21b	80.64 ± 5.39c	89.30 ± 8.19b
	NP2	91.47 ± 9.50a	91.05 ± 7.59b	78.78 ± 6.26c	89.18 ± 12.37b
	NP3	90.22 ± 11.09a	91.67 ± 11.21ab	82.65 ± 13.21bc	89.60 ± 7.36b
70	NF	83.11 ± 9.21c	89.20 ± 7.56c	81.11 ± 7.32a	84.39 ± 7.29a
	CK	86.92 ± 6.77b	90.55 ± 9.21b	80.80 ± 7.22a	86.17 ± 10.33a
	NP0	86.83 ± 10.20b	92.00 ± 9.25a	80.92 ± 9.37a	86.11 ± 5.92a
	NP1	88.83 ± 9.71ab	91.17 ± 10.73ab	72.98 ± 6.71c	86.61 ± 7.92a
	NP2	88.43 ± 10.54ab	91.05 ± 7.68ab	74.90 ± 8.69c	85.85 ± 8.24a
	NP3	89.55 ± 9.91a	91.67 ± 8.22ab	78.26 ± 9.78b	87.68 ± 7.64a
80	NF	66.48 ± 7.04c	85.79 ± 6.19a	87.39 ± 8.19a	76.24 ± 6.81c
	CK	84.60 ± 8.73b	85.14 ± 9.69a	75.07 ± 7.06b	83.01 ± 7.41a
	NP0	84.91 ± 9.60b	85.79 ± 10.71a	68.61 ± 6.64c	84.10 ± 9.39a
	NP1	86.88 ± 12.19a	86.19 ± 7.11a	75.07 ± 10.51b	84.20 ± 8.35a
	NP2	85.71 ± 7.44ab	85.62 ± 9.03a	65.13 ± 5.21c	81.64 ± 9.33b
	NP3	86.13 ± 7.64a	86.02 ± 7.49a	63.54 ± 6.76c	83.16 ± 7.63a

注：表中同列数据后不同字母表示在 0.05 水平上有显著差异。

8.3.6.2　减氮配施 PASP 对干物质积累量的影响

烤烟全生长发育期的干物质积累，不仅是衡量烟株生长发育的重要指标，还是构成烟叶产量和质量的重要物质基础（孙适等，2014）。正常来说，烟株的干物质积累量会随着烤烟的生长不断增加，而且图 8-6 中 CK、NP0、NP1、NP2 和 NP3 的变化趋势也证明了这一点。但是 NF 处理在 60 d 之后随着时间推移干物质积累量不断下降，这是由于未施用肥料，NF 处理的烟株在吸收了土壤中原有的能吸收的养分之后，没有养分可以吸收，只能通过消耗自身营养物质来维持生命。

从整株烟株干物质积累来看，减氮 10% 的 NP0 烤烟，其干物质积累量在任一生长阶段都低于 CK 烤烟，在移栽后 40 d、50 d、60 d、70 d 与 80 d 它们分别降低了13.69%、6.30%、25.54%、26.61% 和 16.52%，这表明只在新田县当地推荐施肥量142.5 kg·hm^{-2} 的基础上减少 10% 的氮肥投入会使烟株干物质积累量大幅降低。与NP0 同一施氮量，但施用了不同量 PASP 的 NP1、NP2 和 NP3 处理，其干物质积累量显著高于 NP0，而且在各个取样时间点都有施用 PASP 处理的烟株干物质积累量高于对照，在移栽后 40 d、60 d 和 80 d NP2 的干物质积累量最高，NP2 在移栽后 40 d、60 d 和80 d 的干物质积累量达 486.42 kg·hm^{-2}、4066.76 kg·hm^{-2} 和 5991.15 kg·hm^{-2}，分别比 CK 高出 22.72%、30.28%、11.32%。在剩余两个取样时间点移栽后 50 d 及 70 d，则分别是 NP1 和 NP3 最高，分别比 CK 高出 662.97 kg·hm^{-2} 和 740.03 kg·hm^{-2}。大量数据表明，在不同时期达到最好效果的 PASP 用量不一，但是可以肯定的是施用 PASP 能对烟株干物质量的积累有促进作用。

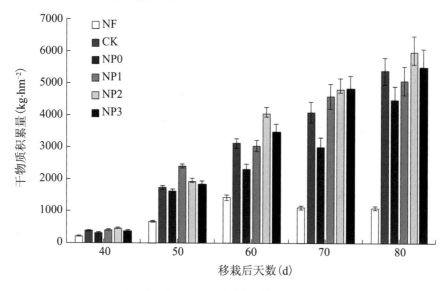

图 8-6　减氮配施 PASP 对烤烟干物质积累量的影响

8.3.6.3 减氮配施 PASP 对蛋白质含量的影响

蛋白质是烟株新陈代谢的产物，其含量能直接体现烟株的发育程度（王万能等，2017）。如图 8 – 7 所示，整体来看，蛋白质积累量随着移栽天数的推移而增加。由于缺少肥料，NF 处理的蛋白质积累量显著低于其他 5 个处理。NP0 处理缺少 10% 的氮肥，直接导致蛋白质合成量减少，在整个生长发育期内其蛋白质积累量都显著低于 CK。随着烟株的生长，NP0 处理的蛋白质积累量与 CK 的差值由 9.74 kg · hm^{-2} 扩大到 86.73 kg · hm^{-2}。同样减少 10% 氮肥施用量的 NP1、NP2 和 NP3 在不同的取样时间点表现各异，在移栽后 50 d 蛋白质积累量最高的处理为 NP1，比 CK 高 9.42%。在其他取样时间点移栽后 40 d、60 d、70 d 及 80 d，蛋白质积累量最高的处理均为 NP2，与同一施氮量的 NP0 处理相比，NP2 处理在移栽后 40 d、60 d、70 d 及 80 d 提高了 46.23%、10.35%、33.25%、34.33%；与常规施肥量为 142.5 kg · hm^{-2} 的 CK 相比，减少 10% 氮肥投入且配合施用用量为 5% 施氮量 PASP 的 NP2 处理在移栽后 40 d、60 d、70 d 及 80 d 分别比 CK 高 31.25%、3.67%、11.88%、13.33%。这表明减氮配施用量为施氮量 5% 的 PASP 能有效促进蛋白质的合成与积累，保障烟株正常生长发育。

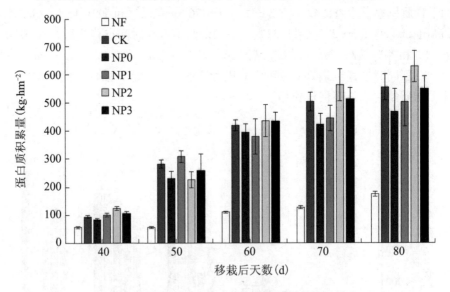

图 8 – 7　减氮配施 PASP 对烤烟蛋白质积累量的影响

8.3.6.4 减氮配施 PASP 对烤烟氮素吸收的影响

从表 8 – 7 可以看出，移栽后的 40 ～ 60 d，烟株的氮素吸收与积累速度迅速增加。在移栽后的 60 d，除由于缺少肥料的 NF 处理外，剩余 5 个处理在移栽后 60 d 的氮素吸收量占采收前（移栽后 80 d）氮素吸收量的比例均超过 75%，其中 NP0、NP2 和 NP3 处理在移栽后 60 d 的氮素吸收量占全生长发育期吸氮量比例高达 98.80%、101.11%、

95.89%。这说明在移栽后 60 d，烟株生长发育所需的氮素吸收与积累基本上已经完成。在移栽后的 70 d 和 80 d，NP0、NP1、NP2 和 NP3 处理均出现氮素积累量下降的情况，这是由于随着烟株的逐渐成熟以及打顶和摘除角叶等栽培操作导致各处理的氮素积累都有一定程度的下降。分部位来看，在移栽 40 d 后，各部位氮素吸收量的大小关系一致表现为叶＞茎＞根。烟株吸收的氮素主要分配在叶片，有助于叶片上的物质合成。而叶片作为旺长期和成熟期烟株主要的能量生产器官，其合成的物质越多，生产的能量就越多，对烟株的生长发育有积极作用（梁志雄等，2019）。

表 8 - 7　减氮配施 PASP 对烤烟氮素吸收的影响（kg·hm^{-2}）

移栽后天数（d）	部位	NF	CK	NP0	NP1	NP2	NP3
40	叶	8.22 ±0.61f	13.74 ±0.97d	12.35 ±1.21e	14.53 ±0.79c	17.71 ±1.43a	15.41 ±1.07b
	茎	0.63 ±0.03d	1.09 ±0.06b	0.84 ±0.20c	1.20 ±0.09b	1.49 ±0.29a	1.12 ±0.71b
	根	0.34 ±0.00d	0.38 ±0.00d	0.46 ±0.01c	0.56 ±0.03b	0.77 ±0.10a	0.49 ±0.00c
	总量	9.18 ±0.92f	15.21 ±1.20d	13.65 ±0.97e	16.29 ±1.22c	19.97 ±1.77a	17.02 ±1.50b
50	叶	6.98 ±0.77e	26.31 ±3.27c	36.80 ±2.91b	41.92 ±3.94a	21.19 ±2.07d	27.21 ±2.29c
	茎	1.14 ±0.10e	8.98 ±1.03b	7.91 ±1.41c	10.89 ±0.66a	7.88 ±1.10c	6.44 ±0.59d
	根	0.96 ±0.06e	9.75 ±0.95b	11.90 ±0.81b	12.52 ±0.72a	7.12 ±1.01d	7.56 ±0.57d
	总量	9.08 ±0.91e	45.04 ±3.20c	56.61 ±4.77b	65.32 ±4.91a	36.19 ±4.31d	41.20 ±4.61cd
60	叶	14.70 ±1.21f	38.47 ±2.97c	44.25 ±4.62b	34.97 ±3.61d	59.50 ±4.90a	41.07 ±2.64bc
	茎	1.21 ±0.05d	13.37 ±1.02b	12.09 ±0.91c	11.85 ±0.93c	18.24 ±1.30a	13.04 ±0.81b
	根	1.84 ±0.15e	15.29 ±0.82b	6.73 ±0.97d	13.91 ±1.23c	23.97 ±1.67a	15.23 ±1.41b
	总量	17.75 ±1.55d	67.13 ±7.30b	63.08 ±5.67c	60.72 ±5.29c	101.71 ±8.22a	69.34 ±7.12b
70	叶	8.68 ±1.20f	46.10 ±3.93c	25.19 ±2.31e	58.51 ±4.91a	40.99 ±3.54d	53.85 ±4.97b
	茎	1.83 ±0.22e	13.43 ±0.97d	9.68 ±1.40d	24.47 ±2.23a	15.52 ±1.11c	19.74 ±1.09b
	根	2.49 ±0.41f	20.90 ±1.51d	16.68 ±2.00e	29.72 ±1.82b	33.46 ±2.87a	24.47 ±3.06c
	总量	13.01 ±1.03f	80.43 ±6.79d	51.54 ±5.22e	112.70 ±9.09a	89.98 ±7.28c	98.05 ±10.40b
80	叶	8.86 ±1.06e	41.43 ±3.54c	32.04 ±3.94d	42.19 ±5.24b	49.05 ±3.69a	38.05 ±3.01c
	茎	1.48 ±0.11e	20.96 ±1.60a	14.29 ±0.95d	19.23 ±2.04b	18.00 ±1.25b	14.93 ±1.20c
	根	1.71 ±0.06e	26.36 ±2.51b	17.51 ±1.62d	19.01 ±1.02c	33.54 ±2.30a	19.33 ±1.59c
	总量	12.05 ±1.04f	88.75 ±9.02b	63.84 ±5.23e	80.43 ±6.36c	100.59 ±5.42a	72.31 ±5.39d

注：表中同行数据后不同字母表示在 0.05 水平上有显著差异。

观察处理间差异发现，减少10%氮肥施用量的NP0处理，在任何时期的氮素积累量都低于CK，而且随着时间的推移，NP0与CK的差距逐渐扩大，从移栽后40 d至80 d，NP0处理的氮素吸收量与CK的差值从1.56 kg·hm^{-2}扩大到24.90 kg·hm^{-2}。这说明在推荐施肥量的基础上减少14.25 kg·hm^{-2}的氮肥投入会对烟株吸收积累氮素带来不利影响。同一施氮量条件下的NP0、NP1、NP2及NP3处理之间的氮素吸收量也存在差异，在移栽后40 d，NP0处理的氮素吸收量就显著低于其他3个处理，NP1、NP2和NP3处理与NP0处理相比分别提高了19.34%、46.30%、24.69%。至下部叶采收前（移栽后80 d）差距进一步扩大，施用PASP的NP1、NP2和NP3处理烟株叶、茎和根的氮素吸收量与NP0相比提高了18.76%～53.09%、4.47%～34.57%、8.57%～91.55%，这3个处理的氮素吸收总量分别比NP0处理高出16.95 kg·hm^{-2}、36.75 kg·hm^{-2}、8.47 kg·hm^{-2}。这表明在同一地力、肥力条件下，施用PASP处理烟株的氮素吸收量要高于未施用PASP处理烟株，PASP能有效促进烟株吸收氮素。表中数据还显示，在移栽后40 d氮素吸收总量最大的处理并不是CK，而是NP2，并且在移栽后50 d、60 d、70 d及80 d氮素吸收总量最大的处理都不是CK，分别是NP1、NP2、NP1、NP2。这说明对NP0的氮素吸收总量来说，施用PASP比增加10%氮肥施用量效果更好。

8.3.6.5　减氮配施PASP对烤烟钾素吸收的影响

烤烟是嗜钾作物（娄伟等，2018）。这一点也可以从表8-8中得出，各处理的钾素吸收量都要高于氮素吸收量。钾素的含量直接影响烟叶的内在质量，对于烤后烟叶品质及工业可用性都至关重要。

观察表8-8可发现，随着烟株的生长，各处理的钾素吸收量也不断增加。钾素的分配与氮素类似，都是大部分供应给烟叶，茎部次之，根部最少。虽然试验设计没有减少钾肥的施用，但是各处理间也表现出了差异，CK与NP0处理的施钾量相等，而且都没有施用PASP，但CK与NP0处理的钾素吸收量在移栽后的40 d、50 d和80 d都存在显著性差异，差值分别为2.95 kg·hm^{-2}、23.68 kg·hm^{-2}、19.69 kg·hm^{-2}。CK与NP0处理处在同等地力条件下，由于施氮量存在差异而导致各处理间烟株氮含量的不同，在烟株内较高水平的氮含量对钾素的吸收有促进作用（李陶，2017）。通过对比施用PASP处理烟株的钾素吸收量与没施用PASP处理烟株的钾素吸收量发现，在取样的5个时间点均是施用了PASP的处理烟株最高，且与CK存在显著性差异。在移栽后40 d，NP2最高，比CK高18.67%；在移栽后50 d，NP1最高，比CK高40.87%；在移栽后60 d，NP2最高，比CK高32.94%；在移栽后70 d，NP1最高，比CK高18.67%；在移栽后80 d，NP3最高，比CK高19.90%。在任一采样点，3个施用PASP的处理NP1、NP2及NP3烟株的钾素吸收量都处于较高水平且高于CK。这说明施用PASP对钾素的吸收有促进作用。

表 8 - 8　减氮配施 PASP 对烤烟钾素吸收的影响（kg·hm^{-2}）

移栽后天数（d）	部位	NF	CK	NP0	NP1	NP2	NP3
40	叶	5.04 ± 0.19e	14.79 ± 1.92b	12.57 ± 1.12d	13.42 ± 0.91c	17.59 ± 1.66a	13.28 ± 1.40c
	茎	0.85 ± 0.07d	2.66 ± 0.37b	1.85 ± 0.54c	2.58 ± 0.62b	3.08 ± 0.67a	1.98 ± 0.77c
	根	0.15 ± 0.00d	0.24 ± 0.01c	0.32 ± 0.04b	0.30 ± 0.03b	0.33 ± 0.03b	0.87 ± 0.09a
	总量	6.04 ± 0.74e	17.69 ± 1.67b	14.74 ± 1.30d	16.29 ± 1.51c	20.99 ± 2.34a	16.12 ± 1.49c
50	叶	14.31 ± 0.95c	34.27 ± 4.62b	52.19 ± 3.71a	51.41 ± 3.67a	38.76 ± 2.90b	36.45 ± 3.37b
	茎	5.20 ± 0.13d	21.18 ± 2.04c	23.92 ± 2.71b	29.11 ± 4.03a	24.20 ± 2.71b	22.72 ± 2.43bc
	根	1.12 ± 0.17f	11.01 ± 0.94c	14.01 ± 0.91a	13.09 ± 0.78b	6.57 ± 0.83e	7.35 ± 0.89d
	总量	20.64 ± 2.67c	66.45 ± 5.33b	90.13 ± 7.31a	93.61 ± 5.72a	69.54 ± 6.29b	66.52 ± 5.69b
60	叶	20.22 ± 1.54c	59.21 ± 4.73b	59.60 ± 4.20b	56.19 ± 6.21b	74.32 ± 5.91a	76.58 ± 6.43a
	茎	4.20 ± 0.09e	24.18 ± 1.93c	23.00 ± 2.11c	20.68 ± 1.09d	30.17 ± 2.61a	24.33 ± 2.66b
	根	0.92 ± 0.06f	6.71 ± 0.95d	5.70 ± 0.67e	8.61 ± 1.02c	15.29 ± 0.71a	11.39 ± 0.99b
	总量	25.34 ± 2.01e	90.10 ± 6.99c	88.30 ± 7.91c	85.48 ± 7.40d	119.78 ± 9.31a	112.31 ± 7.81b
70	叶	20.08 ± 1.97e	70.70 ± 8.23c	50.58 ± 3.20d	76.55 ± 7.73b	77.17 ± 8.80b	88.33 ± 7.95a
	茎	1.83 ± 0.16f	13.43 ± 1.72d	9.68 ± 1.08e	34.38 ± 2.88a	32.91 ± 2.07b	25.59 ± 2.11c
	根	2.49 ± 0.04f	20.90 ± 1.93a	16.68 ± 1.51b	13.96 ± 1.04c	10.04 ± 0.67d	5.08 ± 0.38e
	总量	24.40 ± 1.06d	105.03 ± 8.77c	101.94 ± 12.66c	124.90 ± 8.24a	120.12 ± 7.99b	119.00 ± 9.34b
80	叶	18.57 ± 2.25f	73.81 ± 5.59d	68.45 ± 6.07e	89.97 ± 6.91b	83.21 ± 9.39c	102.37 ± 8.29a
	茎	4.13 ± 0.59f	34.74 ± 4.32a	28.11 ± 3.02b	24.47 ± 1.54c	15.52 ± 2.02e	19.74 ± 1.61d
	根	2.44 ± 0.29f	13.69 ± 2.22f	5.99 ± 1.72e	29.72 ± 1.93b	33.46 ± 2.92a	24.47 ± 2.09c
	总量	25.14 ± 3.30e	122.25 ± 10.08c	102.56 ± 10.27d	144.16 ± 11.91a	132.19 ± 9.54b	146.58 ± 9.26a

注：表中同行数据后不同字母表示在 0.05 水平上有显著差异。

8.3.7　减氮配施 PASP 对烤后烟叶化学成分的影响

　　影响烤后烟吃味的主要因素是烟叶燃烧时热解呈酸性及碱性物质的平衡及协调，优质烟叶化学成分总糖 16%～23%，还原糖 14%～18%，双糖差≤2%，糖碱比 6～8，钾离子≥2.2%，石油醚提取物≥8.0%。

　　从表 8 - 9 可看到，减氮配施 PASP 对烤后上部烟叶的常规化学成分有一定影响。优质烟叶总氮含量最适宜为 2.50%。本试验中，与当地常规施肥的 CK 相比，减氮 10% 的 NP0 处理上部叶总氮含量降低了 0.25%。与 NP0 处理同一施氮量的 NP1、NP2 及 NP3 处理上部叶总氮含量均高于 NP0 处理，且分别比 CK 高出 0.05%、0.07%、0.15%；NP0 处理烟株的中部叶及下部叶总氮含量与 CK 的相近，但是 NP1 及 NP2 的仍然高于 CK 的。综合数据发现，减少施氮量仅对上部叶的总氮含量有影响，施用量为施氮量 2.5% 和 5% 的 PASP 能增加烤后烟叶的总氮含量，且能弥补因减氮 10% 而引起的总氮含量下降。

烟叶中钾离子含量与卷烟的燃烧性密切相关，钾离子过低不利于烟叶燃烧。本试验中，各处理的钾离子含量普遍较低，但是处理间仍存在差异。各处理的上部叶总价含量在 1.53% ～1.75% 区间内，与当地常规施肥的 CK 相比，NP0 处理的总钾含量降低了 6.13%，施用了 PASP 的 NP1、NP2 及 NP3 处理则要高于 CK，其中 NP1 和 NP3 的总钾含量均为 1.75%，比 CK 高出 0.12%。中部叶及下部叶的表现与上部叶类似，中部叶中 NP3 的总钾含量最高，比 CK 高 38.93%；下部叶中 NP2 的总钾含量最高，达 1.66%，比 CK 高 18.57%。这表明降低 10% 的氮肥施用量对烤后烟叶总钾的积累也有一定负面作用，与钾素吸收量的结论相对应，PASP 对烟株钾素吸收与积累的促进作用使得 NP1、NP2 及 NP3 的烤后烟叶总钾含量高于 CK。

从总糖和还原糖来看，与 CK 对比，减氮 10% 不施用 PASP 的 NP0 处理总糖含量均高于 CK，其中上部叶总糖含量比 CK 高 24.67%，差异显著；中部叶、下部叶也有小幅上升，差异不显著。施用 PASP 的 NP1、NP2 及 NP3 处理的总糖含量则大多低于 CK。还原糖则表现较为一致，无论是否施用 PASP，减氮处理烟株的还原糖含量均低于 CK。这就导致了 NP0、NP1、NP2 和 NP3 的两糖差要高于 CK，其中 NP0 上部叶、中部叶和下部叶的两糖差达 9.08、12.51、6.94。两糖差与烤后烟叶的甜味呈负相关，因此减少 10% 氮肥投入的 4 个处理，其烤烟甜味比 CK 差。

烤后烟叶淀粉含量过高，会导致烟叶吃味品质和燃烧性变差。本研究中，减氮 10% 不施用 PASP 的 NP0 处理的淀粉含量低于 CK，上部叶、中部叶及下部叶的差值分别为 1%、0.94%、0.03%。减氮配施 PASP 的处理烟株淀粉含量上部叶、中部叶及下部叶都高于 CK 及 NP0 处理，其中中部叶、下部叶的淀粉含量差异显著。这表明，施用 PASP 能促进烟株合成淀粉，导致烤后烟叶淀粉含量升高，一定程度上会破坏烟叶的吃味品质和燃烧性。

烟碱是烟草特有产物，过少劲头不足，过高劲头太强，是衡量烟叶品质的主要指标之一。与当地常规施肥量 CK 比较，减氮 10% 的 NP0 处理烟株上部叶、中部叶及下部叶的烟碱含量都低于 CK。而对比同一施氮量条件下的 4 个处理发现，施用 PASP 的 NP1、NP2 及 NP3 处理各个叶位的烟碱含量都高于未施用 PASP 的 NP0 处理，上、中、下部叶烟碱含量最高的处理分别是 NP3、NP1、NP2，分别比 CK 高出 36.64%、38.22%、9.78%。这表明，减氮不利于烟株合成烟碱，PASP 对烟碱的合成有促进作用。糖碱比是衡量烟叶内在各化学成分是否协调的指标，一般认为优质烟叶的糖碱比适宜范围为 6 ～8。本研究中，糖碱比普遍偏大，仅有 NP1 上部叶的糖碱比较为适宜。

因此可以发现，与 CK 相比，减氮不利于烤后烟叶总氮、总钾、还原糖、烟碱的积累，却能促进总糖的积累，导致两糖差过大。但是减氮能降低烤后烟叶的淀粉含量，改善烟叶吃味品质和燃烧性。在减氮的基础上施用 PASP 能提高烤后烟叶的总氮、总钾及烟碱，降低两糖差、糖碱比，使烤后烟叶的化学成分含量接近适宜值，同时改善烤后烟叶的协调性。不足的是，施用 PASP 的处理烟株的淀粉含量过高会影响烤后烟叶的吃味和燃烧性。

表 8 - 9　减氮配施 PASP 对烤后烟叶化学成分的影响

叶位	处理	总氮 (%)	总钾 (%)	总糖 (%)	还原糖 (%)	淀粉 (%)	烟碱 (%)	两糖差	糖碱比
B2F	CK	1.93a	1.63b	19.76±0.97b	17.55±0.14a	7.62±0.22a	2.32±0.02c	2.21c	8.51b
	NP0	1.68b	1.53c	24.99±0.69a	15.90±0.18c	6.62±0.12b	2.00±0.04d	9.08a	12.48a
	NP1	1.98a	1.75a	17.87±2.24b	14.55±0.15d	7.99±0.17a	2.72±0.06b	3.3c	6.58c
	NP2	2.00a	1.73a	19.38±0.76b	16.46±0.16b	7.84±0.12a	2.11±0.04d	2.92c	9.19b
	NP3	2.08a	1.75a	20.13±1.17b	14.84±0.07d	7.64±0.14a	3.17±0.04a	5.29b	6.36c
C3F	CK	1.50a	1.49c	27.68±1.40a	19.80±0.25a	7.64±0.38b	1.57±0.03c	7.88c	17.67b
	NP0	1.49a	1.44c	28.39±0.87a	15.88±0.17cd	6.70±0.19b	1.39±0.04d	12.51a	20.37a
	NP1	1.57a	1.84b	23.43±1.74a	16.66±0.08b	11.40±0.40a	2.17±0.05a	6.76c	10.78e
	NP2	1.55a	1.81b	24.24±1.61a	16.47±0.28bc	11.58±0.66a	1.75±0.01b	7.77c	13.84d
	NP3	1.39a	2.07a	25.85±1.50a	15.50±0.17d	10.74±0.59a	1.72±0.01b	10.35b	15.01c
X2F	CK	1.40b	1.40b	25.90±0.63a	22.43±0.40a	9.86±0.39c	0.92±0.02b	3.47d	28.05b
	NP0	1.40a	1.33c	25.96±0.91a	19.02±0.33b	9.83±1.50c	0.57±0.01c	6.94bc	45.54a
	NP1	1.51a	1.66a	21.72±0.78b	16.38±0.11c	11.28±0.81b	0.87±0.01c	5.34c	24.84b
	NP2	1.47a	1.66a	25.67±0.75a	14.89±0.17d	13.55±0.49a	1.01±0.03a	10.78a	25.42b
	NP3	1.39a	1.61a	24.19±0.60a	16.48±0.06c	13.42±2.24a	0.89±0.01b	7.71b	27.22b

注：表中同列数据后不同字母表示在 0.05 水平上有显著差异。

8.3.8　减氮配施 PASP 对经济性状的影响

表 8 - 10 数据显示，NP0 处理烤烟其产量、产值、均价、上等烟比例、中上等烟比例等经济性状指标均显著低于 CK，减氮 10% 导致 NP0 产量、产值分别比 CK 减少了13.91%、14.47%，均价下降了 0.14 元·kg^{-1}，上等烟比例和中上等烟比例分别下降了 1.43%、3.22%。这表明，在新田烟区推荐施氮量的基础上减氮 10% 会使烟株的经济性状大幅下降，影响最大的是产量指标。

减氮配施 PASP 的处理 NP1、NP2 及 NP3 烤烟的产量、产值、均价、上等烟比例、中上等烟比例等经济性状指标均要高于 NP0，其中 NP2 烤烟的产量与产值最高，达2577.34 kg·hm^{-2}、57165.40 元·hm^{-2}，比 CK 高出 5.18%、8.35%；NP1、NP2 及NP3 的均价均高于 CK，NP3 的均价最高，与 NP0 相比提高了 0.81 元·kg^{-1}，与对照相比提高了 0.69 元·kg^{-1}；5 个处理中 NP2 烤烟的上等烟、中上等烟比例表现最好，其中上等烟比例与 NP0 相比提高了 10.22%，与 CK 相比提高了 7.15%，中上等烟比例也比对照提高了 1.70%。综合来看，减氮 10% 虽然会导致烤烟的经济性状下降，但是施用 PASP 不仅可以弥补减少氮肥施用而造成的损失，还能达到增产增收的效果。

表 8 - 10　减氮配施 PASP 对经济性状的影响

处理	产量 （kg·hm^{-2}）	产值 （元·hm^{-2}）	均价 （元·kg^{-1}）	上等烟比例 （%）	中上等烟比例 （%）
CK	2450.49 ± 22.10b	52759.05 ± 350.22b	21.53 ± 1.77a	51.31 ± 2.79a	90.43 ± 5.21a
NP0	2109.70 ± 19.77d	45126.48 ± 199.50e	21.39 ± 2.10a	49.88 ± 5.34a	87.21 ± 3.32a
NP1	2436.21 ± 26.20b	52549.05 ± 277.37c	21.57 ± 1.54a	51.34 ± 3.65a	90.99 ± 6.24a
NP2	2577.34 ± 25.41a	57165.40 ± 311.34a	22.18 ± 1.79a	54.98 ± 3.33a	92.13 ± 5.10a
NP3	2355.41 ± 20.55c	52290.10 ± 267.41b	22.20 ± 1.51a	53.11 ± 3.79a	91.60 ± 5.71a

注：表中同列数据后不同字母表示在 0.05 水平上有显著差异。

8.4　研究结论

8.4.1　讨论

8.4.1.1　减氮配施 PASP 对烤烟生长发育进程及农艺性状的影响

气候和土壤是影响烤烟生长的两个重要生态因素，其中气候是影响烟叶品质的主要生态因素（杨园园，2014；张宏建等，2019）。新田地区 2019 年雨水充足，在移栽期，高降雨量与其带来的低温均不利于烟株的生长发育，使得还苗期与伸根期延长，因此移栽期虽然推迟了 5 天，但全生长发育期却延长了 15 天。

前人研究表明减氮 20% 后，烟株农艺性状略有下降，但差异不显著（韩小斌，2014）。本实验中减氮对农艺性状的影响较小，除株高和最大叶面积外各项农艺性状指标均无差异，这是由于减氮幅度太小，减氮 10% 并不能影响烟株的农艺性状。此外，2019 年试验所在地新田县气候异常，生长发育期月均降雨量高达 212.32 mm，烟株发育缓慢，处理间的农艺性状差异不显著。

8.4.1.2　减氮配施 PASP 对烤烟 SPAD 值及光合日变化的影响

前人研究发现，水稻（李超等，2019）、玉米（刘淑静，2019）、马铃薯（于显枫等，2019）等作物的 SPAD 值均随着施氮量的减少而降低。本试验结果也表明，CK 的 SPAD 值在移栽后的 60～90 d 均高于其他 4 个减氮 10% 的处理。对玉米幼苗（姜雯等，2007）和黄瓜（黄毅等，2018）施用 PASP 可以提高叶片叶绿素含量。与前人结论一致，本研究中施用 PASP 的 NP1 和 NP2 处理的 SPAD 值高于 NP0，其中上部叶和中部叶差异明显，说明施用适当浓度的 PASP 能促进烤烟叶片叶绿素合成，对中上部叶作用明显。SPAD 值同时也能反映烟叶的成熟度，SPAD 值会随着成熟度的增加而下降（李佛琳等，2007）。NP2 的 SPAD 值在移栽后 60～75 d 与 CK 无差异，在 90 d 时 NP2 与 CK SPAD 值的差值扩大，可能是由于 NP2 土壤中的氮含量水平较低，供给不足，但 90 d 时已经开始采收，此时 SPAD 值下降，有利于烟叶落黄，若是同一时间采收，NP2 的成熟度较 CK 更好。

在一定范围内烟叶净光合速率随着施氮量的增加而增大（孟显华等，2009；吴祖聚，2018）。叶绿素是衡量叶片光合功能的重要参数（郭天财等，2004），其含量高低是反映光合强度的重要生理指标，因此提高叶绿素含量是提高光合速率的生理基础（杜祥备等，2019）。本研究中，单纯减氮降低了烤烟叶片的净光合速率，但配施 PASP 对 P_n 显示出促进效应，三个配施 PASP 处理的 P_n 均高于未配施 PASP 的 NP0，尤其 NP2 与 CK 几近相同。结合 SPAD 值结果分析，减氮条件下配施 5% PASP 由于增加了烤烟叶片的 SPAD 值，因而促进了 P_n 的提高，与前人提出的叶绿素含量高低反映光合速率大小（张微微，2013）相吻合。CK 上部叶的胞间 CO_2 浓度及气孔导度始终高于其余 4 个处理，而且在剩余 4 个处理中，施用 5% PASP 的 NP2 与 CK 的差距最小。胞间 CO_2 浓度与气孔导度的表现与净光合速率基本一致，这是因为净光合速率主要受气孔限制的影响，而气孔限制是由气孔导度的变化引起的，同时气孔导度对胞间 CO_2 浓度也有影响（陈根云等，2010）。

8.4.1.3　减氮配施 PASP 对烤烟干物质积累及氮钾吸收的影响

干物质积累量是衡量作物生长发育状况及生理代谢强弱的重要指标（杨成翠等，2020），也是作物最终产量的物质基础。氮素水平直接影响着干物质积累和氮钾吸收（路永宪，2003）。本研究中，减氮 10% 的 NP0 处理烤烟在任一生长阶段的干物质积累量都低于 CK，且随着生长发育进程的推进差值不断增大。同样减氮 10% 但施用了 PASP 的 NP1、NP2 和 NP3 处理，其干物质积累量显著高于 NP0，而且在各个时间点都有处理的干物质积累量高于对照，在移栽后 40 d、60 d 和 80 d NP2 的干物质积累量最高，NP2 在移栽后 80 d 高达 5991.15 kg·hm^{-2}，比 NP0 高出 33.35%，比 CK 高出 13.32%，与黄毅等（2018）的研究结果一致。

玉米（唐会会，2019）、黄瓜（黄毅等，2018）等作物上的研究已表明，减氮条件下配施 PASP，植株氮钾吸收量仍然优于传统施肥处理，而且认为主要是通过减少肥料的损失来提高氮钾吸收量（陈秉翼，2016）。本研究中，施用 PASP 的处理在 80 d 叶、茎和根的氮素吸收量与 NP0 相比提高了 18.76% ～ 53.09%、4.47% ～ 34.57%、8.57% ～91.55%，其中 NP2 的氮素吸收量最高，至采收前 NP2 的氮素吸收总量与 CK 相比提高了 11.84 kg·hm^{-2}。在任一采样点，3 个施用 PASP 的处理 NP1、NP2 及 NP3 烤烟的钾素吸收量都处于较高水平且高于 CK：在移栽后 40 d，NP2 的钾素积累量最高，比 CK 高 18.67%；在移栽后 50 d，NP1 最高，比 CK 高 40.87%；在移栽后 60 d，NP2 最高，比 CK 高 32.94%；在移栽后 70 d，NP1 最高，比 CK 高 18.67%；在移栽后 80 d，NP3 最高，比 CK 高 19.90%。这说明施用 PASP 对氮素及钾素的吸收有促进作用，与唐会会（2019）、黄毅等（2018）人的研究结论一致。

8.4.1.4 减氮配施 PASP 对烤烟产量和品质的影响

肥料施用是提高烤烟产量和提升烟叶品质的重要措施，大量研究证明，烤烟对土壤中营养元素的变化十分敏感，不当的用肥不仅不利于烤烟产量的形成，而且还会降低烟叶的品质（李淮源等，2018；邹勇等，2015）。本试验研究结果表明，减氮 10% 导致 NP0 处理的产量、产值、均价、上等烟比例、中上等烟比例等经济性状指标均显著低于对照，在新田烟区推荐施氮量的基础上减氮 10% 会使烤烟的经济性状大幅下降。同样减少 10% 氮肥投入的 NP2，由于配合施用了 PASP 导致其产量与产值增加到 2577.34 kg·hm^{-2}、57165.40 元·hm^{-2}，显著高于其他处理。NP2 的上等烟、中上等烟比例表现最好，其中上等烟比例与 CK 相比提高了 7.15%，中上等烟比例也比对照提高了 1.70%。综合来看，减氮 10% 虽然会导致烤烟的经济性状下降，但是施用 PASP 不仅可以弥补因减少氮肥施用而造成的损失，还能达到增产增收的效果。3 个处理中经济性状表现最好的是 PASP 用量为施氮量 5% 的 NP2 处理。

烟叶品质包括外观质量和内在质量，内在质量主要包括烟叶内各化学成分含量、协调性和烟叶评吸质量，而烟叶化学成分受自身品质特性及外界环境影响（程图艺，2016）。在烟叶的生产中，随着施氮量的增加，烟叶中总氮、烟碱和蛋白质含量也相应增加，糖碱比和氮碱比则呈下降趋势。而氮肥供应不足时，烟株矮小，叶片小，叶色淡绿，易早熟，烤出来的烟叶质轻，烟碱含量低，香气差，刺激性不够，品吸劲头不足（宋文博，2016）。在本研究中，减氮 10% 不利于烤后烟叶总氮、总钾、还原糖、烟碱的积累,却能促进总糖的积累,这直接导致两糖差过大。减氮能降低烤后烟叶的淀粉含量,改善烟叶吃味品质和燃烧性。在减氮的基础上施用 PASP 能提高烤后烟叶的总氮、总钾及烟碱,降低两糖差、糖碱比,使烤后烟叶的化学成分含量接近适宜值,同时改善烤后烟叶的协调性。不足的是,施用 PASP 的处理,其淀粉含量过高会影响烤后烟叶的吃味和燃烧性。

8.4.2 结论

(1)减氮 10% 对烤烟农艺性状影响不大,配施 5% PASP 对株高和叶面积有一定的促进作用,但对茎围和叶片数影响不明显。

(2)减氮 10% 导致烤烟叶片 SPAD 值下降,配施 PASP 能不同程度提高烟叶的 SPAD 值,其中 NP2 的 SPAD 值增幅最大。减氮 10% 导致烤烟净光合速率、胞间 CO_2 浓度、蒸腾速率等光合特性指标下降;配施 PASP 对于上、中部叶片光合特性起到了一定促进作用,其中以配施 5% PASP 的 NP2 处理促进效应最显著,与对照差异最小,且显著高于 NP0 处理。

(3)减氮 10% 使烤烟干物质和蛋白质积累及氮钾吸收均不同程度下降,配施 PASP 起到了一定弥补作用,尤其是配施 5% PASP 的 NP2 处理,其干物质积累、蛋白质积累量、氮素与钾素吸收量在各个时期均高于其他减氮处理,且显著高于对照。

(4)减氮 10% 显著降低了烤烟产量和产值,上中等烟比例及均价也有所下降但不显著。配施 PASP 均对烤烟经济性状指标起到一定的提升作用,其中,配施 5% PASP 的作用最明显,产量和产值不仅显著高于 NP0,也显著高于对照。

综上所述,减氮 10% 配合施用 PASP 在烤烟生产上表现出良好的综合效应,配施 PASP 可改善光合特性,促进养分吸收与积累,增加产量产值,本试验条件下以配施 5% PASP 的效果最突出。但本试验仅研究了 10% 的减氮条件,在不同的烟区、针对不同的烤烟品种,减氮程度是否可以更高以及相应配施 PASP 的用量,均需要更进一步的研究,以便在生产上推广应用。

参考文献

[1] 艾天成,李方敏,周治安,等. 作物叶片叶绿素含量与 SPAD 值相关性研究 [J]. 湖北农学院学报,2000(01):6-8.

[2] 曹本福,陆引罡,刘丽,等. 减施氮肥下聚天冬氨酸对烤烟生理特性及氮肥去向的影响 [J]. 水土保持学报,2019,33(05):223-229.

[3] 曹寒冰,王朝辉,赵护兵,等. 基于产量的渭北旱地小麦施肥评价及减肥潜力分析 [J]. 中国农业科学,2017,50(14):2758-2768.

[4] 查婷. 高密减氮对冬小麦产量及氮素吸收利用的影响 [D]. 山东农业大学,2016.

[5] 陈秉翼. 聚天门冬氨酸/盐(PASP)尿素与改性尿素对农作物增效机制研究 [D]. 石家庄铁道大学,2016.

[6] 程图艺. 播栽期与移栽方式对烤烟生长发育及品质的影响 [D]. 华南农业大学, 2016.

[7] 董园园, 季美娣, 赖清云. 水肥一体化减氮技术在温室大棚豇豆上的应用初探 [J]. 农业科技通讯, 2016 (11): 145 – 147.

[8] 曹本福, 桂阳, 祖庆学, 等. 减量施肥下聚天冬氨酸对烤烟生长、产量及养分吸收的影响 [J]. 中国烟草科学, 2018, 39 (05): 57 – 63.

[9] 曹强, 田兴帅, 马吉锋, 等. 中国三大粮食作物临界氮浓度稀释曲线研究进展 [J]. 南京农业大学学报, 2020. (网络首发)

[10] 曹阳, 文国宇, 李茂军, 等. 种植密度对烤烟光合特性日变化及其主要化学成分的影响 [J]. 南京农业大学学报, 2019, 42 (04): 641 – 647.

[11] 成大明, 陈强, 朱爱萍, 等. 聚天冬氨酸及其衍生物的研究进展 [J]. 材料导报, 2002 (07): 60 – 63.

[12] 陈根云, 陈娟, 许大全. 关于净光合速率和胞间 CO_2 浓度关系的思考 [J]. 植物生理学通讯, 2010, 46 (01): 64 – 66.

[13] 杜祥备, 王家宝, 刘小平, 等. 减氮运筹对甘薯光合作用和叶绿素荧光特性的影响 [J]. 应用生态学报, 2019, 30 (04): 1253 – 1260.

[14] 方莉. 聚天门冬氨酸高吸水性树脂的合成及性能的研究 [D]. 北京化工大学, 2006.

[15] 方莉, 谭天伟. 聚天门冬氨酸的合成及其应用 [J]. 化工进展, 2001 (03): 24 – 28.

[16] 翟大帅. 高温胁迫下化控剂对夏玉米生理特性及产量的影响 [D]. 河北农业大学, 2019.

[17] 郭天财, 冯伟, 赵会杰, 等. 两种穗型冬小麦品种旗叶光合特性及氮素调控效应 [J]. 作物学报, 2004 (02): 115 – 121.

[18] 高娅北, 王廷贤, 郑小雨, 等. 烤烟成熟期烟叶木质素代谢和保水性变化及其相关分析 [J]. 西南农业学报, 2019, 32 (7): 1543 – 1548.

[19] 郜峰, 董军红, 杨春玲, 等. 聚天冬氨酸 (PASP) 对小麦幼苗生长的影响 [J]. 农业科技通讯, 2018 (08): 97 – 99.

[20] 郭子荣, 敬甫松. 油菜增株减氮高产稳产技术 [J]. 农业科技通讯, 1992 (02): 13.

[21] 韩小斌. 减量施肥对重庆烤烟生长及产量品质的影响 [D]. 西南大学, 2014.

[22] 何小亮, 祁秀平. 水稻缺肥或施肥过量各元素表现症状分析 [J]. 吉林农业月刊, 2013 (08): 8.

[23] 黄启亮, 韩广泉, 侯红燕, 等. 土壤肥料增效剂——聚天门冬氨酸研究现状及应用前景 [J]. 农村经济与科技, 2015, 26 (04): 62 – 63.

[24] 韩真, 杜远鹏, 翟衡, 等. 叶面喷施聚天门冬氨酸对巨峰葡萄产量和果实品质的影响 [J]. 山东农业科学, 2019, 51 (10): 96 – 98.

[25] 黄毅, 李衍素, 贺超兴, 等. 根施聚天门冬氨酸对日光温室黄瓜生长、产量及矿质元素吸收的影响 [J]. 中国蔬菜, 2018 (01): 44 – 49.

[26] 姜晶晶. 过量施肥对土壤微生物群落结构的影响 [D]. 沈阳农业大学, 2017.

[27] 姜雯, 周登博, 张洪生, 等. 不同施肥水平下聚天冬氨酸对玉米幼苗生长的影响 [J]. 玉米科学, 2007 (05): 121 – 124.

[28] 雷全奎, 杨小兰, 马雯场, 等. 聚天门冬氨酸对土壤理化性状的影响 [J]. 陕西农业科学,

2007（03）：75 – 76.

[29] 李淮源，雷佳，刘永来，等．氮素水平对烤烟生长及经济效益的影响 [J]．安徽农业科学，2018，46（33）：126 – 129.

[30] 李顺伟．施肥过量的危害及对应措施探讨 [J]．中小企业管理与科技（上旬刊），2013（11）：180 – 181.

[31] 李陶．氮、钾及氮钾互作对不同甘薯产量品质和养分吸收的影响 [D]．山东农业大学，2017.

[32] 李文卿，陈顺辉，李春俭，等．不同施氮水平对烤后烟叶中性致香物质含量的影响 [J]．中国烟草学报，2010，16（6）：14 – 20.

[33] 李宁．几种蛋白质测定方法的比较 [J]．山西农业大学学报（自然科学版），2006，26（2）：132 – 134.

[34] 李超，肖小平，唐海明，等．减氮增密对机插双季稻生物学特性及周年产量的影响 [J]．核农学报，2019，33（12）：2451 – 2459.

[35] 李佛琳，赵春江，刘良云，等．烤烟鲜烟叶成熟度的量化 [J]．烟草科技，2007（01）：54 – 58.

[36] 李建刚，韩卫红，马翔龙，等．"聚天门冬氨酸"后效对小麦群体及产量的影响 [J]．中国农村小康科技，2006（02）：43 – 55.

[37] 林鸾芳，李冰，王昌全，等．钾肥追施时期后移对烤烟钾积累与分配的影响 [J]．西南农业学报，2016，29（07）：1660 – 1665.

[38] 刘连涛，李存东，孙红春，等．氮素营养水平对棉花不同部位叶片衰老的生理效应 [J]．植物营养与肥料学报，2007（05）：910 – 914.

[39] 刘锐．烟碱蒸馏方法的改进 [J]．烟草科技，1998（05）：24.

[40] 鲁艳红，聂军，廖育林，等．不同控释氮肥减量施用对双季水稻产量和氮素利用的影响 [J]．水土保持学报，2016，30（02）：155 – 161.

[41] 梁志雄，钟俊周，文国宇，等．不同水肥一体化模式在烤烟生产中的应用效应 [J]．安徽农业科学，2019（05）：162 – 165.

[42] 刘国顺．烟草栽培学 [M]．北京：中国农业出版社，2017.

[43] 刘淑静．密度和施氮量对河北平原夏玉米产量及氮素利用的影响 [D]．河北农业大学，2019.

[44] 刘添毅，李春英，曾文龙，等．地膜覆盖一次性施肥对烤烟生育及经济效益的影响 [J]．福建农业大学学报，1997（04）：66 – 68.

[45] 柳建良，崔英德，尹国强，等．聚天门冬氨酸的合成及其在农业上的应用 [J]．仲恺农业技术学院学报，2008（02）：52 – 56.

[46] 娄伟，樊红柱，冯长春，等．水钾耦合对烤烟生长、产量和质量的影响 [J]．宁夏农林科技，2018，59（11）：9 – 12.

[47] 路永宪．氮素对烤烟生长、养分吸收和分配及品质的影响 [D]．中国农业大学，2003.

[48] 栾江，仇宏伟，赵静．中国农业生产中化肥过度使用状况及地域分布差异 [J]．青岛农业大学学报（自然科学版），2018，35（01）：40 – 48.

[49] 马静丽，方保停，乔亚伟，等．减氮对豫北限水灌溉冬小麦冠层结构和光合特性的影响 [J]．麦类作物学报，2019（03）：1 – 10.

［50］马立珩，张莹，隋标，等．江苏省水稻过量施肥的影响因素分析［J］．扬州大学学报（农业与生命科学版），2011，32（02）：48－80．

［51］马贤超，袁伟，王子阳，等．双季稻秸秆还田处理下减施氮肥对水稻生长和产量的影响［J］．农业与技术，2019，39（22）：1－5．

［52］马兴华，石屹，张忠峰，等．施氮量与基追比例对烟叶品质及氮肥利用率的影响［J］．中国烟草科学，2015，36（4）：34－39．

［53］孟显华，符云鹏，刘明，等．氮和钾施用量对烟草光合特性的影响［J］．湖南农业大学学报（自然科学版），2009，35（03）：260－263．

［54］裴晓东，李帆，钟越峰，等．施氮量与氮磷钾配比对浏阳烟区烤烟农艺性状与产量的影响［J］．湖南农业科学，2014（03）：37－39．

［55］潘玉蕊，达布希拉图．减农药配施炭－醋材料对烟草生长与病害的影响［J］．中国农学通报，2018，34（21）：42－47．

［56］宋文博．减氮施肥对龙江981烤烟生长和质量的影响［D］．牡丹江师范学院，2016．

［57］谭炳昱，刘莉，杨永花，等．施氮量对NC102品种生长发育及产质量的影响［J］．中国烟草科学，2015，36（02）：66－70．

［58］任梦娟，段卫东，孙军伟，等．减氮条件下喷施壳寡糖对烤烟氮素利用率及烟叶品质的影响［J］．烟草科技，2018，51（11）：14－19．

［59］孙红春，李存东，周彦珍．不同氮素水平对棉花功能叶生理特性、植株性状及产量构成的影响［J］．河北农业大学学报，2005（06）：9－14．

［60］孙克刚，和爱玲，张运红，等．聚天门冬氨酸包裹尿素对冬小麦增产效果研究［J］．中国土壤与肥料，2015（04）：128－130．

［61］孙适，胡曼，宋海龙，等．打顶后断根对烤烟干物质积累、氮钾素吸收和分配的影响［J］．山东农业科学，2014，46（06）：40－43．

［62］佟静，刘克锋，孙向阳，等．供氮水平对一串红"橙香公主"生长和氮磷钾吸收的影响［J］．浙江农林大学学报，2017，34（03）：465－472．

［63］唐会会．聚天门冬氨酸（PASP）对东北春玉米氮素代谢的调控效应及其节氮机理［D］．中国农业科学院，2019．

［64］唐会会，许艳丽，王庆燕，等．聚天门冬氨酸螯合氮肥减量基施对东北春玉米的增效机理［J］．作物学报，2019，45（03）：431－442．

［65］王家玉，王胜佳，陈义，等．稻田土壤中氮素淋失的研究［J］．土壤学报，1996（1）：28－36．

［66］王万能，项钢燎，翟羽晨，等．烤烟烟叶烘烤中蛋白质的降解动态变化规律研究［J］．浙江农业学报，2017，29（12）：2120－2127．

［67］王菲，雷波，谢伶俐，等．氮素水平对烟草幼苗生长发育及碳氮代谢关键酶活性的影响［J］．安徽农学通报，2019，25（22）：14－18．

［68］王红丽，杨惠娟，苏菲，等．氮用量对烤烟成熟期叶片碳氮代谢及萜类代谢相关基因表达的影响［J］．中国烟草学报，2014，20（05）：116－120．

［69］王萝萍，丁金玲，罗艳林，等．不同氮素用量对烤烟几个生理指标的影响［J］．云南农业大学

学报，2004（05）：569 – 571.

［70］王士红，杨中旭，史加亮，等．增密减氮对棉花干物质和氮素积累分配及产量的影响［J］．作物学报，2020，46（03）：395 – 407.

［71］王文玉，谢嫣，万思宇，等．减氮配施不同有机肥对寒地水稻产量和品质的影响［C］：2019年中国作物学会学术年会，中国浙江杭州，2019.

［72］王月福，姜东，于振文，等．氮素水平对小麦籽粒产量和蛋白质含量的影响及其生理基础［J］．中国农业科学，2003（05）：513 – 520.

［73］危月辉，黄化刚，杨军杰，等．烤烟不同栽培模式对色素动态变化和成熟期色素降解及质量的影响［J］．西南农业学报，2016，29（02）：248 – 254.

［74］吴祖聚．施氮量对不同烤烟品种光合特性的影响［J］．现代农业科技，2018（21）：33 – 35.

［75］吴美玲．减施氮对不同品种玉米产量和氮效率的影响研究［D］．吉林农业大学，2014.

［76］杨园园．不同气候配置对烤烟质量风格的影响［D］．河南农业大学，2014.

［77］叶卫国，雷佳，李淮源，等．减氮增密对烤烟光合特性及烟叶结构的影响［J］．南京农业大学学报，2018，41（05）：817 – 824.

［78］于显枫，张绪成，方彦杰，等．减氮追施和增密对全膜覆盖垄上微沟马铃薯水分利用及生长的影响［J］．作物学报，2019，45（05）：764 – 776.

［79］颜明娟，林琼，吴一群，等．不同施氮措施对茶叶品质及茶园土壤环境的影响［J］．生态环境学报，2014，23（03）：452 – 456.

［80］杨成翠，徐照丽，史普西，等．氮肥运筹对烤烟养分积累和产质量的影响［J］．中国农业科技导报，2020.（网络首发）

［81］杨晋辉，刘泰，陈艳雪，等．聚天门冬氨酸/盐的合成、改性及应用研究进展［J］．材料导报，2018，32（11）：1852 – 1862.

［82］杨文亭，李志贤，舒磊，等．甘蔗大豆间作和减量施氮对甘蔗产量、植株及土壤氮素的影响［J］．生态学报，2011，31（20）：6108 – 6115.

［83］杨玉华，徐建宝，王小龙，等．多元聚天冬氨酸水处理剂的合成及阻碳酸钙垢性能研究［J］．兰州交通大学学报，2013，32（03）：150 – 154.

［84］俞巧钢，胡若兰，叶静，等．增效剂对稻田田面水氮素转化及水稻产量的影响［J］．水土保持学报，2019，33（06）：288 – 292.

［85］张锋．中国化肥投入的面源污染问题研究［D］．南京农业大学，2011.

［86］张玲丽，张学科．日光温室水氮减量对番茄生长、产量及品质的影响［J］．江苏农业科学，2018，46（19）：156 – 158.

［87］张微微．减量施氮对小麦产量和氮素吸收利用的影响及生理基础［D］．南京农业大学，2013.

［88］张洋．不同施氮处理对温室黄瓜产量、品质及效益的影响［J］．青海农林科技，2017（04）：5 – 8.

［89］张云贵，邱建军，李志宏，等．基于施肥处方的烤烟变量施肥机设计及应用［J］．植物营养与肥料学报，2014，20（03）：726 – 736.

［90］赵宪凤，刘卫群，王树会．氮、磷、钾对烤烟碳氮代谢关键酶活性及其经济效益的影响［J］．华北农学报，2012，27（04）：181 – 185.

[91] 智磊，罗定棋，熊莹，等. 施氮量对烤烟叶片组织结构和细胞发育的影响 [J]. 烟草科技，2012 (07)：81-85.

[92] 中国农业科学院土壤肥料研究所. 中国化肥区划 [M]. 北京：中国农业科技出版社，1986.

[93] 朱兆良，金继运. 保障我国粮食安全的肥料问题 [J]. 植物营养与肥料学报，2013，19 (02)：259-273.

[94] 朱尊权. 烟叶的可用性与卷烟的安全性 [J]. 烟草科技，2000，49 (8)：36-43.

[95] 张福锁，王激清，张卫峰，等. 中国主要粮食作物肥料利用率现状与提高途径 [J]. 土壤学报，2008 (05)：915-924.

[96] 张宏建，王发勇，罗静，等. 不同生态亚区土壤和气候对浓香型烤烟光合特性和化学成分的影响 [J]. 华南农业大学学报，2019，40 (01)：23-31.

[97] 张晶，党建友，裴雪霞，等. 微喷灌水肥一体化下磷钾肥减量分期施用对小麦产量和养分利用的影响 [J]. 核农学报，2020 (03)：629-634.

[98] 张琳，左强，邹国元. 施用不同水平聚天门冬氨酸对油菜生长的影响 [J]. 黑龙江农业科学，2013 (12)：27-29.

[99] 张卫峰，马文奇，王雁峰，等. 中国农户小麦施肥水平和效应的评价 [J]. 土壤通报，2008 (05)：1049-1055.

[100] 赵营，同延安，赵护兵. 不同供氮水平对夏玉米养分累积、转运及产量的影响 [J]. 植物营养与肥料学报，2006 (05)：622-627.

[101] 朱经伟，李志宏，彭友，等. 整治烟田无机氮肥管理对烤烟氮素综合利用的影响 [J]. 西南农业学报，2016，29 (01)：126-132.

[102] 邹勇，叶晓青，余志虹，等. 始兴烟区旱地烤烟氮素利用及生态经济适宜施氮量 [J]. 中国烟草科学，2015，36 (04)：29-33.

[103] Deng F, Wang L, Ren W, et al. Enhancing nitrogen utilization and soil nitrogen balance in paddy fields by optimizing nitrogen management and using polyaspartic acid urea [J]. Field Crops Research,2014, 169：30-38.

[104] Deng F, Wang L, Ren W, et al. Optimized nitrogen managements and polyaspartic acid urea improved dry matter production and yield of indica hybrid rice [J]. Soil & Tillage Research, 2015, 145：1-9.

[105] Deng F, Wang L, Mei X F, et al. Polyaspartic acid (PASP)-urea and optimised nitrogen management increase the grain nitrogen concentration of rice [J]. Scientific Reports, 2019, 9 (1)：313.

[106] Zhang J. China's success in increasing per capita food production [J]. Journal of Experimental Botany, 2011, 62 (11)：3707-3711.

[107] Ju X, Liu X, Zhang F, et al. Nitrogen Fertilization, Soil Nitrate Accumulation, and Policy Recommendations in Several Agricultural Regions of China [J]. AMBIO：A Journal of the Human Environment, 2004, 33 (6)：300-305.

[108] Hu M M, Dou Q H, Cui X M, et al. Polyaspartic acid mediates the absorption and translocation of mineral elements in tomato seedlings under combined copper and cadmium stress [J]. Journal of Integrative Agriculture, 2019, 18 (5)：1130-1137.

[109] Zhao R F, Chen X P, Zhang F S, et al. Fertilization and Nitrogen Balance in a Wheat-Maize Rotation System in North China [J]. Agronomy Journal, 2006, 98 (4): 938 – 945.

[110] Erisman J W, Sutton M A, Galloway J, et al. How a century of ammonia synthesis changed the world [J]. Nature Publishing Group UK, 2008, 1 (10): 636 – 639.

[111] Wang D, Guo L, Zheng L, et al. Effects of nitrogen fertilizer and water management practices on nitrogen leaching from a typical open field used for vegetable planting in northern China [J]. Agricultural Water Management, 2019, 213: 913 – 921.

[112] Zhang W, Cao G, Li X, et al. Producing more grain with lower environmental costs [J]. Nature, 2014, 514 (7523): 486 – 489.

第9章 "双喜·好日子"品牌导向的烤烟精量轻简技术示范与工业验证

9.1 前言

"双喜·好日子"品牌导向的烤烟"精量轻简"技术重点是，根据2017—2018年在深圳烟草"双喜·好日子"品牌导向型新田新圩基地开展优质烟叶生产技术开发获得的主要研究结果进行组装，形成"一控两促三减"核心技术。这其中"一控"是指控制还苗期不超过5天；"两促"是指促进前期根系生长发育和上部叶开片；"三减"是指化肥、农药、用工减量。其技术原理是应用自主开发的基于动态养分平衡供应的精准水肥一体化技术装备，在烟苗移栽时施用促根剂和液体微生物肥料促进根系生长发育，提高根系活力，进而提高肥料利用率，减少肥料用量，同时减轻土壤病害；打顶后，立即利用无人机叶面喷施微生物肥料调控上部叶营养平衡，确保开片良好。其他田间管理和烘烤技术参照深圳烟草工业有限责任公司2019年新田县新圩"双喜·好日子"基地单元生产技术方案执行。

示范地点安排在永州市新田县新圩基地，选择有水源且水质好的烤烟田块设为示范区（20亩），进行"双喜·好日子"品牌导向的烤烟"精量轻简"技术示范。

示范目标：

（1）以"前期促根（伸根期）、中期健长、后期耐熟、发育适度、降糖调碱、调控糖碱比"为"双喜·好日子"品牌导向的烤烟生产目标，建立"优质烤烟精量轻简技术示范"基地。

（2）田间生长发育进程分布：还苗期3～5天，伸根期35天左右，旺长期25天左右，成熟期55天左右，大田生长发育期120天左右。

（3）田间长势长相：烟株个体营养充足，生长发育适中且均一性好，群体结构合理。顶叶展开后呈腰鼓状，烟叶清秀，病虫害少，顶叶开片良好。具体量化要求：

① 团棵时：着生叶片12.0～14.0片，最大叶片40.0～45.0 cm，最大叶宽20.0～23.0 cm，最大叶面积524.0～575.0 cm²，单株叶面积0.32～0.41 m²。

② 现蕾时：着生叶片17.5～22.5片，株高61.0～92.5 cm，茎围6.0～7.0 cm，节距2.5～5.2 cm，最大叶长52.4～69.5 cm，叶宽22.8～33.8 cm，最大叶面积0.08～0.15 m²，单株叶面积近0.78 m²，叶面积系数1.42%～2.56%。

③ 成熟时：平均留叶数16～20片，株高90～110 cm，茎围8.0～12.5 cm，节距

5.0 ～6.5 cm，最大叶长 65.0 ～85.0 cm，最大叶宽 31.8 ～34.9 cm，最大叶面积 0.11～0.14 m^2，单株叶面积 1.43 ～3.28 m^2，叶面积系数 2.49% ～4.25%。

④ 上部叶片：上部叶长≥40 cm，开片度≥30%。

（4）优质适产烟叶质量达到以下标准：

① 评吸质量：烟叶"焦甜醇甜香"风格突出；香气浓郁，香气质好，香气量足；特色鲜明，刺激性小，劲头适中，燃烧性好，可用性高，能够进入中高档卷烟主配方。

② 烟叶外观质量：叶片颜色橘黄，成熟度好，叶片正反面色差小，叶尖至叶基部色度基本一致，叶片厚薄适中，结构疏松，油分多，弹性好。

③ 烟叶化学成分：总糖 16% ～23%，还原糖 14% ～18%，双糖差≤2%，糖碱比 6 ～8，钾离子≥2.2%，石油醚提取物≥8.0%。

（5）经济指标：135 ～175 kg，平均单叶重 7 ～9 g，上等烟比例 62% 以上，上中等烟比例 100%，收购等级合格率 80% 以上。

9.2 材料与方法

9.2.1 试验材料与试验设计

以当地主栽品种云烟 87 为试验材料，设 2 个处理：

（1）对照区（CK），即非示范区。面积为 1 ～2 亩，参照深圳烟草工业有限责任公司 2019 年新田县新圩"双喜·好日子"基地单元生产技术方案进行生产管理。施氮量为 9.5 kgN/亩，N：P_2O_5：K_2O 比例为 1：1：2.5，基追肥比例为 6：4，不滴灌。按行株距 1.2 m×0.5 m 栽植，亩栽烟约 1100 株。

（2）烤烟"精量轻简"技术示范区。技术要点：①移栽期为 3 月 5—10 日之间，采用膜下小苗移栽，烟苗 6 叶 1 心。②移栽时，利用移动式水肥一体化装置施用 200 ppm 促根剂和苗泽一号液体肥料（浓度为 2500 ppm）。③打顶后，立即利用无人机叶面喷施品泽一号液体肥（浓度为 2500 ppm），调控上部叶营养平衡，确保开片良好。示范区施氮量为 8.55 kgN/亩（比对照区减少 10%），N：P_2O_5：K_2O 比例为 1：1：2.5，基追肥比例为 6：4，滴灌。按行株距 1.2 m×0.5 m 栽植，亩栽烟约 1100 株。

上述每个处理设 3 个观察点，分别进行生长生理指标测定。

试验示范烤烟建议统一基施 30 ～35 kg/亩花生麸。其他田间管理参照深圳烟草工业有限责任公司 2019 年新田县新圩"双喜·好日子"基地单元生产技术方案进行。

9.2.2 测定项目和方法

9.2.2.1 生长发育时期和农艺性状

（1）每处理选择 3 个观测点（每个观测点随机选 30 株烟株测定，做好记号），参照《烟草农艺性状调查测量方法 YC/T 142—2010》分别记录各处理烤烟还苗期、伸根期、团棵期、旺长期、现蕾期、下部叶采收时间、中部叶采收时间、上部叶采收时间。

分别在烟草大田生长的团棵期、旺长期、现蕾期、成熟期测烟株的农艺性状：株高、茎围、叶片数、叶面积（长、宽）、节距（打顶前株高、打顶后株高、打顶前叶片数、打顶后留叶数）、顶叶开片度等。

（2）叶片生长速率。在旺长期测定叶片生长速率，选择倒数第 4 叶片进行测定，开始 2 次每 5 天测定一次叶片长度，以后每 10 天测定直至叶片定长。计算公式为：

叶片生长速率 =（测定时叶长 − 上次测定的叶片长）/间隔时间（天）

9.2.2.2 上部八叶叶长和开片度测定

叶片开片度 = 叶片宽度/叶片长度×100%

9.2.2.3 经济指标及化学成分

按照示范区与对照区分区计产和取样，烟叶烤后经济性状按国家烤烟分级标准（GB2635—92）进行分级，各级烟叶价格参照当地烟叶收购价格。每处理分别取烤后上部叶（B2F）、中部叶（C3F）、下部叶（X2F）各 3 ～5 kg 烟叶作为样品进行烟叶化学分析、外观质量评价、感官质量评价、化学成分测定等，记录结果。也可以考虑采用定 30 株烟株标记或小区采收，分级计产。

9.2.2.4 土壤理化特性

取样时间分别为：移栽前、上部叶采完后。土壤肥力指标测定：pH、全氮、全磷、全钾、碱解氮、速效磷、速效钾、有机质、腐殖酸等。

9.2.2.5 烟叶外观质量评价

烟叶外观质量评价小组由深圳烟草工业有限责任公司 5 名具有行业烟叶评级技师以上资格的外观评价人员组成。打分方式采取百分制评分法，评价判定意见由外观评价小组共同认定。

9.2.2.6 烟叶感官质量评价

烟叶感官质量评价小组由深圳烟草工业有限责任公司 7 名具有国家初选评吸员以上资格的感官评价人员组成。评价方式采取整体循环评吸法，打分方式采取 9 分制评分法，评价判定意见由感官评价小组共同认定。

9.2.2.7 工业验证

由深圳烟草工业有限责任公司对示范区烟叶单独打叶加工成片烟后，进行小试和中试试验，对示范区烟叶工业可用性进行综合评价。

9.2.3 统计分析方法

数据分析和制图采用 SPSS 22.0、SigmaPlot 12.5 和 Excel 2007 等软件。

9.3 结果

9.3.1 土壤理化性质的对比分析

从表 9-1 可以看出，与移栽前烟田土壤理化性质相比，植烟后土壤的 pH 值、有机质含量均有一定程度上升。对比采收后的土壤理化性质发现，在示范区采收后的土壤中，除有机质和碱解氮外，pH 值、全氮、全磷、全钾、有效磷、速效钾的含量均低于对照区的植烟后土壤，其中有效磷比对照区降低了 60.76%，速效钾降低了 234.62 g·kg^{-1}。与移栽前土壤对比，示范区的全磷、全钾、有效磷、速效钾都有一定程度降低。

9.3.2 生长发育时期的对比分析

由表 9-2 可知，烟苗在同一时期移栽，与对照区相比示范区的烟株还苗时间提前 3 天，团棵时间提前 4 天，现蕾时间提前 3 天，从生长发育期来看，示范区还苗期缩短了 3 天，伸根期相同，旺长期增加了 3 天，全生长发育期均为 113 天。

9.3.3 农艺性状的对比分析

观察表 9-3 可以得出，对照区与示范区的农艺性状在伸根期开始出现差异，伸根期示范区烟株的株高、节距、最大叶面积均显著大于对照区，其他农艺性状差异不显著；旺长期示范区烟株的节距显著大于对照区；成熟期示范区烟株株高、节距、叶片数、最大叶面积等均显著大于对照区。整体来说，示范区烟株与对照区烟株农艺性状差异主要表现在株高、节距、最大叶面积上，尤其是伸根期示范区最大叶叶面积比对照区大 50.94 cm^2，到了成熟期，这一差距扩大到 156.75 cm^2。

表9-1 土壤理化性质测定

处理	pH	有机质 (g·kg⁻¹)	全氮 (g·kg⁻¹)	全磷 (g·kg⁻¹)	全钾 (mg·kg⁻¹)	碱解氮 (mg·kg⁻¹)	有效磷 (mg·kg⁻¹)	速效钾 (g·kg⁻¹)
移栽前烟田	7.33±0.02c	52.74±0.18c	2.889±0.08b	1.395±0.07b	8.45±0.03b	166.35±0.21a	62.87±0.47b	384.19±1.21b
对照区采收后	7.65±0.07a	54.52±0.15b	2.950±0.12a	1.667±0.05a	8.78±0.06a	165.05±0.29a	121.29±0.38a	518.97±2.58a
示范区采收后	7.51±0.03b	59.11±0.11a	2.865±0.14c	1.344±0.03c	8.08±0.04c	168.94±0.34b	47.60±0.21c	284.35±3.14c

表9-2 生育时期记录

处理	移栽期 (月-日)	还苗期 (月-日)	团棵期 (月-日)	现蕾期 (月-日)	打顶期 (月-日)	开始采收 (月-日)	结束采收 (月-日)	还苗期 (d)	伸根期 (d)	旺长期 (d)	全生长发育期 (d)
对照	3-23	3-30	5-4	5-7	5-24	6-10	7-14	7	35	17	113
示范	3-23	3-27	4-31	5-4	5-24	6-10	7-14	4	35	20	113

表9-3 农艺性状调查表

生长发育时期	处理	株高 (cm)	茎围 (cm)	节距 (cm)	叶片数 (片)	最大叶叶面积 (cm²)
还苗期	对照区	12.67±0.42a	—	—	7.00±0.03a	—
	示范区	11.56±1.00a	—	—	7.00±0.07a	—
伸根期	对照区	23.67±1.88b	4.37±0.49a	2.27±0.07b	12.61±0.33a	626.28±13.26b
	示范区	27.67±0.33a	4.33±0.33a	2.47±0.03a	12.67±0.67a	677.22±17.83a
旺长期	对照区	70.17±4.33a	7.07±0.19a	3.00±0.01b	17.67±0.33a	1052.10±53.34a
	示范区	73.02±4.66a	7.33±0.17a	3.97±0.17a	17.62±0.33a	1077.22±17.83a
成熟期	对照区	103.67±0.73b	9.90±0.44a	4.60±0.45b	18.67±0.33b	1454.78±57.07b
	示范区	106.17±0.66a	9.37±0.24a	5.30±0.35a	19.67±0.33a	1611.53±61.36a

9.3.4 旺长期叶片生长速率的对比分析

图 9-1 记录了烤烟进入旺长期后倒 4 叶叶长的变化。如图 9-1 所示,进入旺长期后叶长随时间推移而增大,在现蕾后 0—30 d 快速增长,30 d 后增长速度放缓,现蕾后 5—40 d 示范区叶长均显著大于对照区,现蕾后 50 d 对照区和示范区叶长均逐渐稳定在 80 cm 左右,且两者间差异不显著。

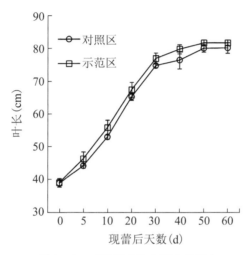

图 9-1　旺长期叶片生长速率调查

9.3.5 成熟期上部八片叶开片度的对比分析

由图 9-2 可知,示范区和对照区上部烟叶的开片度均大于 30%,倒 1 叶至倒 8 叶的开片度均呈上升趋势。成熟期上部八片叶开片度差异主要表现在,示范区倒 3、4、5 叶均显著大于对照区,其他叶位两者的开片度差异不显著。

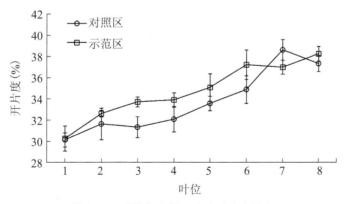

图 9-2　成熟期上部八片叶开片度调查

9.3.6 烤后烟叶化学成分的对比分析

由表9-4可知，示范区中上部烟叶总氮含量显著高于对照，但下部烟叶总氮含量对照区高于示范区；总钾含量上部烟叶示范区高于对照区，中下部烟叶对照区高于示范区；上部烟叶两糖含量示范区大于对照区，中下部烟叶对照区两糖含量高于示范区，对照优质烟叶两糖含量区间为总糖16%～23%，还原糖14%～18%。综合化学成分协调性分析，上部烟叶对照区与示范区总体较为适宜，但对照区烟碱含量偏高，中下部烟叶示范区显著优于对照区，主要表现在两糖含量更适宜，两糖差更小，糖碱比更接近优质烟叶质量要求。

9.3.7 经济性状的对比分析

从表9-5可以看出，示范区5个经济性状指标都优于对照区，其中，产量较对照区提高了188.95 kg·hm^{-2}，产值提高了8583.33元·hm^{-2}，均价提高了10.94%，上等烟比例提高了3.31%，中上等烟比例提高了3.23%。

9.3.8 烤后烟叶外观质量评价

对照区B2F为适熟叶，叶面较干净，有颗粒感，颜色橘黄至深橘黄，色度较强，主脉基部至叶尖1/3处较突显，主脉边缘颜色略淡，身份稍厚，油分有，结构尚疏松，手摸有粗糙感；示范区B2F成熟度较高，叶面颗粒感明显，叶尖部有成熟斑，颜色偏深橘黄，色度较强，主脉突显，油润感较强，结构尚疏松，身份适中至稍厚。对照区C3F叶位接近正腰叶，叶面颜色基本均匀一致，有皱缩感，颜色为橘黄，色度中，结构疏松，整体身份中等，叶基部略薄，油润感较强；示范区C3F成熟度较高，烟叶完整度较高，整体均匀一致，油润感较强，身份厚薄适中，皱缩感较强，光泽度好。对照区X2F部位下二棚，烟叶为深柠檬色至浅橘黄，皱缩感较弱，叶型接近椭圆形，主脉全遮盖，主脉两侧颜色偏淡身份稍薄，结构疏松，油润感较强；示范区X2F叶面干净，整体较均匀一致，主脉遮盖至微露，油润感较强，光泽鲜亮。

从表9-6可以看出，上部烟叶外观质量示范区优于对照区，主要表现在烟叶颜色、成熟度、色度等方面；中部烟叶外观质量得分亦示范区高于对照区，主要表现在烟叶成熟度及油分方面；下部烟叶则主要表现为烟叶颜色和色度得分示范区高于对照区。

表 9 - 4 烤后烟叶化学成分调查表

部位	处理	总氮（%）	总钾（%）	总糖（%）	淀粉（%）	还原糖（%）	烟碱（%）	两糖差	糖碱比
上部叶	对照区	1.93±0.01b	2.63±0.04b	19.76±0.97b	4.62±0.12a	17.55±0.14b	3.12±0.02a	2.21±0.32b	6.33±0.11b
	示范区	2.23±0.02a	2.77±0.02a	22.56±0.49a	4.77±0.13a	19.75±0.46a	2.69±0.03b	2.81±0.21a	8.39±0.19a
中部叶	对照区	1.70±0.01b	2.49±0.06a	26.68±0.40a	4.64±0.18a	19.80±0.25a	1.87±0.05a	6.88±0.19a	14.27±0.37a
	示范区	1.91±0.02a	2.31±0.01b	21.89±0.17b	4.35±0.12a	17.09±0.26b	1.98±0.07a	4.80±0.23b	11.06±0.24b
下部叶	对照区	1.53±0.03a	2.40±0.08a	25.90±0.63a	5.03±0.19a	19.02±0.40a	1.62±0.02a	6.88±0.11a	15.99±0.41a
	示范区	1.49±0.02a	2.04±0.03b	21.35±0.43b	4.23±0.14b	17.26±0.42b	1.59±0.03a	4.09±0.25b	13.43±0.29b

表 9 - 5 经济性状调查表

处理	产量（kg·hm^{-2}）	产值（元·hm^{-2}）	均价（元·kg^{-1}）	上等烟比例（%）	中上等烟比例（%）
对照区	1950.49±16.23b	39575.44±183.62b	20.29±0.47b	51.37±1.33b	88.29±0.21b
示范区	2139.44±20.97a	48158.77±169.20a	22.51±0.41a	54.68±1.38a	91.52±0.10a

表 9－6　烤后烟叶外观质量评价

等级	处理	部位 (15)		颜色 (15)		成熟度 (20)		油分 (20)		结构 (10)		身份 (10)		色度 (10)		得分
		状态	得分	状态	得分	状态	得分	状态	得分	状态	得分	状态	得分	状态	得分	
上部叶	对照区	B	12	F	14	成熟	15	有	12	尚疏松	6	稍厚	6	强	7	72
	示范区	B	12	F	15	成熟	16	有	14	尚疏松	7	稍厚	7	强	8	79
中部叶	对照区	C	14	F	12	成熟	16	有	12	疏松	9	中等	9	中	4	76
	示范区	C	14	F	12	成熟	17	有	14	疏松	9	中等	9	中	5	80
下部叶	对照区	X	8	F	11	成熟	15	稍有	8	疏松	8	稍薄	6	中	4	60
	示范区	X	8	F	12	成熟	16	稍有	9	疏松	8	稍薄	6	中	5	64

备注：

部　位：P 脚叶 (3－1)，X 下二棚叶 (8－3)，C 腰叶 (15－12)，B 上部叶 (13－8)，T 顶叶 (9－5)；

颜　色：F 桔黄 (15－11)，L 柠檬黄 (14－8)，R 红棕 (12－6)，V 微带青 (10－5)，K 杂色 (4－3)，GY 青黄 (2－1)；

成熟度：完熟 20，成熟 (19－15)，尚熟 (14－9)，欠熟 (8－5)，假熟 (4－1)；

油　分：多 (20－17)，有 (16－11)，稍有 (10－5)，少 (4－1)；

结　构：疏松 (10－8)，尚疏松 (8－6)，稍密 (6－4)，紧密 (3－1)；

身　份：中等 (10－8)，稍薄 (6－5)，稍厚 (7－6)，薄 (4－1)，厚 (5－2)；

色　度：浓 (10－9)，强 (8－6)，中 (5－3)，弱 (2)，淡 (1)。

9.3.9 烤后烟叶感官质量评价

B2F 对照区：香气质中等，香气量足，浓度适中，有明显枯焦气及木质气，喉部有尖刺感，余味尚舒适，口腔有残留；示范区：烟叶香气质中等至好，香气量足，浓度适中至较浓，有枯焦气，喉部有刺激，劲头适中至偏大，余味尚舒适。C3F 对照区：香气质中等，香气量尚足，浓度中偏高，喉部冲击感较明显，有枯焦气，余味舒适度一般；示范区：样品整体质量较均衡，香气质好，香气量较足，风格特征较明显，浓度中偏低，略有杂气，余味较舒适，劲头适中。X2F 对照区：烟气较平淡，鼻腔刺激明显，浓度较淡；示范区：样品整体质量较好，香气质中等，香气量尚足，喉部略有刺激，余味较舒适。

由表 9 - 7 可以看出，示范区各部位烟叶感官质量均优于对照区，示范区烟叶香气质、量及浓度有所提升，杂气、刺激性、余味等方面有所改善。

表 9 - 7　烤后烟叶感官质量评价

等级	处理	香气质 (9)	香气量 (9)	浓度 (9)	杂气 (9)	刺激性 (9)	余味 (9)	劲头 (5)	甜度 (5)	总分
B2F	对照区	6.5	6.8	6.8	6.2	5.8	6.2	3.5	3.0	71.6
	示范区	6.8	7.0	7.0	6.4	6.2	6.5	3.5	3.0	74.1
C3F	对照区	6.7	6.4	6.6	6.5	6.4	6.4	4.0	3.0	72.4
	示范区	7.2	6.8	6.7	6.8	6.6	7.2	4.0	3.0	76.0
X2F	对照区	5.3	5.4	5.4	5.6	5.6	5.8	3.0	3.0	60.6
	示范区	5.8	5.7	5.6	5.8	5.8	6.5	3.0	3.0	64.1

备注：

（1）主要评价指标采用 9 分制，个人感官评分标度以 0.5 分为单位进行打分，总分以评价小组平均分体现，保留一位小数点；

（2）权重分配：香气质、香气量权重 2.5，浓度权重 2.0，杂气、刺激性、余味、劲头、甜度权重 1.0。

9.4　工业验证结果

对品牌导向的烤烟精量轻简技术示范区烟叶，按梯度比例替代"好日子·金樽"中的同产区浓香型烟叶，在化学成分、香味成分、感官质量等方面进行综合比较，以小试形式进行感官验证，以中试形式进行产品工业应用验证（详见 9.6 节）。从小试的结果来看，中性香味成分方面，75% 及以上梯度替代的试验样品中性香味成分总量和新植二烯含量要高于原样；感官评吸方面，75% 梯度替代样品在香气、杂气、刺激性和余味上均有改善，100% 替代的试验样品在杂气、刺激性方面略有瑕疵，无法成为最优选择。从中试的试制结果来看，试验样品的化学成分、烟气指标和危害性指标合格，符合规模化生产的要求。同时，试验样品香气浓郁、丰满、绵长，烟气圆润厚实，余味干净舒适，回甜感较强，整体感官质量均衡，与对照样品相比，焦甜香韵、烘焙香韵增加，产品整体风格丰富性增强。

9.5 示范与验证结论

示范区植烟后土壤中的营养成分低于对照区，其中磷、钾含量低于移栽前土壤。这说明示范区的栽培技术能有效提高烟株对土壤中的营养元素的吸收，更好地将土壤中的养分供给烟株。同时，通过降低土壤中的养分含量，达到保育土壤、降低农业面源污染的目的。

示范区烟株还苗期缩短，旺长期延长，在提高幼苗移栽成活率的同时延长了烟株的营养生长时间，农艺性状和叶片生长速率中亦体现了示范区相较于对照区早生快发，表现为烟株株高、节距、最大叶面积示范区显著高于对照区，同时叶片的叶长在现蕾后5—40 d示范区叶长均显著大于对照区，现蕾后50 d对照区和示范区叶长均逐渐稳定在80 cm左右，两者间差异不显著。

示范区和对照区的上八片叶开片度都高于30%，倒3、4、5叶开片度显著高于对照区。这说明烤烟"精量轻简"技术能有效提高上部烟叶叶片的开片度。通过对比烤后烟叶的化学成分及协调性分析可以得出，烤烟"精量轻简"技术能增强烟株对总氮、总钾的吸收，减少中下部叶的两糖积累。通过对比示范区和对照区的经济性状得出，烤烟"精量轻简"技术能提高烤烟的产量、产值、均价、上等烟比例和中上等烟比例。

从烟叶外观质量来看，示范区烟叶的成熟度、颜色、色度、油分优于对照区，这可能与烤烟"精量轻简"技术有利于烟株的早生快发，内含物质积累更丰富，更有利于烟叶养熟，同时内含物质积累更充分，有利于烟叶颜色、色度以及油分的形成。从烟叶感官质量评价分析可知，示范区烟叶的香气质感有所提升，香气量和浓度增加，杂气、刺激性降低，这可能与示范区烟叶内含物质积累相对充分，更容易养熟，更耐熟，同时内在化学成分更加协调，烟气更加协调平衡，杂气、刺激性减少。从烟叶特色风格验证情况来看，示范区烟叶在香气香韵、口味特性上提升明显，在多产区烟叶配方契合度上，可针对杂气、刺激性感受等方面进一步研究改善。

总的来说，使用烤烟"精量轻简"技术能提高烟株对土壤养分的吸收量，减少土壤中养分残留，改善烟株农艺性状，提高上部烟叶的开片度，烤后烟叶化学成分更适宜和协调，烟叶外观质量改善，感官质量更优，经济性状更好，能够实现保护耕地，减少农业面源污染，提高烟叶产质量，促进农户增产增收的目的。工业可用性方面，示范区烟叶按75%比例替代使用效果最佳，具有较高的工业可用性，后续在烟叶杂气和刺激性的改善方面需继续研究攻关，力求实现完全替代。

9.6 附件："双喜·好日子"品牌导向的烤烟精量轻简技术工业验证报告

"好日子·金樽"品牌卷烟是上市多年产品，风格推崇"清雅自然香"，配方中涉及的烟叶多来自云、贵、川产区，少量来自湘、鄂、粤产区。随着产品市场成熟、销量扩大，其消费群体逐年增加。在市场维护调研中，部分消费者反馈，希望能更多地感受到"醇和""熟烟香"的抽吸体验。经过多次研讨和论证，专家一致认为，高成熟度浓香型烟叶中的"焦甜香、醇甜香和烘焙香"等香韵，可以给抽吸者带来愉悦的"醇熟烟香"，使用得当可以进一步丰富产品的风格特征，强化产品属性，提升产品品质。

试验拟通过对湖南永州示范区生产的高成熟烟叶按梯度比例替代"好日子·金樽"中的同产区浓香型烟叶，在化学成分、香味成分、感官质量等方面进行综合比较，以小试形式进行感官验证，以中试形式进行产品工业应用验证。

9.6.1 材料和方法

9.6.1.1 试验材料

2019 年湖南永州 C3F、B2F 示范区烟叶和"好日子·金樽"牌号常规叶组配方烟叶。

9.6.1.2 试验设计

CK	A	B	C
常规叶组配方	50% 替代	75% 替代	100% 替代

9.6.1.3 仪器设备

小型切丝机、小型卷烟机、恒温恒湿箱、电子天秤（0.1mg）、RM200 吸烟机（博瓦特凯希）、PEGC500 气相色谱（美国 PE 公司）、HPLC1200 液相色谱（美国安捷伦）、5973N 气质联用（美国安捷伦）、SAN＋＋化学分析仪（荷兰 skalar）。

9.6.1.4 测定项目与方法

（1）化学成分分析。采用自动流动化学分析仪测定烟叶样品的总糖、还原糖、烟碱、总氮、氯、钾等常规化学成分。按行业标准 YC/T159～162－2002 处理。

（2）感官质量评价。由专业评委对各梯度替代试验样品进行感官质量评吸，单料烟评吸采用 9 分制，成品烟依据感官评价标准进行评吸。

（3）香味成分分析。用气相色谱质谱仪进行中性香味成分测定。

9.6.2 结果与分析

9.6.2.1 小试试验样品与对照样品对比分析

（1）小试样品中性香味成分对比分析。中性香味成分是烤烟烟叶香气的重要组成部分，也是影响烟叶品质的重要化学成分，因此常用其含量的多少来衡量烤烟烟叶香气的强弱。由表9-8可以看出，随着替代梯度的上升，各香味成分含量的增加并未呈线性增长，但中性香味成分总量和新植二烯含量在75%和100%替代梯度上较原样品有增加。

表9-8 各梯度样品与原样品中性香味成分比较（μg/g 烟样）

项 目	CK	A	B	C
小分子酮类	8.07	6.27	9.28	11.71
糠醛	21.79	20.5	24.11	23.1
芳樟醇	1.06	0.99	1.4	1.65
降茄二酮	7.93	6.83	3.68	3.19
β-大马酮	19.23	18.44	21.91	20.11
苯甲醇	15.51	14.67	14.69	16.03
苯乙醇	6.22	6.28	6	8.4
β-二氢大马酮	2.44	2.43	2.38	2.61
总巨豆三烯酮	53.37	52.52	60.35	65.22
金合欢基丙酮	6.50	5.42	6.65	8.62
总脂肪酸甲酯	30.05	31.25	29.46	38.27
1,2-苯二甲酸丁二酯	3.05	2.42	2.47	3.19
β-胡萝卜素	45.26	40.09	54.3	59.8
植醇	2.55	2.70	3.06	4.65
新植二烯	675.16	643.11	693.5	725.21
总量（不计新植二烯）	223.03	210.81	239.74	266.55

（2）小试样品感官质量对比分析。由表9-9可以看出，试验样品B在香气、杂气、刺激性和余味等方面要优于对照样品，较其他两个梯度提升更为均衡，评吸总分提高了1分。表明下一步可以选择75%替代梯度的样品进行中试试验。

表9-9 试验样品与对照样品感官评吸对比

项目	光泽	香气	谐调	杂气	刺激性	余味	合计
CK	5.0	29.5	5.0	10.7	17.4	22.5	90.1
A	5.0	29.0	5.0	10.8	17.5	22.5	89.8
B	5.0	30.0	5.0	10.9	17.5	22.7	91.1
C	5.0	30.0	5.0	10.5	17.3	22.6	90.4

9.6.2.2 中试试验样品与对照样品对比分析

（1）中试样品常规化学成分对比分析。试验样品总糖、还原糖要稍高于对照样品，烟碱、总氮、钾、氯、还原糖/总糖没有明显变化，还原糖/烟碱试验样品要稍高于对照样品（表9-10）。

表9-10 试验样品与对照样品化学成分对比

产品类别	总糖 （%）	还原糖 （%）	烟碱 （%）	总氮 （%）	钾 （%）	氯 （%）	还原糖/总糖 （%）	还原糖/烟碱 （%）
对照样品	23.89	21.97	2.25	2.17	2.18	0.62	0.92	9.76
试验样品	24.02	22.34	2.24	2.13	2.17	0.59	0.93	9.97
差值	0.13	0.37	-0.01	-0.04	-0.01	-0.03	0.01	0.21

（2）中试样品卷烟烟气指标对比分析。由表9-11可以看出，试验样品与对照样品在烟气指标方面差值不明显。

表9-11 试验样品与对照样品卷烟烟气指标对比

项目	平均重量 （g）	平均吸阻 （Pa）	总粒相物 （mg）	烟碱 （mg）	焦油含量 （mg）	CO量 （mg）	燃吸口数 （口）
对照样	1.048	927	12.66	0.94	10.4	9.0	6.2
试验样	0.919	1057	13.25	1.06	10.8	9.6	6.9

（3）中试样品危害性指标对比分析。由表9-12可以看出，试验样品中试后与对照样品的危害性指标无明显差异，具备生产潜力。

表9-12 试验样品与对照样品烟气危害性指标对比

项目	危害性 指数	主流烟气七种成分						
		CO （mg/支）	HCN （ug/支）	NNK （ng/支）	氨 （ug/支）	B[a]P （ng/支）	苯酚 （ug/支）	巴豆醛 （ug/支）
对照样	7.90	9.20	66.90	6.70	7.22	7.80	14.12	14.66
试验样	7.93	9.90	68.70	6.59	7.03	7.56	13.78	14.12

（4）中试样品卷烟香味轮廓分析比较。通过试验样品与对照样品香味轮廓的各项指标进行对比（图9-3～图9-6）。从质量特征中发现，在口腔残留、喉部干燥感和甜香三项指标上试验样品要稍好于对照样品；从香气风格中发现，试验样品在焦甜香、焦香和烘焙香等香韵表现上较对照样品有所丰富；试验样品同样在烟气特征的丰富性上有所增强，口味特征在生津感和甜感上也有所强化。

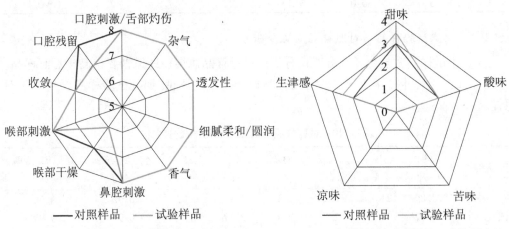

图9-3　试验样品与对照样品质量特征比较　　图9-4　试验样品与对照样品口味特征比较

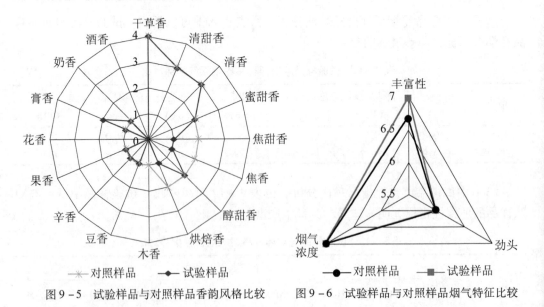

图9-5　试验样品与对照样品香韵风格比较　　图9-6　试验样品与对照样品烟气特征比较

9.6.3　结论与讨论

（1）从小试的结果来看，中性香味成分方面，75%及以上梯度替代的试验样品中性香味成分总量和新植二烯含量要高于原样；感官评吸方面，75%梯度替代样品在香气、杂气、刺激性和余味上均有改善，100%替代的试验样品在杂气、刺激性方面略有瑕疵，无法成为最优选择。

（2）从中试的试制结果来看，试验样品的化学成分、烟气指标和危害性指标合格，符合规模化生产的要求。

（3）试验样品香气浓郁丰满、绵长，烟气圆润厚实，余味干净舒适，回甜感较强，整体感官质量均衡，与对照样品相比，焦甜香韵、烘焙香韵增加，产品整体风格丰富性增强。

（4）通过梯度替代试验，发现采用定向技术生产的高成熟湖南示范区烟叶在提升产品整体香气质量和风格上具备较大的优势，在杂气和刺激性的改善上仍需继续努力攻关，争取达到完全替代。